Leitfäden der Informatik

Gernot A. Fink

Mustererkennung mit Markov-Modellen

Mustererkennung mit Markov-Modellen

Leitfäden der Informatik

Herausgegeben von

Prof. Dr. Bernd Becker, Freiburg
Prof. Dr. Friedemann Mattern, Zürich
Prof. Dr. Heinrich Müller, Dortmund
Prof. Dr. Wilhelm Schäfer, Paderborn
Prof. Dr. Dorothea Wagner, Karlsruhe
Prof. Dr. Ingo Wegener, Dortmund

Die Leitfäden der Informatik behandeln

■ Themen aus der Theoretischen, Praktischen und Technischen Informatik entsprechend dem aktuellen Stand der Wissenschaft in einer systematischen und fundierten Darstellung des jeweiligen Gebietes.

■ Methoden und Ergebnisse der Informatik, aufgearbeitet und dargestellt aus Sicht der Anwendungen in einer für Anwender verständlichen, exakten und präzisen Form.

Die Bände der Reihe wenden sich zum einen als Grundlage und Ergänzung zu Vorlesungen der Informatik an Studierende und Lehrende in Informatik-Studiengängen an Hochschulen, zum anderen an „Praktiker", die sich einen Überblick über die Anwendungen der Informatik (-Methoden) verschaffen wollen; sie dienen aber auch in Wirtschaft, Industrie und Verwaltung tätigen Informatikern und Informatikerinnen zur Fortbildung in praxisrelevanten Fragestellungen ihres Faches.

Gernot A. Fink

Mustererkennung mit Markov-Modellen

Theorie – Praxis – Anwendungsgebiete

B. G. Teubner Stuttgart · Leipzig · Wiesbaden

Bibliografische Information der Deutschen Bibliothek
Die Deutsche Bibliothek verzeichnet diese Publikation in der Deutschen Nationalbibliographie;
detaillierte bibliografische Daten sind im Internet über <http://dnb.ddb.de> abrufbar.

Dr.-Ing. habil. Gernot A. Fink
Geboren 1965 in Nürnberg, von 1985 bis 1991 Studium der Informatik and der Friedrich-Alexander-Universität in Erlangen. Seit 1991 wissenschaftlicher Mitarbeiter in der Arbeitsgruppe Angewandte Informatik an der Technischen Fakultät der Universität Bielefeld. Promotion 1995 über Integration von Spracherkennung und Sprachverstehen. 2002 Habilitation im Fach Angewandte Informatik. Seine Forschungsinteressen umfassen die automatische Sprach- und Handschrifterkennung, das Verstehen gesprochener Sprache, die multi-modale Mensch-Maschine-Interaktion sowie die statistische Analyse genetischer Sequenzen.

1. Auflage Oktober 2003

Der B. G. Teubner Verlag ist ein Unternehmen der Fachverlagsgruppe BertelsmannSpringer.
www.teubner.de

Umschlaggestaltung: Ulrike Weigel, www.CorporateDesignGroup.de

Gedruckt auf säurefreiem und chlorfrei gebleichtem Papier.

ISBN-13:978-3-519-00453-0   e-ISBN-13:978-3-322-80065-7
DOI: 10.1007/978-3-322-80065-7

Vorwort

Die Entwicklung von Mustererkennungsmethoden auf der Basis sogenannter *Markov-Modelle* ist eng verknüpft mit dem technologischen Fortschritt im Bereich der automatischen Spracherkennung. Allerdings kommen Markov-Ketten- und Hidden-Markov-Modelle heute auch in vielen anderen Anwendungsfeldern zum Einsatz, wo es um die Modellierung und Analyse zeitlich organisierter Daten wie z.B. genetischer Sequenzen oder handschriftlicher Texte geht. Trotzdem werden Markov-Modelle in Monographien praktisch ausschließlich im Kontext der automatischen Spracherkennung behandelt und nicht als ein allgemeines, vielfältig einsetzbares Instrumentarium der statistischen Mustererkennung.

Dieses Buch stellt dagegen den Formalismus der Markov-Ketten- und Hidden-Markov-Modelle in den Mittelpunkt der Betrachtungen. Am Beispiel der drei Hauptanwendungsgebiete dieser Technologie — nämlich der automatischen Spracherkennung, der Handschrifterkennung sowie der Analyse genetischer Sequenzen — wird gezeigt, welche Anpassungen an das jeweilige Einsatzgebiet erforderlich sind und wie diese in aktuellen Mustererkennungssystemen umgesetzt werden. Neben der Behandlung der theoretischen Grundlagen der Modellbildung liegt ein wesentlicher Schwerpunkt des vorliegenden Werks auf der Darstellung der für den erfolgreichen praktischen Einsatz unabdingbaren algorithmischen Lösungen. Daher wendet sich dieses Buch sowohl an Fachleute aus dem Bereich Mustererkennung als auch an Studentinnen und Studenten mit einem entsprechenden Studienschwerpunkt, die sich mit Fragen der Sprach- oder Schrifterkennung bzw. der Bioinformatik oder vergleichbaren Problemstellungen beschäftigen und ein tiefergehendes Verständnis für den Einsatz statistischer Methoden in diesen Bereichen erwerben möchten.

Entstanden ist dieses Werk als Habilitationsschrift in der Arbeitsgruppe *Angewandte Informatik* an der Technischen Fakultät der Universität Bielefeld. Mein besonderer Dank gilt Prof. Dr.-Ing. Heinrich Niemann (Universität Erlangen), der im Studium mein Interesse an Mustererkennung geweckt hat, und meinem Betreuer Prof. Dr.-Ing. Gerhard Sagerer, der mir die Möglichkeit gegeben hat, im Rahmen vieler interessanter Projekte in dieses Forschungsfeld hineinzuwachsen. Ihnen beiden und Prof. Dr. Dieter Metzing danke ich darüber hinaus für die Erstellung der Gutachten.

Ganz herzlich bedanken möchte ich mich auch bei all jenen, die mich bei der Erstellung dieses Buchs durch Anregungen, Kritik und Hilfe bei der technischen Ausführung unterstützt haben. Dazu zählen insbesondere meine Kollegen Prof. Dr.-Ing. Franz Kummert, Thomas Plötz, Markus Wienecke und Dr.-Ing. Britta Wrede. Für die kompetente Beratung zu Fragen der Bioinformatik und speziell dem Themenkomplex der Analyse biologischer Sequenzen danke ich Kerstin Koch und Steffen Neumann. Martin Ellermann gilt mein Dank für die Unterstützung bei der Erstellung von Graphiken sowie der umfangreichen und teilweise nichttrivialen Literaturrecherche und -aufbereitung.

Bielefeld, im August 2003 *Gernot A. Fink*

Meinen Eltern

Inhalt

1   **Einleitung**   **13**

1.1   Thematischer Kontext   14

1.2   Funktionsprinzipien von Markov-Modellen   15

1.3   Zielsetzung und Aufbau   17

2   **Anwendungen**   **19**

2.1   Sprache   19

2.2   Schrift   25

2.3   Biologische Sequenzen   33

2.4   Ausblick   37

I   **Theorie**   **39**

3   **Grundlagen der Statistik**   **41**

3.1   Zufallsexperiment, Ereignis und Wahrscheinlichkeit   41

3.2   Zufallsvariable und Wahrscheinlichkeitsverteilungen   43

3.3   Parameter von Wahrscheinlichkeitsverteilungen   45

3.4   Normalverteilungen und Mischverteilungsmodelle   46

3.5   Stochastische Prozesse und Markov-Ketten   47

3.6   Prinzipien der Parameterschätzung   49
3.6.1   Maximum-Likelihood-Schätzung   49
3.6.2   Maximum-a-posteriori-Schätzung   51

3.7   Literaturhinweise   51

4   **Vektorquantisierung**   **53**

4.1   Definition   53

4.2   Optimalität   55

4.3   Algorithmen zum Design von Vektorquantisierern   57

	Lloyd-Algorithmus	58
	LBG-Algorithmus	59
	k-means-Algorithmus	61
4.4	Schätzung von Mischverteilungsmodellen	62
	EM-Algorithmus	63
4.5	Literaturhinweise	66
5	**Hidden-Markov-Modelle**	**67**
5.1	Definition	67
5.2	Emissionsmodellierung	69
5.3	Verwendungskonzepte	70
5.4	Notation	72
5.5	Bewertung	73
5.5.1	Die Produktionswahrscheinlichkeit	73
	Forward-Algorithmus	74
5.5.2	Die "optimale" Produktionswahrscheinlichkeit	76
5.6	Dekodierung	79
	Viterbi-Algorithmus	80
5.7	Parameterschätzung	81
5.7.1	Grundlagen	82
	Forward-Backward-Algorithmus	83
5.7.2	Trainingsverfahren	85
	Baum-Welch-Algorithmus	85
	Viterbi-Training	91
	Segmental k-Means	93
5.7.3	Mehrere Observationsfolgen	95
5.8	Modellvarianten	96
5.8.1	Alternative Algorithmen	96
5.8.2	Alternative Modellarchitekturen	97
5.9	Literaturhinweise	97
6	**n-Gramm-Modelle**	**99**
6.1	Definition	99
6.2	Verwendungskonzepte	100
6.3	Notation	101
6.4	Bewertung	102
6.5	Parameterschätzung	104
6.5.1	Umverteilung von Wahrscheinlichkeitsmasse	105
	Discounting	105

6.5.2 Einbeziehung allgemeinerer Verteilungen 107
      Interpolation 108
      Backing-Off 110
6.5.3 Optimierung verallgemeinerter Verteilungen 111

6.6   Modellvarianten 113
6.6.1 Kategoriemodelle 113
6.6.2 Längere zeitliche Abhängigkeiten 115

6.7   Literaturhinweise 116

II Praxis   117

7 Rechnen mit Wahrscheinlichkeiten   119

7.1   Logarithmische Wahrscheinlichkeitsrepräsentation 119

7.2   Untere Schranken für Wahrscheinlichkeiten 122

7.3   Codebuchauswertung für semi-kontinuierliche HMMs 123

7.4   Wahrscheinlichkeitsverhältnisse 124

8 Konfiguration von Hidden-Markov-Modellen   127

8.1   Modelltopologien 127

8.2   Modelluntereinheiten 128
8.2.1 Kontextunabhängige Wortuntereinheiten 129
8.2.2 Kontextabhängige Wortuntereinheiten 130

8.3   Verbundmodelle 131

8.4   *Profile-HMMs* 133

8.5   Emissionsmodellierung 135

9 Robuste Parameterschätzung   137

9.1   Merkmalsoptimierung 139
9.1.1 Dekorrelation 140
      Hauptachsentransformation I 141
      Whitening 145
9.1.2 Dimensionsreduktion 146
      Hauptachsentransformation II 146
      Lineare Diskriminanzanalyse 147

9.2   *Tying* 151
9.2.1 Modelluntereinheiten 152
9.2.2 Zustandstying 155
9.2.3 *Tying* in Mischverteilungsmodellen 159

9.3   Parameterinitialisierung 161

10   Effiziente Modellauswertung   163

10.1   Effiziente Auswertung von Mischverteilungen 163

10.2   *Beam Search* 165

10.3   Effiziente Parameterschätzung 168
10.3.1   *Forward-Backward-Pruning* 168
10.3.2   Segmentweiser Baum-Welch-Algorithmus 169
10.3.3   Training von Modellhierarchien 170

10.4   Baumförmige Modellorganisation 171
10.4.1   Präfixbaum für HMMs 171
10.4.2   Baumrepräsentation für n-Gramm-Modelle 172

11   Modellanpassung   177

11.1   Grundprinzipien 177

11.2   Adaption von Hidden-Markov-Modellen 178
       Maximum-Likelihood Linear-Regression 180

11.3   Adaption von n-Gramm-Modellen 182
11.3.1   Cache-Modelle 183
11.3.2   Dialogschrittabhängige Modelle 183
11.3.3   Topic-basierte Sprachmodelle 184

12   Integrierte Suchverfahren   185

12.1   HMM-Netzwerke 188

12.2   Mehrphasensuche 189

12.3   Suchraumkopien 190
12.3.1   Kontextbasierte Suchraumkopien 190
12.3.2   Zeitbasierte Suchbaumkopien 191
12.3.3   *Language-Model Look-Ahead* 192

12.4   Zeitsynchrone parallele Modelldekodierung 193
12.4.1   Generierung von Segmenthypothesen 194
12.4.2   Sprachmodellbasierte Suche 195

III   Systeme   197

13   Spracherkennung   200

13.1   Erkennungssystem der RWTH Aachen 200

13.2   BBN-Spracherkennungssystem BYBLOS 202

13.3   ESMERALDA 203

14	**Schrifterkennung**	**207**
14.1	OCR-System von BBN	207
14.2	Duisburger on-line Handschrifterkennungssystem	209
14.3	ESMERALDA off-line Erkennungssystem	210
15	**Analyse biologischer Sequenzen**	**213**
15.1	HMMER	213
15.2	SAM	214
Literaturverzeichnis		**216**
Sachverzeichnis		**230**

1 Einleitung

Die Erfindung der ersten Rechenmaschinen und auch die Entwicklung der ersten elektronischen Universalrechenautomaten war getrieben von der Idee, den Menschen bei bestimmten Arbeitsabläufen zu entlasten. Man dachte damals allerdings tatsächlich "nur" an das Rechnen und noch keineswegs an Handreichungen im Haushalt. Die entwickelten Rechenmaschinen sollten also Aufgaben übernehmen, die der Mensch selbstverständlich auch zu erledigen vermochte, die aber durch ein automatisches System wesentlich ausdauernder und damit zuverlässiger und billiger ausgeführt werden können.

Die rasant fortschreitende Entwicklung der Computertechnologie ließ es bald schon zu, von wesentlich ehrgeizigeren Zielen zu träumen. Im Bestreben sogenannte "künstliche Intelligenz" (KI) zu schaffen, schickte man sich an, die Fähigkeiten des Menschen in bestimmten Bereichen zu übertrumpfen. Als Intelligenz wurde damals im wesentlichen die Lösung mathematischer oder anderer formal definierter Probleme durch symbolische Verfahren angesehen. Prototypischer Untersuchungsgegenstand war daher lange Zeit das Schachspiel. Der Sieg des Schachcomputers Deep Blue gegen Weltmeister Kasparov im Jahr 1997 bedeutete für die Firma IBM auch eine wichtige Werbemaßnahme. Er bewies letztendlich aber nur, dass Schachspielen wohl doch keine so typische Intelligenzleistung ist, da sich in dieser Disziplin mit relativ brachialer Rechenleistung auch der beste menschliche Experte schlagen lässt. In dem für menschliche Fähigkeiten zentralen Bereich des Verstehens von Sprache konnten dagegen alle aus den Ursprüngen der KI-Forschung hervorgegangenen symbolischen und regelbasierten Verfahren nur bescheidene Erfolge verbuchen.

Inzwischen ist ein radikaler Paradigmenwechsel abgeschlossen, der dazu geführt hat, dass typisch menschliche Intelligenz nicht mehr auf symbolischer Ebene gesehen wird, sondern vielmehr in Fähigkeiten zur Verarbeitung unterschiedlicher sensorischer Eingabedaten. Hierzu zählen unter anderem die Kommunikation mit gesprochener Sprache, die Interpretation visueller Eindrücke und die Interaktion mit der physikalischen Umwelt durch Bewegung, Tasten und Greifen. Sowohl auf dem Gebiet der automatischen Bild- und Sprachverarbeitung als auch der Robotik wurden schon seit vielen Jahrzehnten erste Lösungen mit einem ingenieurwissenschaftlichen Hintergrund erarbeitet. Seit sich durch den erfolgreichen Einsatz statistischer Methoden gezeigt hat, dass automatisch trainierbare Systeme ihre "festverdrahteten" regelbasierten Pendants an Flexibilität und Leistungsfähigkeit deutlich übertreffen können, erhält das Konzept des Lernens in diesen Forschungsbereichen besondere Aufmerksamkeit. Auf diesem Gebiet ist das Vorbild Mensch noch unschlagbar. So muss man sich derzeit damit begnügen, die entsprechenden menschlichen Fähigkeiten unter stark eingeschränkten Rahmenbedingungen in Rechenanlagen rudimentär nachzubilden.

Zentral für alle automatisch lernenden Verfahren ist die Verfügbarkeit von Beispieldaten, aus denen die Parameter der erstellten Modelle abgeleitet werden können. Es sind daher keine komplexen symbolischen Regelwerke erforderlich, um die typischen Eigenschaften der betrachteten Daten zu beschreiben. Vielmehr werden diese während der wiederholten Präsentation von Trainingsbeispielen durch Lernalgorithmen automatisch extrahiert.

Die wohl bekannteste Klasse von lernenden Verfahren sind die sogenannten künstlichen Neuronalen Netze, deren Bausteine extrem vereinfachten Modellen menschlicher Nervenzellen entsprechen – den Neuronen. Als universeller Funktionsapproximator ist dieser Formalismus sehr mächtig, aber auch für manche Anwendungen zu allgemein. Daher haben sich andere statistische Formalismen etablieren können, die besonders gut an bestimmte Einsatzgebiete angepaßt sind. Speziell für die statistische Modellierung zeitlich organisierter Daten werden überwiegend *Markov-Modelle* eingesetzt.

Das bekannteste Anwendungsgebiet dieser Technologie ist die automatische Spracherkennung. In den Anfängen der entsprechenden Forschung konkurrierte sie lange mit symbolischen Ansätzen. Die Verfügbarkeit großer Sprachstichproben läutete jedoch den Siegeszug statistischer Verfahren ein. Mittlerweile stellen daher *Hidden-Markov-Modelle* zur Beschreibung akustischer Ereignisse in Kombination mit *Markov-Ketten-Modellen* zur statistischen Modellierung von Wortfolgen auf symbolischer Ebene die Standardtechnologie zur Erstellung erfolgreicher Spracherkennungssysteme dar.

Erst in jüngster Zeit eroberten diese Verfahren ein sowohl thematisch wie sensorisch verwandtes Aufgabenfeld. Die automatische Erkennung handschriftlicher Texte lässt sich ebenso wie die Spracherkennung als Segmentierungsproblem zeitlich organisierter Sensordaten auffassen. Die Zeitachse läuft dabei entweder entlang der zu verarbeitenden Textzeile oder entlang der Schriftlinie selbst. Mit diesem "Trick" lassen sich die aus dem Bereich der automatischen Spracherkennung bekannten statistischen Modellierungstechniken meist mit nur geringfügigen Anpassungen auf das Problemfeld der Handschriftverarbeitung übertragen.

Ein drittes wichtiges Anwendungsfeld von Markov-Modellen führt aus dem Bereich der Mensch-Maschine-Interaktion heraus. Die Bioinformatik beschäftigt sich schwerpunktmäßig mit zellbiologischen Abläufen und deren Simulation oder Analyse mit Hilfe von Methoden der Informatik. Spezielles Augenmerk richtet sich derzeit auf die Interpretation des menschlichen Genoms. Aus Sicht der statistischen Mustererkennung handelt es sich dabei – und bei daraus abgeleiteten Zellprodukten wie z.B. RNA oder Proteinen – um im wesentlichen linear aufgebaute Symbolfolgen. Obwohl zur Analyse solcher biologischer Sequenzen schon relativ lange statistische Techniken eingesetzt werden, wurde die Bioinformatik-Forschung erst vor wenigen Jahren auf Hidden-Markov-Modelle aufmerksam. Der Erfolg der entsprechenden Verfahren in diesem Anwendungsgebiet war so groß, dass inzwischen mehrere Programmpakete zur Anwendung von Markov-Modellen sowie Bibliotheken vorgefertigter Modelle für verschiedene Analysezwecke existieren.

1.1   Thematischer Kontext

Den thematischen Kontext für die Behandlung von Markov-Modellen bildet das Forschungsfeld der *Mustererkennung* (vgl. [Nie 83, Nie 90]). Als *Muster* werden dabei primär Messwerte bestimmter Sensoren wie z.B. Bilder oder Sprachsignale bezeichnet. Allerdings lassen sich Mustererkennungsmethoden auch auf andere Eingabedaten anwenden, wie z.B. die symbolisch repräsentierte Erbinformation in DNA-Strängen.

Um für den Erkennungsprozess wesentliche Eigenschaften der Daten von störenden bzw. irrelevanten zu trennen, werden die betrachteten Muster in eine *Merkmalsrepräsentation* überführt. Dies schließt in der Regel verschiedene Vorverarbeitungsschritte ein, die dazu dienen, die Signale für die künftige Verarbeitung zu "verbessern", also z.B. die Beleuchtung in einem Bild oder die Lautstärke einer sprachlichen Äußerung zu normieren.

Nach der Merkmalsextraktion erfolgt die *Segmentierung* der Daten. Bei Bildern werden hier z.B. Regionen ähnlicher Farbe oder Textur ermittelt. Diese Segmente werden anschließend durch *Klassifikation* einer bestimmten Musterklasse zugeordnet. Man erhält also auf dieser Ebene erstmals eine einfache symbolische Beschreibung der Daten. Allerdings lassen sich nicht für alle Problemstellungen Segmentierung und Klassifikation so klar trennen. Bei der Verarbeitung gesprochener Sprache ist es z.B. nicht möglich, eine Segmentierung zu erzeugen, ohne zu wissen, was eigentlich gesprochen wurde, da Wortgrenzen nicht akustisch markiert sind. Vielmehr lässt sich erst *nach* Bekanntwerden der tatsächlichen Äußerung auf die Grenzen zwischen den beteiligten Einheiten zurückschließen[1]. Zur Lösung solcher Mustererkennungsaufgaben sind daher integrierte Segmentierungs- und Klassifikationsverfahren erforderlich, die jedoch in ihrer Komplexität üblicherweise deutlich über isoliert anzuwendende Methoden hinausgehen.

Die einfache symbolische Repräsentation von Mustern, die nach dem Klassifikationsschritt vorliegt, reicht für viele Mustererkennungsanwendungen nicht aus, da keinerlei strukturelle Eigenschaften repräsentiert sind. Solche zu erzeugen ist das Ziel der *Musteranalyse*, die ausgehend von den Klassifikationsergebnissen versucht, strukturierte Interpretationen für Muster zu berechnen. Bei Bildern könnte dies z.B. eine Beschreibung der betrachteten Szene sein, die neben der Klassifikation einzelner elementarer Objekte auch deren relative Lage zueinander sowie deren Zusammensetzung zu komplizierteren Gebilden angibt. Im Bereich der Sprachverarbeitung besteht die Analyse einer Äußerung in der Regel darin, für diese eine Bedeutungsrepräsentation zu erzeugen, die die Basis eines Mensch-Maschine-Dialogs oder der automatischen Übersetzung in eine andere Sprache sein kann.

1.2   Funktionsprinzipien von Markov-Modellen

Die einfachste Form der Markov-Modelle bilden die sogenannten *Markov-Ketten-Modelle*, die zur statistischen Beschreibung von Symbol- oder Zustandsfolgen verwendet werden können. Entwickelt wurden sie von dem russischen Mathematiker Andrej Andrejewitsch Markov (1856 − 1922), nach dem sie auch benannt sind. Er setzte sie Anfang des vorigen Jahrhunderts erstmals ein zur statistischen Analyse der Buchstabenabfolge im Text von "Eugen Onegin", einer Versnovelle von Alexander Puschkin [Mar 13].

Die Funktionsweise dieser Modellvariante lässt sich auch am Beispiel von Texten sehr gut verdeutlichen. Die Zustände des Modells sind dabei identisch mit den Wörtern eines bestimmten Lexikons, aus dem die untersuchten Wortfolgen gebildet werden. Markov-Ketten-Modelle geben dann an, wie wahrscheinlich das Auftreten eines Wortes in einem bestimmten textuellen Kontext ist.

---

[1]In den ersten kommerziellen Diktiersystemen der Firmen IBM und Dragon Systems wurde dieses Dilemma durch einen Verfahrenstrick gelöst. Man verlangte einfach vom Benutzer, zwischen Wörtern jeweils kleine Pausen beim Sprechen zu machen. So ließen sich Äußerungen zuerst durch Detektion der Pausen in Wörter segmentieren und diese anschließend klassifizieren.

Durch Auswertung dieser Wahrscheinlichkeit für eine Folge von Wörtern ergibt sich die Gesamtwahrscheinlichkeit für den betrachteten Textabschnitt. Mit einem geeignet gewählten Modell lassen sich so z.B. plausible – d.h. wahrscheinliche – von unplausiblen – d.h. weniger wahrscheinlichen – Sätzen einer Sprache unterscheiden. Im Gegensatz zu einer formalen Sprachdefinition fällt diese Zugehörigkeitsentscheidung allerdings nicht deterministisch, sondern probabilistisch aus. Liegen z.B. mehrere Modelle für verschiedene Textsorten vor, so kann man die Erzeugungswahrscheinlichkeit auch als Basis einer Klassifikationsentscheidung nutzen. Im einfachsten Fall entscheidet man sich für diejenige Textsorte, deren zugehöriges Modell für einen bestimmten Textabschnitt die größte Wahrscheinlichkeit liefert.

Bei den sogenannten *Hidden-Markov-Modellen* wird das Konzept einer statistisch modellierten Zustandsfolge um zustandsspezifische Ausgaben des Modells erweitert. Man geht davon aus, dass nur diese sogenannten Emissionen beobachtbar sind, die zugrundeliegende Zustandsfolge jedoch versteckt (engl. *hidden*) ist, woraus sich auch die Bezeichnung dieser Modellvariante ableitet. Für die statistischen Gesetzmäßigkeiten, die der Generierung der Zustandsfolge und der Emissionen zugrunde liegen, gelten starke Einschränkungen. Im Wesentlichen lässt sich ein Hidden-Markov-Modell als statistisch angereicherter, generierender endlicher Automat ansehen. Sowohl die Übergänge zwischen Zuständen als auch die Erzeugung von Ausgaben erfolgt in Abhängigkeit von bestimmten Wahrscheinlichkeitsverteilungen.

Um eine solches generativ formuliertes Modell für die Analyse bereits vorliegender Daten einsetzen zu können, bedarf es eines gedanklichen Tricks. Man nimmt dabei zuerst an, dass die zu untersuchenden Daten von einem natürlichen Prozess erzeugt wurden, der vergleichbaren statistischen Gesetzmäßigkeiten gehorcht. Dann versucht man diesen mit den Möglichkeiten von Hidden-Markov-Modellen möglichst genau nachzubilden. Gelingt dies, lassen sich anhand des künstlichen Modells Rückschlüsse auf den realen Prozess ziehen. Dies kann zum einen die Wahrscheinlichkeit betreffen, mit der vorliegende Daten erzeugt werden. Zum anderen ist der Rückschluss auf die internen Vorgänge im Modell zumindest probabilistisch möglich. Man kann nämlich diejenige Zustandsfolge bestimmen, die am wahrscheinlichsten eine bestimmte Folge von Emissionen erzeugt.

Ordnet man ganzen Modellen die Bedeutung zu, Klassen von Mustern zu repräsentieren, so lässt sich der Formalismus zur Klassifikation einsetzen. Das weitaus verbreitetere Vorgehen ist jedoch, Teile eines größeren Gesamtmodells – also Zustände oder Zustandsgruppen – mit bedeutungstragenden Segmenten der zu untersuchenden Daten zu identifizieren. Durch die Aufdeckung der Zustandsfolge ist dann eine Segmentierung der Daten mit gleichzeitiger Klassifikation in die gewählten Einheiten möglich.

Bei der automatischen Erkennung gesprochener Sprache entsprechen die Ausgaben des Modells dem akustischen Sprachsignal bzw. seiner parametrischen Merkmalsrepräsentation. Die Modellzustände definieren dagegen elementare akustische Ereignisse wie z.B. Laute einer bestimmten Sprache. Folgen von Zuständen entsprechen dann Wörtern und ganzen sprachlichen Äußerungen. Kann man also für ein gegebenes Sprachsignal die erwartete interne Zustandsfolge rekonstruieren, so lässt sich diesem Signal die – hoffentlich korrekte – gesprochene Wortfolge zuordnen und damit das Segmentierungs- und Klassifikationsproblem integriert lösen.

Diese Möglichkeit, Segmentierung *und* Klassifikation in einem integrierten Formalismus zu behandeln, stellt die herausragende Stärke von Hidden-Markov-Modellen dar. Das eingangs aufgezeigte Dilemma, dass die Klassifikation eine Segmentierung voraussetzt, aber oft eine Segmentierung nur mit dem Wissen um das Klassifikationsergebnis möglich ist, kann so elegant umgangen werden.

Wegen dieser wichtigen Eigenschaft werden Verfahren auf der Basis von Hidden-Markov-Modellen auch als *segmentierungsfrei* bezeichnet.

Sowohl Markov-Ketten- als auch Hidden-Markov-Modelle haben gegenüber symbolischen Ansätzen den entscheidenden Vorteil, dass die erforderlichen Modellparameter automatisch anhand von Beispieldaten trainiert werden können. Allerdings garantiert diese Möglichkeit allein noch nicht den Erfolg dieser Modellierungsmethode. Statistische Parameterschätzungen liefern nämlich nur dann zuverlässige Ergebnisse, wenn ausreichend viele Trainingsbeispiele vorliegen. Leistungsfähige Markov-Modelle lassen sich daher nur erstellen, wenn für das Parametertraining Stichproben von beträchtlichem Umfang zur Verfügung stehen. Auch können durch die Trainingsalgorithmen lediglich die Parameter der Modelle, nicht jedoch deren Konfiguration – d.h. die Struktur und die Anzahl der freien Parameter – automatisch bestimmt werden. Hierfür sind auch im Rahmen statistischer Verfahren die Erfahrung von Experten und umfangreiche experimentelle Untersuchungen erforderlich. Außerdem setzen viele der bekannten Schätzverfahren das Vorliegen eines initialen Modells voraus, das dann schrittweise verbessert wird. Die Wahl des Startpunkts kann daher die Leistungsfähigkeit des fertigen Markov-Modells entscheidend beeinflussen. Schließlich bieten Markov-Ketten- und Hidden-Markov-Modelle unterschiedliche Modellierungsmöglichkeiten, so dass sie vielfach in Kombination zum Einsatz kommen. Dies erfordert in der konkreten technischen Umsetzung jedoch komplexe algorithmische Lösungen, die weit über eine einfache Verrechnung von Wahrscheinlichkeitswerten hinausgehen.

Der erfolgreiche Einsatz von Markov-Modell-basierten Techniken für Mustererkennungsaufgaben erfordert daher die Lösung einer Reihe von verfahrenstechnischen Problemen, die deutlich über die reine technische Umsetzung der zugrundeliegenden mathematischen Theorie hinausgehen.

1.3   Zielsetzung und Aufbau

Die extensive Anwendung und damit auch die umfangreiche Weiterentwicklung von Mustererkennungsmethoden auf der Basis von Markov-Modellen erfolgte im Bereich der automatischen Spracherkennung. Dort stellt heute die Kombination von Hidden-Markov-Modellen für die akustische Analyse und Markov-Ketten-Modellen für die Restriktion möglicher Wortfolgen das beherrschende Paradigma dar. Dies erklärt auch die Tatsache, dass die Behandlung dieser Methoden in Monographien fast immer an den Themenkomplex der Spracherkennung gekoppelt ist (vgl. [Hua 90, ST 95, Jel 97, Fur 00, O'S 00, Hua 01]).

Ihre Anwendung in weiteren Einsatzgebieten wie z.B. der Schrifterkennung oder der Analyse biologischer Sequenzen erschließt sich dagegen erst aus der entsprechenden Spezialliteratur. Dies gilt überraschenderweise auch für die Darstellung von Markov-Ketten-Modellen, die üblicherweise als statistische Sprachmodelle bezeichnet werden. Mit Ausnahme der neu erschienenen Monographie von Huang und Kollegen [Hua 01] werden die erforderlichen Grundlagen und Algorithmen fast ausschließlich in eng auf Detailfragen fokussierten Artikeln in Fachzeitschriften und Konferenzbänden behandelt. Ähnlich verhält es sich mit Fragestellungen, die sich im Zusammenhang mit der praktischen Anwendung der Markov-Modell-Technologie für Mustererkennungsaufgaben ergeben. Hierzu zählen vor allem die erfolgreiche Konfiguration der Modelle, die Behandlung effizienter Algorithmen, Methoden zur Anpassung der Modellparameter an veränderte Einsatzgebiete sowie die Kombination von Markov-Ketten- und Hidden-Markov-Modellen in integrierten Suchprozessen.

Das vorliegende Werk verfolgt daher zwei Ziele. Zum einen sollen Markov-Modelle in Bezug auf ihren mittlerweile äußerst breiten Anwendungskontext dargestellt werden. Zum anderen soll die Behandlung sich nicht nur auf den theoretischen Kern der Modellbildung konzentrieren, sondern alle aus heutiger Sicht relevanten technologischen Aspekte mit einschließen.

Zu Beginn des Buchs steht in Kapitel 2 ein Überblick über die möglichen Anwendungsgebiete der Markov-Modell-Technologie. Als prototypisches Einsatzgebiet wird dabei zuerst die automatische Erkennung gesprochener Sprache betrachtet, bevor die beiden weiteren Hauptanwendungsfelder Schrifterkennung sowie die Analyse biologischer Sequenzen vorgestellt werden. Das Kapitel schließt mit einem Ausblick auf einige der vielen weiteren Einsatzmöglichkeiten von Markov-Modellen.

Teil I dieses Buchs liefert den formalen Rahmen für die Behandlung von Markov-Modellen. Zu Beginn steht eine kurze Einführung in relevante Grundbegriffe der Wahrscheinlichkeitsrechnung und Statistik. Außerdem werden grundlegende Methoden zur Vektorquantisierung und Schätzung von Mischverteilungsmodellen vorgestellt, die zur Modellierung hochdimensionaler Daten eingesetzt werden. Anschließend erfolgt die formale Beschreibung der beiden Vertreter der Markov-Modell-Technologie, nämlich von Hidden-Markov-Modellen und Markov-Ketten-Modellen, die oft auch als n-Gramm-Modelle bezeichnet werden. Das Augenmerk richtet sich dabei nicht so sehr darauf, alle möglichen Varianten der entsprechenden Formalismen zu behandeln, als vielmehr darauf, ein in sich stimmiges Gesamtkonzept der theoretischen Grundlagen zu präsentieren.

Thema des zweiten Teils sind verschiedene wichtige Aspekte des praktischen Einsatzes von Verfahren auf der Basis von Markov-Modellen. Zu Beginn steht der robuste Umgang mit den bei diesen statistischen Methoden allgegenwärtigen Wahrscheinlichkeitsgrößen. Kapitel 8 behandelt die Konfiguration von Hidden-Markov-Modellen für bestimmte Anwendungsfälle. Im Anschluss daran wird die robuste Schätzung der erforderlichen Modellparameter erläutert. Kapitel 10 stellt die wichtigsten Methoden zur effizienten Verwendung von Markov-Modellen vor. Die Anpassung der Modelle an unterschiedliche Einsatzgebiete ist Thema von Kapitel 11. Den Abschluss von Teil II bildet schließlich die Behandlung von Algorithmen zur Suche in den hochkomplexen Lösungsräumen, die sich bei der integrierten Anwendung von Markov-Ketten- zusammen mit Hidden-Markov-Modellen ergeben.

Der Kreis zu den Anwendungen von Markov-Modellen schließt sich in Teil III. Hier werden ausgewählte Systeme aus den Hauptanwendungsgebieten Spracherkennung, Handschriftverarbeitung und Analyse biologischer Sequenzen vorgestellt. Dabei stehen die in diesen Systemen erfolgreich realisierte Kombination unterschiedlicher Verfahrensaspekte im Vordergrund.

2 Anwendungen

2.1 Sprache

Die Interaktion mittels gesprochener Sprache stellt die vorherrschende Modalität zur Kommunikation von Menschen untereinander dar. Mit Hilfe sprachlicher Äußerungen können Emotionen vermittelt, Ironie zum Ausdruck gebracht, schlicht "Konversation" gemacht oder Informationen übermittelt werden. Dieser letzte Aspekt steht bei der automatischen Verarbeitung von Sprache bei weitem im Vordergrund. Mit gesprochener Sprache lassen sich Informationen einigermaßen mühelos und mit einer relativ hohen "Datenrate" von bis zu 250 Wörtern pro Minute vermitteln bzw. übertragen. Damit übertrifft diese Modalität prinzipiell alle anderen Kommunikationsmöglichkeiten des Menschen z.B. durch Gestik, Handschrift oder Tastatureingabe bezüglich Einfachheit der Anwendung und Effizienz. Daraus wird in der Literatur vielfach gefolgert, dass gesprochene Sprache auch die beste Lösung zur Kommunikation mit automatischen Systemen sei. Dies darf jedoch bezweifelt werden, wie die Vorstellung eines Großraumbüros, in dem alle Mitarbeiter auf ihre Rechner einreden, oder die nur per Sprache und nicht per einfachem Knopfdruck bedienbare Kaffeemaschine zeigen.

Es gibt jedoch eine Reihe von Szenarien, in denen Mensch-Maschine-Kommunikation mit gesprochener Sprache – gegegenenfalls unter Einbeziehung weiterer Modalitäten – sinnvoll zum Einsatz kommen kann. Dabei wird entweder das Ziel verfolgt, ein bestimmtes Gerät zu steuern oder von diesem Informationen zu erlangen. Beispiele für solche Informationssysteme bilden automatische Auskunftssysteme, über die telefonisch Fahrplan- oder Veranstaltungsinformationen abgefragt und eventuell auch sofort die zugehörigen Bahn-, Kino- oder Theaterkarten bestellt werden können. Zu den Steuerungsanwendungen zählen die Bedienung von Mobiltelefonen, die auf Zuruf des Namens bzw. der Telefonnummer die entsprechende Verbindung herstellen, die Maschinensteuerung in einem industriellen Kontext, der die Verwendung anderer Modalitäten ausschließt, und auch die Kontrolle sogenannter nicht-sicherheitsrelevanter Funktionen im Fahrzeug, wie z.B. Radio oder Klimaanlage. Als sehr speziellen Fall der Gerätesteuerung kann man auch die automatische Transkription gesprochener Texte in Diktiersystemen ansehen. Diese Anwendung wurde zwar nicht zur "Killerapplikation" von Sprachtechnologie, hat deren Entwicklungsprozess aber entscheidend beeinflusst.

Um sprachliche Mensch-Maschine-Kommunikation möglich zu machen, müssen gesprochene Äußerungen auf eine geeignete rechnerinterne symbolische Beschreibung abgebildet werden, auf deren Grundlage dann die Aktionen des automatischen Systems erfolgen. Dazu muss zuerst das physikalische Korrelat gesprochener Sprache – d.h. die geringfügigen Änderungen des Luftdrucks durch die Schallausbreitung – digital repräsentiert werden. Mit Hilfe eines Mikrophons wird der Schalldruck in eine elektrisch messbare Größe umgewandelt, deren zeitlicher Verlauf dem Schallsignal entspricht. Zu deren möglichst exakter Repräsentation in digitaler Form wird der entsprechende

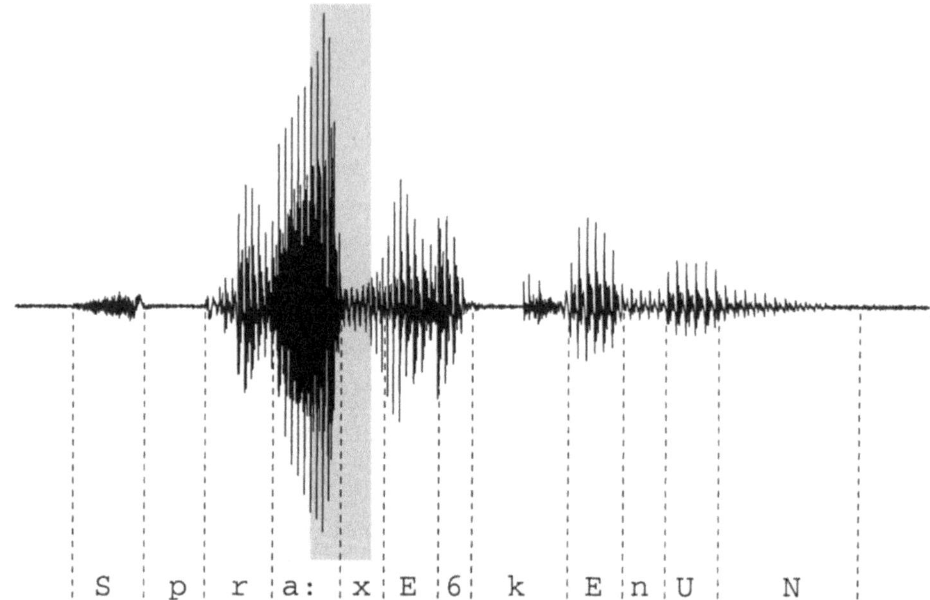

Abb. 2.1 Beispiel eines digitalisierten Sprachsignals mit Markierung der von Expertenhand ermittelten Lautsegmente des isoliert gesprochenen Wortes "*Spracherkennung*".

Funktionsverlauf abgetastet, d.h. es werden in einem bestimmten Zeittakt die jeweiligen analogen Werte bestimmt und anschließend quantisiert, d.h. auf einen endlichen Wertevorrat abgebildet. Die Kombination von Abtastung und Quantisierung bezeichnet man als Digitalisierung. Bei gesprochener Sprache arbeitet man in der Regel mit Abtastraten von 11 bis 16 kHz und speichert die einzelnen quantisierten Messwerte mit einer Genauigkeit von 8 bis 16 bit.

Abbildung 2.1 zeigt exemplarisch ein digitalisiertes Sprachsignal. Für sehr einfache Sprachverarbeitungsanwendungen reicht diese Information manchmal bereits aus. So lässt sich die Namenswahl in einem Mobiltelefon auf der Basis des direkten Vergleich des aktuellen Signals mit einigen wenigen gespeicherten Referenzsignalen realisieren. Bei komplexen Anwendungen ist es jedoch unerlässlich, aus dem Signal zuerst eine geeignete symbolische Zwischenrepräsentation zu erzeugen, bevor eine Interpretation der Daten im Anwendungskontext erfolgt.

Neben der Realisierung als akustisches Signal existiert für Sprache auch die duale Repräsentation in Form von Schrift. Obwohl sich eine Reihe von Eigenschaften gesprochener Sprache, wie z.B. Lautstärke, Geschwindigkeit oder Klangfarbe, schriftlich nicht repräsentieren lassen, kann man doch immer den zentralen Informationsgehalt in orthographischer Form angeben. Diese "Kodierung" des akustischen Signals lässt sich auch in Rechnern leicht repräsentieren und verarbeiten. Daher gehört es in komplexeren sprachverarbeitenden Systemen zum Standard, Sprachsignale zuerst auf eine textuelle Repräsentation abzubilden. Diesen Verarbeitungsschritt bezeichnet man als *Spracherkennung*. Das sogenannte *Sprachverstehen* setzt auf den Ergebnissen der Spracherkennung auf, die z.B. aus einer Folge von Wörtern bestehen, und versucht auf dieser Basis eine symbolische Bedeutungsrepräsentation für die betrachtete Äußerung zu erzeugen. Bei Auskunftssystemen wird dabei unter anderem die Intention des Benutzers ermittelt und die wesentlichen Parameter seiner Anfrage extrahiert. Ein automatisches Dialogsystem der Bahn muss z.B. eine Fahrplanauskunft von einer Fahrkartenbestellung unterscheiden und in beiden Fällen den Abfahrts- und Zielort sowie den gewünschten Reisezeitpunkt bestimmen. Zur syntaktisch-semantischen Analyse von textuell repräsentierten Sprachbeispielen wurden im Rahmen der linguistischen Forschung zahlreiche Ansätze entwickelt (vgl. z.B. [Win 83]). Daher kommen zur Interpretation von sprachlichen Äußerungen fast ausschließlich regelbasierte Verfahren zum Einsatz, die entweder direkt auf linguistischen Theorien aufsetzen oder durch diese motiviert sind (vgl. z.B. [Kum 98]).

Die Abbildung eines Sprachsignals auf dessen textuelle Repräsentation, wie es Ziel der Spracherkennung ist, gelingt dagegen nicht mit rein symbolischen Verfahren. Hauptgrund dafür ist die große Variabilität bei der Realisierung selbst prinzipiell identischer sprachlicher Äußerung durch verschiedene Sprecher bzw. in unterschiedlichen Umgebungen. Außerdem sind auf der Signalebene Grenzen zwischen akustischen Einheiten nur in Ausnahmefällen markiert.

Die elementare Beschreibungseinheit für sprachliche Ereignisse ist das sogenannte *Phon*, das einen einzelnen sprachliche Laut bezeichnet. Im Gegensatz zu einem *Phonem*, der kleinsten bedeutungsunterscheidenden Einheit, definieren Phone akustisch unterscheidbare "Bausteine" sprachlicher Äußerungen. Die verwendeten Kategoriensysteme sind auf der Basis der Artikulation der entsprechenden sprachlichen Einheiten entwickelt worden (vgl. z.B. [Koh 95]). Dabei legt man ein Modell des Spracherzeugungsprozesses zugrunde, dessen Prinzipien im folgenden kurz skizziert werden sollen.

Zuerst wird – im allgemeinen durch Ausatmen – ein Luftstrom aus der Lunge erzeugt, der den durch die Stimmbänder und Stimmritzen gebildeten Stimmapparat im Kehlkopf passiert. Ist diese sogenannte *Glottis* geschlossen, entsteht eine Folge periodischer Druckimpulse, während bei geöffneter Glottis die vorbeiströmende Luft nur ein weißes Rauschen verursacht. Dieses stimmhafte bzw. stimmlose *Anregungssignal* wird dann im sogenannten *Vokaltrakt* in seiner spektralen Zusammensetzung modifiziert, so dass ein bestimmter sprachlicher Laut gebildet wird. Der Vokaltrakt besteht aus Mund-, Nasen- und Rachenraum und kann je nach Öffnung des Unterkiefers bzw. Stellung der Zunge und des Gaumensegels in seiner Form verändert werden. Die beiden groben Lautklassen *Vokale* und *Konsonanten* lassen sich, vereinfacht ausgedrückt, dadurch unterscheiden, dass bei ersteren immer eine stimmhafte Anregung erfolgt und der Vokaltrakt hierfür lediglich einen Resonanzraum bildet. Bei weitestmöglicher Öffnung erhält man z.B. einen A-Laut wie in *"Sprache"* (in phonetischer Umschrift[1] /Spra:x@/). Konsonanten entstehen dagegen durch eine Engebildung im Vokaltrakt wahlweise mit einer stimmhaften oder stimmlosen Anregung. Liegt z.B. die Zungenspitze hinter dem Zahndamm an, so wird entweder ein stimmhafter oder ein stimmloser S-Laut wie in *"reisen"* bzw. *"reißen"* erzeugt (/raIz@n/ bzw. /raIs@n/).

Sprachliche Äußerungen entstehen immer als Folge solcher elementaren Laute. Allerdings liegen diese Einheiten darin nicht diskret vor und sind daher keineswegs einfach zu segmentieren. Da die Artikulationsorgane ihre Stellung nicht von einem Laut zum nächsten instantan ändern können, erfolgt dies in kontinuierlichen Bewegungen. Daher spiegeln Sprachsignale den gleichmäßigen Übergang zwischen den charakteristischen Eigenschaften der aufeinanderfolgenden Laute wider. Bei starker Idealisierung der realen Verhältnisse kann man annehmen, dass in sorgfältig artikulierter, langsamer Sprache die typischen Eigenschaften eines Lautes in dessen Zentrum ausgeprägt sind.

---

[1]Sofern im Rahmen dieses Buchs phonetische Umschriften sprachlicher Äußerungen angegeben sind, verwenden diese das SAMPA-Symbolinventar, das als maschinenlesbare Version des IPA (International Phonetic Alphabet) speziell für die automatische Verarbeitung im Rechner entwickelt wurde [Wel].

Die Randbereiche des entsprechenden Signalabschnitts sind dagegen durch die benachbarten Laute beeinflusst. Diese gegegenseitige Beeinflussung von Lauten im Sprachfluss bezeichnet man als Koartikulation, deren Effekte unter realen Bedingungen auch über mehrere Laute hinweg andauern können. In Abbildung 2.1 ist eine Segmentierung des Beispielsignals gezeigt. Da aber auch von Experten die Segmentgrenzen nicht zweifelsfrei festgelegt werden können, ist die Abgrenzung der einzelnen Laute gegeneinander im allgemeinen nicht eindeutig definiert.

Die inhärente Kontinuität von Sprache macht eine rein datengetriebene Segmentierung ohne Modellwissen praktisch unmöglich. Daher werden heute ausschließlich sogenannte "segmentierungs-freie" Methoden auf der Basis von Markov-Modellen zur Spracherkennung eingesetzt. Obwohl das digitalisierte Sprachsignal selbst bereits eine lineare Folge von Abtastwerten darstellt, setzen die statistischen Modelle gesprochener Sprache immer auf einer geeigneten Merkmalsrepräsentation auf. Diese versucht, die charakteristischen Eigenschaften sprachlicher Einheiten, die überwiegend durch die spektrale Zusammensetzung des Signals gegeben sind, parametrisch zu beschreiben. Da auf dieser Ebene noch keine Segmentierungsinformation vorliegt, muss die Merkmalsextraktion in Bereichen erfolgen, deren Eigenschaften möglichst wenig über die Zeit variieren und daher möglichst kurz sind. Andererseits müssen diese Abschnitte aber auch lang genug sein, damit aussagekräftige spektrale Charakteristika berechnet werden können. Man unterteilt das Sprachsignal daher in kurze Abschnitte konstanter Länge von ca. 16 bis 25 ms, die *Frames* genannt werden. Um nicht wichtige Information durch diese elementare Segmentierung des Signals an den Rändern der Frames zu verlieren, lässt man diese üblicherweise sich gegenseitig überlappen. Als Quasistandard hat sich eine *Framerate* von 10 ms etabliert. Bei 20 ms Framelänge würden sich die Signalabschnitte dabei jeweils zur Hälfte überlappen. Abbildung 2.2 zeigt eine solche Einteilung eines Sprachsignals in Frames mit 16 ms Länge am Beispiel eines Ausschnitts aus dem aus Abbildung 2.1 bekannten Beispielsignal.

Für jeden Frame werden Merkmale berechnet. Man erhält so eine Folge hochdimensionaler Vektoren kontinuierlicher Merkmalswerte, die mit den Emissionen eines Hidden-Markov-Modells identifiziert werden. Allen Merkmalsberechnungsverfahren ist gemeinsam, dass sie ein Maß für die Signalenergie verwenden sowie ein abstraktes Modell der spektralen Zusammensetzung des betreffenden Signalausschnitts generieren. Als Quasi-Standard dafür hat sich die ursprünglich zur Analyse seismischer Signale entwickelte *cepstrale*[2] Analyse etabliert ([Bog 63], vgl. auch [ST 95, S. 58ff] [Hua 01, S. 306ff]). Das sogenannte Modellspektrum charakterisiert implizit die Form des Vokaltrakts bei der Stimmbildung und lässt damit Rückschlüsse auf den artikulierten Laut zu[3]. Die Kombination der Frameeinteilung eines Sprachsignals und der lokal ausgeführten Merkmalsberechnung bezeichnet man als *Kurzzeitanalyse*. In Abbildung 2.2 sind Ergebnisse eines solchen Vorgehens beispielhaft dargestellt, wobei als hypothetische Merkmalsextraktionsvorschrift die Berechnung eines geglätteten Leistungsdichtespektrums verwendet wurde.

Durch das Training von Hidden-Markov-Modellen für akustische Einheiten versucht man die statistischen Eigenschaften der durch die Kurzzeitanalyse erzeugten Merkmalsvektorfolgen nachzubilden. Üblicherweise verfolgt man dabei einen modularen Ansatz zur Beschreibung komplexerer sprachlicher Strukturen. Auf der Basis von Modellen für elementare Einheiten wie z.B. Laute

---

[2]Begriffe wie *cepstrum*, *saphe* oder auch *alanysis* wurden von den Autoren als Kunstwörter aus *spectrum*, *phase* bzw. *analysis* abgeleitet.

[3]Für eine ausführliche Beschreibung verschiedener Merkmalsextraktionsverfahren siehe z.B. [ST 95, Kapitel 3 S. 45ff] oder [Hua 01, Kapitel 6 S. 275ff]

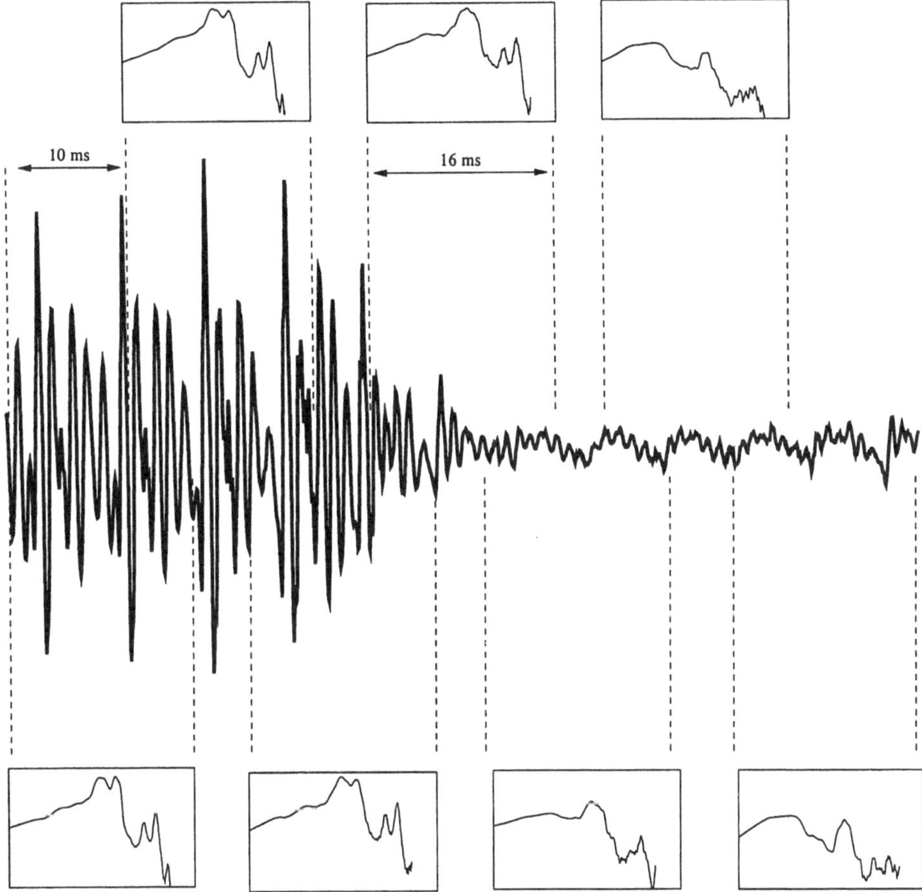

Abb. 2.2 Frameeinteilung des in Abbildung 2.1 markierten Signalausschnitts im Übergangsbereich zwischen den Lauten / a : / und / x / mit zugehöriger hypothetischer Merkmalsrepräsentation.

konstruiert man durch Hintereinanderschaltung Wörter. Eine beliebige Abfolge von Wortmodellen aus einem gegebenem Lexikon definiert dann ein Modell für sprachliche Äußerungen einer bestimmten Anwendungsdomäne. Das Gesamtmodell ist dabei wieder ein Hidden-Markov-Modell. Die Segmentierung einer als Folge von Merkmalsvektoren vorliegenden Äußerung in die entsprechende Wortfolge erhält man durch Berechnung der optimalen Zustandsfolge durch das Modell. Diese verläuft durch bestimmte Wortmodelle, die *per constructionem* Teil des Äußerungsmodells sind, so dass man die optimale textuelle Repräsentation leicht angeben kann. Diese wird jedoch im allgemeinen nur eine Näherung des tatsächlich Gesprochenen sein.

Um bei der Suche nach dieser Lösung nicht beliebige Wortfolgen betrachten zu müssen, die unter Umständen im betrachteten Anwendungskontext zu einem großen Teil wenig plausibel sein können, lassen sich zusätzlich zu der Modellierung auf akustischer Ebene mit Hilfe von Markov-Ketten-Modellen statistische Restriktionen auf symbolischer Ebene einbringen. Man spricht dann von der

Verwendung eines sogenannten *Sprachmodells*. Prinzipiell lassen sich für diesen Zweck auch rein symbolische Verfahren wie z.B. formale Grammatiken verwenden. Allerdings führt die Kombination zweier statistischer Techniken in der Regel zu leistungsfähigeren Gesamtsystemen. Daher hat sich die Kombination von Hidden-Markov-Modellen für die akustische Modellierung und Markov-Ketten-Modellen für die Sprachmodellierung im Bereich der automatischen Spracherkennung als Standardvorgehen etabliert.

Die Schwierigkeit einer konkreten Spracherkennungsaufgabe kann anhand der Restriktionen abgeschätzt werden, die für die zu erwartenden sprachlichen Äußerungen gelten. Je eingeschränkter, desto einfacher und je variabler, desto schwieriger wird die erforderliche Modellierung. Deutlich vereinfacht wird das Problem, wenn die betrachteten Sprachdaten nur von ein und demselben Sprecher stammen. Man spricht in diesem Fall von *sprecherabhängiger* Erkennung. Als *sprecherunabhängig* werden dagegen Systeme bezeichnet, die näherungsweise in der Lage sind, Äußerungen aus einem breiten Personenkreis zu verarbeiten. Vereinfachen lässt sich die Erkennung auch durch die Einschränkung des betrachteten Vokabulars. Sollen nur wenige Kommandowörter erkannt werden, kann dies vergleichsweise leicht und zuverlässig geschehen. Die Dekodierung eines umfangreichen Wortschatzes von mehreren 10 000 Wörtern erfordert dagegen einen drastisch erhöhten Aufwand. Daher arbeiten handelsübliche Diktiersysteme sprecherabhängig, um auch mit sehr großen Lexika akzeptable Erkennungsleistungen erbringen zu können. Telefonische Auskunftssysteme müssen dagegen sprecherunabhängig sein und verwenden dafür in der Regel ein stark auf die konkrete Anwendung eingeschränktes Vokabular.

Aber nicht nur der Umfang des Wortschatzes beeinflusst die erzielbare Erkennungsleistung. Üblicherweise verwendet man bei großen Erkennungslexika statistische Sprachmodelle zur Restriktion der möglichen bzw. wahrscheinlichen Wortfolgen. Je nachdem, wie gut diese Einschränkungen während der Modelldekodierung greifen, vereinfacht sich auch das Erkennungsproblem. Besonders gut gelingt dies bei Äußerungen aus klar abgegrenzten Anwendungsgebieten, in denen eventuell auch formalisierte Sprachstrukturen verwendet werden. Daher wurden die ersten kommerziell verfügbaren Diktiersysteme in Anwaltskanzleien und Arztpraxen eingesetzt.

Zusätzlich zum Umfang des Lösungsraums beeinflusst auch der jeweilige Sprechstil entscheidend die Qualität der Erkennungsergebnisse. In Laborexperimenten arbeitet man häufig mit nach gegebenen Texten vorgelesenen Sprachsignalen, die dadurch weniger Variabilität in der akustischen Ausprägung aufweisen als das in spontaner Sprache der Fall ist. Bei dieser nimmt im allgemeinen die Sorgfalt in der Artikulation ab, und Verschleifungen zwischen aufeinanderfolgenden Lauten nehmen zu. In bestimmten Kontexten werden einzelne Laute oder ganze Lautgruppen möglicherweise gar nicht realisiert. Außerdem können spontansprachliche Effekte wie z.B. Wortabbrüche oder Häsitationen auftreten, die natürlich in der Modellbildung berücksichtigt werden müssen.

Eine weitere große Schwierigkeit für Spracherkennungssysteme stellt die Veränderung der Umgebungsbedingungen dar, in denen die Signaldaten erfasst werden. Dies kann zum einen den Aufnahmekanal selbst betreffen, der durch die technischen Lösungen zur Signalerfassung und die akustischen Eigenschaften des Aufnahmeraumes gegeben ist. Daher wird bei handelsüblichen Diktiersystemen vielfach das speziell erforderliche Mikrophon dem Programmpaket beigelegt. Auch funktionieren viele Systeme nur in ruhiger Büroumgebung gut und nicht in einer riesigen Messehalle. In solchen öffentlichen Räumen kommen darüberhinaus noch Störgeräusche hinzu, die sich gleich in zweifacher Weise negativ auf die Systemleistung auswirken. Zum einen überlagern sie das eigentliche Sprachsignal und beeinflussen damit die extrahierten Merkmalsrepräsentationen. Zum anderen nimmt auch der jeweilige Sprecher das Störgeräusch wahr und verändert daraufhin im allgemeinen seine Artikulation. Dieses Phänomen wird nach seinem Entdecker als *Lombard-Effekt* bezeichnet [Lom 11]. Daher stellt die robuste Erkennung sprachlicher Äußerungen im Fahrzeug, wo starke und teilweise nicht vorhersehbare Nebengeräusche auftreten, eine besondere Herausforderung für aktuelle Spracherkennungssysteme dar.

In der jahrzehntelangen Forschung auf dem Gebiet der Spracherkennung wurden durch immer weitere Verfeinerungen bei den statistischen Methoden sowie durch spezielle anwendungsabhängige Techniken beachtliche Leistungen im Umgang mit den vielfältigen Schwierigkeiten der automatischen Erkennung gesprochener Sprache erbracht. Dennoch existiert heute kein System, das beliebige Äußerungen beliebiger Personen zu einem beliebigen Thema in beliebiger Umgebung erkennen könnte – aber diese Anforderung erfüllt selbst das menschliche Vorbild nicht. Doch auch bei weniger ehrgeizigen Zielen wie der Erstellung sprecherabhängiger Diktiersysteme sind die tatsächlichen Systemleistungen begrenzt und bleiben weit hinter den Versprechungen mancher Hersteller zurück [Fla 00]. Das Problem der automatischen Spracherkennung ist daher noch keineswegs gelöst, und es wird auch in Zukunft großer Forschungsanstrengungen und möglicherweise neuartiger Verfahren bedürfen, um Systeme zu schaffen, die näherungsweise die Leistungsfähigkeit eines menschlichen Zuhörers erreichen.

2.2 Schrift

Bei Schrift denkt man im europäischen Kulturkreis immer zuerst an Buchstabenalphabete und speziell an die weit verbreitete Lateinschrift, in der auch dieses Werk abgefasst ist. Alphabetschriften folgen im wesentlichen dem phonographischen Prinzip, bei dem durch die vergleichsweise wenigen Zeichen der Schrift die Lautstruktur der betreffenden Sprache wiedergegeben wird[4]. Selbst wenn dieses Vorgehen für einen westlichen Leser aufgrund seiner kulturellen Prägung als das einzig sinnvolle erscheint, existieren auch heute noch völlig andere Herangehensweisen bei der Verschriftung von Sprache[5]. Prominentestes Beispiel ist die chinesische Schrift, die nach dem Prinzip der Logographie arbeitet. Dabei steht jedes der komplexen Schriftsymbole für ein bestimmtes Wort der chinesischen Sprache. Es bedarf daher wenigstens einiger tausend Zeichen, um Texte der chinesischen Alltagssprache z.B. in den Printmedien zu schreiben. Dass eine solche in unseren Augen komplizierte Schriftform auch im Computerzeitalter nicht durch eine Alphabetschrift verdrängt wird, zeigt eindrucksvoll das Beispiel des Japanischen, das als Schrift einer Hochtechnologienation selbstverständlich auch im Umgang mit Computern verwendet wird. Japanische Texte werden in einer Mischung aus chinesischen Schriftsymbolen (*Kanji*) für die Wiedergabe von Wortstämmen und zwei daraus durch Vereinfachung abgeleiteten Silbenschriften geschrieben, die wieder dem phonographischen Prinzip folgen. Zeichen der *Hiragana*-Schrift dienen zur Schreibung grammatikalischer Elemente; in *Katagana* schreibt man Namen und Fremdwörter.

Geschriebene Texte können unabhängig vom jeweiligen Schriftsystem entweder maschinell erstellt, d.h. gedruckt werden, oder handschriftlich mit Stift oder Pinsel zu Papier gebracht werden. Dabei

---

[4]Durch die historische Entwicklung der Sprachen ist die Beziehung zur jeweiligen Aussprache in der heutigen Schreibung nur mehr oder weniger explizit erhalten geblieben.

[5]Eine umfassende Übersicht über historische und heute noch gebräuchliche Schriftsysteme sowie deren Entwicklung und Beziehung untereinander gibt [Haa 91].

existieren für beide Formen der Schrift unterschiedliche Schriftstile. Bei der maschinellen Schreibung ist die Form der Zeichen vom Prinzip her nicht eingeschränkt. Dagegen will man bei Handschrift diese auch möglichst einfach und flüssig zu Papier bringen können. Daher gibt es neben der Druckschrift eines bestimmten Schriftsystems auch eine für die manuelle Schreibung angepaßte Kursivschrift.

Im Gegensatz zur Erkennung gesprochener Sprache erfolgt die automatische Verarbeitung von Schrift nur zum Teil im Kontext der Mensch-Maschine-Kommunikation. Vielmehr liegen die Ursprünge der Technologie und ein Großteil der heute industriell relevanten Anwendungen im Bereich der Automatisierungstechnik. Da wir im Rahmen dieses Buchs nicht das Ziel verfolgen wollen, die automatische Schriftverarbeitung umfassend für alle noch existierenden Schriftsysteme zu behandeln, wollen wir uns im folgenden auf die Betrachtung der geläufigen Alphabetschriften und dabei als typische Vertreterin die Lateinschrift beschränken. Für eine Darstellung der Techniken, die zur Verarbeitung von z.B. japanischen, chinesischen oder arabischen Texten zum Einsatz kommen, sei der interessierte Leser auf die entsprechende Spezialliteratur verwiesen (vgl. z.B. [Bun 97, Kapitel 10 bis 15]). Das Vorgehensprinzip bleibt dabei im wesentlichen unverändert. Man trägt jedoch bei der Auswahl von Methoden und der Kombination der Verarbeitungsschritte der jeweils speziellen Ausprägung des Schriftbildes Rechnung.

Die klassische Anwendung von automatischer Schriftverarbeitung ist die sogenannte *optische Zeichenerkennung* (engl. *optical character recognition*), die meist mit dem aus dem entsprechenden englischsprachigen Begriff abgeleiteten Acronym OCR bezeichnet wird (vgl. z.B. [Mor 98]). Dabei ist es das Ziel, maschinell geschriebene Texte, die optisch erfasst und anschließend digitalisiert wurden, automatisch zu "lesen", d.h. das Schriftabbild in eine rechnerinterne symbolische Repräsentation des Textes zu überführen. Die Ausgangsdaten sind also Abbilder von Dokumentseiten wie z.B. dieser hier, die mit Hilfe eines Scanners bei einer typischen Auflösung von 300 bis 2400 Punkten pro Zoll in ein digitales Bild umgewandelt werden. Aufgrund der bildhaften Natur der Eingabedaten dominieren im Bereich der OCR daher Methoden der automatischen Bildverarbeitung.

Vor Beginn der eigentlichen Texterkennung ist in jedem Falle eine Analyse des Dokumentlayouts erforderlich. Dabei werden innerhalb des vorliegenden Seitenabbildes Textbereiche, aber auch andere Elemente der Dokumentstruktur wie z.B. Überschriften oder Graphiken identifiziert. Anschließend können die Textbereiche in Paragraphen, einzelne Zeilen und wegen der normalerweise hohen Präzision bei der Erstellung maschinengeschriebener Texte in der Regel auch in einzelne Zeichen segmentiert werden. Sind die Abbilder der Schriftsymbole auf diese Weise isoliert worden, können sie mit beliebigen Techniken der Musterklassifikation auf ihre symbolische Repräsentation abgebildet werden (vgl. z.B. [Sch 77]). Die Ergebnisse der Klassifikation werden in der Regel einem oder mehreren Nachbearbeitungsschritten unterzogen. Dabei wird versucht, durch die Einbeziehung von Kontextrestriktionen z.B. in Form eines Lexikons, Fehler auf Zeichenebene soweit wie möglich zu korrigieren (vgl. z.B. [Den 97]).

Die Komplexität der Verarbeitungsaufgabe wird, wie im Bereich der automatischen Spracherkennung auch, durch die Variabilität der zu erwartenden Eingabedaten bestimmt. Da die Verarbeitung hauptsächlich auf Zeichenebene erfolgt und der Wort- oder Dokumentkontext lediglich bei der Nachbearbeitung eingebracht wird, ist die Größe des verwendeten Lexikons von untergeordneter Bedeutung. Die Variabilität der Daten ergibt sich zum einen durch Unterschiede im jeweiligen Schriftbild, wie es durch den Druck erzeugt wird. Zum anderen verändern Störungen bei der optischen Erfassung der Dokumente das Aussehen einzelner Zeichen und Textabschnitte unter

Umständen ganz entscheidend. Im Druckprozess selbst kann der Schriftschnitt (normal, **fett** oder *kursiv*), der Schrifttyp (z.B. Times, Helvetica oder Courier) oder die Buchstabengröße variieren. Ungleich größere Schwierigkeiten für die automatische Verarbeitung ergeben sich, wenn das Schriftabbild nur in schlechter Qualität erfasst werden kann. Dies kann z.B. durch Alterung oder eine vergleichbare Beeinträchtigung wie z.B. Verschmutzung des Ausgangsdokuments selbst bedingt sein. Aber auch durch die wiederholte Reproduktion oder Übertragung eines Dokuments z.B. per Fax oder mit Hilfe von Kopiergeräten wird die mögliche Qualität der Ausgangsdaten für die automatische Zeichenerkennung reduziert. In diesem Falle ist eine Segmentierung auf Zeichenebene in der Regel nicht mehr mit der erforderlichen Zuverlässigkeit möglich, so dass bei der Verarbeitung solcher "gestörter" Dokumentabbilder (engl. *degraded documents*) segmentierungsfreie Methoden auf der Basis von Markov-Modellen wesentliche Vorteile gegenüber klassischen Verfahren der OCR bilden (vgl. z.B. [Elm 98]).

Wesentlich schwieriger wird das Problem der automatischen Zeichenerkennung auch, wenn die betrachteten Texte nicht maschinell, sondern handschriftlich erstellt wurden. Insbesondere die Verwendung von Kursivschrift, die bei Alphabetschriften in der Regel die einzelnen Zeichen zu einem durchgehenden Schriftzug verbindet, macht eine zuverlässige Segmentierung auf Buchstabenebene praktisch unmöglich. Daher dominieren in diesem Bereich mittlerweile segmentierungsfreie Verfahren auf der Basis von Markov-Modellen. Allerdings ist das maschinelle Lesen größerer handschriftlicher Dokumente wohl auch wegen der enormen Schwierigkeit dieser Aufgabe derzeit nicht anwendungsrelevant. Auch im wissenschaftlichen Bereich existieren zur Zeit nur wenige diesbezügliche Forschungsvorhaben. Ein Beispiel eines historischen Briefes in Kursivschrift zeigt Abbildung 2.3. Dagegen sieht man in Abbildung 2.4 ein typisches Dokument, wie es zum Aufbau eines großen Korpus handschriftlicher Texte auf Initiative der Universität Bern erhoben wurde [Mar 99a].

Die Komplexität bei der Verarbeitung handschriftlicher Dokumente entsteht durch die gegenüber maschinell geschriebenen Texten ungleich höhere Variabilität des Schriftbildes. Die einzelnen Buchstaben unterscheiden sich, ähnlich wie Laute in gesprochener Sprache, auch bei wiederholter Realisierung durch ein und dieselbe Person, je nach Vorkommenskontext und am deutlichsten zwischen unterschiedlichen Schreibern. Da ohne geeignete Restriktion der möglichen Buchstabenfolgen bei der automatischen Erkennung handschriftlicher Texte keine befriedigenden Ergebnisse zu erzielen sind, ist auch der verwendete Wortschatz bzw. vergleichbares Kontextwissen von großer Bedeutung.

Eine industriell besonders wichtige Anwendung der automatischen Schrifterkennung ist das maschinelle Lesen von Anschriften in Postverteileranlagen. Hierbei entsteht die wesentliche Schwierigkeit durch den auch in der heutigen Zeit noch großen Anteil handgeschriebener Adressen. In der Praxis lässt sich deswegen nur teilweise eine automatische Sortierung der Vertriebsstücke erreichen, weil Erkennungsfehler durch fehlgeleitete Post enorme Kosten verursachen können. Man nimmt daher eine sehr hohe Rückweisungsrate in Kauf, um die Fehlerrate solcher Systeme so gering wie möglich halten zu können. Die zurückgewiesenen Vertriebsstücke müssen dann manuell zugeordnet werden.

Leistungsfähige Verfahren zur automatischen Adressauswertung sind insbesondere für maschinell geschriebene Postanschriften schon seit vielen Jahren im praktischen Einsatz. Die Qualität der Ergebnisse hängt dabei aber nicht allein von einer möglichst guten Klassifikationsleistung auf Zeichenebene ab. Es ist darüberhinaus extrem wichtig, strukturelle und inhaltliche Beziehungen zwischen den einzelnen Elementen einer Postanschrift, wie Postleitzahl, Orts- und Straßenname sowie Hausnummer und ggf. Zustellbezirk, in geschickter Weise auszunützen. Nach der Einführung eines neuen automatischen Anschriftenlesesystems wird in den USA derzeit mehr als die Hälfte der hand-

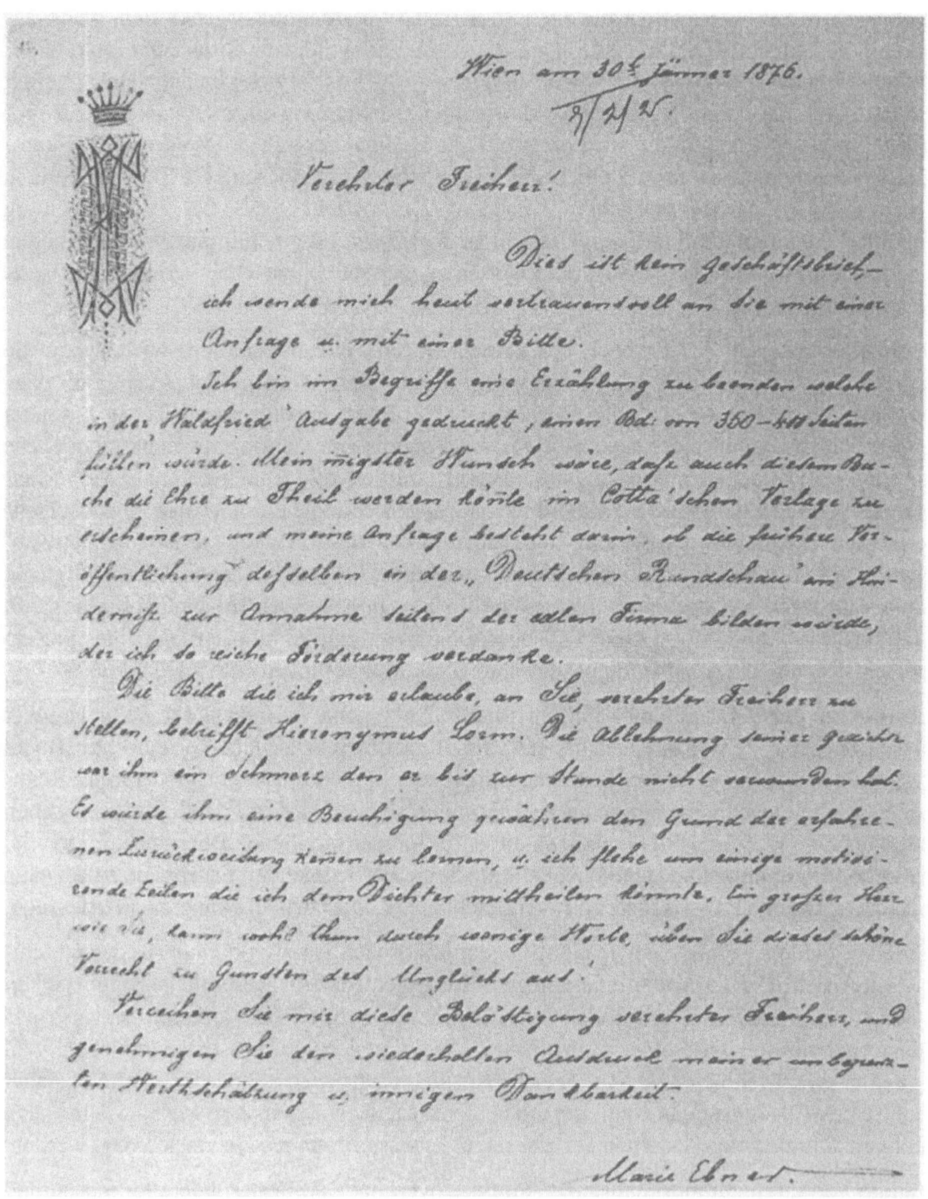

Abb. 2.3 Beispiel eines digitalisierten handschriftlichen Dokuments. Es handelt sich dabei um einen Brief der Marie von Ebner-Eschenbach an Herrman von Reischach, Wien, 30. Jänner 1876, der aus [May 99, S. 111] entnommen wurde (Abdruck mit freundlicher Genehmigung des Philipp Reclam Jun. Verlags).

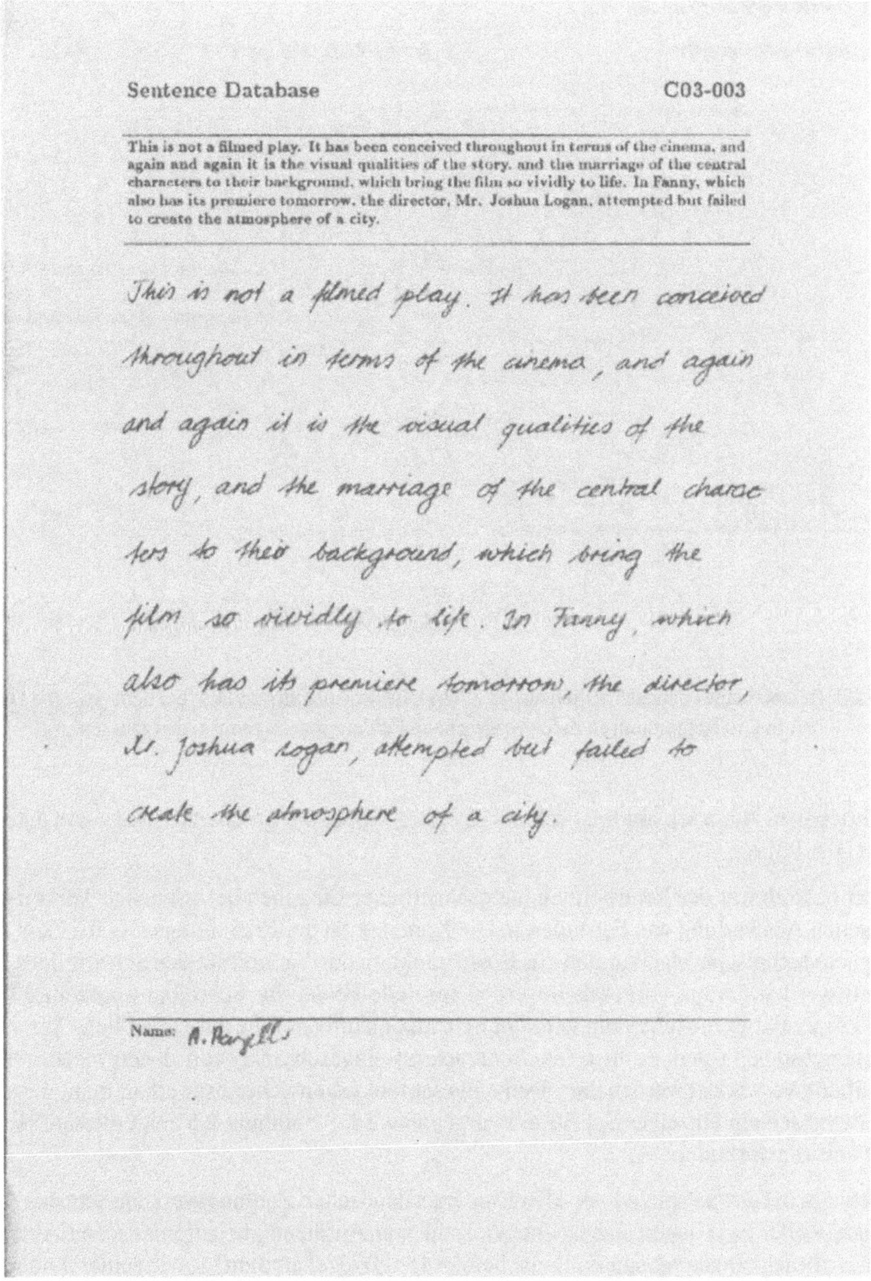

Sentence Database   C03-003

This is not a filmed play. It has been conceived throughout in terms of the cinema, and
again and again it is the visual qualities of the story, and the marriage of the central
characters to their background, which bring the film so vividly to life. In Fanny, which
also has its premiere tomorrow, the director, Mr. Joshua Logan, attempted but failed
to create the atmosphere of a city.

This is not a filmed play. It has been conceived throughout in terms of the cinema, and again and again it is the visual qualities of the story, and the marriage of the central characters to their background, which bring the film so vividly to life. In Fanny, which also has its premiere tomorrow, the director, Mr. Joshua Logan, attempted but failed to create the atmosphere of a city.

Name: A. Pargell

Abb. 2.4 Beispieldokument aus der durch das Institut für Informatik und Angewandte Mathematik der Universität Bern erhobenen Stichprobe handschriftlicher Dokumente [Mar 99a]. Im oberen Teil der Seite ist der zu schreibende Textabschnitt und eine Identifikationsnummer maschinell vorgedruckt. Darunter findet sich dann die jeweilige handschriftliche Version (Abdruck mit freundlicher Genehmigung).

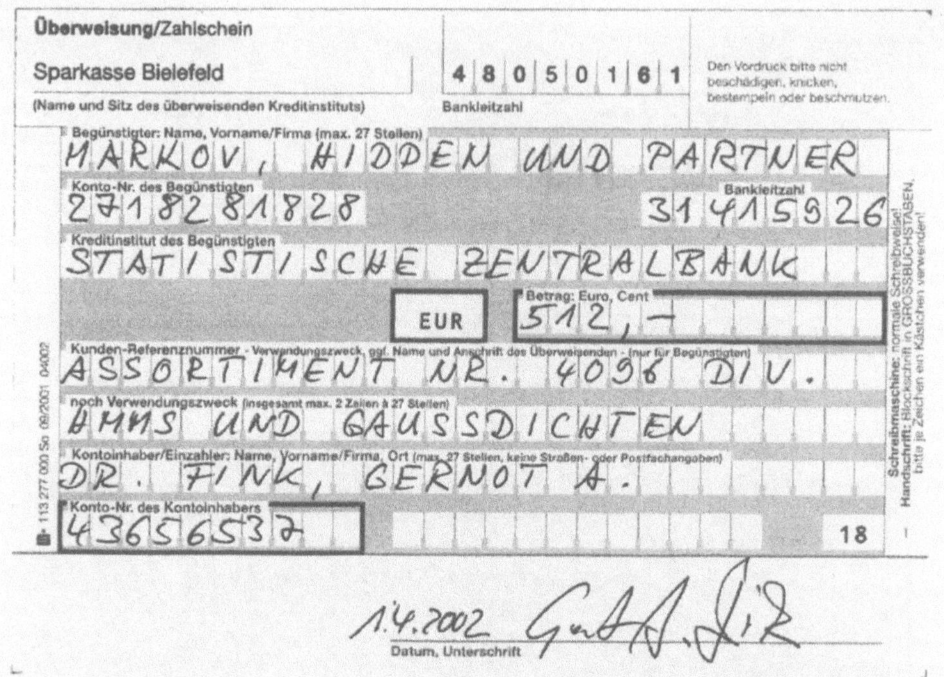

Abb. 2.5 Beispiel eines handschriftlich ausgefüllten Überweisungsformulars, bei dem einzelne Druckbuchstaben in Großschreibung in dafür vorgesehene Felder eingetragen werden müssen.

geschriebenen Adressen automatisch ausgewertet, wobei die geschätzte Fehlerrate unter 3 Prozent liegt [D'A 00].

Ausschließlich mit der Verarbeitung handschriftlicher Eingaben befassen sich Verfahren zur automatischen Auswertung von Formularen. Die Komplexität der Erkennungsaufgabe kann dabei durch geeignete technische Maßnahmen zur Einschränkung der Variabilität des Schriftbildes deutlich reduziert werden. Immer vorgesehen werden spezielle Felder zur Schreibung einzelner Wörter oder auch kurzer Phrasen. Außerdem wird der Schriftstil häufig auf die ausschließliche Verwendung von Druckbuchstaben (engl. *hand printed characters*) eingeschränkt, von denen meist nur die Großschreibung verwendet werden darf. Den eingeschränktesten Schreibstil erhält man, wenn zusätzlich pro Buchstabe ein einzelnes Schriftfeld vorgeben wird. Abbildung 2.5 zeigt dies am Beispiel eines Überweisungsformulars.

Anders als in Europa spielen vor allem im amerikanischen Zahlungsverkehr Schecks eine herausragende Rolle. Es existiert daher eine Vielzahl von Ansätzen zur automatischen Auswertung des handschriftlich eingetragenen Zahlungsbetrags (engl. *legal amount*) sowie seiner numerischen Entsprechung (engl. *courtesy amount*) und des Ausstellungsdatums (vgl. z.B. [Lam 95]). Bei dieser Erkennungsaufgabe ist zwar das Lexikon auf wenige Einträge wie Zahlwörter und Ziffern beschränkt. Aus diesen dürfen aber längere Folgen ohne nennenswerte Abfolgerestriktionen gebildet werden. Der verwendete Schriftstil unterliegt ebenfalls keinen Restriktionen. Es ist also die Verwendung handgeschriebener Druckbuchstaben, von Kursivschrift oder auch einer beliebigen Mischung dieser

Abb. 2.6 Beispiel für die on-line erfasste Stifttrajektorie des handschriftlichen Wortes *"Bielefeld"*. Die Größe der Kreise um die jeweilige Stiftposition kodiert bei den schwarz gezeichneten *pen-down* Schriftzügen den Anpressdruck und sonst die Entfernung zur Schreibunterlage.

Stile möglich. Man spricht in diesem Falle auch von uneingeschränkter Handschrift (engl. *unconstrained handwriting*).

Allen bisher vorgestellten Methoden zur Schriftverarbeitung ist gemeinsam, dass Dokumente *nach* ihrer Fertigestellung digital erfasst und dann unabhängig von ihrem Entstehungsprozess weiterverarbeitet werden, was man als sogenannte *off-line* (Hand-)Schriftverarbeitung bezeichnet. Zur automatischen Verarbeitung handschriftlicher Dokumente existieren im Gegensatz dazu auch sogenannte *on-line* Methoden, bei denen die Stiftbewegung bereits während des Schreibvorgangs aufgezeichnet wird. Hierzu sind spezielle Sensoren wie z.B. drucksensitive Tabletts oder LCD-Anzeigen erforderlich und im allgemeinen auch die Verwendung spezieller Schreibgeräte. Als Repräsentation des geschriebenen Textes erhält man im wesentlichen eine Folge zweidimensionaler Messpunkte der Stiftposition, die die Trajektorie des Stiftes während des Schreibvorgangs kodieren. Bei einfachen Geräten, wie sie z.B. in sogenanten PDAs (engl. *personal digital assistant*) zum Einsatz kommen, erhält man diese Positionsmessungen nur, wenn der Stift die Schreibunterlage berührt. Man spricht dann von sogenannten *pen-down* Schriftzügen. Wird der Stift dagegen abgehoben (*pen-up*), können nur aufwendigere Graphiktabletts mit Hilfe induktiver Verfahren die Bewegung eines dafür spezialisierten Stifts auch in einer kleinen Umgebung der Schreibunterlage noch verfolgen. Solche Geräte liefern zudem üblicherweise den Anpressdruck und auch die Neigung der Stiftspitze zusätzlich zu den Positionsmessungen. Abbildung 2.6 zeigt am Beispiel des Wortes *"Bielefeld"* eine mögliche Stifttrajektorie. Dabei wird der Anpressdruck bzw. die Höhe der Stiftspitze über der Schreibunterlage durch die Größe der Kreise um die einzelnen Stiftpositionen angegeben.

Gegenüber der off-line Schriftverarbeitung haben on-line Methoden den Vorteil, dass sie die zusätzlich verfügbare zeitliche Organisation des Schreibvorgangs im Erkennungsprozess berücksichtigen können. Dadurch ist z.B. ausgeschlossen, dass sich benachbarte Zeichen im Schriftbild überlappen und daher bei der automatischen Segmentierung nicht oder nur schwer trennbar sind. Wesentlich ist die Dynamikinformation auch für die Verifikation von Unterschriften. Sie repräsentiert eine hochgradig schreiberspezifische Eigenart der Unterschrift, die sich auch von Experten nicht durch Nachahmung eines vorliegenden Schriftbildes fälschen lässt.

Das Hauptanwendungsfeld für on-line Handschrifterkennung ist jedoch die Mensch-Maschine-Interaktion. Besonders zur Bedienung extrem kleiner portabler Rechner, die mit einer Tastatur nicht mehr sinnvoll möglich wäre, hat sich diese Form der Texteingabe und Gerätesteuerung etabliert. Allerdings wird das Problem in der Regel so weit wie möglich vereinfacht, um mit den beschränkten Ressourcen eines PDA, Organizers oder Smart-Phones befriedigende Erkennungsqualitäten bei gleichzeitig ausreichend schneller Reaktionszeit erzielen zu können. So setzt man beim PalmPilot und vergleichbaren Geräten derzeit auf eine Erfassung lediglich einzelner Schriftzeichen in speziell dafür vorgesehenen Eingabefeldern. Außerdem muss dabei ein speziell für die Belange der automatischen Erkennung optimierter Schriftstil verwendet werden. Bei leistungsfähigeren Geräten ist in der Regel auch die Eingabe ganzer handgeschriebener Wörter möglich.

Inspiriert durch den Erfolg Markov-Modell-basierter Verfahren im Bereich der Erkennung gesprochener Sprache wurde in letzter Zeit das prinzipielle Vorgehen dieser Technik auch auf Probleme der automatischen Schrifterkennung übertragen. Als segmentierungsfreie Verfahren kommen diese Techniken vorwiegend dort zum Einsatz, wo das "klassische" Vorgehen der OCR, zuerst auf Zeichenebene zu segmentieren und anschließend zu klassifizieren, zu unzuverlässig ist oder komplett fehlschlägt. Daher werden Markov-Modelle hauptsächlich zur Segmentierung handschriftlicher Dokumente im on-line und off-line Bereich eingesetzt und nur vereinzelt zur Verarbeitung maschinell geschriebener Texte. Ähnlich wie bei der automatischen Spracherkennung setzt man Hidden-Markov-Modelle zur statistischen Beschreibung des Schriftbildes einzelner Buchstaben oder ganzer Wörter ein und Markov-Ketten-Modelle zur Restriktion der möglichen Folgen elementarer Einheiten auf Zeichen- oder Wortebene.

Grundvoraussetzung für die Anwendbarkeit dieser Verfahren ist es, dass sich die betrachteten Signaldaten als lineare Folge repräsentieren lassen. Im Bereich der on-line Handschriftverarbeitung ist dies leicht möglich. Durch den zeitlichen Verlauf des Schreibprozesses selbst ist eine zeitliche Ordnung der Positionsmesswerte gegeben, die die entsprechenden Sensoren liefern. Die Zeitachse des Signals läuft daher gewissermaßen entlang des Schriftzugs. Dann lassen sich wie bei der Kurzzeitanalyse von Sprachsignalen lokal charakteristische Eigenschaften durch Merkmalsvektoren beschreiben. Dabei werden hauptsächlich Formeigenschaften der Schriftlinie wie Schreibrichtung oder Krümmung ausgewertet. Die Schreibgeschwindigkeit wird dagegen in reinen Erkennungssystemen in der Regel normiert, um durch unterschiedliche Schreiber verursachte Variationen der Signalcharakteristik ausschließen zu können.

Schwieriger ist es, ein vergleichbares Vorgehen für die Linearisierung von off-line Dokumenten zu definieren, da es sich hier prinzipiell um zweidimensionale bildhafte Daten handelt. Allerdings kann man in der Regel mit großer Sicherheit eine Segmentierung des betrachteten Dokuments in einzelne Textzeilen erzeugen. Bei der Analyse von Formularen ist die Isolation der Feldinhalte, die in der Regel nur einzelne Wörter oder Phrasen umfassen, noch einfacher möglich. Man kann dann eine hypothetische Zeitachse parallel zur Textrichtung definieren. Entlang dieser wird dann versucht, lokale Eigenschaften des Schriftbildes durch Merkmalsvektoren zu beschreiben. Man zerlegt zu diesem Zweck eine Textzeile üblicherweise in eine Folge von teilweise überlappenden schmalen Bildausschnitten, die damit vom Prinzip her den aus dem Bereich der Spracherkennung bekannten Frames entsprechen. Für jedes dieser Fenster wird dann eine Merkmalsrepräsentation erzeugt. Allerdings existiert im Bereich der off-line Schriftverarbeitung hierfür kein allgemein anerkanntes Verfahren. Vielfach werden lokale strukturelle Eigenschaften berechnet, wie z.B. die Anzahl der Linienenden oder Bögen, die in einem bestimmten Schrift-Frame liegen. Die Folge der so erzeugten Merkmalsvektoren wird dann – wie bei der Spracherkennung – mit den Emissionen der Hidden-Markov-Modelle für Zeichen oder Wörter identifiziert.

2.3 Biologische Sequenzen

Die Erbinformation aller lebenden Organismen, die ihr Wachstum, ihren Stoffwechsel und zu einem großen Teil auch ihr Verhalten beeinflusst, ist in einer symbolischen Sequenz kodiert. Dabei handelt es sich in den meisten Fällen um das Makromolekül *Desoxyribonukleinsäure* (DNA)[6], dessen Stränge aus einer Folge sogenannter *Basen* bestehen. Es existieren nur vier verschiedene solcher Basen (Adenin, Guanin, Cytosin und Thymin), die paarweise komplementär sind, und daher zusätzlich zu den chemischen Bindungen innerhalb eines DNA-Strangs auch Paarbindungen zu anderen Basen eingehen können. Damit entsteht die "leiterförmige" Struktur der doppelsträngigen DNA. Da die Paarbildung der Basen eindeutig ist, enthält bereits ein einzelner DNA-Strang die vollständige Erbinformation. Im Doppelstrang ist sie daher redundant kodiert.

Bei höher entwickelten Lebewesen wie z.B. Säugetieren liegt die DNA nicht als eine komplette Sequenz vor, sondern ist auf sogenannte *Chromosomen* verteilt. Der Mensch besitzt davon 23 Paare, die jeweils Erbinformationen von väterlicher bzw. mütterlicher Seite enthalten. Die Gesamtheit der DNA-Stränge in allen Chromosomen bezeichnet man als das *Genom*. Jede Zelle eines Lebewesens enthält eine identische Kopie dieser gesamten Erbinformation. Der Umfang des Genoms steht in grobem Zusammenhang mit der Komplexität des jeweiligen Lebewesens. Während die Erbinformation von Bakterien nur einige Millionen Basenpaare enthält, umfasst das menschliche Genom ca. 3 Milliarden Basenpaare.

Allerdings hat der Großteil der DNA-Sequenz keine oder keine bisher verstandene zellbiologische Funktion. In diesem "überflüssigen" Zusatzmaterial sind die elementaren Informationseinheiten der Erbsubstanz eingebettet – die sogenannten *Gene*. Deren relevante "Nutzinformation", die die Funktionalität eines Gens kodiert (engl. *coding region*) ist in der Regel in mehrere sogenannte *Exons* aufgeteilt, die von *Introns* unterbrochen werden. Man geht derzeit davon aus, dass das menschliche Genom ca. 30 000 bis 40 000 Gene enthält [IHG 01].

Zur Steuerung der meisten zellbiologischen Funktionen werden Gene in *Proteine* "übersetzt" in einem Prozess, den man als *Expression* bezeichnet. Die je nach Bedarf gebildeten Proteine beeinflussen dann den Stoffwechsel sowie das Wachstum der Zelle und steuern ihre Vermehrung bei der Zellteilung.

Um ein bestimmtes Gen zu exprimieren, wird zuerst die auf der doppelsträngigen DNA vorliegende Erbinformation abgelesen und in die äquivalente Darstellung der einsträngigen *Ribonukleinsäure* (RNA) umgesetzt, die auch eine Sequenz von Basen darstellt. Dieser Vorgang, den man als *Transkription* bezeichnet, beginnt vor der eigentlichen DNA-Sequenz, die die Information eines bestimmten Gens enthält, in einer sogenannten *Promoter*-Region. In der entstehenden Roh-Version der RNA ist allerdings die kodierende Region eines Gens im allgemeinen noch durch Introns ohne bekannte Funktion unterbrochen. Daher wird die RNA in einem anschließenden Modifikationsprozess "gereinigt" wobei die Introns entfernt werden. Die bereinigte RNA bezeichnet man als *messenger* RNA oder kurz als mRNA.

Aus der mRNA wird schließlich in einem weiteren Umsetzungsprozess, den man als *Translation* bezeichnet, ein bestimmtes Protein erzeugt, das letztendlich die Funktionalität des zugrundeliegenden Gens realisiert. Im Gegensatz zu DNA und RNA bestehen Proteine aus einer Folge von 20

---

[6]Anstatt des deutschsprachigen Akronyms DNS wollen wir hier die gebräuchlichere "internationale" Abkürzung DNA verwenden. Sie ergibt sich durch die englische Entsprechung *acid* von "Säure".

Aminosäuresequenz

MALSAEDRALVRALWKKLGSNVGVYTTEALERTFLAFPATKTYFSHLDLS
PGSSQVRAHGQKVADALSLAVERLDDLPHALSALSHLHACQLRVDPASFQ
LLGHCLLVTLARHYPGDFSPALQASLDKFLSHVISALVSEYR

DNA-Sequenz

```
atggcgctgt ccgcggagga ccgggcgctg gtgcgcgccc tgtggaagaa gctgggcagc
aacgtcggcg tctacacgac agaggccctg gaaggacct tcctggcttt ccccgccacg
aagacctact tctcccacct ggacctgagc cccggctcct cacaagtcag agcccacggc
cagaaggtgg cggacgcgct gagcctcgcc gtggagcgcc tggacgacct accccacgcg
ctgtccgcgc tgagccacct gcacgcgtgc cagctgcgag tggacccggc cagcttccag
ctcctgggcc actgcctgct ggtaaccctc gcccggcact accccggaga cttcagcccc
gcgctgcagg cgtcgctgga caagttcctg agccacgtta tctcggcgct ggtttccgag
taccgctga
```

Abb. 2.7 Ausschnitt aus der Aminosäuresequenz und der zugrundeliegenden DNA-Sequenz des Proteins Hämoglobin gemäß der SWISS-PROT-Datenbank [Bai 00]. Einzelne Aminosäuren sind durch Großbuchstaben, Basen durch Kleinbuchstaben kodiert.

verschiedenen *Aminosäuren*. In der mRNA-Sequenz kodiert ein Tripel von Basen – ein sogenanntes *Codon* – eine bestimmte Aminosäure[7]. Durch spezielle Start- und Stop-Codons wird kontrolliert, über welchen Bereich der mRNA sich der Translationsprozess erstreckt. Nach der Erzeugung der Aminosäuresequenz bilden Proteine durch Faltung eine charakteristische dreidimensionale Struktur aus, die einen wesentlichen Teil ihrer Funktionalität ausmacht. Am Beispiel des Hämoglobin zeigt Abbildung 2.7 eine Teilkette der Aminosäuresequenz eines Proteins sowie deren Darstellung als Folge von Codons auf der Ebene der DNA.

Im Gegensatz zu Sensorsignalen, die immer mit Messungenauigkeiten behaftet sind, lassen sich die symbolischen Folgen von DNA-Sequenzen oder Proteinen vom Prinzip her exakt angeben. Daher könnte man annehmen, dass symbolische und regelbasierte Verfahren zur Genomanalyse vollständig ausreichen. Allerdings bereitet die Sequenzierung eines Genoms in der Praxis enorme Schwierigkeiten (vgl. [Ewe 01, Kapitel 5, S. 147ff]). Daher kann auch nach Abschluss des *"Human-Genom-Projekts"* die Erbinformation der untersuchten menschlichen Zellen noch nicht vollständig und mit letzter Sicherheit angegeben werden. Zudem ist die genetische Information in der Folge der Basenpaare nicht eindeutig kodiert und unterliegt vielfältigen zufälligen Variationen innerhalb einer Familie von Organismen und auch innerhalb einer Spezies. Noch weitgehend unbekannt ist daher bei komplexen Genomen wie dem menschlichen die genaue Anzahl und Position der einzelnen Gene. Bei den exprimierten Proteinen ist es außerdem wesentlich für das Verständnis ihrer Wirkungsweise, das sogenannte Expressionsmuster zu betrachten, d.h. unter welchen Bedingungen sie aus den jeweiligen Genen erzeugt werden, und die ausgebildete dreidimensionale Struktur zu untersuchen. Diese kann sich in funktional vergleichbarer Weise aus unterschiedlichen Aminosäuresequenzen ergeben.

Die eben aufgezeigten – aus heutiger wissenschaftlicher Sicht – zum großen Teil zufälligen Variatio-

---

[7]Die Entsprechung zwischen Codons und Aminosäuren ist nicht eindeutig, da bei 4 Basen $4^3 = 64$ mögliche Tripel existieren.

nen innerhalb biologischer Sequenzen haben dazu geführt, dass vorwiegend statistische Methoden zu deren Untersuchung und Modellierung eingesetzt werden.

Je nachdem auf welcher Datengrundlage die Analyse genetischen Materials ansetzt, sind verschiedene Verfahrensschritte relevant. Geht man von sogenannter *genomic* DNA, also gewissermaßen roher Erbinformation aus, so müssen zunächst die kodierenden Regionen von Genen gefunden und die dort vorliegenden DNA-Sequenzen anschließend – wie bei der Erstellung der mRNA – von Introns gereinigt werden.

Werden zu diesem Zwecke Markov-Modell-basierte Verfahren eingesetzt, so erstellt man einzelne Hidden-Markov-Modelle für Promoter-Regionen sowie Exons und Introns. Eine Segmentierung der betrachteten DNA-Sequenz erlaubt es dann, Gene zu lokalisieren und deren codierende Region in bereinigter Darstellung zu extrahieren (vgl. [Hau 96, Kro 98]). Aber auch auf der Basis von Markov-Ketten-Modellen, die Restriktionen für das Vorkommen einzelner Basen in verschiedenen genetischen Kontexten definieren, lassen sich Gene innerhalb von DNA-Sequenzen identifizieren [Sal 98, Ohl 99].

Geht man direkt von mRNA aus, ist dieser erste Verfahrensschritt nicht erforderlich, da nur jeweils ein Gen transkribiert wird und die finale mRNA auch schon bereinigt wurde. Allerdings erfolgt je nach Lebenszyklus einer Zelle nur die Expression einiger weniger Gene, so dass auf der Basis von mRNA die Untersuchung eines kompletten Genoms praktisch unmöglich ist.

Häufig betrachtet man erst das Endprodukt des Transkriptions- und Translationsprozesses selbst, nämlich die Proteine. Dabei ist das Ziel nicht eine Segmentierung, sondern das Finden verwandter Sequenzen. Am einfachsten ist der Proteinvergleich, wenn man diese nur paarweise betrachtet. Um die statistischen Veränderungen der Sequenzen erfassen zu können, wurden schon lange vor dem Einsatz von Hidden-Markov-Modellen Wahrscheinlichkeiten für die Zuordnung von Aminosäuren an bestimmten Positionen der Sequenz sowie deren Einfügung oder Löschung definiert. Man kann dann eine Aminosäuresequenz einer anderen positionsweise zuordnen und erhält ein sogenanntes *Alignment*. Die logischen Positionen dieser Abbildung zweier Proteine aufeinander stehen dabei meist in direktem Zusammenhang zur ausgebildeten dreidimensionalen Struktur.

Wesentlich anspruchsvoller ist es, das Sequenzalignment auf mehrere Proteine einer Familie anzuwenden. Die Ergebnisse solcher Bemühungen werden in Form von sogenannten *multiplen Alignments* festgelegt. Sie werden in der Regel jedoch nicht automatisch bestimmt, sondern von Expertenhand erstellt. Allerdings lassen sich aus vorliegenden mutiplen Alignments automatisch die charakteristischen Eigenschaften der jeweiligen Gruppe ähnlicher Sequenzen ableiten und z.B. durch Hidden-Markov-Modelle beschreiben (vgl. [Kro 94b, Edd 95, Edd 98, Dur 00]). Diese sogenannten *Profile* können dann dazu verwendet werden, in entsprechenden Datenbanken automatisch nach weiteren verwandten Proteinen zu suchen. Abbildung 2.8 zeigt am Beispiel verschiedener Globine ein von Experten erstelltes multiples Alignment.

Die Detektion neuer Gene durch Segmentierung eines Genoms oder die Erweiterung einer Familie von Proteinen um neue Mitglieder mit Hilfe statistischer Vergleiche kann natürlich nicht die zellbiologische Funktion der neu entdeckten Strukturen aufzeigen. Diese muss letztendlich in biologischen Experimenten nachgewiesen werden. Allerding lassen sich aus dem strukturellen Vergleich biologischer Sequenzen und den dabei festgestellten Ähnlichkeiten Hypothesen über die Wirkungsweise von Genen oder Proteinen ableiten, die dann wesentlich gezielter experimentell überprüft werden können.

```
Helix                    AAAAAAAAAAAAAAAAA   BBBBBBBBBBBBBBBBBCCCCCCCCCCC    DDDDDDDEE
HBA_HUMAN   ---------VLSPADKTNVKAAWGKVGA--HAGEYGAEALERMFLSFPTTKTYFPHF-DLS-----HGSA
HBB_HUMAN   --------VHLTPEEKSAVTALWGKV----NVDEVGGEALGRLLVVYPWTQRFFESFGDLSTPDAVMGNP
MYG_PHYCA   ---------VLSEGEWQLVLHVWAKVEA--DVAGHGQDILIRLFKSHPETLEKFDRFKHLKTEAEMKASE
GLB3_CHITP  ----------LSADQISTVqASFDKVKG------DPVGILYAVFKADPSIMAKFTQFAG-KDLESIKGTA
GLB5_PETMA  PIVDTGSVAPLSAAEKTKIRSAWAPVYS--TYETSGVDILVKFFTSTPAAQEFFPKFKGLTTADQLKKSA
LGB2_LUPLU  --------GALTESQAALVKSSWEEFNA--NIPKHTHRFFILVLEIAPAAKDLFS-FLK-GTSEVPQNNP
GLB1_GLYDI  ---------GLSAAQRQVIAATWKDIAGADNGAGVGKDCLIKFLSAHPQMAAVFG-FSG----AS---DP


Helix       EEEEEEEEEEEEEEEEEEE           FFFFFFFFFFFF   FFGGGGGGGGGGGGGGGGGGGGG
HBA_HUMAN   QVKGHGKKVADALTNAVAHV---D--DMPNALSALSDLHAHKL--RVDPVNFKLLSHCLLVTLAAHLPAE
HBB_HUMAN   KVKAHGKKVLGAFSDGLAHL---D--NLKGTFATLSELHCDKL--HVDPENFRLLGNVLVCVLAHHFGKE
MYG_PHYCA   DLKKHGVTVLTÄLGAILKK----K-GHHEAELKPLAQSHATKH--KIPIKYLEFISEAIIHVLHSRHPGD
GLB3_CHITP  PFETHANRIVGFFSKIIGEL--P---NIEADVNTFVASHKPRG---VTHDQLNNFRAGFVSYMKAHT--D
GLB5_PETMA  DVRWHAERIINAVNDAVASM--DDTEKMSMKLRDLSGKHAKSF--QVDPQYFKVLAAVIADTVAAG----
LGB2_LUPLU  ELQAHAGKVFKLVYEAAIQLQVTGVVVTDATLKNLGSVHVSKG---VADAHFPVVKEAILKTIKEVVGAK
GLB1_GLYDI  GVAALGAKVLAQIGVAVSHL--GDEGKMVAQMKAVGVRHKGYGNKRIKAQYFEPLGASLLSAMEHRIGGK


Helix       HHHHHHHHHHHHHHHHHHHHHHHHHHHH
HBA_HUMAN   FTPAVHASLDKFLASVSTVLTSKYR------
HBB_HUMAN   FTPPVQAAYQKVVAGVANALAHKYH------
MYG_PHYCA   FGADAQGAMNKALELFRKDIAAKYKELGYQG
GLB3_CHITP  FA-GAEAAWGATLDTFFGMIFSKM-------
GLB5_PETMA  -----DAGFEKLMSMICILLRSAY-------
LGB2_LUPLU  WSEELNSAWTIAYDELAIVIKKEMNDAA---
GLB1_GLYDI  MNAAAKDAWAAAYADISGALISGLQS-----
```

Abb. 2.8 Multiples Alignment der Aminosäuresequenz von sieben Globinen verschiedener Lebewesen nach [Kro 94b]. Es sind jeweils die in der SWISS-PROT-Datenbank [Bai 00] verwendeten Bezeichner angegeben. Die mit `Helix` bezeichnete Zeile definiert die Zuordnung zur dreidimensionalen Struktur der Proteine. Löschungen von Aminosäuren an bestimmten Positionen sind mit – bezeichnet.

Solche Bemühungen sind eingebettet in das Bestreben von Biologen und seit einigen Jahren auch Bioinformatikern, die Funktionsweise biologischer Organismen erklären zu können. Speziell ein exaktes Verständnis des menschlichen Metabolismus liegt im fundamentalen Interesse der Arzneimittelindustrie. Auf genetischer Ebene konstruierte und gegegenenfalls speziell auf ein bestimmtes Individuum abgestimmte Wirkstoffe lassen – so die Hoffnung der Wissenschaftler – eine in ihrer Wirkungsweise enorm verbesserte Bekämpfung von Krankheiten zu, ohne gleichzeitig die teilweise dramatischen Nebenwirkungen klassischer Medikamente zu verursachen. Daher wird die Sequenzierung immer neuen genetischen Materials und dessen detaillierte Analyse bezüglich Aufbau und zellbiologischer Funktion vor allem von der Pharma-Industrie vorangetrieben.

2.4 **Ausblick**

Markov-Modelle stellen einen Formalismus dar, der wegen des überragenden Erfolgs dieser Technik bei der automatischen Sprachverarbeitung einen großen Bekanntheitsgrad im Bereich der Mustererkennung und darüber hinaus erreicht hat. Daher wäre es ein aussichtsloses Unterfangen, versuchen zu wollen, alle jemals mit diesen Methoden bearbeiteten Fragestellungen aufzuzählen. Wir wollen uns daher auf die wichtigsten Themengebiete konzentrieren, für die Markov-Modelle neben der automatischen Spracherkennung, der Schriftverarbeitung und der Analyse von biologischen Sequenzen in größerem Umfang zur Anwendung kommen.

Ähnlich wie bei der Verarbeitung von Sprachsignalen, die lediglich eine Folge von Messwerten des Schalldruckpegels darstellen, lassen sich Hidden-Markov-Modelle zur Analyse anderer Messreihen einsetzen, wie sie bei der Materialprüfung oder in regelungstechnischen Systemen auftreten (vgl. z.B. [Sch 93, Wei 00]).

Vergleichbar mit der on-line Handschrifterkennung ist die automatische Erkennung menschlicher Gesten (vgl. z.B. [Sta 95, Wil 95, Bra 97, Nam 97, Eic 98]). Die Trajektorien der Hände und Arme einer Person und eventuell auch die jeweilige Handpostur müssen allerdings vor einer statistischen Analyse des Bewegungsablaufs mit aufwendigen Bildverarbeitungsmethoden aus entsprechenden Bildsequenzen extrahiert werden. Insofern sind diese Verfahren im Aufbau vergleichbar mit einem auf der Basis der Verfolgung von Schreibbewegungen [Mun 96] entwickelten video-basierten on-line Handschrifterkennungssystem [Wie 01, Fin 01].

Als Verallgemeinerung der Gestenerkennung kann man die Erkennung menschlicher Handlungen bzw. menschlichen Verhaltens ansehen. So werden in [Yam 92] z.B. Bewegungsabläufe beim Tennisspielen und in [Bre 97] beim Gehen analysiert. Die erlernten Modelle werden in [Hov 96] verwendet, um die Bewegungsmuster durch einen Roboter nachahmen und damit die demonstrierte Handlung ausführen zu lassen. Sehr spezielle menschliche Handlungen stellen Veränderungen des Gesichtsausdrucks dar, wie sie z.B. in [Hoe 00, Lie 97] analysiert werden.

Bei allen diesen Verfahren werden aus den Eingangsbildsequenzen zuerst lineare Folgen von Merkmalsvektoren erzeugt, auf denen dann Markov-Modell-basierte Techniken ansetzen. Allerdings wurden in der Literatur auch Verfahren vorgeschlagen, den Formalismus von Hidden-Markov-Modellen so zu erweitern, dass direkt eine Modellierung zweidimensionaler Eingabedaten möglich wird (vgl. z.B. [Sam 94, Eic 99, Li 00]).

Bei praktisch allen bisher angesprochenen Ansätzen kommen Hidden-Markov-Modelle alleine und nicht in Kombination mit Markov-Ketten-Modellen zum Eisatz. Dies ist im wesentlichen dadurch bedingt, dass für Anwendungen wie z.B. Gesten- oder Handlungserkennung nur ein sehr kleines Inventar von Segmentierungseinheiten verwendet wird und daher probabilistische Einschränkungen der entsprechenden Symbolfolgen nicht von unmittelbarer Bedeutung sind.

Auf rein symbolischer Ebene werden dagegen Markov-Ketten-Modelle zur Beschreibung von Zustandsfolgen ohne Ergänzung durch Hidden-Markov-Modelle eingesetzt. Ein wichtiger Anwendungsbereich ist das Information-Retrieval, wo statistische Modelle von Texten durch Markov-Ketten beschrieben werden (vgl. z.B. [Pon 98]). Da eine kompakte Beschreibung im Prinzip einer Komprimierung entspricht, bilden dieselben Prinzipien auch die Grundlage verschiedener Methoden zur Textkompression (vgl. [Bel 90]). In leicht veränderter Form werden Markov-Ketten Modelle als sogenannte Markov-Entscheidungsprozesse unter anderem zur Lösung von Planungsaufgaben verwendet (vgl. z.B. [Dea 95]).

Teil I

Theorie

Vorbemerkungen

In den folgenden Kapiteln 3 bis 6 des ersten Teils dieses Buchs sollen die theoretischen Grundlagen von Markov-Modellen vorgestellt werden. Am Anfang steht ein kurzer Überblick über die wichtigsten Konzepte der Wahrscheinlichkeitsrechnung und Statistik, die für das Verständnis der weiteren Ausführungen erforderlich sind. Anschließend werden unter dem thematischen Rahmen der Vektorquantisierung Methoden zur Beschreibung von Datenverteilungen in hochdimensionalen Vektorräumen vorgestellt. Gewissermaßen als statistische Erweiterung klassischer Vektorquantisierungstechniken werden dabei auch Verfahren zur Schätzung von Mischverteilungsmodellen auf der Basis von Normalverteilungsdichten behandelt. Im Kapitel 5 schließt sich die formale Darstellung von Hidden-Markov-Modellen und der zu deren Anwendung erforderlichen Algorithmen an. Dabei werden nur typische Vertreter dieser Modellierungstechnik behandelt. Die wichtigsten Varianten von Hidden-Markov-Modellen werden dagegen nur kurz in Abschnitt 5.8 vorgestellt, wo der interessierte Leser auch weiterführende Literaturhinweise findet. Thema von Kapitel 6 sind Markov-Ketten-Modelle, die in ihrer speziellen Ausprägung für Mustererkennungsaufgaben als n-Gramm-Modelle bezeichnet werden. Im Gegensatz zu Hidden-Markov-Modellen ist der theoretische Hintergrund hier weniger umfangreich. Daher liegt der Schwerpunkt der Darstellung auf algorithmischen Lösungen, die eine zuverlässige Schätzung der erforderlichen Modellparameter erlauben. Dabei konzentrieren wir uns auf Methoden, die aus heutiger Sicht als Standard angesehen werden können, auch wenn gerade in diesem Bereich eine Vielzahl unterschiedlichster Verfahren vorgeschlagen wurde. Ebenso wie bei der Darstellung von Hidden-Markov-Modellen werden wichtige Modellierungsalternativen im Ausblick des Kapitels kurz vorgestellt.

Obwohl ein tiefergehendes Verständnis der Anwendung von Markov-Modellen für Mustererkennungsaufgaben erst bei gleichzeitiger Betrachtung der praxisrelevanten Aspekte möglich ist, wird im Rahmen der folgenden formalen Darstellung versucht, den theoretischen Kern dieser Methoden ohne störende Querbezüge und Verweise in linear aufeinander aufbauender Weise zu präsentieren. Der anschließende zweite Teil dieses Buchs widmet sich dann intensiv den Problemstellungen, die sich beim praktischen Einsatz von Hidden-Markov- und n-Gramm-Modellen ergeben.

3 Grundlagen der Statistik

Viele in natürlichen Prozessen zu beobachtende Ereignisse unterliegen keiner klaren Gesetzmäßigkeit, sondern zeigen ein zufälliges Verhalten. Über einen einzelnen solchen Vorgang können daher keine Aussagen gemacht werden. Allerdings lassen sich auch bei zufälligen Prozessen gewisse Regelmäßigkeiten beobachten, wenn man ihr Verhalten in häufiger Wiederholung betrachtet und vom Einzelfall abstrahiert. Die Wahrscheinlichkeitsrechnung stellt zur Behandlung von Gesetzmäßigkeiten, die solchen zufälligen Vorgängen zugrundeliegen, die notwendigen mathematischen Modelle bereit. Die Statistik behandelt darüberhinaus das Problem, wie die Parameter solcher Modelle aus Beobachtungen abgeleitet werden können.

Im folgenden sollen einige wichtige Grundbegriffe der Wahrscheinlichkeitsrechnung und Statistik eingeführt werden, die für die weitere Betrachtung von Markov-Modellen relevant sind. Die Darstellung will dabei die wesentlichen Prinzipien verdeutlichen. Für eine mathematisch exakte formale Behandlung oder Herleitung von Begriffen sei der Leser daher auf die umfangreiche Spezialliteratur verwiesen.

3.1 Zufallsexperiment, Ereignis und Wahrscheinlichkeit

Die Ausführung eines Vorgangs mit zufälligem Ausgang wird formal als *Zufallsexperiment* bezeichnet. Dies kann z.B. das Werfen eines Würfels oder auch die Beobachtung der Börsenkurse sein. Das Ergebnis eines einzelnen Experiments ist in diesen Fällen im Rahmen gewisser Möglichkeiten ungewiss — die Augenzahl eins bis sechs beim Würfeln oder steigende, fallende oder behauptete Aktienkurse. Es lassen sich nur Gesetzmäßigkeiten bei einer langfristigen und vom Einzelfall abstrahierten Betrachtung aufstellen.

Ein *zufälliges Ereignis* A entspricht einem einzelnen Ergebnis oder einer Menge von möglichen Ergebnissen des Zufallsexperiments, z.B. dem Auftreten einer Sechs, einer geraden Augenzahl oder einem über einer bestimmten Mindestmarke liegenden Aktienkurs. Ein solches Ereignis A tritt ein, wenn bei einem konkreten Versuch das Ergebnis des Zufallsexperiments in der Menge A liegt. Das sichere Ereignis Ω ist die Gesamtmenge aller möglichen Ergebnisse eines Zufallsexperiments, die auch als Ereignisraum bezeichnet wird. Ereignisse, die genau einem möglichen Ergebnis des Zufallsexperiments entsprechen, werden als Elementarereignisse bezeichnet. Auf Ereignisse lassen sich die üblichen Mengenoperationen Vereinigung, Durchschnitt und Komplement (bezüglich des sicheren Ereignisses Ω) anwenden.

Die *relative Häufigkeit* $f(A)$ eines Ereignisses A, das bei der N-fachen Wiederholung eines Zufallsexperiments m-mal auftritt, ergibt sich als Quotient aus seiner absoluten Häufigkeit[1] $c(A) = m$ und der Gesamtanzahl der Versuche N:

$$f(A) = \frac{c(A)}{N} = \frac{m}{N}$$

Eine pragmatische Herleitung[2] des Wahrscheinlichkeitsbegriffs baut direkt auf der relativen Häufigkeit eines Ereignisses A auf. Man verallgemeinert diesen nämlich dahingehend, dass von der konkreten Beobachtungsdauer abstrahiert und die zugrundeliegende Gesetzmäßigkeit für das Auftreten des Ereignisses A als seine *Wahrscheinlichkeit $P(A)$* definiert wird. Es ist unmittelbar plausibel, dass mit wachsender Beobachtungsdauer die relative Häufigkeit $f(A)$ immer weniger variieren und einem einheitlichen, konstanten Wert zustreben wird — der Wahrscheinlichkeit $P(A)$. Diese Beziehung wird auch vom sogenannten "Gesetz der großen Zahlen" untermauert[3].

Von der *bedingten Wahrscheinlichkeiten $P(A|B)$* eines Ereignisses A spricht man, wenn vor der Beobachtung von A bereits die Information vorliegt, dass das Ereignis B eingetreten ist. Diese Wahrscheinlichkeit für das Auftreten von A unter der Bedingung B lässt sich aus der Verbundwahrscheinlichkeit für das gleichzeitige Auftreten von A und B sowie der unbedingten Wahrscheinlichkeit für B wie folgt bestimmen[4]:

$$P(A|B) = \frac{P(A,B)}{P(B)}$$

Da $P(A|B)$ bestimmt wird *nach* der Beobachtung des Ereignisses B, nennt man diese Größe auch *a-posteriori-Wahrscheinlichkeit*. Die unbedingte Wahrscheinlichkeit eines Ereignisses dagegen, die *vor* der Einschränkung durch Zusatzbedingungen gilt, heißt dann auch *a-priori-Wahrscheinlichkeit*.

Sofern die Beobachtung von B keine Information über das Auftreten von A liefert, heißen die Ereignisse A und B *statistisch unabhängig*. Die bedingte Wahrscheinlichkeit ist somit gleich der unbedingten, es gilt also:

$$P(A|B) = P(A) \quad \text{und} \quad P(B) = P(B|A) \qquad \text{falls} \quad A, B \text{ sind statistisch unabhängig}$$

Die Verbundwahrscheinlichkeit lässt sich für statistisch unabhängige Ereignisse einfach als Produkt der Einzelwahrscheinlichkeiten angeben:

$$P(A,B) = P(A)\,P(B) \qquad \text{falls} \quad A, B \text{ sind statistisch unabhängig}$$

Eine wichtige Beziehung für das Rechnen mit bedingten Wahrscheinlichkeiten stellt die sogenannte *Bayes-Regel* dar:

$$P(B|A) = \frac{P(A|B)P(B)}{P(A)} \tag{3.1}$$

---

[1] Als mathematische Symbole für absolute und relative Häufigkeiten eines Ereignisses A verwenden wir hier in Anlehnung an die englischsprachigen Begriffe *count* und *frequency* die Symbole $c(A)$ und $f(A)$.

[2] In der mathematischen Fachliteratur wird der Wahrscheinlichkeitsbegriff dagegen in der Regel *axiomatisch* definiert, d.h. über die Spezifikation der ihm zugrundeliegenden Eigenschaften.

[3] Das von Bernoulli formulierte "Gesetz der großen Zahlen" besagt: Die Wahrscheinlichkeit dafür, dass die relative Häufigkeit eines Ereinisses A um mehr als eine beliebige, aber feste Schwelle ϵ von seiner Wahrscheinlichkeit $P(A)$ abweicht, wird verschwindend klein, wenn die Anzahl der Beobachtungen beliebig groß wird — also gegen unendlich geht.

[4] Statt der Mengenschreibweise für die Verbundwahrscheinlichkeit $P(A \cap B)$ verwendet man in der Literatur häufig die vereinfachte Notation $P(A, B)$ für die Vereinigung bzw. konjunktive Verknüpfung von Ereignissen.

Mit ihrer Hilfe lässt sich aus der bedingten Wahrscheinlichkeit $P(A|B)$ unter Zuhilfenahme des Modellwissens über die Ereignisse A und B in Form der zugehörigen a-priori Wahrscheinlichkeiten die a-posteriori Wahrscheinlichkeit $P(B|A)$ für B berechnen. Die Abhängigkeit in den Wahrscheinlichkeitsausdrücken wird damit also quasi umgedreht.

Legt man eine disjunkte Zerlegung des Ereignisraums Ω in Ereignisse $B_1, B_2, \ldots, B_n$ zugrunde, so lautet die Bayes-Regel in ihrer allgemeinen Form:

$$P(B_j|A) = \frac{P(A|B_j)P(B_j)}{\sum\limits_{i=1}^{n} P(A, B_i)} = \frac{P(A|B_j)P(B_j)}{\sum\limits_{i=1}^{n} P(A|B_i)P(B_i)} \tag{3.2}$$

3.2   Zufallsvariable und Wahrscheinlichkeitsverteilungen

Eine Vereinfachung des mathematischen Umgangs mit zufälligen Ereignissen lässt sich dadurch erreichen, dass diese in geeigneter Weise auf die Menge $\mathbb{R}$ der reellen Zahlen abgebildet werden. Zufallsexperimente werden dann durch sogenannte *Zufallsvariable* repräsentiert, die zufällig Werte aus $\mathbb{R}$ annehmen können. Eine Zufallsvariable X, die nur endlich viele oder auch abzählbar unendlich viele Werte $x_1, x_2, \ldots, x_N$ annimmt, bezeichnet man als *diskret*. Sogenannte *kontinuierliche Zufallsvariable* können dagegen prinzipiell jeden beliebigen Wert $x \in \mathbb{R}$ annehmen[5].

Die Charakterisierung von Zufallsvariablen erfolgt über deren *Verteilungsfunktion*. Die Verteilungsfunktion $F_X(x)$ einer Zufallsvariablen X gibt zu jedem möglichen Wert x an, wie groß die Wahrscheinlichkeit dafür ist, dass von X angenommene Werte kleiner oder gleich x sind:

$$F_X(x) = P(X \leq x)$$

Im diskreten Fall lässt sich $F_X(x)$ leicht über die Wahrscheinlichkeiten p_i derjenigen Elementarereignisse A_i berechnen, die den diskreten Werten x_i der Zufallsvariable zugeordnet wurden. Die Verteilungsfunktion ergibt sich einfach als Summe über alle p_i, die zu Werten x_i kleiner oder gleich x gehören:

$$F_X(x) = \sum_{i:x_i \leq x} P(A_i) = \sum_{i:x_i \leq x} p_i$$

Im kontinuierlichen Fall geht die Summe in dieser Berechnungsvorschrift in ein Integral über und die integrierte kontinuierliche Funktion $p_X(x)$ verliert ihre Bedeutung als Wahrscheinlichkeit von Elementarereignissen.

$$F_X(x) = \int\limits_{-\infty}^{x} p_X(t)\, dt$$

---

[5]Die Bezeichnung *kontinuierlich* wurde hier in Anlehnung an die englischsprachige Literatur gewählt. Mit diesem Begriff kann der wesentliche Unterschied zur *diskreten* Version deutlicher gemacht werden, als durch die in der deutschen Statistikliteratur übliche Bezeichnung *stetige Zufallsvariable*.

Man bezeichnet $p_X(x)$ dann als *Wahrscheinlichkeitsdichte* oder kurz als *Dichte* der Zufallsvariable X. Genau wie Wahrscheinlichkeiten sind Dichtewerte stets nichtnegativ. Allerdings können sie auch Werte größer als 1 annehmen. Lediglich die Gesamtfläche unter der Dichtefunktion muss gleich 1 sein. Die Wahrscheinlichkeit eines Ereignisses ergibt sich als Integral der Dichtefunktion über ein geeignetes Intervall der reellen Zahlen. Die Wahrscheinlichkeit dafür, dass eine beliebige kontinuierliche Zufallsvariable einen konkreten Wert annimmt, ist somit immer gleich Null.

Das Konzept der Zufallsvariable lässt sich auch auf vektorwertige Größen verallgemeinern. Zur Vereinfachung der Darstellung wollen wir uns dabei im weiteren auf den wichtigeren kontinuierlichen Fall beschränken. Die diskreten Entsprechungen ergeben sich völlig analog wie bei eindimensionalen Zufallsgrößen.

Eine vektorwertige n-dimensionale Zufallsgröße X ist formal betrachtet ein *Zufallsvektor*, der aus n einzelnen Zufallsvariablen X_i besteht. Die Verteilungsfunktion des Zufallsvektors X, die durch

$$F_X(x) = P(X_1 \leq x_1, X_2 \leq x_2, \ldots X_n \leq x_n)$$

gegeben ist, erhält man auf der Basis einer *gemeinsamen* Dichtefunktion $p_X(x)$ der einzelnen Zufallsvariablen X_i:

$$F_X(x) = \int\limits_{-\infty}^{x_1} \int\limits_{-\infty}^{x_2} \ldots \int\limits_{-\infty}^{x_n} p_X(t_1, t_2, \ldots t_n) dt_1, dt_2, \ldots dt_n$$

Die Dichtefunktion p_{X_i} einer einzelnen Zufallsvariable X_i ergibt durch Integration über alle übrigen Komponenten als *Randverteilung* der gemeinsamen Dichtefunktion p_X gemäß:

$$p_{X_i}(x) = \int\limits_{(x_1, \ldots x_{i-1}, x_{i+1}, \ldots x_n) \in \mathbb{R}^{n-1}} p_X(x_1, x_2, \ldots x_n) dx_1, \ldots dx_{i-1}, dx_{i+1}, \ldots dx_n$$

Sofern die einzelnen Zufallsvariablen X_i statistisch unabhängig sind, ergibt sich die gemeinsame Dichtefunktion des Zufallsvektors als das Produkt der Komponentendichten:

$$p_X(x) = p_X(x_1, x_2, \ldots x_n) = \prod_{i=1}^{n} p_{X_i}(x_i)$$

In jedem Fall lässt sich die Verbunddichte p_X jedoch in Verallgemeinerung des Begriffs der bedingten Wahrscheinlichkeit als Produkt bedingter Dichtefunktionen darstellen. Zur Veranschaulichung dieses Vorgehens wollen wir hier nur den einfachen zweidimensionalen Fall betrachten. Für die Verbunddichte eines Zufallsvektors gelten dann die folgenden Beziehungen:

$$\begin{aligned}
p_X(x) &= p_X(x_1, x_2) \\
&= p_{X_1}(x_1)\, p_{X_2|X_1}(x_2|x_1) \\
&= p_{X_2}(x_2)\, p_{X_1|X_2}(x_1|x_2)
\end{aligned}$$

Im allgemeinen n-dimensionalen Fall ergeben sich dagegen $n!$ verschiedene Möglichkeiten zur Aufteilung von p_X in bedingte Dichtefunktionen.

3.3   Parameter von Wahrscheinlichkeitsverteilungen

Zur groben Charakterisierung von Wahrscheinlichkeitsverteilungen bzw. der jeweils zugrundeliegenden Zufallsvariable verwendet man die aus der konkreten Verteilungsfunktion abgeleiteten Parameter Erwartungswert und Varianz. Der *Erwartungswert* $\mathcal{E}\{X\}$ einer Zufallsvariable bzw. der zugehörigen Wahrscheinlichkeitsverteilung gibt den im statistischen Mittel von X angenommenen Wert an. Er kann bei vollständiger Kenntnis der Verteilung als erstes Moment der Dichtefunktion berechnet werden:

$$\mathcal{E}\{X\} = \int\limits_{-\infty}^{\infty} x p_X(x)\,dx$$

Für diskrete Verteilungen ergibt sich die folgende Beziehung:

$$\mathcal{E}\{X\} = \sum_{i=1}^{\infty} x_i p_i$$

Bei bekanntem Erwartungswert charakterisiert die *Varianz* einer Verteilung die zu erwartende Streuung der von der Zufallsvariable angenommenen Werte um $\mathcal{E}\{X\}$. Sie kann als Erwartungswert des quadratischen Abstands der Werte der Zufallsvariable von ihrem Erwartungswert berechnet werden, was dem zweiten zentralen Moment der Verteilung entspricht:

$$\mathrm{Var}\{X\} = \mathcal{E}\{(X - \mathcal{E}\{X\})^2\} = \int\limits_{-\infty}^{\infty} (x - \mathcal{E}\{X\})^2 p_X(x)\,dx$$

Im diskreten Fall ergibt sich in Analogie zum Erwartungswert die Berechnungsvorschrift:

$$\mathrm{Var}\{X\} = \sum_{i=1}^{\infty} (x_i - \mathcal{E}\{X\})^2 p_i$$

Durch einfache algebraische Umformungen lässt sich zeigen, dass die Varianz einer Verteilung auch alternativ über die folgende Beziehung ermittelt werden kann, was vor allem in praktischen Anwendungen Vorteile bietet:

$$\mathrm{Var}\{X\} = \mathcal{E}\{X^2\} - (\mathcal{E}\{X\})^2 \tag{3.3}$$

Für Zufallsvektoren, die wir im weiteren einfach als vektorwertige Zufallsvariablen behandeln wollen, lassen sich ebenso wie für eindimensionale Größen Momente der Verteilung definieren. Den Erwartungswert eines Zufallsvektors erhält man als direkte Verallgemeinerung des eindimensionalen Falls aus folgender Beziehung:

$$\mathcal{E}\{\boldsymbol{X}\} = \int\limits_{\boldsymbol{x} \in \mathbb{R}^n} \boldsymbol{x}\, p_{\boldsymbol{X}}(\boldsymbol{x})\,d\boldsymbol{x}$$

Die Varianz einer mehrdimensionalen Verteilung wird durch die sogenannte *Kovarianzmatrix* beschrieben, die wie folgt definiert ist:

$$\begin{aligned}
\text{Var}\{\boldsymbol{X}\} &= \mathcal{E}\{(\boldsymbol{X} - \mathcal{E}\{\boldsymbol{X}\})\,(\boldsymbol{X} - \mathcal{E}\{\boldsymbol{X}\})^T\} \\
&= \int_{x \in \mathbb{R}^n} (x - \mathcal{E}\{\boldsymbol{X}\})\,(x - \mathcal{E}\{\boldsymbol{X}\})^T p_{\boldsymbol{X}}(x)\,dx
\end{aligned}$$

Anstatt des quadratischen Abstandes einer skalaren Größe vom Erwartungswert wird dabei das äußere Produkt der jeweiligen Vektordifferenz gebildet. Sind die Komponenten X_i eines Zufallsvektors $\boldsymbol{X}$ statistisch unabhängig, so enthalten die Hauptdiagonalenelemente der Kovarianzmatrix $\text{Var}\{\boldsymbol{X}\}$ die Varianzen $\text{Var}\{X_i\}$ der einzelnen Verteilungen und die übrigen Elemente der Matrix verschwinden.

Ähnlich wie bei eindimensionalen Verteilungen lässt sich die Berechnungsvorschrift für die Kovarianzmatrix wie folgt umformen:

$$\text{Var}\{\boldsymbol{X}\} = \mathcal{E}\{\boldsymbol{X}\,\boldsymbol{X}^T\} - \mathcal{E}\{\boldsymbol{X}\}\,\mathcal{E}\{\boldsymbol{X}\}^T \tag{3.4}$$

3.4 Normalverteilungen und Mischverteilungsmodelle

Im diskreten Fall lässt sich die Verteilung einer bestimmten ein- oder mehrdimensionalen Zufallsvariable prinzipiell dadurch definieren, dass man für jedes Ergebnis x der Zufallsgröße die entsprechende Wahrscheinlichkeit $P(x)$ in einer Tabelle speichert. Für kontinuierliche Verteilungen ist ein solches Vorgehen nicht möglich, da die entsprechenden Dichten sehr allgemeine stetige Funktionen sein können. Daher kann man in diesem Fall nur mit parametrisch definierten Modellen arbeiten, die auch für diskrete Wahrscheinlichkeitsverteilungen deutlich kompaktere Beschreibungen liefern.

Die im Kontext von Markov-Modellen wichtigste parametrische Verteilung ist die für kontinuierliche Zufallsvariable definierte *Normalverteilung*, die nach ihrem Entdecker auch häufig als *Gauß-Verteilung* bezeichnet wird. Für eine skalare Zufallsgröße, die dieser Verteilung genügt, ergibt sich die folgende Dichtefunktion[6]:

$$\mathcal{N}(x|\mu, \sigma^2) = \frac{1}{\sqrt{2\pi\sigma^2}}\, e^{-\dfrac{(x - \mu)^2}{2\sigma^2}} \tag{3.5}$$

Die beiden Parameter μ und σ^2 der Dichtefunktion entsprechen genau dem Erwartungswert und der Varianz der Normalverteilung. Für n-dimensionale Zufallsvariable erhält man unter Verwendung eines Mittelwertvektors μ und einer Kovarianzmatrix $\boldsymbol{K}$ die multivariate Normalverteilungsdichte gemäß:

$$\mathcal{N}(x|\mu, \boldsymbol{K}) = \frac{1}{\sqrt{|2\pi\boldsymbol{K}|}}\, e^{-\frac{1}{2}(x - \mu)^T \boldsymbol{K}^{-1}(x - \mu)} \tag{3.6}$$

---

[6]Diese Formel war zusammen mit dem typischen Funktionsverlauf der Gauß-Dichte auf dem bis zur Euro-Einführung gültigen 10 DM-Schein abgedruckt.

Dabei bezeichnet K^{-1} die Inverse sowie $|2\pi K|$ die Determinante der mit dem Faktor 2π skalierten Kovarianzmatrix.

Mit Hilfe von Normalverteilungsdichten lassen sich viele natürliche Prozesse beschreiben, da man häufig annehmen darf, dass diese bei genügend langer Beobachtungszeit einer Gauß-Verteilung gehorchen. Allerdings weist die Normalverteilung nur ein Häufungsgebiet im Bereich des Mittelwertvektors auf und fällt von dort aus exponentiell ab. Es handelt sich also um eine *unimodale* Dichte. Will man Verteilungen mit mehreren Häufungsgebieten parametrisch repräsentieren, reicht dieses einfache Modell daher nicht mehr aus.

Es lässt sich jedoch zeigen, dass man sogar allgemeine kontinuierliche Dichtefunktionen $p(x)$ durch eine geeignete Linearkombination unendlich vieler einzelner Normalverteilungen im Prinzip beliebig genau approximieren kann [Yak 70]:

$$p(x) \doteq \sum_{i=1}^{\infty} c_i \, \mathcal{N}(x|\mu_i, K_i) \qquad \text{mit} \quad \sum_{i=1}^{\infty} c_i = 1$$

Üblicherweise betrachtet man bei solchen *Mischverteilungsmodellen* aber nur eine endliche Summe von K Komponentendichten:

$$p(x) \approx p(x|\theta) = \sum_{i=1}^{K} c_i \, \mathcal{N}(x|\mu_i, K_i) \tag{3.7}$$

Die Parameter dieses Modells, nämlich die Mischungsgewichte c_i sowie die Mittelwertvektoren μ_i und Kovarianzmatrizen K_i der einzelnen Normalverteilungsdichten, fasst man üblicherweise zu einem Parametersatz θ zuammmen. Dabei überwiegt die praktische Handhabbarkeit eines solchen vergröberten Modells bei weitem den notwendigerweise entstehenden Verlust in der Repräsentationsgenauigkeit.

3.5   Stochastische Prozesse und Markov-Ketten

Obwohl die von Zufallsvariablen über einen längeren Zeitraum erzeugten Ergebnisse zufällig variieren, bleiben doch die Eigenschaften des Erzeugungsprozesses — die der Zufallsvariablen zugrundeliegende Wahrscheinlichkeitsverteilung — unverändert. Um eine Variation dieser Charakteristiken mathematisch behandeln und das Verhalten von stochastischen Abläufen mit über die Zeit veränderlichen Eigenschaften beschreiben zu können, bedient man sich stochastischer Prozesse.

Ein *stochastischer Prozess* ist definiert als eine Folge von Zufallsvariablen $S_1, S_2, \ldots$, die dabei Werte s_t aus einem diskreten oder kontinuierlichen Wertevorrat gemäß individueller Wahrscheinlichkeitsverteilungen annehmen. Man spricht daher von kontinuierlichen oder diskreten stochastischen Prozessen. Da in diesem Buch ausschließlich diskrete stochastische Prozesse eine Rolle spielen, erfolgt die weitere Behandlung nur für diesen einfacheren Fall. Weiterhin kann man die durch einen solchen Prozess erzeugte Folge diskreter Werte auch als das Einnehmen diskreter Zustände verstehen. Daher spricht man im Kontext diskreter stochastischer Prozesse häufig von Zuständen und durch den Prozess erzeugten Zustandsfolgen.

Die zur Zufallsvariable S_t zum Zeitpunkt t gehörige Verteilungsfunktion kann im allgemeinen vom Zeitpunkt t selbst sowie von den Werten $s_1, s_2, \ldots s_{t-1}, s_{t+1}, \ldots$ abhängen, die von den übrigen Zufallsvariablen eingenommen wurden. Dieses sehr mächtige Konzept wird jedoch üblicherweise in einer Reihe von Punkten eingeschränkt.

Ein stochastischer Prozess heißt *stationär*, wenn die absolute Zeit t für das Verhalten keine Rolle spielt, also nicht als Bedingung in die Wahrscheinlichkeitsverteilungen eingeht. Er heißt darüberhinaus *kausal*, wenn zusätzlich die Verteilung einer Zufallsvariable S_t nur von bereits vergangenen Zuständen $s_1, s_2, \ldots s_{t-1}$ abhängt. Die Wahrscheinlichkeitsverteilung für einen diskreten, stationären und kausalen stochastischen Prozess lässt sich also wie folgt angeben:

$$P(S_t = s_t | S_1 = s_1, S_2 = s_2, \ldots S_{t-1} = s_{t-1})$$

Sofern die Zuordnung von konkreten Werten s_t zu den entprechenden Zufallsvariablen S_t im jeweiligen Kontext eindeutig ist, lässt sich diese Beziehung auch einfacher darstellen als:

$$P(s_t | s_1, s_2, \ldots s_{t-1})$$

Die Kausalität des Prosesses stellt eine wesentliche Einschränkung dar, die für die Beschreibung zeitlicher Abläufe allerdings auch auf der Hand liegt. Jedoch kann hierbei immer noch mit fortschreitender Zeit t und damit wachsender Länge der Zustandsfolge eine prinzipiell beliebig lange Abhängigkeit der Verteilungen entstehen.

Unter der sogenannten *Markov-Eigenschaft* versteht man nun die zusätzliche Einschränkung, dass sich die Abhängigkeit der Prozesseigenschaften nur auf eine *endliche* Vergangenheit beschränkt — im Falle eines *einfachen* stochastischen Prozesses sogar nur auf den unmittelbaren Vorgängerzustand. Die Wahrscheinlichkeitsverteilungen eines diskreten, stationären, kausalen und einfachen stochastischen Prozesses, der auch als *Markov-Kette* 1. Ordnung bezeichnet wird, lässt sich daher angeben als:

$$P(s_t | s_1, s_2, \ldots s_{t-1}) = P(s_t | s_{t-1})$$

Sofern die Gesamtereignismenge, also der betrachtete Zustandsraum, endlich ist, kann man diese Beschreibung auch kompakt zu einer Matrix von *Zustandsübergangswahrscheinlichkeiten* zusammenfassen, die den Prozess komplett beschreibt:

$$\boldsymbol{A} = [a_{ij}] = [P(S_t = j | S_{t-1} = i)]$$

Markov Ketten höherer Ordnung, d.h. mit längerer zeitlicher Abhängigkeit der Verteilungen, bieten von ihrem Verhalten her keine prinzipiell erweiterten Möglichkeiten gegenüber Markov-Ketten 1. Ordnung. Der längere Kontexteinfluss lässt sich nämlich immer durch eine Erweiterung des Zustandsraums in einen einzelnen Zustand kodieren (vgl. z.B. [Dur 00, S. 72]). Allerdings ist eine solche Reorganisation nicht immer wünschenswert oder möglich, so dass bei der statistischen Modellierung von Symbolfolgen auch Markov-Ketten höherer Ordnung zum Einsatz kommen, wie wir noch in Kapitel 6 sehen werden.

3.6   Prinzipien der Parameterschätzung

Um ein statistisches Modell zur Beschreibung bestimmter natürlicher Prozesse einsetzen zu können, müssen die freien Parameter in geeigneter Weise bestimmt werden. Eine wesentliche Voraussetzung dafür bilden von Experten formulierte Vorerwartungen, die im wesentlichen den Typ des verwendeten Modells festlegen. Die zweite wichtige Grundlage sind konkrete Beobachtungen des zu beschreibenden Prozesses. Dabei kann es sich um tatsächliche Messwerte oder auch abgeleitete Größen handeln.

Unter Zugrundelegung des ausgewählten Modelltyps können dann auf dieser Stichprobe von Beispieldaten Schätzwerte für die Modellparameter berechnet werden. Deren konkrete Ausprägung hängt jedoch auch davon ab, welches Optimierungskriterium das jeweilige Schätzverfahren einsetzt.

3.6.1   Maximum-Likelihood-Schätzung

Die verbreitetste Methode zur Schätzung der Parameter statistischer Modelle stellt die sogenannte *Maximum-Likelihood-Schätzung* (ML) dar. Auf der Basis einer vorliegenden Stichprobe $\omega = \{x_1, x_2, \ldots x_T\}$ werden in Abhängigkeit vom Typ des gesuchten Modells Schätzwerte $\hat{\theta}$ für dessen Parameter so bestimmt, dass die Wahrscheinlichkeit – bzw. im kontinuierlichen Fall der Dichtewert – für die Beobachtung der Daten maximiert wird.

Wir wollen im folgenden zur Vereinfachung der Betrachtungen davon ausgehen, dass die Stichprobe Werten einer Folge $X_1, X_2, \ldots X_T$ von Zufallsvariablen entspricht, die einer identischen Wahrscheinlichkeitsverteilung gehorchen, deren Parameter gesucht sind. Die einzelnen Zufallsvariablen X_i sind dabei statistisch unabhängig. Daher erhält man die Gesamtwahrscheinlichkeit der Daten als Produkt der Anteile der identisch parametrisierten einzelnen Verteilungen:

$$p(\omega|\theta) = p(x_1, x_2, \ldots x_T|\theta) = \prod_{t=1}^{T} p(x_t|\theta)$$

Bei der Maximierung dieser Größe durch Variation der Parameter θ stellen nicht die möglichen Werte der Zufallsvariablen, sondern die Modellparameter selbst die Veränderlichen dar. Dies macht man durch die Einführung der sogenannten *Likelihood-Funktion* explizit:

$$L(\theta|\omega) = L(\theta|x_1, x_2, \ldots x_T) = p(\omega|\theta)$$

Ziel der Maximum-Likelihood-Schätzung ist es, den Wert der Likelihood-Funktion für einen bestimmten Typ des Modells und eine gegebene Stichprobe ω in Abhängigkeit von θ zu maximieren:

$$\hat{\theta}_{\mathrm{ML}} = \underset{\theta}{\mathrm{argmax}}\, L(\theta|\omega)$$

Dabei wendet man das Standardverfahren zur Lösung von Extremwertaufgaben an, indem die Ableitung von $L(\theta|\omega)$ nach den Modellparametern θ gebildet und nullgesetzt wird. In den meisten praktischen Fällen findet man genau ein Extremum $\hat{\theta}$, das dann dem ML-Schätzwert für die gesuchten Modellparameter entspricht. Im allgemeinen ist das Ergebnis jedoch nicht eindeutig bestimmt.

Häufig ergibt sich eine mathematisch einfachere Behandlung dieser Extremwertaufgabe dadurch, dass nicht die Likelihood-Funktion, sondern deren Logarithmus betrachtet wird.

$$\hat{\theta}_{\mathrm{ML}} = \underset{\theta}{\operatorname{argmax}}\, \ln L(\theta|\omega)$$

Durch die Anwendung einer monotonen Funktion bleibt das Extremum unverändert. Insbesondere aber für statistische Modelle auf der Basis exponentieller Dichten wie der Normalverteilung ergeben sich dadurch deutliche Vereinfachungen.

Wir wollen zur Veranschaulichung des Prinzips der ML-Schätzung ein einfaches Beispiel betrachten. Auf einer Stichprobe $\omega = \{x_1, x_2, \ldots x_T\}$ sollen die Parameter einer eindimensionalen Normalverteilungsdichte geschätzt werden. Die logarithmische Likelihood-Funktion ist dann gegeben durch:

$$\ln L(\theta|\omega) = \ln \prod_{t=1}^{T} \mathcal{N}(x_t|\mu, \sigma^2) \;=\; \sum_{t=1}^{T} \ln \frac{1}{\sqrt{2\pi\sigma^2}}\, e^{-\frac{(x_t-\mu)^2}{2\sigma^2}}$$

$$= \; -\frac{T}{2}\ln(2\pi\sigma^2) - \frac{1}{2\sigma^2}\sum_{t=1}^{T}(x_t-\mu)^2$$

Als Ableitungen dieser Funktion nach den beiden Veränderlichen μ und σ^2 erhält man:

$$\frac{\partial}{\partial\mu}\ln L(\theta|\omega) \;=\; \frac{1}{\sigma^2}\sum_{t=1}^{T}(x_t-\mu)$$

$$\frac{\partial}{\partial\sigma^2}\ln L(\theta|\omega) \;=\; -\frac{T}{2\sigma^2} + \sum_{t=1}^{T}\frac{(x_t-\mu)^2}{2\sigma^4}$$

Durch Nullsetzen dieser Gleichungen ergeben sich als Schätzwerte $\hat{\mu}$ für den Mittelwert und $\hat{\sigma}^2$ für die Varianz der gesuchten Normalverteilung mit Hilfe des ML-Verfahrens die folgenden Werte:

$$\hat{\mu}_{\mathrm{ML}} \;=\; \frac{1}{T}\sum_{t=1}^{T} x_t$$

$$\hat{\sigma}^2_{\mathrm{ML}} \;=\; \frac{1}{T}\sum_{t=1}^{T}(x_t-\hat{\mu}_{\mathrm{ML}})^2 = \frac{1}{T}\sum_{t=1}^{T} x_t^2 - \hat{\mu}^2_{\mathrm{ML}}$$

Diese beiden Größen bezeichnet man auch als den *empirischen Erwartungswert* bzw. die *empirische Varianz* einer nur durch eine Stichprobe gegebenen Wahrscheinlichkeitsverteilung.

Im vektorwertigen Falle erhält man zur Berechnung der Schätzwerte für den Mittelwertvektor $\hat{\mu}$ und die Kovarianzmatrix $\hat{K}$ einer multivariaten Gauß-Dichte die folgenden Beziehungen:

$$\hat{\mu} \;=\; \frac{1}{T}\sum_{t=1}^{T} x_t \tag{3.8}$$

$$\hat{K} \;=\; \frac{1}{T}\sum_{t=1}^{T}(x_t-\hat{\mu})(x_t-\hat{\mu})^T = \frac{1}{T}\sum_{t=1}^{T} x_t x_t^T - \hat{\mu}\hat{\mu}^T \tag{3.9}$$

Wenn man davon ausgehen kann, dass die tatsächliche Verteilung der Daten dem zugrundegelegten Modelltyp entspricht, und die verfügbare Stichprobe genügend groß ist, bietet die ML-Schätzung einige vorteilhafte Eigenschaften. Die berechneten Schätzwerte $\hat{\theta}_{\mathrm{ML}}$ für die unbekannten Verteilungsparameter konvergieren gegen die tatsächlichen Parameter θ^*, wenn der Stichprobenumfang gegen unendlich geht:

$$\lim_{T \to \infty} \hat{\theta}_{\mathrm{ML}} = \theta^*$$

Außerdem weisen die ML-Schätzwerte die geringstmögliche Varianz auf, so dass kein anderes Verfahren eine Schätzung liefern kann, die näher an den tatsächlichen Parametern liegt.

3.6.2   Maximum-a-posteriori-Schätzung

Im Gegensatz zur Maximum-Likelihood-Schätzung legt die sogenannte *Maximum-a-posteriori-Schätzung* (MAP) als Optimierungskriterium die a-posteriori-Wahrscheinlichkeit der Modellparameter bei gegebenem Modelltyp und vorliegender Stichprobe zugrunde.

$$\hat{\theta}_{\mathrm{MAP}} = \underset{\theta}{\mathrm{argmax}}\, p(\theta|\omega)$$

Formt man diese Gleichung mit Hilfe der Bayes-Regel um, so erhält man folgende Beziehung:

$$\hat{\theta}_{\mathrm{MAP}} = \underset{\theta}{\mathrm{argmax}}\, p(\theta|\omega) = \underset{\theta}{\mathrm{argmax}}\, \frac{p(\omega|\theta)\,p(\theta)}{p(\omega)}$$

Die Dichtefunktion $p(\omega)$ der Beispieldaten selbst ist unabhängig von den gesuchten Modellparametern θ und kann daher bei der Maximierung vernachlässigt werden. Es ist jedoch erforderlich, Erwartungen über die konkrete Ausprägung der Modellparameter in Form einer geeigneten a-priori-Verteilung $p(\theta)$ zu formulieren.

Aus diesem Grunde bietet die MAP-Schätzung gegenüber dem ML-Verfahren Vorteile, wenn nur sehr wenige Beispieldaten vorliegen. Die ML-Schätzung ist dann zwar die optimale Möglichkeit, Schätzwerte allein aus den Daten abzuleiten. Aufgrund des geringen Stichprobenumfangs sind die Ergebnisse jedoch im allgemeinen sehr unzuverlässig, da keinerlei Vorerwartungen berücksichtigt werden. Bei der Anwendung des MAP-Prinzips werden diese dadurch einbezogen, dass die a-priori-Verteilung $p(\theta)$ Teil des Optimierungskriteriums ist. Stark vereinfacht ausgedrückt, erreicht man mit diesem Vorgehen, dass Modellparameter, für die nur wenige Trainingsbeispiele vorliegen, hauptsächlich aus den Vorerwartungen und solche, die aus umfangreichem Material geschätzt werden können, vorwiegend aufgrund der Beispieldaten bestimmt werden.

3.7   Literaturhinweise

Zum Thema Statistik existieren unzählige Monographien, von denen viele Einführungscharakter haben oder sogar explizit als Lehrbuch konzipiert sind. Eine sehr gelungene und übersichtliche Einführung in die Grundlagen der Statistik geben Beyer *et al.* [Bey 99a]. Von den behandelten

Themen her ähnlich, aber besonders knapp und schon fast mit dem Charakter eines Taschenbuchs widmen sich Lehn & Wegmann [Leh 00] dem Thema. Eine deutlich umfangreichere Behandlung der wesentlichen Grundlagen der Statistik findet man dagegen bei Schlittgen [Sch 00b]. Als reines Nachschlagewerk enthält auch das bekannte *Taschenbuch der Mathematik* von Bronstein *et al.* die wichtigsten statistischen Grundbegriffe [Bro 99].

Unter der Vielzahl englischsprachiger Statistik-Monographien sticht das Werk von Larsen & Marx [Lar 01] durch seinen gelungenen Aufbau, seine anschaulich Darstellung und die vielen Beispiele heraus. Gute Einführungen in die speziell für Mustererkennungsaufgaben relevanten Grundbegriffe und Verfahren der Statistik findet man außerdem in den klassischen Werken von Fukunaga [Fuk 72] oder Duda & Hart [Dud 73] bzw. auch in [Hua 01, Kapitel 3].

4   Vektorquantisierung

Bei der Verarbeitung von Signaldaten im Rechner ergibt sich immer das Problem, diese Daten in einerseits möglichst kompakter aber andererseits auch hinreichend genauer Weise digital darzustellen. Da digitale Repräsentationen notwendigerweise auch endlich sind, ist es daher Ziel eines sogenannten *Vektorquantisierers*, Vektoren aus einem Eingabedatenraum auf eine endliche Menge typischer Repräsentanten abzubilden. Dabei sollte möglichst keine für die weitere Verarbeitung relevante Information verloren gehen. Den Aufwand zur Speicherung oder Übertragung vektorwertiger Daten versucht man daher durch die Elimination darin enthaltener redundanter Information zu reduzieren.

Eine solche Kodierung wird auf Sprache z.B. angewandt, um sie über kapazitätsbegrenzte digitale Telefonnetze zu übertragen. Bei Bilddaten versucht man diese möglichst kompakt z.B. im Speicher einer Digitalkamera abzulegen oder auch als komplette Spielfilme digital an private Haushalte zu übertragen.

Obwohl bei der Kodierung von Daten deren Bedeutung prinzipiell nicht von Interesse ist, erhält man die geeignetsten Repräsentationen dann, wenn "ähnliche" Datenvektoren bei der Kodierung zusammengefasst und "verschiedene" separat repräsentiert werden. Aus dieser Sichtweise entspricht das Ziel der Kodierung dem der sogenannten *Clusteranalyse*, die versucht, die Häufungsgebiete einer unbekannten Datenverteilung zu ermitteln und adäquat zu beschreiben. Die näherungsweise parametrische Repräsentation allgemeiner Wahrscheinlichkeitsverteilungen erfolgt in der Regel mit Hilfe von Mischverteilungen auf der Basis von Normalverteilungsdichten (vgl. Abschnitt 3.4 Seite 46). Bei diesem Vorgehen modellieren die einzelnen Gauß-Dichten die Häufungsgebiete der betrachteten Daten, und die entsprechenden Mittelwertvektoren können als Repräsentanten eines statistischen Quantisierungsprozesses angesehen werden.

In den folgenden Abschnitten wollen wir zuerst den Begriff des Vektorquantisierers formal definieren und Bedingungen für dessen Optimalität ableiten. Anschließend werden die wichtigsten Algorithmen zur Erstellung von Vektorquantisierern vorgestellt. In Abschnitt 4.4 wird schließlich als Verallgemeinerung der Problemstellung die unüberwachte Schätzung von Mischverteilungsmodellen behandelt.

4.1   Definition

Ein Vektorquantisierer – oder kurz Quantisierer – Q ist definiert als die Abbildung eines k-dimensionalen Vektorraums $\mathbb{R}^k$ in eine endliche Teilmenge $Y \subset \mathbb{R}^k$:

$$Q : \mathbb{R}^k \mapsto Y$$

Die Menge $Y = y_1, y_2, \ldots y_N$ der Repräsentanten- oder Prototypenvektoren y_i bezeichnet man auch als das *Codebuch*. Die Größe N des Codebuchs ist dabei die wesentliche Kenngröße zur Charakterisierung einer Klasse von Vektorquantisierern[1].

Mit jedem Vektorquantisierer Q der Größe N ist immer auch eine Partition des betrachteten Vektorraums $\mathbb{R}^k$ in Zellen $R_1, R_2, \ldots R_N$ assoziiert. Dabei liegen in der Zelle R_i alle diejenigen Vektoren $x \in \mathbb{R}^k$, die vom Quantisierer dem Prototypenvektor oder Codewort y_i zugeordnet wurden. Man erhält die jeweilige Zelle also als Urbild des Prototypenvektors bezogen auf die Abbildung Q des Vektorquantisierers:

$$R_i = Q^{-1}(y_i) = \{x \in \mathbb{R}^k | Q(x) = y_i\}$$

Da ein Quantisierer Q jedem Vektor x des Eingaberaums genau einen Prototypen y_i zuordnet, definiert er dadurch implizit eine vollständige, disjunkte Zerlegung des $\mathbb{R}^k$ in Zellen R_i, d.h.:

$$\bigcup_{i=1}^{N} R_i = \mathbb{R}^k \qquad \text{und} \qquad R_i \cap R_j = \emptyset \quad \forall i, j \text{ mit } i \neq j$$

Das Verhalten eines Quantisierers Q ist dann eindeutig definiert durch die Angabe des verwendeten Codebuchs Y und der zugehörigen Partition $\{R_i\}$ des betrachteten Vektorraums.

In der Praxis kann man einen Vektorquantisierer als eine Kombination eines Kodierers C und eines Dekodierers D beschreiben. Mit der Indexmenge $I = \{1, 2, \ldots N\}$ ergibt sich:

$$C : \mathbb{R}^k \mapsto I \qquad \text{und} \qquad D : I \mapsto Y$$

Die Quantisierungsvorschrift Q ergibt sich somit als Hintereinanderausführung des Kodierungs- und des anschließenden Dekodierungsschritts:

$$Q = D \circ C$$

Diese Darstellung ist besonders dann sinnvoll, wenn es um die kompakt kodierte Übertragung von Daten geht. Prinzipiell genügt es dann, ein aufeinander abgestimmtes Paar von Kodierer und Dekodierer zu verwenden und auf dem Übertragungskanal nur die Indizes der quantisierten Daten zu übermitteln[2]. Da sichergestellt sein muss, dass der Dekodierer zur Rekonstruktion der Datenvektoren aus den Quantisierungsindizes das korrekte Codebuch verwendet, muss dies bei praktischen Anwendungen im Rahmen der Datenübermittlung mit übertragen werden. Die Größe des Codebuchs ist daher bei der Betrachtung der erforderlichen Kanalkapazität und der insgesamt erreichten Kompressionsrate mit zu berücksichtigen.

Wesentlicher "Nachteil" des Quantisierungsprozesses ist, dass im allgemeinen ein Vektor $x \in \mathbb{R}^k$ auf einen von ihm *verschiedenen* Prototypenvektor y abgebildet wird. Es entsteht daher bei jeder

---

[1]Im Englischen bezeichnet man einen Vektorquantisier, der ein Codebuch mit N Repräsentantenvektoren verwendet, als *N-level quantizer*. Im Deutschen existiert hierfür kein äquivalenter Ausdruck. Insbesondere sollte man diese Bezeichnung nicht mit der des mehr*stufigen* Vektorquantisierers verwechseln, der das Quantisierungsergebnis in mehreren aufeinanderfolgenden Verarbeitungsschritten erzeugt.
[2]Bei Vektorquantisierern mit variabler Datenrate werden auch die Quantisierungsindizes selbst in komprimierter Form übertragen, z.B. durch die Verwendung einer Huffman-Codierung (vgl. z.B. [Ger 92, Kapitel 17, S. 631ff]).

einzelnen Quantisierung ein individueller *Quantisierungsfehler* $\epsilon(x|Q)$ in Abhängigkeit von der verwendeten Quantisierungsvorschrift Q, der mit Hilfe eines geeigneten Abstandsmaßes $d(\cdot,\cdot)$ für vektorwertige Daten angegeben werden kann[3]:

$$\epsilon(x|Q) = d(x, Q(x))$$

Generelle Aussagen über die Reproduktionsqualität eines bestimmten Quantisierers Q lassen sich jedoch nur aus einer globalen Betrachtung der Quantisierungsfehler ableiten. Zu diesem Zweck bestimmt man den im statistischen Mittel zu erwartenden Quantisierungsfehler:

$$\bar{\epsilon}(Q) = \mathcal{E}\{\epsilon(X|Q)\} = \mathcal{E}\{d(X, Q(X))\} = \int\limits_{\mathbb{R}^k} d(x, Q(x))\, p(x)\, dx \tag{4.1}$$

Dabei geht man davon aus, dass sich die statistischen Eigenschaften der betrachteten Vektoren x mit Hilfe einer Zufallsvariable X beschreiben lassen, die der Dichtefunktion $p(x)$ genügt.

4.2 Optimalität

Obwohl die Codebuchgröße eines Vektorquantisierers in der Praxis einen wesentlichen Konfigurationsparameter darstellt, betrachtet man Bedingungen für die Existenz optimaler Quantisierungsvorschriften immer bei festgelegter Anzahl N von Prototypenvektoren. Als Qualitätsmerkmal ist dann allein die erreichte Reproduktionsgüte ausschlaggebend. Ziel ist es also, denjenigen Vektorquantisierer zu bestimmen, der bei gegebener fester Codebuchgröße für eine bestimmte Verteilung der Eingabedaten den minimalen mittleren Quantisierungsfehler erreicht.

Da ein Vektorquantisierer, wie schon oben erwähnt, durch Angabe von Codebuch *und* zugehöriger Partition definiert wird, lassen sich von beiden Komponenten ausgehend Kriterien formulieren, wie die jeweils andere optimal zu wählen ist. Eine geschlossene Beschreibung der Optimalität von Codebuch und Partition ist dagegen nicht möglich.

Die sogenannte *Nächster-Nachbar-Bedingung* beschreibt die optimale Wahl der Partition $\{R_i\}$ bei gegebenem Codebuch Y. Jede einzelne Zelle muss dabei so festgelegt werden, dass sie alle diejenigen Vektoren $x \in \mathbb{R}^k$ enthält, die vom korrespondierenden Prototypenvektor y_i minimalen Abstand haben:

$$R_i \subseteq \{x | d(x, y_i) \le d(x, y_j)\ \forall j \ne i\} \tag{4.2}$$

Das bedeutet, dass der entsprechende Quantisierer Q einen Vektor x seinem nächsten Nachbarn im Codebuch zuordnet:

$$Q(x) = y_i \quad \text{falls} \quad d(x, y_i) \le d(x, y_j)\ \forall j \ne i \tag{4.3}$$

Für den Fall, dass ein Vektor x gleichen Abstand von zwei (oder mehr) Codebuchvektoren hat, kann er einer der Zellen beliebig zugeordnet werden. Der entstehende Quantisierungsfehler

$$d(x, Q(x)) = \min_{y \in Y} d(x, y) \tag{4.4}$$

---

[3]Wird statt eines allgemeinen Abstandsmaßes hierbei der euklidische Abstand verwendet, erhält man den Quantisierungsfehler $\epsilon(x|Q) = ||x - Q(x)||$.

wird dadurch nicht verändert[4].

Es lässt sich leicht zeigen, dass die Quantisierung von Vektoren mit Hilfe der Nächster-Nachbar-Regel (4.3) bei gegebenem Codebuch Y den mittleren zu erwartenden Quantisierungsfehler minimiert. Dazu wird der aus Gleichung (4.1) bekannte Ausdruck zur Bestimmung von $\bar{\epsilon}(Q)$ wie folgt nach unten abgeschätzt[5]:

$$\bar{\epsilon}(Q) = \int\limits_{\mathbb{R}^k} d(\boldsymbol{x}, Q(\boldsymbol{x}))\, p(\boldsymbol{x})\, d\boldsymbol{x} \geq \int\limits_{\mathbb{R}^k} \{\min_{\boldsymbol{y}\in Y} d(\boldsymbol{x}, \boldsymbol{y})\}\, p(\boldsymbol{x})\, d\boldsymbol{x}$$

Der Vergleich dieses Ergebnisses mit Gleichung (4.4) zeigt, dass mit der Nächster-Nachbar-Bedingung genau diese untere Schranke des mittleren Quantisierungsfehlers erreicht wird. Daher ist die auf der Basis von Gleichung (4.2) definierte Partition optimal für das gegebene Codebuch.

Die optimale Wahl eines Codebuchs Y bei gegebener Partition $\{R_i\}$ wird durch die sogenannte *Zentroid-Bedingung* definiert. Für eine Zelle R_i der Partition ist jeweils derjenige Vektor $\boldsymbol{y}_i$ der optimale Repräsentant, der *Zentroid* dieser Zelle ist:

$$\boldsymbol{y}_i = \text{cent}(R_i)$$

Der Zentroid einer Zelle R ist dabei definiert als derjenige Vektor $\boldsymbol{y}^* \in R$, von dem alle anderen Vektoren $\boldsymbol{x} \in R$ im statistischen Mittel minimalen Abstand haben, d.h.:

$$\boldsymbol{y}^* = \text{cent}(R) \quad \text{falls} \quad \mathcal{E}\{d(X, \boldsymbol{y}^*)|X \in R\} \leq \mathcal{E}\{d(X, \boldsymbol{y})|X \in R\}\, \forall \boldsymbol{y} \in R$$

Die Zufallsvariable X dient dabei wieder zur Charakterisierung der Verteilung der Datenvektoren $\boldsymbol{x}$ im Eingaberaum.

Sofern der Zentroid von R eindeutig definiert ist[6] lässt sich dieser auch wie folgt angeben:

$$\text{cent}(R) = \operatorname*{argmin}_{\boldsymbol{y}\in R} \mathcal{E}\{d(X, \boldsymbol{y})|X \in R\} \tag{4.5}$$

Für die gebräuchlichen elliptisch symmetrischen Abstandsmaße der Form $(\boldsymbol{x} - \boldsymbol{y})^T K^{-1}(\boldsymbol{x} - \boldsymbol{y})$, die auch den euklidischen Abstand $||\boldsymbol{x} - \boldsymbol{y}||$ als Spezialfall enthalten, sofern keine Skalierung des Raumes mit einer inversen Streuungsmatrix K^{-1} erfolgt, ist der Zentroid einer Zelle identisch mit dem bedingten Erwartungswert der Datenvektoren beschränkt auf diese Region:

$$\text{cent}(R) = \mathcal{E}\{X|X \in R\} = \int_R \boldsymbol{x}\, p(\boldsymbol{x}|\boldsymbol{x} \in R) d\boldsymbol{x}$$

Da alle Vektoren in der Zelle R vom Zentroiden minimalen mittleren Abstand haben, minimiert die Verwendung des Zentroiden als Repräsentantenvektor auch den mittleren Quantisierungsfehler für

---

[4]In [Ger 92, S. 350] wird für solche Fälle vorgeschlagen, die Zuordnung zum Codebuchvektor $\boldsymbol{y}_i$ mit dem jeweils kleinsten Index i vorzunehmen.

[5]Diese Abschätzung des mittleren Quantisierungsfehlers ist möglich, weil beide Faktoren $d(\cdot, \cdot)$ und $p(\boldsymbol{x})$ des Integranden nichtnegative Werte annehmen. Zur Minimierung muss daher $d(\cdot, \cdot)$ nur lokal für jedes $\boldsymbol{x}$ minimal gewählt werden.

[6]Je nach Verteilung der Dichtevektoren kann es vorkommen, dass der Zentroid in bestimmten Fällen nicht eindeutig definiert ist. Das Minimum des mittleren Abstandes wird dann für mehrere verschiedene Repräsentantenvektoren in gleicher Weise erreicht.

die betreffende Zelle. Werden alle Codebuchvektoren so bestimmt, minimiert die Quantisierung mit Hilfe dieses Codebuchs für die vorgegebene Partition den im statistischen Mittel durch den Quantisierer verursachten Fehler. Das Codebuch ist somit für die vorliegende Partition optimal gewählt.

Dies lässt sich leicht zeigen durch Berechung des mit Hilfe der Zentroid-Bedingung erreichten mittleren Quantisierungsfehlers:

$$\bar{\epsilon}(Q) = \sum_{i=1}^{N} \int_{R_i} d(x, y_i)p(x)dx = \sum_{i=1}^{N} P(X \in R_i) \int_{R_i} d(x, y_i)p(x|x \in R_i)dx$$

Der Gesamtfehler ergibt sich durch Integration über die in den jeweiligen Zellen entstehenden Anteile und der Summation über alle Zellen der Partition. Dieser Ausdruck lässt sich umformen durch die Einführung der a-priori Wahrscheinlichkeit $P(X \in R_i)$ einer Zelle und der bedingten Dichte $p(x|x \in R_i)$ von Vektoren beschränkt auf diese Region.

Da alle Zellen disjunkt sind und die Summe nur nichtnegative Summanden umfasst, können alle N Terme unabhängig voneinander minimiert werden:

$$\int_{R_i} d(x, y_i)p(x|x \in R_i)dx = \mathcal{E}\{d(X, y_i)|X \in R\} \longrightarrow \min!$$

Wie der Vergleich mit der Definition des Zentroiden in Gleichung (4.5) zeigt, kann diese Minimierung leicht dadurch erreicht werden, dass der Repräsentantenvektor y_i als Zentroid der Zelle R_i gewählt wird, da genau dieser den mittleren Abstand zu den übrigen Vektoren der Zelle minimiert.

Für einen optimalen Quantisierer hängen also Codebuch und Partition unmittelbar voneinander ab. Zur Parametrisierung des Verfahrens ist daher die Angabe des Codebuchs ausreichend. Die Partition des Eingaberaums ergibt sich implizit durch die optimale Wahl der Quantisierungsoperation mit Hilfe der Nächster-Nachbar-Regel. In der Praxis identifiziert man daher üblicherweise das verwendete Codebuch begrifflich mit dem zugehörigen Vektorquantisierer.

4.3 Algorithmen zum Design von Vektorquantisierern

Obwohl im vorangegangenen Abschnitt Bedingungen für die Optimalität einer Partition bei gegebenem Codebuch bzw. die des Codebuchs für eine vorliegende Partition angegeben wurden, existiert keine geschlossene analytische Lösung zur Bestimmung eines optimalen Vektorquantisierers bestimmter Größe für eine vorliegende Verteilung von Datenvektoren. Allerdings lassen sich iterative Methoden angeben, die ausgehend von einem vorgegebenen initialen Quantisierer diesen schrittweise verbessern und so versuchen, einen näherungsweise optimalen Vektorquantisierer zu bestimmen. Alle diese Methoden können jedoch nicht garantieren, die optimale Lösung dieses Problems tatsächlich zu finden, und sind daher nur suboptimal.

Ein weiteres Problem bei der Erstellung von Vektorquantisierern besteht darin, dass deren Qualität von der Verteilungsdichte $p(x)$ der betrachteten Datenvektoren abhängt. In der Praxis ist diese jedoch in der Regel nicht bekannt und kann daher nicht exakt parametrisch beschrieben werden. Man geht aber immer davon aus, dass eine geeignete Stichprobe $\omega = \{x_1, x_2, \ldots x_T\}$ von Beispielvektoren vorliegt, anhand derer die erforderlichen Parameter der tatsächlichen Verteilungsfunktion

Gegeben sei eine Stichprobe $\omega = \{x_1, x_2, \ldots x_T\}$ von Beispielvektoren, die gewünschte Codebuchgröße N sowie eine untere Schranke $\Delta\epsilon_{\min}$ für die relative Verbesserung des Quantisierungsfehlers

1. **Initialisierung**
   wähle ein geeignetes initiales Codebuch Y^0 der Größe N
   (z.B. durch zufällige Auswahl von N Vektoren y_i^0 aus ω)
   initialisiere Interationszähler $m \leftarrow 0$

2. **Optimierung der Partition**
   bestimme für das aktuelle Codebuch Y^m die optimale Partition durch Klassifikation aller Vektoren x_t mit $t = 1 \ldots T$ in Zellen
   $$R_i^m = \{x | y_i^m = \underset{y \in Y^m}{\operatorname{argmin}} \, d(x, y)\}$$
   bestimme dabei den mittleren Quantisierungsfehler
   $$\bar{\epsilon}(Y^m) = \frac{1}{T} \sum_{t=1}^{T} \min_{y \in Y^m} d(x_t, y)$$

3. **Aktualisierung des Codebuchs**
   für alle Zellen R_i^m mit $i = 1 \ldots N$ berechne neue Repräsentanten
   $$y_i^{m+1} = \operatorname{cent}(R_i^m)$$
   diese bilden das neue Codebuch $Y^{m+1} = \{y_i^{m+1} | 1 \leq i \leq N\}$

4. **Terminierung**
   berechne die relative Abnahme des Quantisierungsfehlers seit der letzten Iteration
   $$\Delta\epsilon_m = \frac{\bar{\epsilon}(Y^{m-1}) - \bar{\epsilon}(Y^m)}{\bar{\epsilon}(Y^m)}$$
   falls die relative Abnahme groß genug war, d.h. $\Delta\epsilon_m > \Delta\epsilon_{\min}$
   setze $m \leftarrow m + 1$ und weiter mit Schritt 2
   sonst Ende!

Abb. 4.1 Lloyd-Algorithmus zum Design von Vektorquantisierern

näherungsweise bestimmt werden können. Diese Stichprobe wird im Rahmen der im folgenden vorgestellten Algorithmen zum Design von Vektorquantisierern anstatt des gesamten Eingabedatenraumes $\mathbb{R}^k$ betrachtet.

Lloyd-Algorithmus

Die Idee des sogenannten *Lloyd-Algorithmus* besteht darin, die duale Sichtweise auf Vektorquantisierer auszunützen und mit Hilfe der im vorangegangenen Abschnitt definierten Methoden abwechselnd Partition bzw. Codebuch optimal zu ermitteln. Durch eine Iteration dieses Verfahrens wird zwar nicht notwendigerweise der global optimale Quantisierer erzeugt, aber es lässt sich zeigen, dass eine Folge von Vektorquantisierern entsteht, die immer kleinere mittlere Quantisierungsfehler erreichen.

Der Algorithmus, der in Abbildung 4.1 zusammengestellt ist, erzeugt für eine gegebene Stichprobe ω einen Vektorquantisierer der Größe N, d.h. ein Codebuch mit N Repräsentantenvektoren. Zu Beginn des Verfahrens wird ein geeignetes initiales Codebuchs Y^0 gewählt, was allerdings heuristisch erfolgen muss. Obwohl die Wahl dieses Startpunkts die Optimierung natürlich beeinflusst,

erzielt man mit der zufälligen Auswahl von N Vektoren aus der Stichprobe in der Praxis brauchbare
Ergebnisse. Durch den im nächsten Abschnitt vorgestellten Algorithmus wird dieser Nachteil des
Lloyd-Algorithmus weitestgehend vermieden.

Im nächsten Verarbeitungsschritt wird für das jeweils aktuelle Codebuch Y^m die optimale Partition der Stichprobe berechnet. Die Zuordnung jedes Elements $x_t \in \omega$ zu einer Zelle der Partition
entspricht der Klassifikation in diejenige Klasse R_i^m, von deren zugehörigen Repräsentanten y_i^m
der betreffende Vektor minimalen Abstand hat. Da die Entscheidung über den Abbruch des Verfahrens auf der Basis des erreichten Quantisierungsfehlers erfolgt, wird dieser im Klassifikationsschritt
mit berechnet. Ausgehend von der neu berechneten Partition kann im Anschluss die Aktualisierung
des Codebuchs erfolgen. Das neue Codebuch Y^{m+1} besteht dabei einfach aus den Zentroiden der
optimalen Zellen bzw. Klassengebiete R_i^m. Das Verfahren terminiert, wenn durch die Optimierung
des Codebuchs keine ausreichende relative Verbesserung des Quantisierungsfehlers mehr erreicht
wurde. Die untere Schranke $\Delta\epsilon_{\min}$ ist dabei ein Parameter des Algorithmus, der vom Anwender
vorgegeben werden muss[7].

Der bei weitem überwiegende Teil des Aufwands dieser Methode entsteht bei der Klassifikation
aller Vektoren der Stichprobe während der Optimierung der Partition in Schritt 2. Die Berechnung
eines aktualisierten Codebuchs ist dagegen ohne nennenswerten Aufwand möglich[8]. Es ist daher
sinnvoll, diesen Schritt in jedem Fall auszuführen, auch wenn der ermittelte Quantisierungsfehler
eigentlich für das vorherige Codebuch gilt.

LBG-Algorithmus

Der problematischste Aspekt des Lloyd-Algorithmus ist dessen Initialisierung. Es liegt daher nahe,
diesen Teil des Vektorquantisierungsdesigns so zu modifizieren, dass die Ergebnisse nicht durch ein
schlecht gewähltes initiales Codebuch negativ beeinflusst werden können. Der nach den Initialen
seiner Erfinder Linde, Buzo & Gray benannte *LBG-Algorithmus* [Lin 80] konstruiert daher nicht
direkt den gewünschten Vektorquantisierer der Größe N, sondern eine Folge von Quantisierern mit
wachsender Anzahl von Codebuchvektoren.

Der Algorithmus, der in Abbildung 4.2 zusammengefasst ist, beginnt mit der Wahl eines initialen
Codebuchs. Da zu diesem Zeitpunkt noch nicht die volle Anzahl von Repräsentantenvektoren be-
nutzt werden muss, existiert hierfür eine einfache und robuste Möglichkeit. Man beschränkt sich
nämlich auf die Verwendung eines trivialen Quantisierers mit genau einem Repräsentantenvektor.
Da dann die gesamte Stichprobe der zugehörigen Zelle einer trivialen Partition entspricht, besteht
dieses Codebuch genau aus dem Zentroiden der Stichprobe[9].

Um im Laufe des Verfahrens die gewünschte Zielcodebuchgröße zur erreichen, bedient sich der
Algorithmus einer Methode zur Aufteilung existierender Codebuchklassen in jeweils zwei neue

---

[7]Eigene Experimente haben gezeigt, dass eine relative Verbesserung des Quantisierungsfehlers um weniger als ein Promille
keine für praktische Anwendungen relevanten Verbesserungen des Codebuchs mehr bewirkt.

[8]Bei Verwendung des euklidischen Abstandsmaßes muss lediglich der empirische Mittelwert der Zellen bestimmt werden.
Man erhält den Zentroiden daher gemäß $\operatorname{cent}(R) = \frac{1}{|R|} \sum_{x \in R} x$. Die Summation über die in der jeweiligen Zelle ent-
haltenen Vektoren kann leicht bereits während der Klassifikation inkrementell erfolgen, so dass zum Abschluss nur noch die
Normierung auf die Gesamtanzahl der Vektoren erforderlich ist.

[9]Zur Beschleunigung des Verfahrens in der Startphase kann man auch ein kleines Codebuch mit $N^0 \ll N$ zufällig ausgewählten Vektoren verwenden ohne die Ergebnisse des Algorithmus nachteilig zu beeinflussen.

Gegeben sei eine Stichprobe $\omega = \{x_1, x_2, \dots x_T\}$ von Beispielvektoren, die gewünschte Codebuchgröße N sowie eine untere Schranke $\Delta\epsilon_{min}$ für die relative Verbesserung des Quantisierungsfehlers

1. **Initialisierung**

   wähle ein geeignetes initiales Codebuch Y^0 der Größe N^0

   (z.B. trivial als $Y^0 = \{\text{cent}(\omega)\}$ mit $N^0 = 1$)

   initialisiere Interationszähler $m \leftarrow 0$

2. **Splitting**

   erzeuge aus dem aktuellen Codebuch Y^m ein neues Codebuch

   mit $N^{m+1} = 2\,N^m$ Repräsentanten

   $$Y^{m+1} = \{y_1 + \epsilon, y_1 - \epsilon, y_2 + \epsilon, y_2 - \epsilon, \dots y_{N^m} + \epsilon, y_{N^m} - \epsilon\}$$

   mit einem geeigneten, betragsmäßig kleinen "Störvektor" ϵ

3. **Optimierung**

   optimiere das neu erzeugte Codebuch Y^{m+1} mit dem Lloyd-Algorithmus

4. **Terminierung**

   falls die gewünschte Klassenanzahl noch nicht erreicht ist

           setze $m \leftarrow m + 1$ und weiter mit Schritt 2

   sonst Ende!

Abb. 4.2 LBG-Algorithmus zum Design von Vektorquantisierern

Zellen. Dazu wird zu allen ursprünglichen Repräsentantenvektoren y_i ein geeigneter, betragsmäßig kleiner "Störvektor" ϵ addiert bzw. von ihnen subtrahiert, so dass sich zwei neue Codebuchvektoren $y_i + \epsilon$ und $y_i - \epsilon$ ergeben. Insgesamt liefert diese Operation ein neues Codebuch, das doppelt soviele Repräsentantenvektoren umfasst wie das ursprüngliche[10].

Natürlich kann nicht erwartet werden, dass das so erzeugte Codebuch bezogen auf den erreichten Quantisierungsfehler optimal ist. Daher wird es im dritten Schritt des Verfahrens mit dem aus dem vorangegangenen Abschnitt bekannten Lloyd-Algorithmus (Schritte 2 bis 4) optimiert. Falls die gewünschte Codebuchgröße noch nicht erreicht ist, wendet man die Aufteilung von Codebuchklassen erneut auf den aktuellen Quantisierer an.

Gegenüber dem Verfahren nach Lloyd bietet der LBG-Algorithmus den entscheidenden Vorteil, dass die Initialisierungsprozedur klar definiert ist. Dadurch wird vermieden, dass eine zufällige, aber unglückliche Wahl des Startcodebuchs dazu führt, dass der Algorithmus nur ein unbefriedigendes lokales Optimum bezüglich des erzeugten Quantisierers erreicht. Lediglich der zu Klassenaufteilung erforderliche Störvektor muss in geeigneter Weise angegeben werden. Durch die schrittweise Konstruktion immer größerer Codebücher reduziert das Verfahren auch den erforderlichen Klassifikationsaufwand. Solange zu Beginn des Algorithmus nur sehr grobe Schätzwerte der Parameter des Vektorquantisierers vorliegen, arbeitet die Methode mit sehr kleinen Codebüchern. Diese sind effizienter auszuwerten als der letztendliche vollständige Quantisierer. Im Laufe des kontinuierlichen Codebuchwachstums kommen verfeinerte und aufwendigere Modelle dann zum Einsatz, wenn bereits eine gute Approximation der gewünschten Quantisierungsvorschrift vorliegt.

---

[10]Es ist auch möglich, nur soviele Klassen aufzuteilen, dass die gewünschte Codebuchgröße erreicht wird, oder nur solche, die lokal einen besonders großen Quantisierungsfehler verursachen. In beiden Fällen muss aber darauf geachtet werden, dass nicht zu kleine Zellen entstehen.

Gegeben sei eine Stichprobe $\omega = \{x_1, x_2, \ldots x_T\}$ von Beispielvektoren und die gewünschte Codebuchgröße N

1. **Initialisierung**

   wähle als initiales Codebuch Y^0 die ersten N Vektoren der Stichprobe

   $Y^0 = \{x_1, x_2, \ldots x_N\}$

   initialisiere Interationszähler $m \leftarrow 0$

2. **Iteration**

   für alle noch nicht bearbeiteten Vektoren x_t, $N < t \leq T$

   (a) **Klassifikation**

   bestimme für x_t den optimalen Reproduktionsvektor y_i^m im aktuellen Codebuch Y^m

   $$y_i^m = \operatorname*{argmin}_{y \in Y^m} d(x_t, y)$$

   (b) **Aktualisierung der Partition**

   bestimme die neue Partition durch Aktualisierung der Zelle des ermittelten Codebuchvektors

   $$R_j^{m+1} = \begin{cases} R_j^m \cup \{x_t\} & \text{falls } j = i \\ R_j^m & \text{sonst} \end{cases}$$

   (c) **Aktualisierung des Codebuchs**

   bestimme ein neues Codebuch durch Aktualisierung des Repräsentanten der im vorangegangenen Schritt veränderten Zelle

   $$y_j^{m+1} = \begin{cases} \operatorname{cent}(R_j^{m+1}) & \text{falls } j = i \\ y_j^m & \text{sonst} \end{cases}$$

Abb. 4.3 *k-means*-Algorithmus zum Design von Vektorquantisierern

k-means-Algorithmus

Sowohl der Algorithmus nach Lloyd als auch der LBG-Algorithmus eignen sich gut zum Design von Vektorquantisierern. Allerdings erfordern beide Verfahren die mehrfache, aufwendige Klassifikation aller Vektoren der Stichprobe während der erforderlichen Optimierungsschritte. Mit dem sogenannten *k-means-Algorithmus* existiert dagegen ein Verfahren, das mit nur einem Verarbeitungsdurchlauf auf den vorliegenden Daten ein näherungsweise optimales Codebuch erzeugt. Die von MacQueen entwickelte Methode [Mac 67] entstand eigentlich aus dem Gedanken heraus, für die Charakterisierung einer Datenverteilung nicht nur einen empirischen Mittelwert, sondern eben k Mittelwerte (engl. *k means*) zu verwenden. Diese Mittelwertvektoren entsprechen aber genau den Repräsentanten eines Vektorquantisierers der Größe k.

Abbildung 4.3 zeigt den zugehörigen Algorithmus. Aus Gründen der Konsistenz mit der Notation der übrigen Verfahren werden wir die Größe des Codebuchs dabei mit N bezeichnen und nicht mit k wie in der Originalarbeit.

Da es Ziel des Verfahrens ist, jeden Datenvektor x_t nur genau einmal zu betrachten, erhält man eine verblüffend einfache Initialisierungsvorschrift. Das initiale Codebuch besteht nämlich aus den ersten N Vektoren der Stichprobe. Die folgenden Verarbeitungsschritte erinnern uns an die beiden Optimierungsphasen des Lloyd-Algorithmus. Allerdings werden sie beim *k-means*-Verfahren einzeln für jeden Vektor ausgeführt. Ein Vektor x_t wird also zuerst gemäß der Nächster-Nachbar-Regel dem optimalen Reproduktionsvektor y_i^m im aktuellen Codebuch Y^m zugeordnet. Direkt im Anschluss werden dann die Parameter des Vektorquantisierers aktualisiert. Man geht dabei davon aus, dass durch die Zuordnung des Vektors x_t zur Zelle R_i^{m+1} nur diese verändert wird. Daher reicht es aus, für diese Zelle einen neuen Repräsentantenvektor y_i^{m+1} zu berechnen. Nach einmaligem Durchlaufen der Stichprobe liegt das erzeugte Codebuch vor.

Man könnte nun annehmen, dass eine solche Codebuchschätzung nicht zu befriedigenden Ergebnissen führt. In der Praxis ist die Methode jedoch erstaunlich leistungsfähig und ungleich effizienter als der Lloyd- oder LBG-Algorithmus. Die mit dem k-$means$-Algorithmus erzeugten Vektorquantisierer stehen dabei bezüglich der Qualität in der Regel nicht hinter den Ergebnissen der anderen Verfahren zurück. Sofern es sich bei der betrachteten Stichprobe um eine zufällig und unabhängig voneinander generierte Folge von Vektoren handelt, lässt sich für das Verfahren asymptotische Konvergenz gegen die optimale Lösung zeigen, wenn die Stichprobengröße gegen unendlich geht [Mac 67]. In der Praxis bedeutet dies, dass die Methode besonders gut bei sehr großen Stichproben funktioniert, die keine oder nur geringe Korrelationen zwischen aufeinanderfolgenden Vektoren aufweisen.

Obwohl sich der k-$means$-Algorithmus fundamental von dem Verfahren nach Lloyd unterscheidet, wird letzterer in der Literatur häufig fälschlicherweise als k-$means$-Algorithmus bezeichnet[11]. Sofern die oben genannten Voraussetzungen gegeben sind, schlägt die k-$means$-Methode mit ihrer, bezogen auf die Größe der Stichprobe, linearen Komplexität hinsichtlich der Effizienz alle in mehreren Verarbeitungsphasen optimierenden Verfahren wie den Lloyd- und den LBG-Algorithmus bei weitem. Trotzdem ist die Qualität der erzeugten Vektorquantisierer vergleichbar.

4.4   Schätzung von Mischverteilungsmodellen

Das Ergebnis eines Vektorquantisierungsverfahrens beschreibt eine gegebene Datenverteilung lediglich mit Hilfe der N Repräsentantenvektoren des erzeugten Codebuchs. Eine deutlich genauere Darstellung erhält man bei der Verwendung eines Mischverteilungsmodells, da dann auch lokale Streuungseigenschaften mit erfasst werden können. Wegen der mathematisch relativ einfachen Handhabbarkeit werden dabei als Komponentendichten in der Regel Normalverteilungen eingesetzt (vgl. auch Abschnitt 3.4).

Die einfachste, wenn auch qualitativ schlechteste Methode zur Schätzung eines solchen Mischverteilungsmodells für eine gegebene Stichprobe baut direkt auf dem Ergebnis eines Vektorquantisierungsprozesses auf. Nach Abschluss der Codebucherzeugung werden für alle Zellen R_i der letztendlichen Partition die Parameter einer Normalverteilungsdichte geschätzt. Der erforderliche Mittelwertvektor μ_i ist dabei identisch mit dem bereits bekannten Zentroiden y_i. Es muss also lediglich eine empirische Kovarianzmatrix für alle Vektoren der jeweiligen Zelle berechnet werden (vgl. Gleichung (3.9) Seite 50):

$$K_i = \sum_{x \in R_i} (x - \mu_i)(x - \mu_i)^T$$

---

[11]siehe auch die Literaturhinweise in Abschnitt 4.5 auf Seite 66

Deutlich bessere Ergebnisse erzielt man, wenn bereits beim Quantisierungsprozess die durch die Kovarianz bedingte Verzerrung des Vektorraums berücksichtigt wird. Der sogenannte *Mahalanobis-Abstand* (vgl. z.B. [Nie 83, S. 178], [Hua 01, S. 166]) stellt die entsprechende Erweiterung des euklidischen Abstandsmaßes dar:

$$d_{\text{Mahalanobis}}(\boldsymbol{x}, \boldsymbol{\mu}) = (\boldsymbol{x} - \boldsymbol{\mu})^T \boldsymbol{K}^{-1} (\boldsymbol{x} - \boldsymbol{\mu})$$

Wie der Vergleich mit Gleichung (3.6) auf Seite 46 zeigt, entspricht dieser Ausdruck nahezu vollständig dem Exponentialterm einer Normalverteilungsdichtefunktion. Der Schritt zur Berücksichtigung einer solchen Verteilung im Quantisierungsprozess ist daher nicht mehr weit.

Da aber eine Dichtefunktion im Gegensatz zu einem Abstand ein Zugehörigkeitsmaß darstellt, muss dafür die Zuordnung von Vektoren zu Codebuchklassen modifiziert werden. Ein Vektor $\boldsymbol{x}_t$ wird dann derjenigen Zelle R_i zugeordnet, deren korrespondierende Normalverteilung $\mathcal{N}(\boldsymbol{x}|\boldsymbol{\mu}_i, \boldsymbol{K}_i)$ den maximalen Dichtewert liefert.

$$R_i = \{\boldsymbol{x}|i = \operatorname*{argmax}_j \mathcal{N}(\boldsymbol{x}|\boldsymbol{\mu}_j, \boldsymbol{K}_j)\}$$

Diese Modifikation der Quantisierungsvorschrift führt dazu, dass mit herkömmlichen Methoden zum Vektorquantisierungsdesign auch Mischverteilungsmodelle erstellt werden können. Allerdings gehen die Verfahren immer noch davon aus, dass der mittlere Quantisierungsfehler minimiert werden soll, was für eine Verteilungsdichte kein angemessenes Optimierungskriterium darstellt.

Anschaulich lässt sich dies an der Tatsache machen, dass zur Berechnung der Parameter einer Normalverteilung nur Vektoren aus einem begrenztem Gebiet eingehen – nämlich der betreffenden Zelle. Die Dichtefunktion selbst ist aber für den gesamten betrachteten Vektorraum definiert und liefert für alle möglichen Vektoren Dichtewerte, die allerdings eventuell beliebig klein werden.

EM-Algorithmus

Zur korrekten Schätzung von Gauß'schen Mischverteilungsmodellen bedient man sich daher des sogenannten *EM-Algorithmus* [Dem 77]. Dieser stellt ein sehr allgemeines Verfahren dar, statistische Modelle mit verborgenen Zufallsvariablen iterativ zu optimieren. Da die allgemeine Betrachtung des Verfahrens mathematisch recht aufwendig und mitunter wenig anschaulich ist, wollen wir uns an dieser Stelle auf die konkrete Ausprägung der Methode beschränken, die zur Schätzung von Mischverteilungsmodellen auf der Basis von Normalverteilungsdichten angewandt wird. Ein Modell mit N Komponentendichten ist wie folgt definiert (vgl. Gleichung (3.7) Seite 47):

$$p(\boldsymbol{x}|\theta) = \sum_{i=1}^{N} c_i \, \mathcal{N}(\boldsymbol{x}|\boldsymbol{\mu}_i, \boldsymbol{K}_i)$$

Den Parametersatz bestehend aus den a-priori Wahrscheinlichkeiten c_i der einzelnen Musterklassen sowie den Dichteparametern $\boldsymbol{\mu}_i$ und $\boldsymbol{K}_i$ wollen wir dabei zuammenfassend mit θ bezeichnen.

Der EM-Algorithmus verfolgt prinzipiell immer das Ziel, die Wahrscheinlichkeit der beobachteten Daten $\omega = \{\boldsymbol{x}_1, \boldsymbol{x}_2, \ldots \boldsymbol{x}_T\}$ in Abhängigkeit vom jeweiligen Modell zu maximieren. Die Tatsache,

Gegeben sei eine Stichprobe $\omega = \{x_1, x_2, \ldots x_T\}$ von Beispielvektoren, die gewünschte Anzahl N von Basisverteilungsdichten sowie eine untere Schranke $\Delta L_{\min}$ für die relative Verbesserung der Likelihood-Funktion

1. **Initialisierung**
    wähle initiale Parameter $\theta^0 = (c_i^0, \mu_i^0, K_i^0)$ des Mischverteilungsmodells
    initialisiere Interationszähler $m \leftarrow 0$

2. **Schätzung**
    berechne für jeden Vektor $x \in \omega$ mit dem aktuellen Modell θ^m Schätzwerte für die a-posteriori Wahrscheinlichkeiten der Musterklassen
    $$P(\omega_i|x,\theta^m) = \frac{c_i^m \, \mathcal{N}(x|\mu_i^m, K_i^m)}{\sum_j c_j^m \, \mathcal{N}(x|\mu_j^m, K_j^m)}$$
    berechne für das aktuelle Modell θ^m die Likelihood der Daten
    $$L(\theta^m|\omega) = \ln p(x_1, x_2, \ldots, x_T|\theta^m) = \sum_{x \in \omega} \ln \sum_j c_j^m \, \mathcal{N}(x|\mu_j^m, K_j^m)$$

3. **Maximierung**
    berechne aktualisierte Parameter $\theta^{m+1} = (c_i^{m+1}, \mu_i^{m+1}, K_i^{m+1})$
    $$c_i^{m+1} = \frac{\sum_{x \in \omega} P(\omega_i|x,\theta^m)}{|\omega|}$$
    $$\mu_i^{m+1} = \frac{\sum_{x \in \omega} P(\omega_i|x,\theta^m)\, x}{\sum_{x \in \omega} P(\omega_i|x,\theta^m)}$$
    $$K_i^{m+1} = \frac{\sum_{x \in \omega} P(\omega_i|x,\theta^m)\, x x^T}{\sum_{x \in \omega} P(\omega_i|x,\theta^m)} - \mu_i^{m+1}(\mu_i^{m+1})^T$$

4. **Terminierung**
    berechne die relative Änderung der Likelihood seit der letzten Iteration
    $$\Delta L_m = \frac{L(\theta^m|\omega) - L(\theta^{m-1}|\omega)}{L(\theta^m|\omega)}$$
    falls die relative Verbesserung groß genug war, d.h. $\Delta L_m > \Delta L_{\min}$
        setze $m \leftarrow m + 1$ und weiter mit Schritt 2
    sonst Ende!

Abb. 4.4 EM-Algorithmus zur Schätzung von Mischverteilungsmodellen.

dass die abhängige Variable dieser Größe der Parametersatz θ und nicht die Stichprobe ist, spiegelt sich im Übergang zur sogenannten Likelihood-Funktion wider:

$$L'(\theta|\omega) = p(x_1, x_2, \ldots x_T|\theta)$$

Da die Anwendung einer monotonen Funktion das Ergebnis der Maximierungsaufgabe nicht verändert und die Behandlung von Normalverteilungsdichten durch Logarithmierung deutlich vereinfacht wird, verwendet man üblicherweise den Logarithmus von $L'(\theta|\omega)$, den wir im weiteren vereinfachend als Likelihood-Funktion bezeichnen wollen:

$$L(\theta|\omega) = \ln L'(\theta|\omega) = \ln p(\boldsymbol{x}_1, \boldsymbol{x}_2, \ldots \boldsymbol{x}_T|\theta) = \sum_{\boldsymbol{x} \in \omega} \ln p(\boldsymbol{x}|\theta)$$

Seinen Namen leitet der EM-Algorithmus von den beiden Hauptverarbeitungsphasen ab, in denen er vorgeht. Zuerst werden die Werte der nicht beobachtbaren Wahrscheinlichkeitsgrößen in Abhängigkeit vom aktuellen Modell und den gegebenen Daten geschätzt. Dieser Schritt wird als *expectation* oder schlicht *E-step* bezeichnet. Anschließend werden neue Modellparameter berechnet, die die Zielfunktion, d.h. die Likelihood des Modells, lokal maximieren. Man spricht dabei vom *maximization* oder *M-step*.

Zur Schätzung von Mischverteilungsmodellen mit Hilfe des EM-Algorithmus muss eine Stichprobe von Beispieldaten vorliegen und die gewünschte Anzahl von Verteilungen vorgegeben sein. Die versteckten Zufallsvariablen sind dabei die unbekannten Zuordnungen von Datenvektoren zu einzelnen Normalverteilungsdichten bzw. Musterklassen.

Zur Initialisierung des Verfahrens, dessen Ablauf in Abbildung 4.4 dargestellt ist, müssen zunächst geeignete Startparameter für das Mischverteilungsmodell bestimmt werden. Wegen der gegenüber Vektorquantisierern erhöhten Modellkomplexität ist hierbei keine zufällige Festlegung möglich, da das Verfahren in diesem Punkt äußerst sensitiv ist. Allerdings kann mit einem der beiden eingangs skizzierten einfachen Verfahren auf Vektorquantisierungsbasis leicht ein brauchbares initiales Mischverteilungsmodell bestimmt werden. Neben den initialen Basisverteilungsparametern μ_i^0 und $\boldsymbol{K}_i^0$ müssen lediglich noch die Mischungsgewichte $c_i^0 = \frac{|R_i|}{\sum_j |R_j|}$ berechnet werden, die den geschätzten a-priori Wahrscheinlichkeiten $P(\omega_i)$ der korrespondierenden Musterklassen ω_i entsprechen.

Im *E-step* des Algorithmus werden in Abhängigkeit vom aktuellen Modell θ^m die Wahrscheinlichkeiten für die Zuordnung eines Vektors zu einer der Codebuchklassen ω_i bestimmt. Diese a-posteriori Wahrscheinlichkeiten lassen sich für beliebige Vektoren $\boldsymbol{x} \in \omega$ wie folgt berechnen:

$$\begin{aligned} P(\omega_i|\boldsymbol{x}, \theta^m) &= \frac{P(\omega_i|\theta^m)\, p(\boldsymbol{x}|\omega_i, \theta^m)}{p(\boldsymbol{x}|\theta^m)} = \frac{P(\omega_i|\theta^m)\, p(\boldsymbol{x}|\omega_i, \theta^m)}{\sum_j P(\omega_j|\theta^m)\, p(\boldsymbol{x}|\omega_j, \theta^m)} = \\ &= \frac{c_i^m\, \mathcal{N}(\boldsymbol{x}|\boldsymbol{\mu}_i^m, \boldsymbol{K}_i^m)}{\sum_j c_j^m\, \mathcal{N}(\boldsymbol{x}|\boldsymbol{\mu}_i^m, \boldsymbol{K}_i^m)} \end{aligned}$$

Dabei wird zunächst die Bayes-Regel zur Umformung des Ausdrucks angewandt. Da die Dichtefunktion $p(\boldsymbol{x}|\theta^m)$ genau durch das aktuelle Modell beschrieben wird, kann diese im zweiten Schritt durch die Mischverteilung selbst ersetzt werden.

Außerdem wird während der Schätzung der a-posteriori Wahrscheinlichkeiten sinnvollerweise auch die Likelihood des aktuellen Modells als Summe über die logarithmierten Dichtewerte der Mischverteilung berechnet.

Ausgehend von diesen Zuordnungswahrscheinlichkeiten zwischen Merkmalsvektoren und Musterklassen werden im nächsten Verarbeitungsschritt, dem *M-step*, neue Dichteparameter so bestimmt, dass sie die Likelihood des aktuellen Modells für die gegebenen Beispieldaten maximieren. Man erhält die folgenden Beziehungen zur Neuschätzung der a-priori Wahrscheinlichkeiten c_i, sowie der Mittelwertvektoren μ_i und der zugehörigen Kovarianzmatrizen K_i:

$$c_i = \frac{\displaystyle\sum_{x \in \omega} P(\omega_i|x)}{|\omega|}$$

$$\mu_i = \frac{\displaystyle\sum_{x \in \omega} P(\omega_i|x)x}{\displaystyle\sum_{x \in \omega} P(\omega_i|x)}$$

$$K_i = \frac{\displaystyle\sum_{x \in \omega} P(\omega_i|x)(x - \mu_i)(x - \mu_i)^T}{\displaystyle\sum_{x \in \omega} P(\omega_i|x)}$$

Genauso wie beim Vektorquantisierungsdesign ist es auch beim EM-Algorithmus notwendig, in geeigneter Weise über die Terminierung des Verfahrens zu entscheiden. In Analogie zum Abbruchkriterium des Lloyd-Algorithmus bietet es sich im Falle von Mischverteilungsmodellen an, diese Entscheidung anhand der relativen Verbesserung der Likelihood $L(\theta|\omega)$ zu treffen, die man für die aktuellen Modellparameter bei gegebener Stichprobe erhält.

Im Unterschied zur klassischen Vektorquantisierung erfolgt beim EM-Algorithmus die Zuordnung von Merkmalsvektoren und Musterklassen – den einzelnen Mischungsverteilungen – nicht eindeutig per Klassifikationsentscheidung, sondern probabilistisch. Man bezeichnet daher die Schätzung von Mischverteilungsmodellen mit diesem Verfahren auch als "weiche Vektorquantisierung".

4.5   Literaturhinweise

Eine umfassende Darstellung des Themas Vektorquantisierung findet sich in der grundlegenden Monographie von Gersho & Gray [Ger 92], an der sich auch die Behandlung des Problemkreises in diesem Kapitel teilweise orientiert [Ger 92, Kapitel 10, S. 309ff und Kapitel 11, S. 345ff]. Eine gute zusammenfassende Darstellung findet man in [Hua 01, Kapitel 4.4, S. 163ff].

Der *k-means-Algorithmus* zur Erstellung von Vektorquantisierern wurde von MacQueen entwickelt [Mac 67]. Nach den Initialen seiner Erfinder Linde, Buzo & Gray wurde der *LBG-Algorithmus* benannt [Lin 80]. Darstellungen dieser Methode findet man auch in [Ger 92, S. 361f], [Fur 00, S. 395f] oder [Hua 01, S. 169ff]. Die Urheberschaft des *Lloyd-Algorithmus* ist dagegen nicht eindeutig zu klären. Spätere Beschreibungen des Verfahrens findet man z.B. in [Lin 80] oder [Ger 92, S. 362ff]. In der Literatur wird die Methode häufig fälschlicherweise als *k-means*-Algorithmus bezeichnet (vgl. z.B. [Rab 93, S. 125], [Jel 97, S. 11], [Fur 00, S. 394f]. [Hua 01, S. 166ff]), obwohl sie sich von diesem Verfahren fundamental unterscheidet (siehe auch Abschnitt 4.3 Seite 57). Der *EM-Algorithmus* zur Schätzung der Parameter statistischer Modelle mit verborgenen Zufallsvariablen geht auf Dempster, Laird & Rubin zurück [Dem 77]. Zusammenfassende Darstellungen dieser sehr allgemeinen Methode sowie Beweise ihrer Konvergenz findet man z.B. in [Hua 90, S. 29ff], [ST 95, S. 102ff], [Hua 01, 170ff].

5   Hidden-Markov-Modelle

Im Bereich der Mustererkennung betrachtet man Signale häufig als das Produkt statistisch agierender Quellen. Das Ziel der Signalanalyse ist es daher, die statistischen Eigenschaften dieser angenommenen Signalquellen möglichst genau zu modellieren. Als Basis der Modellbildung stehen dabei lediglich die beobachteten Beispieldaten sowie einschränkende Annahmen über die Freiheitsgrade des Modells zur Verfügung. Das zu bestimmende Modell soll aber nicht nur die Generierung gewisser Daten möglichst exakt replizieren, sondern auch Ansatzpunkte zur Segmentierung der Signale in bedeutungstragende Einheiten liefern können.

Hidden-Markov-Modelle sind in der Lage, *beide* angesprochenen Modellierungsaspekte zu behandeln. In einem zweistufigen stochastischen Prozess kann Segmentierungsinformation aus den internen Modellzuständen gewonnen werden, wohingegen die Generierung der Signaldaten selbst in der zweiten Schicht erfolgt.

Der hohe Verbreitungsgrad dieser Modellierungstechnik geht hauptsächlich auf deren erfolgreichen Einsatz und konsequente Weiterentwicklung im Bereich der automatischen Spracherkennung zurück. In diesem Forschungsfeld haben Hidden-Markov-Modelle *de facto* alle konkurrierenden Ansätze verdrängt und stellen das dominierende Verarbeitungsparadigma dar. Ihre besonders gute Eignung zur Beschreibung zeitlich organisierter Prozesse oder Signale hat insbesondere dazu geführt, dass die ebenfalls sehr erfolgreiche Technik der neuronalen Netzwerke nur in vereinzelten Fällen zur Spracherkennung und bei vergleichbaren Segmentierungsproblemen eingesetzt wurde. Allerdings existiert eine ganze Reihe hybrider Systeme aus einer Kombination von Hidden-Markov-Modellen und neuronalen Netzwerken, die versuchen, die Vorteile beider Modellierungstechniken zu nutzen (siehe Abschnitt 5.8.2).

5.1   Definition

Hidden-Markov-Modelle (HMMs) beschreiben einen zweistufigen stochastischen Prozess. In der ersten Stufe handelt es sich um einen diskreten stochastischen Prozess, der stationär, kausal und einfach ist. Die betrachtete Zustandsmenge ist dabei endlich. Der Prozess beschreibt also probabilistisch die Zustandsübergänge in diesem diskreten, endlichen Zustandsraum. Er kann somit veranschaulicht werden als endlicher Automat mit Kanten zwischen beliebigen Zuständen, die mit Übergangswahrscheinlichkeiten beschriftet sind. Das Verhalten des Prozesses zu einem bestimmten Zeitpunkt t ist nur vom unmittelbar vorher eingenommenen Zustand abhängig und kann wie folgt charakterisiert werden:

$$P(S_t|S_1, S_2, \ldots S_{t-1}) = P(S_t|S_{t-1})$$

In der zweiten Stufe wird dann zusätzlich zu jedem Zeitpunkt t eine Ausgabe oder Emission O_t generiert. Die Wahrscheinlichkeitsverteilung dafür ist nur vom jeweils aktuell eingenommenen Zustand S_t abhängig und nicht von weiteren vergangenen Zuständen oder Emissionen[1].

$$P(O_t|O_1 \ldots O_{t-1}, S_1 \ldots S_t) = P(O_t|S_t)$$

Diese Folge von Emissionen ist als Einziges vom Verhalten des Modells beobachtbar, die eingenommene Zustandsfolge dagegen nicht. Diese ist sozusagen "versteckt" (engl. *hidden*), woraus sich auch der Begriff *Hidden*-Markov-Modelle ableitet. Von der Außensicht auf das Modell — d.h. der Beobachtung der Abläufe — rührt auch die gängigere Bezeichnung für die Folge $O_1, O_2 \ldots O_T$ der Emissionen als Beobachtungs- oder *Observationsfolge* her. Einzelne Glieder der Folge wollen wir im weiteren als *Observationen* bezeichnen.

Das Verhalten von HMMs wird in der Mustererkennungsliteratur ausschließlich über einem endlichen Zeitraum der Länge T betrachtet. Für die Initialisierung des Modells zu Beginn dieser Periode dienen Startwahrscheinlichkeiten, die die Zustandsverteilung zum Zeitpunkt $t = 1$ beschreiben. Ein äquivalent formuliertes Terminierungskriterium fehlt dagegen üblicherweise. Das Erreichen eines beliebigen Zustands zum Zeitpunkt T beendet also die Aktionen des Modells, und es wird kein weiteres deklaratives oder statistisches Kriterium angewandt, um Endzustände auszuzeichnen[2].

Ein Hidden-Markov-Modell 1. Ordnung, das üblicherweise als λ bezeichnet wird, ist daher vollständig beschrieben durch:

* eine endliche Menge von Zuständen $\{s|1 \leq s \leq N\}$, die in der Literatur meist nur mit ihren Indizes bezeichnet werden,
* eine Matrix A von Zustandsübergangswahrscheinlichkeiten

$$A = \{a_{ij}|a_{ij} = P(S_t = j|S_{t-1} = i)\}$$

* einen Vektor π von Zustandsstartwahrscheinlichkeiten

$$\pi = \{\pi_i|\pi_i = P(S_1 = i)\}$$

* und zustandsspezifische Emissionsverteilungen

$$\{b_j(o_k) \,|\, b_j(o_k) = P(O_t = o_k|S_t = j)\} \quad \text{bzw.} \quad \{b_j(x) \,|\, b_j(x) = p(x|S_t = j)\}$$

Die Emissionsverteilungen müssen je nach Typ der Modellausgabe unterschieden werden. Im einfachsten Fall stammen die Emissionen aus einem diskreten Inventar $\{o_1, o_2, \ldots o_M\}$ und haben also symbolischen Charakter. Die $b_j(o_k)$ sind dann diskrete Wahrscheinlichkeitsverteilungen, die man zu einer Matrix B von Emissionswahrscheinlichkeiten zusammenfassen kann:

$$B = \{b_{jk}|b_{jk} = P(O_t = o_k|S_t = j)\}$$

Bei dieser Wahl der Emissionsmodellierung spricht man von sogenannten *diskreten HMMs*.

---

[1]In der Tradition der IBM-Forschung werden HMMs leicht modifiziert notiert. Die Emissionen erfolgen bei Zustandsübergängen, d.h. an den Kanten des Modells (vgl. z.B. [Jel 97, S. 17]). Diese Formulierung ist jedoch hinsichtlich ihrer Beschreibungsmöglichkeiten absolut äquivalent zu der hier verwendeten und in der Literatur verbreiteteren Version, wie auch in [Jel 97, S. 35f] gezeigt wird.

[2]In [Hua 90, S. 150] werden analog zu den Startwahrscheinlichkeiten auch Terminierungswahrscheinlichkeiten verwendet. Bei den zur Analyse von biologischen Sequenzen eingesetzten HMM-Architekturen sind in der Regel spezielle nichtemittierende Start- und Endzustände vorgesehen (siehe auch Abschnitt 8.4 Seite 133).

Handelt es sich bei den Observationen dagegen um vektorwertige Größen $x \in \mathbb{R}^n$ erfolgt die Beschreibung der Emissionsverteilungen auf der Basis kontinuierlicher Dichtefunktionen:

$$b_j(x) = p(x|S_t = j)$$

Aktuelle Anwendungen von HMMs für Signalanalyseaufgaben verwenden ausschließlich diese sogenannten *kontinuierlichen HMMs*, auch wenn die Notwendigkeit zur Modellierung kontinuierlicher Verteilungen die Komplexität des Formalismus deutlich erhöht.

5.2   Emissionsmodellierung

Die Beschreibung der Modellemissionen mit diskreten Wahrscheinlichkeitsverteilungen wird in der Literatur üblicherweise zur Einführung von HMMs verwendet. Anwendung findet diese Variante auch für die Analyse von biologischen Sequenzen, da hier auf einem diskreten Symbolinventar von in der Regel 20 Aminosäuren aufgesetzt werden kann (vgl. z.B. [Kro 94a]). Für Signalverarbeitungsanwendungen dagegen werden diskrete Modelle heute kaum noch eingesetzt, da sie einen vorgeschalteten Quantisierers erfordern, um aus kontinuierlichen Merkmalsrepräsentationen von Sprachsignalen oder Handschriftdaten diskrete Observationsfolgen zu erzeugen.

Die Vermeidung dieses Quantisierungsschritts bzw. seine Einbeziehung in die Modellbildung erhöht deutlich die Mächtigkeit des HMM-Formalismus. Allerdings ist es dafür notwendig, kontinuierliche Verteilungen im $\mathbb{R}^n$ geeignet zu repräsentieren. Eine direkte Darstellung durch eine empirische Verteilung wie im diskreten Fall ist hier nicht möglich. Parametrische Beschreibungen sind jedoch nur für eine kleine Anzahl von Verteilungsklassen bekannt, wie z.B. für die Normal- oder Gauß-Verteilung. Für den gewünschten Einsatzzweck kommen allerdings solche "einfachen" Modelle kaum in Frage, da es sich ausnahmslos um unimodale Verteilungen handelt. Mit einem einzigen im Bereich des Erwartungswerts angesiedelten Häufungsgebiet lassen sich nur extrem "gutartige" Daten beschreiben.

Um beliebige kontinuierliche Verteilungen mit im allgemeinen mehreren komplexen Häufungsgebieten dennoch behandeln zu können, bedient man sich daher approximativer Verfahren. Die bekannteste und verbreitetste Technik besteht in der Verwendung von *Mischverteilungen* (engl. *mixture densities*) auf der Basis von Gauß-Dichten. Man kann nämlich zeigen, dass sich jede allgemeine kontinuierliche Verteilung $p(x)$ durch eine Linearkombination von i.a. unendlich vielen Basis-Normalverteilungen beliebig genau approximieren lässt [Yak 70]:

$$p(x) \; \hat{=} \; \sum_{k=1}^{\infty} c_k \, \mathcal{N}(x|\mu_k, K_k) \; \approx \; \sum_{k=1}^{M} c_k \, \mathcal{N}(x|\mu_k, K_k)$$

Wird für die Approximation nur eine endliche Anzahl M von Basisverteilungen (engl. *mixtures*) verwendet, entsteht ein Approximationsfehler, der jedoch durch die geeignete Wahl der Verteilungsanzahl klein gehalten werden kann. Als Normierungsrandbedingung müssen sich die nichtnegativen Mischungsgewichte zu Eins summieren.

$$\sum_k c_k = 1 \quad \text{und} \quad c_k \geq 0 \; \forall k$$

Die allgemeine Form der kontinuierlichen HMMs verwendet daher pro Zustand j eine Mischverteilung zur Beschreibung der Emissionsdichte:

$$b_j(x) \;=\; \sum_{k=1}^{M_j} c_{jk}\,\mathcal{N}(x|\mu_{jk}, K_{jk}) \;=\; \sum_{k=1}^{M_j} c_{jk}\,g_{jk}(x) \tag{5.1}$$

Die Anzahl M_j der verwendeten Mischungskomponenten pro Zustand kann dabei variieren. Jede dieser Normalverteilungen, die im weiteren kurz als $g_{jk}(x)$ bezeichnet werden, besitzt außerdem einen eigenen Parametersatz, bestehend aus Mittelwertvektor μ_{jk} und Kovarianzmatrix K_{jk}.

Man kann ein kontinuierliches HMM auch als diskretes Modell mit zustandsspezifischer "weicher" Quantisierungsstufe auffassen. Die diskrete Ausgabeverteilung findet sich in den Mischungsgewichten wieder, und die verwendeten Basisverteilungen definieren die Quantisierung der Daten. Im Unterschied zu einem diskreten HMM werden hierbei jedoch keine "harten" Entscheidungen getroffen, sondern es gehen die Dichtewerte aller verwendeten Normalverteilungen in die Berechnung ein.

Da sich bei kontinuierlichen HMMs die Parameteranzahl gegenüber dem diskreten Fall drastisch erhöht, wurde eine Reihe von Techniken entwickelt, um durch die gemeinsame Nutzung von Modellierungsanteilen die Parameteranzahl zu reduzieren. Solche Methoden werden in Ermangelung eines geeigneten deutschen Begriffs in der Regel als *tying* (engl.) bezeichnet, und in Abschnitt 9.2 ab Seite 151 noch ausführlicher beschrieben.

Den größten Bekanntheitsgrad erreichten die von Huang und Kollegen entwickelten sogenannten *semi-kontinuierlichen HMMs* (engl. *semi-continuous* bzw. *tied-mixture models*) [Hua 89, Hua 90]. Bei ihnen wird nur ein einziger Satz von Basisverteilungen zur Konstruktion aller zustandsspezifischen Emissionsdichten verwendet:

$$b_j(x) \;=\; \sum_{k=1}^{M} c_{jk}\,\mathcal{N}(x|\mu_k, K_k) \;=\; \sum_{k=1}^{M} c_{jk}\,g_k(x) \tag{5.2}$$

Dieser globale Vorrat von Komponentendichten $g_k(x)$ wird oft auch als Codebuch bezeichnet, da in dieser Modellvariante die Beziehung zu diskreten Modellen mit vorgeschalteter Quantisierung am deutlichsten hervortritt. Die Definition der Emissionsdichten erfolgt analog zur kontinuierlichen Variante. Allerdings entfällt die Zustandsabhängigkeit bei den Parametern der zugrundeliegenden Normalverteilungen. Auch besteht bei semi-kontinuierlichen HMMs jede der Mischverteilungen aus derselben Anzahl M von Basisdichten.

5.3 Verwendungskonzepte

Der Einsatz von HMMs für Mustererkennungsaufgaben beruht immer auf der grundlegenden Annahme, dass es sich bei den betrachteten Mustern um Ausgaben eines — zumindest prinzipiell — vergleichbaren stochastischen Modells handelt, und dass dessen Eigenschaften mit HMMs hinreichend gut nachgebildet werden können.

Eine wesentliche Fragestellung, die an ein vorliegendes HMM gerichtet werden kann, ist daher, wie gut das Modell ein gegebenes Muster — also eine bestimmte Observationsfolge — beschreibt. Zu diesem Zweck muss die Produktionswahrscheinlichkeit $P(O|\lambda)$ der Daten bei bekanntem Modell — oder eine Näherung davon — berechnet werden. Diese Größe gibt zum einen an, wie gut ein zur Modellierung bestimmter Beispieldaten $O = O_1, O_2, \ldots O_T$ erstelltes Modell λ in der Lage ist, deren statistische Eigenschaften zu beschreiben. Andererseits lässt sie sich aber auch als Basis einer Klassifikationsentscheidung heranziehen.

Liegen zwei oder mehr HMMs λ_i vor, die die statistischen Eigenschaften von Mustern aus unterschiedlichen Klassen Ω_i nachbilden, kann die Klassifikation einer gegebenen Sequenz von Testdaten O in diejenige Klasse Ω_j erfolgen, die die a-posteriori Wahrscheinlichkeit $P(\lambda_j|O)$ maximiert.

$$P(\lambda_j|O) = \max_i \frac{P(O|\lambda_i)P(\lambda_i)}{P(O)} \tag{5.3}$$

Bei der Auswertung dieses Ausdrucks stellt die Wahrscheinlichkeit $P(O)$ der Daten selbst eine für die Klassifikation — bzw. die Maximierung von $P(\lambda_i|O)$ — irrelevante, da von λ_i unabhängige und somit konstante Größe dar. Es genügt daher für die Bestimmung der optimalen Klasse, nur den Zähler aus Gleichung (5.3) zu betrachten.

$$\lambda_j = \operatorname*{argmax}_{\lambda_i} P(\lambda_i|O) = \operatorname*{argmax}_{\lambda_i} \frac{P(O|\lambda_i)P(\lambda_i)}{P(O)} = \operatorname*{argmax}_{\lambda_i} P(O|\lambda_i)P(\lambda_i)$$

Allerdings müssen hierfür zusätzlich noch die a-priori Wahrscheinlichkeiten $P(\lambda_i)$ der einzelnen Modelle angegeben werden. Zur Vereinfachung werden diese daher häufig vernachlässigt, so dass die Klassifikationsentscheidung allein auf der Basis der Produktionswahrscheinlichkeit $P(O|\lambda_i)$ getroffen wird.

Ein solches Vorgehen kann zur Klassifikation einzelner, nicht weiter zu segmentierender Testdatensätze mit Hilfe von getrennt vorliegenden Modellen zur Beschreibung unterschiedlicher Klassen eingesetzt werden. Auf diese Weise lassen sich z.B. Einzelworterkennungsaufgaben lösen oder lokale Ähnlichkeiten in biologischen Sequenzen analysieren (vgl. [Dur 00, S. 87ff]).

Die reine Auswertung der Produktionswahrscheinlichkeit ermöglicht jedoch ausschließlich Klassifikationsentscheidungen auf bereits vollständig segmentierten Daten. Daher ist im Kontext der HMM-Technologie eine andere Verwendungsweise von größerer Bedeutung, die die integrierte Segmentierung und Klassifikation von Datensequenzen erlaubt. Hierbei geht man davon aus, dass die Möglichkeit besteht, einzelne bedeutungstragende Einheiten einer Observationsfolge mit Teilstrukturen eines größeren Modells zu assoziieren. In der Regel wird dies mittels eines konstruktiven Ansatzes erreicht. Zuerst werden kleine Modelle für bestimmte elementare segmentale Einheiten erzeugt, wie z.B. für Sprachlaute, Buchstaben oder kurze Aminosäuresequenzen. Diese lassen sich dann unter Berücksichtigung bestimmter Abfolgerestriktionen zu größeren Verbundmodellen zusammensetzen. In der Spracherkennung konstruiert man so aus Einzellauten Wörter und schließlich ganze Äußerungen. In der Bioinformatik werden Modelle für Familien von Proteinen aufgebaut.

Bei einem solchen komplexen HMM liefert die Produktionswahrscheinlichkeit $P(O|\lambda)$ kaum noch relevante Information über die betrachteten Daten. Vielmehr müssen hier die internen Abläufe bei der Erzeugung der Observationsfolge $O = O_1, O_2, \ldots O_T$ mit dem Modell λ aufgedeckt werden, d.h. die dabei eingenommene Zustandsfolge $s = s_1, s_2, \ldots s_T$. Auf dieser Basis kann dann ein Rückschluss auf die beteiligten Teilmodelle sowie eine Segmentierung der Observationsfolge in diese Einheiten erfolgen. In einem stochastischen Formalismus ist dies jedoch nur probabilistisch möglich. Man ermittelt also diejenige Zustandsfolge s^*, die bei gegebenem Modell λ die Produktionswahrscheinlichkeit $P(O, s^*|\lambda)$ für die Daten maximiert. Dieses Verfahren wird in der Regel als *Dekodierung* bezeichnet, da man die Generierung von Observationen durch das Modell als die Kodierung der internen Zustandsfolge in beobachtbare Einheiten auffassen kann.

Schließlich ist noch die wichtige Frage zu klären, wie überhaupt ein Modell erzeugt werden kann, das die statistischen Eigenschaften bestimmter Daten gut genug nachbildet, um zu Klassifikations- oder Erkennungszwecken eingesetzt zu werden. Zwar lässt sich durch Betrachtung der Produktionswahrscheinlichkeit bewerten, wie gut ein gegebenes Modell vorliegende Daten beschreibt, es ist jedoch kein Algorithmus bekannt, der das für einen bestimmten Zweck optimale Modell aufgrund von Beispieldaten erzeugen könnte. Es gelingt lediglich, ein bereits bestehendes Modell λ zu verbessern, so dass das optimierte Modell $\hat{\lambda}$ die verwendeten Beispieldaten mit — im statistischen Sinne — gleicher oder höherer Qualität repräsentiert. Wie bei den meisten iterativen Optimierungsverfahren ist auch hierbei die Wahl eines geeigneten Startmodells von entscheidender Bedeutung.

Die oben skizzierten Verwendungskonzepte werden in der Literatur vielfach als drei fundamentale Problemstellungen für HMMs formuliert[3]. Das sogenannte *Evaluierungsproblem* beschäftigt sich mit der Fragestellung, wie für ein bestimmtes Modell die Wahrscheinlichkeit ermittelt werden kann, mit der dieses eine gegebene Observationsfolge erzeugt. Den Rückschluss auf die internen Abläufe von HMMs betrachtet das sogenannte *Dekodierungsproblem*. Die schwierige Suche nach dem zur Beschreibung bestimmter Beispieldaten und damit für eine bestimmte Anwendung optimalen Modell bezeichnet man schließlich als *Trainingsproblem*.

Folgt man klassischen Darstellungen von HMMs, die zum überwiegenden Teil durch Rabiner geprägt wurden [Rab 89], so existiert zur Lösung jedes dieser Probleme ein Algorithmus. Dabei bleibt jedoch völlig unberücksichtigt, dass vielfach alternative Methoden existieren und einzelne Algorithmen sich auch zu verschiedenen Zwecken einsetzen lassen. Daher wird im folgenden die restriktive Strukturierung der HMM-Theorie in Paare von Problemen und zugehörigen Algorithmen durchbrochen. Die Darstellung orientiert sich vielmehr am jeweiligen Verwendungszweck, d.h. es werden Methoden zur Bewertung, zur Dekodierung und zur Parameterschätzung vorgestellt.

5.4   Notation

In der Literatur findet man bei formalen Beschreibungen von HMMs eine relativ einheitliche Notation. Start- und Übergangswahrscheinlichkeiten, das Modell selbst sowie viele der in den folgenden Abschnitten vorgestellten abgeleiteten Größen werden mit einheitlichen Symbolen bezeichnet. Diese "Standardisierung" ist wohl zum großen Teil durch den Einfluss des klassischen Artikels [Rab 89] von Rabiner zu erklären.

Die Notationskonsistenz hört allerdings auf, sobald man von diskreten zu kontinuierlichen Modellen übergeht. Prinzipbedingt können die Emissionen nun nicht mehr mit diskreten Wahrscheinlichkeitsverteilungen, sondern nur durch kontinuierliche Dichtefunktionen beschrieben werden. Als weitere Konsequenz gehen viele abgeleitete Wahrscheinlichkeitswerte in Dichtewerte über.

---

[3]Die Idee zur Charakterisierung der Einsatzmöglichkeiten von HMMs in Form von drei fundamentalen Problemstellungen soll auf Jack Ferguson, Institute for Defense Analyses, Alexandria, VA, USA, zurückgehen, wie Rabiner in [Rab 89] ohne weiteren Beleg angibt.

Um eine möglichst große Einheitlichkeit der HMM-Notation zu erreichen, behalten wir im folgenden die "diskrete" Sichtweise auf die Modelle bei, solange eine Unterscheidung bzw. spezialisierte Behandlung kontinuierlicher Modellen nicht notwendig ist. Dies bedeutet, dass grundsätzlich von Wahrscheinlichkeiten die Rede sein wird, auch wenn diese im kontinuierlichen Fall gegebenenfalls Dichten sein müssten. Die Emissionen der Modelle werden in diesen Fällen auch einheitlich als Folge O von Elementen $O_1, O_2, \ldots O_T$ bezeichnet.

Die Unterscheidung zwischen diskreten und kontinuierlichen Modellen erfolgt ausschließlich auf der Basis der Werte, die diese Zufallsvariablen O_t annehmen können. Im diskreten Fall bezeichnen wir die Observationssymbole als o_k, im kontinuierlichen dagegen als Vektor $x \in \mathbb{R}^N$. In Analogie zur Wahrscheinlichkeitsschreibweise $P(O_t = o_k)$ verwenden wir für Dichten die Notation $p(O_t = x)$ bzw. $p(O_t = x_t)$. Letztere lässt sich dann durch Weglassen der expliziten Angabe der Zufallsvariable O_t in die in der Literatur übliche Notation $p(x_t)$ für kontinuierliche Emissionen eines HMMs überführen.

Diese Konventionen bewirken zwar keine absolute Konsistenz in der Notation, aber, wie Duda & Hart [Dud 73, S. 173] schon so treffend bemerken[4] ...

> *... we shall recall Emerson's remark that a foolish consistency is the hobgoblin of little minds and proceed.*

5.5 Bewertung

Das verbreitetste Maß zur Bewertung der Genauigkeit, mit der ein HMM die statistischen Eigenschaften bestimmter Daten beschreibt, stellt die sogenannte Produktionswahrscheinlichkeit dar. Sie gibt die Wahrscheinlichkeit dafür an, dass die betrachtete Observationsfolge in beliebiger Weise, also entlang einer beliebigen Zustandsfolge, von einem bestimmten Modell generiert wird. Ein ähnliches, aber leicht modifiziertes Bewertungsverfahren ergibt sich, wenn man nur diejenige Zustandsfolge betrachtet, die die größte Generierungswahrscheinlichkeit für die vorliegenden Daten liefert.

5.5.1 Die Produktionswahrscheinlichkeit

Zur Berechnung der *Produktionswahrscheinlichkeit* $P(O|\lambda)$ einer bestimmten Observationsfolge O bei gegebenem Modell λ wollen wir zunächst eine intuitiv einfache, aber ziemlich ineffiziente Methode betrachten.

Da die Emission von Observationen O_t nur von Modellzuständen aus erfolgen kann, muss eine Observationsfolge $O_1, O_2, \ldots O_T$ entlang einer korrespondierenden Zustandsfolge $s = s_1, s_2, \ldots s_T$ gleicher Länge erzeugt werden. Die Wahrscheinlichkeit hierfür ergibt sich als das Produkt der Emissionswahrscheinlichkeiten entlang der Zustandsfolge, da das Modell gegeben ist und auch die konkrete Zustandsfolge als fest angenommen wird.

$$P(O|s,\lambda) = \prod_{t=1}^{T} b_{s_t}(O_t) \tag{5.4}$$

---

[4]Originalzitat von Ralph Waldo Emerson (Amerikanischer Philosoph, 1803 – 1882) aus dem Essay *"Self Reliance"* (1841).

Die Wahrscheinlichkeit, dass ein gegebenes Modell λ eine beliebige Zustandsfolge durchläuft, ergibt sich wiederum einfach als das Produkt der entsprechenden Zustandsübergangswahrscheinlichkeiten. Am Beginn der Folge muss im Prinzip die entsprechende Startwahrscheinlichkeit π_{s_1} verwendet werden. Die Notation lässt sich allerdings durch die Definition von $a_{0i} := \pi_i$ und $s_0 := 0$ deutlich vereinfachen.

$$P(s|\lambda) = \pi_{s_1} \prod_{t=2}^{T} a_{s_{t-1},s_t} = \prod_{t=1}^{T} a_{s_{t-1},s_t} \tag{5.5}$$

Durch Zusammenfassung der Gleichungen (5.4) und (5.5) lässt sich sofort ermitteln, mit welcher Wahrscheinlichkeit ein gegebenes Modell λ eine bestimmte Observationsfolge O auf eine bestimmte Weise — d.h. entlang einer bestimmten Zustandsfolge s — erzeugt.

$$P(O,s|\lambda) = P(O|s,\lambda)P(s|\lambda) = \prod_{t=1}^{T} a_{s_{t-1},s_t} b_{s_t}(O_t) \tag{5.6}$$

Durch Verschränkung der Berechnungsvorschriften entsteht ein Ausdruck, der unmittelbar die internen Modellabläufe widerspiegelt: abwechselnd erfolgen Zustandsübergänge gemäß a_{s_{t-1},s_t} und die Erzeugung von zustandsabhängigen Emissionen gemäß $b_{s_t}(O_t)$.

Aufgrund ihrer statistischen Formulierung sind HMMs prinzipiell in der Lage, eine gegebene Observationsfolge O entlang jeder beliebigen Folge von Zuständen s gleicher Länge zu erzeugen, wenn auch eventuell mit beliebig geringer Wahrscheinlichkeit. Daher müssen zur Berechnung der Produktionswahrscheinlichkeit $P(O|\lambda)$ einer bestimmten Observationsfolge O alle Zustandsfolgen der Länge T durch das Modell als "mögliche Verursacher" betrachtet werden. Die Gesamtwahrscheinlichkeit ergibt sich also als Summe über alle Wahrscheinlichkeiten, die Observationsfolge O *und* eine spezielle Zustandsfolge s zu erzeugen.

$$P(O|\lambda) = \sum_{s} P(O,s|\lambda) = \sum_{s} P(O|s,\lambda)P(s|\lambda)$$

Diese "brute-force" Methode besteht also darin, alle möglichen Zustandsfolgen der Länge T durch das Modell aufzuzählen, die Produktionswahrscheinlichkeit $P(O|s,\lambda)$ entlang einer speziellen Folge zu berechnen und die Ergebnisse aufzusummieren. Der Aufwand dieses konzeptionell einfachen Verfahrens ist jedoch mit $O(TN^T)$ exponentiell in der Länge der Observationsfolge, weswegen es für praktische Zwecke nicht in Frage kommt.

Forward-Algorithmus

Die große Verbreitung der HMM-Technologie ist wesentlich darauf zurückzuführen, dass für diesen Formalismus effiziente Algorithmen zur Lösung der wichtigsten Problemstellungen bekannt sind. All diese Verfahren nutzen die für HMMs geltende Markov-Eigenschaft aus, also ihr begrenztes "Gedächtnis", das nur die Speicherung *eines* internen Zustandes erlaubt. Ist von einem Modell λ ein bestimmter Zustand j zum Zeitpunkt t eingenommen worden, so ist es für das weitere Verhalten des Modells unerheblich, auf welchem Pfad dieser Zustand erreicht wurde und welche Ausgaben dabei generiert wurden. Zum jeweils nächsten Zeitpunkt $t+1$ genügt es daher, alle zum vorangegangenen Zeitpunkt t möglichen Zustände — nämlich die N Zustände des Modells — zu betrachten.

$$
\boxed{
\begin{array}{l}
\text{Man definiert: } \alpha_t(i) = P(O_1, O_2, \ldots O_t, s_t = i | \lambda) \\[4pt]
\textbf{1.} \quad \textbf{Initialisierung} \\
\qquad \alpha_1(i) := \pi_i b_i(O_1) \\[4pt]
\textbf{2.} \quad \textbf{Rekursion} \\
\qquad \text{für alle Zeitpunkte } t,\, t = 1 \ldots T - 1: \\
\qquad \alpha_{t+1}(j) := \sum_i \{\alpha_t(i)\, a_{ij}\}\, b_j(O_{t+1}) \\[4pt]
\textbf{3.} \quad \textbf{Rekursionsabschluss} \\
\qquad P(O|\lambda) = \sum_{i=1}^{N} \alpha_T(i)
\end{array}
}
$$

Abb. 5.1 Forward-Algorithmus zur Berechnung der Produktionswahrscheinlichkeit $P(O|\lambda)$ einer Observationsfolge O bei gegebenem Modell λ.

Man kann also die für HMMs notwendigen elementaren Berechnungen *immer* streng entlang der Zeitachse parallel für alle Modellzustände durchführen.

Für die Berechnung der Produktionswahrscheinlichkeit $P(O|\lambda)$ führt dieses Prinzip auf den sogenannten *Forward-Algorithmus*[5], dessen Berechnungsablauf in Abbildung 5.1 zusammengefasst ist. Man definiert als sogenannte *Vorwärtsvariablen* $\alpha_t(i)$ die Wahrscheinlichkeit, bei gegebenem Modell λ den Anfang der betrachteten Observationsfolge bis O_t zu erzeugen und zum Zeitpunkt t den Zustand i zu erreichen.

$$
\alpha_t(i) = P(O_1, O_2, \ldots O_t, s_t = i | \lambda) \tag{5.7}
$$

Auf der Basis dieser Größe lässt sich ein induktives Verfahren zur Berechnung der Produktionswahrscheinlichkeit für die gesamte Observationsfolge angeben. Es läuft, wie eingangs skizziert, parallel für alle Modellzustände entlang der Zeitachse ab. Das entstehende Rechenschema ist in Abbildung 5.2 graphisch veranschaulicht.

Für die Initialisierung der Berechnung bzw. die Verankerung der Induktion müssen die Vorwärtsvariablen $\alpha_1(i)$ zum Beginn der Zeitachse, d.h. zum Zeitpunkt $t = 1$, bestimmt werden. Die Wahrscheinlichkeit dafür, die erste Observation O_1 zu generieren und zum Anfangszeitpunkt Zustand i zu erreichen, ergibt sich als Produkt der Startwahrscheinlichkeit π_i für Zustand i und der Emissionswahrscheinlichkeit $b_i(O_1)$ der Observation in diesem Zustand:

$$
\alpha_1(i) = \pi_i\, b_i(O_1)
$$

Für den weiteren Berechnungsverlauf kann man davon ausgehen, dass gemäß des Induktionsprinzips die Berechnung der $\alpha_t(i)$ für alle vergangenen Zeitpunkte t möglich ist. Es genügt daher, eine Vorschrift anzugeben, wie aus diesen Größen die Vorwärtsvariablen $\alpha_{t+1}(j)$ zum jeweils nächsten Zeitpunkt ermittelt werden können.

Um auf beliebige Weise die um eine Observation O_{t+1} verlängerte Anfangssequenz der Observationsfolge $O_1, O_2, \ldots, O_t, O_{t+1}$ zu erzeugen und Zustand j zu erreichen, müssen alle Möglichkeiten

---

[5]Wie sein Name schon andeutet existiert zum Forward-Algorithmus ein passendes Gegenstück, das als Backward-Algorithmus bezeichnet wird. Zusammen bilden sie den sogenannten Forward-Backward-Algorithmus, der im Rahmen des HMM-Parametertrainings in Abschnitt 5.7 noch insgesamt vorgestellt werden wird.

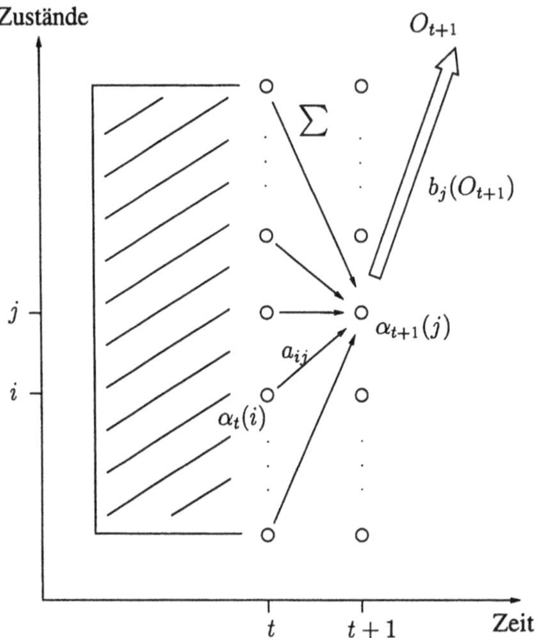

Abb. 5.2 Rechenschema zur Bestimmung der Vorwärtsvariablen $\alpha_t(i)$ mit Hilfe des Forward-Algorithmus

betrachtet werden, $O_1, O_2, \ldots, O_t$ zu generieren, was genau den $\alpha_t(i)$ entspricht, und dann einen Zeitschritt weiterzuschalten. Die Vorwärtsvariable $\alpha_{t+1}(j)$ ergibt sich daher als Summe der $\alpha_t(i)$ über alle möglichen Vorgängerzustände i inklusive der jeweiligen Übergangswahrscheinlichkeit a_{ij} zum aktuellen Zustand. Zusätzlich muss die Observation O_{t+1} gemäß $b_j(O_{t+1})$ erzeugt werden:

$$\alpha_{t+1}(j) := \sum_i \{\alpha_t(i)\, a_{ij}\}\, b_j(O_{t+1}) \tag{5.8}$$

Am Ende der Berechnungen zum Zeitpunkt T erhält man N verschiedene Wahrscheinlichkeiten $\alpha_T(i)$, auf beliebige Weise die Observationsfolge O zu generieren und Zustand i zu erreichen. Die insgesamte Produktionswahrscheinlichkeit $P(O|\lambda)$ erhält man daraus als Summe über alle diese Wahrscheinlichkeitsanteile.

$$P(O|\lambda) = \sum_{i=1}^{N} \alpha_T(i)$$

5.5.2 Die "optimale" Produktionswahrscheinlichkeit

Zur mathematisch exakten Ermittlung der Gesamtproduktionswahrscheinlichkeit war es unabdingbar, alle möglichen Pfade durch das jeweilige Modell bei der Berechnung einzubeziehen. Für die Bewertung der Modellierungsgüte eines HMMs ist diese summarische Betrachtung jedoch nicht

> Man definiert: $\delta_t(i) = \max\limits_{s_1, s_2, \ldots s_{t-1}} P(O_1, O_2, \ldots O_t, s_1, s_2, \ldots s_{t-1}, s_t = i | \lambda)$
>
> 1. **Initialisierung**
> $$\delta_1(i) = \pi_i b_i(O_1)$$
> 2. **Rekursion**
>   für alle Zeitpunkte t, $t = 1 \ldots T - 1$:
> $$\delta_{t+1}(j) = \max_i \{\delta_t(i) a_{ij}\} b_j(O_{t+1})$$
> 3. **Rekursionsabschluss**
> $$P^*(O|\lambda) = P(O, s^*|\lambda) = \max_i \delta_T(i)$$

Abb. 5.3 Algorithmus zur Berechnung der maximalen Produktionswahrscheinlichkeit $P^*(O|\lambda)$ einer Observationsfolge O entlang des hierfür optimalen Pfades bei gegebenem Modell λ.

notwendigerweise das einzig sinnvolle Vorgehen. Es geht dabei nämlich die Möglichkeit verloren, die Spezialisierung der Modellierungsanteile innerhalb des Gesamtmodells zu beurteilen. Betrachtet man dagegen nur die jeweils optimale Möglichkeit, mit einem gegebenen Modell eine bestimmte Observationsfolge zu erzeugen, so lässt sich ein im Mittel befriedigendes von einem im Einzelfall guten Modell unterscheiden.

Lässt man Effizienzgesichtspunkte außer Acht, so kann man die optimale Produktionswahrscheinlichkeit $P^*(O|\lambda)$ — d.h. die optimale Wahrscheinlichkeit $P(O, s^*|\lambda)$ die Observationsfolge entlang eines speziellen Pfades zu erzeugen — durch Maximierung über alle durch Gleichung 5.6 gegebenen Einzelproduktionswahrscheinlichkeiten ermitteln.

$$P^*(O|\lambda) = P(O, s^*|\lambda) = \max_s P(O, s|\lambda)$$

Ein effizientes Verfahren zur Berechnung dieser Größe erhält man in leichter Abwandlung des Forward-Algorithmus unter Anwendung der dort bereits beschriebenen Überlegungen zum endlichen Gedächtnis von HMMs. Die resultierende Methode, deren Berechnungsabläufe in Abbildung 5.3 zusammengefasst sind, ist Teil des *Viterbi-Algorithmus*, dessen Ziel allerdings die Bestimmung des optimalen Pfades selbst ist. Daher wird an dieser Stelle nur ein Teilaspekt des Verfahrens beschrieben und der Gesamtalgorithmus im Rahmen der Modelldekodierung im folgenden Abschnitt 5.6 vorgestellt.

Als Hilfsgröße definiert man für dieses Verfahren mit $\delta_t(i)$ die maximale Wahrscheinlichkeit, das Anfangssegment der Observationsfolge bis zum Zeitpunkt t entlang eines beliebigen Pfades mit Endzustand i zu erzeugen.

$$\delta_t(i) = \max_{s_1, s_2, \ldots s_{t-1}} P(O_1, O_2, \ldots O_t, s_1, s_2, \ldots s_{t-1}, s_t = i | \lambda) \tag{5.9}$$

Das rekursive Schema zur Berechnung dieser partiellen Pfadwahrscheinlichkeiten $\delta_t(i)$ läuft völlig analog zur Auswertung der Vorwärtsvariablen $\alpha_t(i)$ beim Forward-Algorithmus ab. Abbildung 5.4 veranschaulicht graphisch das entstehende Verfahren. Zum Zeitpunkt $t = 1$ erhält man die initialen $\delta_1(i)$ trivialerweise als Produkt aus der Startwahrscheinlichkeit π_i des jeweiligen Zustands und der Emissionswahrscheinlichkeit $b_i(O_1)$ des ersten Elements der Observationsfolge. Eine Optimierung über variable Anteile der Zustandsfolge ist noch nicht notwendig.

$$\delta_1(i) = \pi_i b_i(O_1)$$

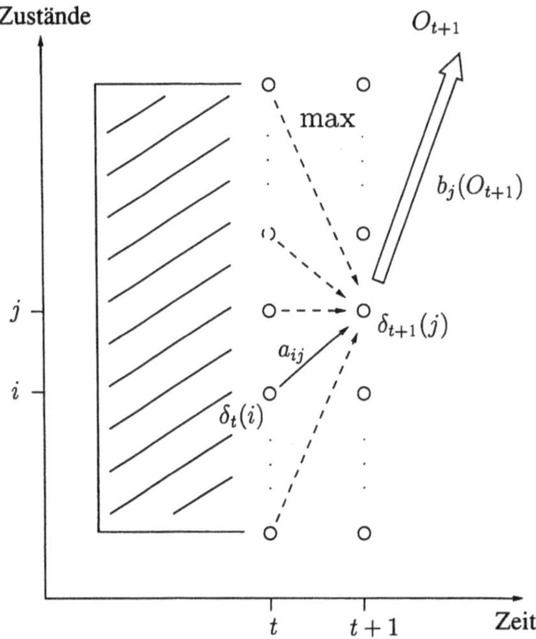

Abb. 5.4 Rechenschema zur Bestimmung der partiellen Pfadwahrscheinlichkeiten $\delta_t(i)$

Da die Wahrscheinlichkeiten der jeweils optimalen Teilpfade $\delta_t(i)$ für alle vergangenen Zeitpunkte gemäß Induktionsprinzip als bekannt vorausgesetzt werden können, müssen lediglich die optimalen Wahrscheinlichkeiten $\delta_{t+1}(i)$ der um ein Element verlängerten Pfade berechnet werden. Hierzu werden alle möglichen Vorgänger i des jeweiligen Zustands j betrachtet, und die maximale Wahrscheinlichkeit ermittelt, einen der bis dorthin reichenden Pfade gemäß der Übergangswahrscheinlichkeit a_{ij} zum aktuellen Zustand fortzusetzen. Die aktuelle Observation O_{t+1} muss dann noch gemäß $b_j(O_{t+1})$ erzeugt werden.

$$\delta_{t+1}(j) = \max_i \left\{ \delta_t(i) a_{ij} \right\} b_j(O_{t+1})$$

Die optimale Produktionswahrscheinlichkeit $P^*(O|\lambda)$ erhält man nach Abschluss der Berechnungen als Maximum über alle optimalen Möglichkeiten $\delta_T(i)$, einen bestimmten Zustand i zum Endzeitpunkt T zu erreichen, da bei HMMs üblicherweise alle möglichen Zustände auch als Abschluss eines gültigen Pfades durch das Modell in Frage kommen[6].

$$P^*(O|\lambda) = P(O, s^*|\lambda) = \max_i \delta_T(i)$$

Man erhält somit analog zum Forward-Algorithmus ein Bewertungsmaß für die Modellierungsgüte eines Modells λ in Abhängigkeit von Beispieldaten O. Dabei wird im Gegensatz zur Produktionswahrscheinlichkeit nur die optimale Generierungsmöglichkeit der Observationsfolge berücksichtigt.

---

[6]Sofern speziell ausgezeichnete Endzustände verwendet werden sollen (vgl. z.B. [Dur 00, S. 51]), muss die Maximierung auf diese Zustandsmenge eingeschränkt werden. Alternativ oder auch zusätzlich lassen sich optionale Terminierungswahrscheinlichkeiten bei der abschließenden Bewertungsauswahl berücksichtigen (vgl. z.B. [Hua 90, S. 150]).

Allerdings kann die optimale Zustandsfolge s^* selbst aufgrund der bislang dargestellten Berechnungschritte allein nicht bestimmt werden.

Insbesondere im Bereich der Spracherkennung wird die Wahrscheinlichkeit $P^*(O|\lambda)$ des optimalen Pfades häufig anstatt der Gesamtproduktionswahrscheinlichkeit $P(O|\lambda)$ verwendet. Dieses Vorgehen kann dadurch gerechtfertigt werden, dass die Wahrscheinlichkeit zur Generierung der Daten O entlang des optimalen Pfades s^* die zur Bestimmung von $P(O|\lambda)$ notwendige Summation über alle möglichen Pfade dominiert und damit stark mit dieser Größe korreliert ist [Mer 91]. Außerdem ist die Berechnung der partiellen Pfadwahrscheinlichkeiten $\delta_t(i)$ in der Praxis deutlich effizienter als die der Vorwärtswahrscheinlichkeiten. Wie noch in Kapitel 7 ausführlicher erläutert werden wird, transformiert man üblicherweise beim Rechnen mit HMMs die Wahrscheinlichkeitswerte in den logarithmischen Bereich. Die zur Bestimmung der $\delta_t(i)$ notwendigen Multiplikationen gehen dabei in Summationen über. Die Maximierungen werden durch eine solche monotone Abbildung nicht beeinflusst. Die zur Berechnung der Vorwärtswahrscheinlichkeiten erforderliche Summation von Wahrscheinlichkeitswerten ist dagegen im logarithmischen Bereich nur mit einigem Aufwand zu realisieren.

5.6   Dekodierung

Sofern die einzelnen Zustände eines Modells für bestimmte bedeutungstragende Segmente der modellierten Daten stehen, reicht die Betrachtung eines globalen Gütemaßes, wie z.B. der Produktionswahrscheinlichkeit, für eine Analyse nicht mehr aus. Vielmehr gilt es, die internen Abläufe während der Erzeugung der Observationsfolge aufzudecken. Da dies aber prinzipiell entlang jeder beliebigen Zustandsfolge geschehen kann, ist ein solcher Rückschluss nur probabilistisch möglich. Man bestimmt daher diejenige Zustandsfolge s^*, die bei gegebenem Modell mit maximaler a-posteriori Wahrscheinlichkeit die Observationen erzeugt.

$$s^* = \operatorname*{argmax}_{s} P(s|O, \lambda) \tag{5.10}$$

Die a-posteriori Wahrscheinlichkeit einer bestimmten Zustandsfolge s in der rechten Seite der Gleichung 5.10 lässt sich mit Hilfe der Bayes-Regel wie folgt umformen:

$$P(s|O, \lambda) = \frac{P(O, s|\lambda)}{P(O|\lambda)} \tag{5.11}$$

Für eine Maximierung dieser Größe ist der Beitrag der Produktionswahrscheinlichkeit $P(O|\lambda)$ jedoch unerheblich, da er bei festem Modell und gegebener Observationsfolge konstant ist. Unter Ausnutzung dieser Tatsache lässt sich Gleichung (5.10) vereinfachen und die optimale Zustandsfolge wie folgt ermitteln:

$$s^* = \operatorname*{argmax}_{s} P(s|O, \lambda) = \operatorname*{argmax}_{s} P(O, s|\lambda)$$

Dieser optimale Pfad s^* entspricht genau derjenigen Zustandsfolge, für die sich die maximale Wahrscheinlichkeit $P^*(O|\lambda)$ zur Erzeugung der Observationsfolge ergibt. Zur Bestimmung von s^* könnte man daher im Prinzip den im vorangegangenen Abschnitt 5.5.2 skizzierten "brute force"

Man definiert: $\delta_t(i) = \max\limits_{s_1, s_2, \ldots s_{t-1}} P(O_1, O_2, \ldots O_t, s_1, s_2, \ldots s_{t-1}, s_t = i|\lambda)$

1. **Initialisierung**

$$\delta_1(i) := \pi_i b_i(O_1) \qquad\qquad\qquad \psi_1(i) := 0$$

2. **Rekursion**

für alle Zeitpunkte $t, t = 1 \ldots T - 1$:

$$\delta_{t+1}(j) := \max_i \{\delta_t(i)a_{ij}\} b_j(O_{t+1}) \qquad \psi_{t+1}(j) := \operatorname*{argmax}_i \{\delta_t(i)a_{ij}\}$$

3. **Rekursionsabschluss**

$$P^*(O|\lambda) = P(O, s^*|\lambda) = \max_i \delta_T(i)$$

$$s_T^* := \operatorname*{argmax}_j \delta_T(j)$$

4. **Rückverfolgung des optimalen Pfades**

für alle Zeitpunkte $t, t = T - 1 \ldots 1$:

$$s_t^* = \psi_{t+1}(s_{t+1}^*)$$

Abb. 5.5 Viterbi-Algorithmus zur Bestimmung der optimalen Zustandsfolge s^*, die die Produktionswahrscheinlichkeit $P(O, s^*|\lambda)$ einer Observationsfolge O bei gegebenem Modell λ maximiert.

Ansatz zur Ermittlung der optimalen Produktionswahrscheinlichkeit verwenden. Nach Aufzählung aller möglichen Zustandsfolgen der Länge T und Berechnung der für diese jeweils geltenden Produktionswahrscheinlichkeiten mit Hilfe von Gleichung (5.6) wählt man diejenige Zustandsfolge s^* mit maximaler Wahrscheinlichkeit aus. Da dieses Verfahren jedoch exponentielle Komplexität $O(TN^T)$ in der Länge der Zustandsfolge aufweist, ist es für praktische Anwendungen ungeeignet. Vielmehr erweitert man die in Abschnitt 5.5.2 beschriebene Methode zur effizienten Berechnung von $P(O, s^*|\lambda)$ so, dass nicht nur die optimale Bewertung, sondern auch die zugehörige Zustandsfolge s^* ermittelt werden kann.

Viterbi-Algorithmus

Die effiziente Berechnung der optimalen Zustandsfolge s^* mit Hilfe des sogenannten *Viterbi-Algorithmus* verwendet ein induktives Verfahren, das dem Forward-Algorithmus sehr ähnlich ist und sich ebenfalls die Markov-Eigenschaft zunutze macht. Wie bereits in Abschnitt 5.5.2 erläutert, definiert man Wahrscheinlichkeiten $\delta_t(i)$ für partiell optimale Pfade, die das Anfangssegment der Observationsfolge bis O_t mit maximaler Wahrscheinlichkeit erzeugen und in Zustand i enden.

$$\delta_t(i) = \max\limits_{s_1, s_2, \ldots s_{t-1}} P(O_1, O_2, \ldots O_t, s_1, s_2, \ldots s_{t-1}, s_t = i|\lambda)$$

Das Schema zur Berechnung der $\delta_t(i)$ entspricht weitgehend dem zur Bestimmung der Vorwärtsvariablen $\alpha_t(i)$ mit dem einzigen Unterschied, dass anstatt der Summation über die in den Vorgängerzuständen vorliegenden Wahrscheinlichkeitsanteile eine Maximierung erfolgt. Der resultierende Algorithmus zur Berechnung des optimalen Pfades ist in Abbildung 5.5 dargestellt.

Ähnlich wie bei der Dynamischen Zeitverzerrung (engl. *dynamic time warping*), die einen optimalen Zuordnungspfad zwischen zwei Mustern in einem vergleichbaren Schema berechnet (vgl. z.B. [ST 95, S. 122ff] bzw. [Hua 90, S. 71ff]), ist jede Entscheidung bei der Berechnung der $\delta_t(i)$

nur lokal optimal. Die global optimale Wahrscheinlichkeit ist genauso wie die insgesamt optimale Zustandsfolge s^* erst nach Auswertung der $\delta_T(i)$ bekannt, d.h. nach Betrachtung der Observationsfolge auf ihrer gesamten Länge. Derjenige Zustand, der $\delta_T(i)$ maximiert, bildet den Abschluss der optimalen Zustandsfolge. Die übrigen Folgeglieder müssen nun vom Ende der Folge her anhand der für die Berechnung der $\delta_t(i)$ getroffenen Entscheidungen ermittelt werden. Hierzu definiert man sogenannte "Rückwärtszeiger" $\psi_t(j)$ entlang der partiellen Pfade, die für jedes entsprechende $\delta_t(j)$ den jeweils optimalen Vorgängerzustand speichern.

$$\psi_t(j) = \underset{i}{\arg\max}\, \delta_{t-1}(i)a_{ij}$$

Der optimale Pfad kann dann, beginnend mit

$$s_T^* = \underset{i}{\arg\max}\, \delta_T(i),$$

rekursiv gemäß

$$s_t^* = \psi_{t+1}(s_{t+1}^*)$$

in umgekehrter zeitlicher Reihenfolge aufgebaut werden[7].

Für den praktischen Einsatz bedeutet diese Umkehrung der Richtung des Berechnungsablaufs eine wichtige Einschränkung. Die optimale Zustandsfolge kann nämlich erst *nach* Erreichen des Endes der Observationsfolge, also nach Kenntnis der Gesamtheit der zu analysierenden Daten bestimmt werden. Insbesondere für interaktive Systeme ist es jedoch oft wünschenswert, Rückmeldungen an den Benutzer in Form von Teilergebnissen — d.h. nach einer Entscheidung für ein Präfix der optimalen Zustandsfolge — schon während der laufenden Berechnungen geben zu können. Solche *inkrementelle* Dekodierungsverfahren können allerdings im allgemeinen nur suboptimale Lösungen finden (siehe auch Seite 206).

5.7 Parameterschätzung

Für alle Einsatzgebiete von HMMs wären idealerweise Modelle zu verwenden, die die statistischen Eigenschaften bestimmter Daten möglichst gut nachbilden. Leider ist jedoch, wie schon in Abschnitt 5.3 erwähnt, kein Verfahren bekannt, das zu einer gegebenen Stichprobe ein in irgendeiner Hinsicht optimales Modell liefern kann. Sofern es jedoch mit Hilfe von Experten-Know-How gelingt, eine geeignete Modellstruktur — d.h. die Anzahl der Zustände und Art der Emissionsverteilungen — vorzugeben und deren freie Parameter mit sinnvollen initialen Werten zu belegen, kann eine iterative Optimierung des Modells in Bezug auf die betrachteten Daten erfolgen. Diese schrittweise Verbesserung der Modellparameter bis zu einer für den jeweiligen Einsatzzweck ausreichenden Qualität bezeichnet man üblicherweise als *Training* des Modells.

---

[7]Die Entscheidung für den optimalen Vorgängerzustand ist i.a. nicht eindeutig. Es können mehrere identisch bewertete Folgen s_k^* existieren, die Gleichung (5.6) maximieren. Bei der praktischen Berechnung ist daher eine Regel zur Auflösung dieser Ambiguität notwendig, wie z.B. die Bevorzugung von Zuständen mit kleinerem Index.

5.7.1 Grundlagen

Die im folgenden vorgestellten Verfahren unterscheiden sich im wesentlichen bezüglich des verwendeten Qualitätsmaßes zur Bewertung der Modellierungsgüte eines bestimmten Modells. Beim sogenannten Baum-Welch-Algorithmus erfolgt dies anhand der Produktionswahrscheinlichkeit $P(O|\lambda)$. Dagegen wird beim Viterbi-Training und dem eng verwandten *segmental-k-means* Algorithmus nur die Wahrscheinlichkeit $P(O, s^*|\lambda)$ der jeweils optimalen Zustandsfolge betrachtet.

Allen diesen Verfahren liegt das Prinzip zugrunde, die Parameter eines gegebenen Modells λ einer Wachstumstransformation zu unterwerfen, d.h. die Modellparameter so zu modifizieren, dass die Bewertung $P(\ldots|\hat{\lambda})$ des veränderten Modells $\hat{\lambda}$ diejenige des Ausgangsmodells übertrifft. Es besteht allerdings die Möglichkeit, dass ein bestimmtes Modell bezüglich des jeweiligen Optimierungsverfahrens einen Fixpunkt darstellt, so dass keine Bewertungsverbesserung mehr möglich ist und das jeweilige Qualitätsmaß gleich bleibt[8]. Im allgemeinen garantieren die Parameterschätzverfahren daher nur ein monotones Wachstum der Modellierungsgüte:

$$P(\ldots|\hat{\lambda}) \geq P(\ldots|\lambda)$$

Intuitiv betrachtet beruhen die angesprochenen Parameterschätzverfahren darauf, die Aktion des Modells bei der Erzeugung einer Observationsfolge zu "beobachten". Die aktualisierten Zustandsübergangs- und Emissionswahrscheinlichkeiten werden dann einfach durch die relativen Häufigkeiten der entsprechenden Ereignisse ersetzt. Aufgrund der statistischen Formulierung von HMMs ist der Rückschluss auf interne Abläufe jedoch — wie schon an anderer Stelle festgestellt — nur probabilistisch möglich. Man kann aber in Abhängigkeit vom gegebenen Modell und der betrachteten Observationsfolge die *erwartete* Anzahl relevanter Ereignisse — d.h. von Zustandsübergängen und Emissionen — ermitteln. Wenn man aus Einfachheitsgründen nur diskrete Modelle betrachtet[9] und keine separaten Schätzformeln für Startwahrscheinlichkeiten angibt[10], lassen sich die aktualisierten Modellparameter vom Prinzip her wie folgt bestimmen:

$$\hat{a}_{ij} \;=\; \frac{\text{erwartete Anzahl der Übergänge von Zustand } i \text{ nach } j}{\text{erwartete Anzahl der Übergänge von Zustand } i \text{ aus}}$$

$$\hat{b}_i(o_k) \;=\; \frac{\text{erwartete Anzahl der Emissionen von } o_k \text{ in Zustand } i}{\text{erwartete Gesamtanzahl der Emissionen in Zustand } i}$$

Um auf die zu erwartenden Zustandsübergänge bzw. Emissionen des Modells rückschließen zu können, ist es notwendig, die Wahrscheinlichkeit dafür zu ermitteln, dass zu einem gegebenem Zeitpunkt t vom Modell ein bestimmter Zustand i eingenommen wurde. Diese wollen wir im folgenden kurz als *Zustandswahrscheinlichkeit* bezeichnen.

Für ihre Bestimmung existieren zwei grundlegend unterschiedliche Möglichkeiten. Betrachtet man als Optimierungskriterium nur die Wahrscheinlichkeit $P(O, s^*|\lambda)$, die Observationsfolge entlang des dafür optimalen Pfades zu erzeugen, lässt sich direkt überprüfen, ob ein bestimmter Zustand i

---

[8]In der Praxis bedeutet dies, dass sich das gewählte Bewertungsmaß im Rahmen der verfügbaren Rechengenauigkeit nicht mehr messbar verändert.

[9]Die Optimierung allgemeiner kontinuierlicher Mischverteilungen ist natürlich mit allen Trainingsverfahren möglich, stellt jedoch dabei immer den komplexesten Teil des Verfahrens dar.

[10]Die aktualisierten Startwahrscheinlichkeiten $\hat{\pi}_i$ können als Spezialfall der Übergangswahrscheinlichkeiten $\hat{a}_{ij}$ aufgefasst und daher analog berechnet werden.

zu einem Zeitpunkt t vorlag. Die Zustandswahrscheinlichkeit $P^*(S_t = i|O, \lambda)$ nimmt daher nur die Werte Null und Eins an und kann über eine auf der optimalen Zustandfolge s^* operierende charakteristische Funktion definiert werden:

$$P^*(S_t = i|O, \lambda) = \chi_t(i) = \begin{cases} 1 & \text{falls} \quad s_t^* = i \text{ und } s^* = \underset{s}{\operatorname{argmax}} P(s, O|\lambda) \\ 0 & \text{sonst} \end{cases} \qquad (5.12)$$

Ist das Gütemaß jedoch die Produktionswahrscheinlichkeit $P(O|\lambda)$, bei der alle möglichen Pfade durch das Modell betrachtet werden, so gestaltet sich die Berechnung der a-posteriori Wahrscheinlichkeit eines Zustands zu einem gegebenen Zeitpunkt etwas aufwendiger.

Forward-Backward-Algorithmus

Zur Berechnung der a-posteriori Wahrscheinlichkeit $P(S_t = i|O, \lambda)$ eines Zustandes i zum Zeitpunkt t bei gegebener Observationsfolge O und bekanntem Modell λ ließe sich natürlich ein "brute-force" Ansatz verwenden. Allerdings haben wir in Abschnitt 5.5 mit den Vorwärtsvariablen $\alpha_t(i)$ bereits Größen kennengelernt, die in begrenztem Umfang Aussagen über das Vorliegen eines Zustandes zu einem bestimmten Zeitpunkt machen. Es fehlt lediglich die Wahrscheinlichkeit für die Ergänzung des Restes der partiellen Observationsfolge vom aktuellen Zustand aus.

Diese Größe wird als *Rückwärtsvariable* bezeichnet. Sie gibt die Wahrscheinlichkeit dafür an, bei gegebenem Modell λ vom Zustand j aus die partielle Observationsfolge $O_{t+1}, O_{t+2}, \ldots O_T$ ab Zeitpunkt $t + 1$ zu erzeugen.

$$\beta_t(j) = P(O_{t+1}, O_{t+2}, \ldots O_T|s_t = j, \lambda) \qquad (5.13)$$

Sie lässt sich effizient mit dem Gegenstück des Forward-Algorithmus berechnen — dem sogenannten *Backward-Algorithmus* — und bildet das Pendant zur Vorwärtsvariable $\alpha_t(i)$. Beide Algorithmen zusammen werden in der Literatur häufig als Einheit betrachtet und als *Forward-Backward-Algorithmus* bezeichnet.

Um die gesuchte Zustandswahrscheinlichkeit $P(S_t = i|O, \lambda)$ auf der Basis der Vorwärts- und Rückwärtsvariablen zu bestimmen, schreiben wir diese mit Hilfe der Bayes-Regel wie folgt um:

$$P(S_t = i|O, \lambda) = \frac{P(S_t = i, O|\lambda)}{P(O|\lambda)} \qquad (5.14)$$

Die Produktionswahrscheinlichkeit $P(O|\lambda)$ kann mit Hilfe des Forward-Algorithmus berechnet werden. Der Zähler der rechten Seite von Gleichung (5.14) entspricht direkt dem Produkt aus korrespondierenden Vorwärts- und Rückwärtsvariablen (vgl. Gleichungen (5.7) bzw. (5.13)):

$$\begin{aligned} P(S_t = i, O|\lambda) &= P(O_1, O_2, \ldots O_t, S_t = i|\lambda)P(O_{t+1}, O_{t+2}, \ldots O_T|S_t = i, \lambda) = \\ &= \alpha_t(i)\beta_t(i) \end{aligned}$$

Die a-posteriori Wahrscheinlichkeit des Zustandes i zum Zeitpunkt t, die üblicherweise als $\gamma_t(i)$ bezeichnet wird, kann daher wie folgt berechnet werden:

$$\gamma_t(i) = P(S_t = i|O, \lambda) = \frac{\alpha_t(i)\beta_t(i)}{P(O|\lambda)} \qquad (5.15)$$

$$\boxed{\begin{aligned}
&\text{Man definiert:}\\
&\alpha_t(i) = P(O_1, O_2, \ldots O_t, s_t = i | \lambda) \qquad\qquad \beta_t(i) = P(O_{t+1}, O_{t+2}, \ldots O_T | s_t = i, \lambda)\\
&\textbf{1.}\quad \textbf{Initialisierung}\\
&\qquad \alpha_1(i) := \pi_i b_i(O_1) \qquad\qquad\qquad\qquad\qquad\qquad \beta_T(i) := 1\\
&\textbf{2.}\quad \textbf{Rekursion}\\
&\qquad \text{für alle Zeitpunkte } t, t = 1 \ldots T - 1: \qquad\qquad\qquad \text{bzw. } t = T - 1 \ldots 1:\\
&\qquad \alpha_{t+1}(j) := \sum_i \{\alpha_t(i) a_{ij}\} b_j(O_{t+1}) \qquad\qquad \beta_t(i) := \sum_j a_{ij} b_j(O_{t+1}) \beta_{t+1}(j)\\
&\textbf{3.}\quad \textbf{Rekursionsabschluss}\\
&\qquad P(O|\lambda) = \sum_{i=1}^{N} \alpha_T(i) \qquad\qquad\qquad\qquad P(O|\lambda) = \sum_{i=1}^{N} \pi_i b_i(O_1) \beta_1(i)
\end{aligned}}$$

Abb. 5.6 Forward-Backward-Algorithmus

Die Auswertung der Rückwärtsvariablen $\beta_t(i)$ entspricht — wie ihr Name schon andeutet — fast einer Spiegelung des Forward-Algorithmus. Die Verankerung des induktiven Berechnungsverfahrens erfolgt am Ende des durch die Observationsfolge definierten Zeitintervalls zum Zeitpunkt T. Trivialerweise ist die Wahrscheinlichkeit, von einem beliebigen Zustand zum Zeitpunkt T aus keine weiteren Observationen mehr zu erzeugen, Eins.

$$\beta_T(i) := 1$$

Setzt man gemäß Induktionsannahme die $\beta_{t+1}(j)$ für alle zukünftigen Zeitpunkte $t + 1$ als bekannt voraus, so kann man durch Betrachtung aller möglicher Fortführungen einer Zustandsfolge vom aktuellen Zustand i aus die folgende rekursive Berechnungsvorschrift für die Rückwärtsvariablen $\beta_t(i)$ ableiten:

$$\beta_t(i) := \sum_j a_{ij} b_j(O_{t+1}) \beta_{t+1}(j) \tag{5.16}$$

Zum Abschluss des Verfahrens erhält man — wie beim Forward-Algorithmus auch — die Produktionswahrscheinlichkeit $P(O|\lambda)$ durch Summation über alle Rückwärtsvariablen $\beta_1(i)$ zum Zeitpunkt $t = 1$ und Berücksichtigung der Startwahrscheinlichkeit sowie der Generierung der ersten Observation O_1 im jeweiligen Zustand[11]:

$$P(O|\lambda) = \sum_{i=1}^{N} \pi_i b_i(O_1) \beta_1(i)$$

In Abbildung 5.6 sind beide Algorithmen zusammenfassend dargestellt, um die außerordentliche Symmetrie der Berechnungsabläufe zu verdeutlichen. Das für die Rückwärtsvariablen entstehende Rechenschema ist in Abbildung 5.7 graphisch veranschaulicht.

---

[11]Die Tatsache, dass sich die Produktionswahrscheinlichkeit $P(O|\lambda)$ sowohl über den Vorwärts- als auch den Rückwärtsalgorithmus gewinnen lässt, kann in der Praxis zur Überprüfung der Berechnungen auf Konsistenz und Genauigkeit ausgenutzt werden.

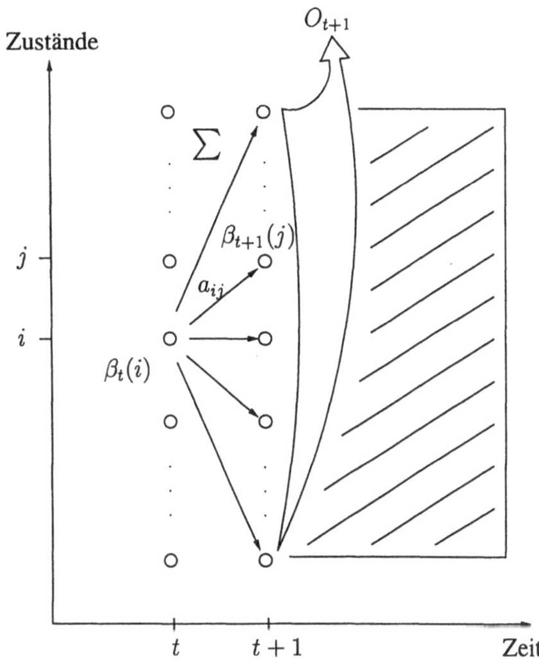

Abb. 5.7 Rechenschema zur Bestimmung der Rückwärtsvariablen $\beta_t(i)$ mit Hilfe des Backward-Algorithmus

5.7.2 Trainingsverfahren

Die probabilistische Möglichkeit zur Definition der Zustandswahrscheinlichkeit via $\gamma_t(i)$ bzw. ihre deterministische Variante $\chi_t(i)$ bilden die Basis für die im folgenden behandelten Trainingsverfahren. Mit Hilfe der zeitlichen Zuordnung zwischen Modellzuständen und Elementen der Observationsfolge lassen sich nicht nur Zustandsübergangswahrscheinlichkeiten schätzen, sondern auch die Parameter der zustandsspezifischen Emissionsverteilungen. Für diskrete Modelle kann man hierfür ebenfalls einfache Schätzgleichungen angeben. Die erhöhte Komplexität bei der Verwendung von Mischverteilungsmodellen zur Emissionsmodellierung ist dadurch bedingt, dass auch bei isolierter Betrachtung zu deren Berechnung keine geschlossenen Lösungen existieren. Vielmehr müssen iterative Optimierungsstrategien zum Einsatz kommen, die sich jedoch mit den für HMMs insgesamt angewandten Trainingsverfahren kombinieren lassen.

Baum-Welch-Algorithmus

Das verbreitetste Verfahren zur Optimierung von HMMs stellt der sogenannte *Baum-Welch-Algorithmus* dar. Als Optimierungskriterium verwendet er die Gesamtproduktionswahrscheinlichkeit $P(O|\lambda)$. Er verbessert also ein gegebenes Modell λ in Abhängigkeit von bestimmten Beispieldaten

O so, dass das optimierte Modell $\hat{\lambda}$ die Trainingsmenge mit gleicher oder größerer Wahrscheinlichkeit erzeugt:

$$P(O|\hat{\lambda}) \geq P(O|\lambda)$$

Die Gleichheit der beiden Ausdrücke gilt nur dann, wenn mit den Parametern des Ausgangsmodells λ bereits ein lokales Maximum der Optimierung im Raum aller möglichen Modelle erreicht wurde.

Bei diesem Verfahren werden alle Modellparameter durch ihre bedingten Erwartungswerte, bezogen auf das gegebene Ausgangsmodell λ und die Trainingsdaten O, ersetzt. Der Baum-Welch-Algorithmus stellt somit eine Variante des EM-Algorithmus dar, der im allgemeinen Parameter mehrstufiger stochastischer Prozesse mit versteckten Zustandsvariablen nach dem Maximum-Likelihood-Kriterium optimiert ([Dem 77], siehe auch Abschnitt 4.4 Seite 62).

Die Grundlage des Verfahrens bilden einige Größen, die aufbauend auf den Vorwärts- und Rückwärtsvariablen im statistischen Sinne Rückschlüsse auf die internen Abläufe eines Modells λ bei der Generierung vorliegender Daten O zulassen. Neben der mit $\gamma_t(i)$ bezeichneten a-posteriori Wahrscheinlichkeit $P(S_t = i|O, \lambda)$ für das Auftreten eines Zustands i zum Zeitpunkt t werden a-posteriori Wahrscheinlichkeiten für Zustandsübergänge und — für kontinuierliche Modelle auf Mischverteilungsbasis — auch Wahrscheinlichkeiten für die Auswahl einzelner Mischverteilungskomponenten M_t zu einem bestimmten Zeitpunkt benötigt.

Die a-posteriori Wahrscheinlichkeit $P(S_t = i, S_{t+1} = j|O, \lambda)$ eines Übergangs von Zustand i nach j zum Zeitpunkt t, die üblicherweise mit $\gamma_t(i,j)$ bezeichnet wird[12], lässt sich in Anlehnung an Gleichung (5.15) für $\gamma_t(i)$ wie folgt berechnen:

$$\begin{aligned}
\gamma_t(i,j) &= P(S_t = i, S_{t+1} = j|O, \lambda) = \\
&= \frac{P(S_t = i, S_{t+1} = j, O|\lambda)}{P(O|\lambda)} = \frac{\alpha_t(i)\, a_{ij}\, b_j(O_{t+1})\, \beta_{t+1}(j)}{P(O|\lambda)}
\end{aligned}$$

Der Zähler des letztendlichen Ausdrucks für $\gamma_t(i,j)$ gibt dabei die Wahrscheinlichkeit an, die Observationsfolge zu erzeugen, unter der Einschränkung, dass ein Übergang von Zustand i nach j zum Zeitpunkt t stattfindet. Die Bündelung der Berechnungspfade durch das Modell ist in Abbildung 5.8 graphisch veranschaulicht.

In der Literatur erfolgt die Definition der Zustandswahrscheinlichkeit häufig erst auf der Basis der a-posteriori Wahrscheinlichkeiten für Zustandsübergänge. Die Wahrscheinlichkeit $\gamma_t(i)$, dass zum Zeitpunkt t überhaupt Zustand i eingenommen wird, ergibt sich nämlich prinzipiell auch als Randverteilung von $\gamma_t(i,j)$ durch Summation über alle möglichen Zustandsnachfolger.

$$\gamma_t(i) = P(S_t = i|O, \lambda) = \sum_{j=1}^{N} P(S_t = i, S_{t+1} = j|O, \lambda) = \sum_{j=1}^{N} \gamma_t(i,j)$$

Allerdings kann diese Beziehung nur für Zeitpunkte $t < T$ ausgenützt werden, da $\gamma_t(i,j)$ nur für diese definiert ist. In der Praxis wird man daher $\gamma_t(i)$ entweder direkt per Gleichung (5.15) berechnen oder eine geeignete Erweiterung der Definition von $\gamma_t(i,j)$ vornehmen müssen.

---

[12]Aufgrund des engen Bedeutungszusammenhangs und um die Notation nicht unnötig mit unterschiedlichen Symbolen zu überfrachten, wird die Zustandswahrscheinlichkeit einstellig mit $\gamma_t(i)$ und die Zustandsübergangswahrscheinlichkeit zweistellig mit $\gamma_t(i,j)$ bezeichnet.

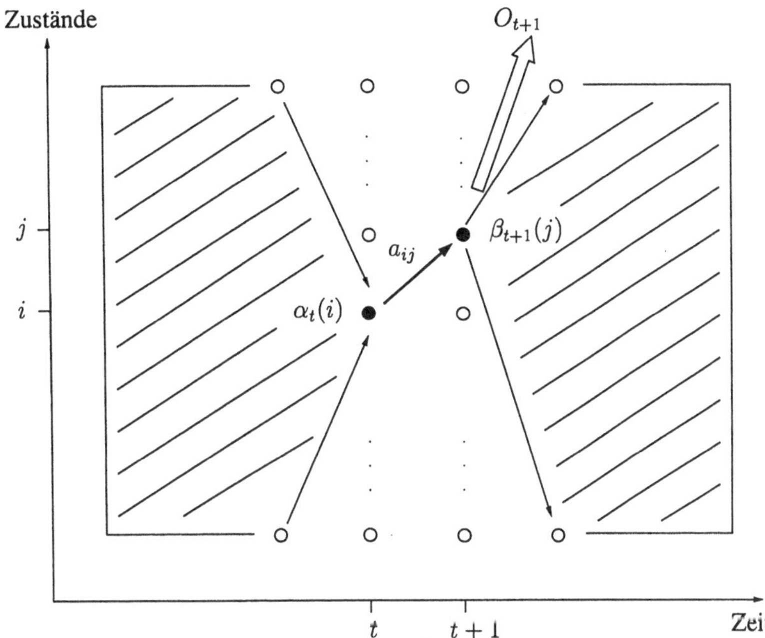

Abb. 5.8 Rechenschema zur Bestimmung von $\gamma_t(i,j)$

Auf der Basis der γ_t können nun für HMMs mit diskreten Emissionsverteilungen alle aktualisierten Parameter $\hat{\lambda}$ berechnet werden. Die im statistischen Mittel zu erwartende Anzahl von Zustandsübergängen von i nach j erhält man als Summe der Einzelübergangswahrscheinlichkeiten $\gamma_t(i,j)$ über alle in Frage kommenden Zeitpunkte[13] $t = 1, 2, \ldots T - 1$. Normiert man diese Größe auf die erwartete Gesamtanzahl von Übergängen vom Zustand i aus, so erhält man die verbesserten Schätzwerte $\hat{a}_{ij}$ für die Übergangswahrscheinlichkeiten des Modells:

$$\hat{a}_{ij} = \frac{\sum\limits_{t=1}^{T-1} P(S_t = i, S_{t+1} = j | O, \lambda)}{\sum\limits_{t=1}^{T-1} P(S_t = i | O, \lambda)} = \frac{\sum\limits_{t=1}^{T-1} \gamma_t(i,j)}{\sum\limits_{t=1}^{T-1} \gamma_t(i)} \tag{5.17}$$

Als Spezialfall der Übergangswahrscheinlichkeiten erhält man die folgende einfache Beziehung zur Bestimmung verbesserter Startwahrscheinlichkeiten:

$$\hat{\pi}_i = P(S_1 = i | O, \lambda) = \gamma_1(i) \tag{5.18}$$

Die verbesserten diskreten Emissionswahrscheinlichkeiten ergeben sich im wesentlichen analog dazu. Zuerst berechnet man die erwartete Anzahl von Emissionen eines bestimmten Symbols o_k im

---

[13]Da HMMs nach gängiger Auffassung beim Erreichen des Endes der Observationsfolge zum Zeitpunkt T keinen Übergang in einen ausgezeichneten Endzustand durchführen, ist hier die Einschränkung auf alle kleineren Zeitpunkte notwendig.

Zustand i, indem man die Übereinstimmung von o_k mit dem jeweiligen Element der Observationsfolge zusätzlich zum Vorliegen des betreffenden Zustands fordert. Normiert auf die erwartete Gesamtanzahl von Emissionen, die vom Zustand j aus generiert werden, erhält man Schätzwerte $\hat{b}_j(o_k)$ der diskreten Emissionswahrscheinlichkeiten gemäß:

$$\hat{b}_j(o_k) = \frac{\sum_{t=1}^{T} P(S_t = j, O_t = o_k | \boldsymbol{O}, \lambda)}{\sum_{t=1}^{T} P(S_t = j | \boldsymbol{O}, \lambda)} = \frac{\sum_{t\,:\,O_t = o_k} P(S_t = j | \boldsymbol{O}, \lambda)}{\sum_{t=1}^{T} P(S_t = j | \boldsymbol{O}, \lambda)} = \frac{\sum_{t\,:\,O_t = o_k} \gamma_t(j)}{\sum_{t=1}^{T} \gamma_t(j)}$$

(5.19)

Da eindeutig festgestellt werden kann, ob ein bestimmtes Observationssymbol o_k zu einem gegebenen Zeitpunkt t vorlag, tragen die Wahrscheinlichkeiten $P(S_t = j, O_t = o_k | \boldsymbol{O}, \lambda)$ nur dort positive Anteile zur Summe im Zähler von Gleichung (5.19) bei. Alle anderen Terme verschwinden, und die Summation kann entsprechend eingeschränkt und vereinfacht werden[14].

Bei der Emissionsmodellierung mit Mischverteilungen gilt es, im Gegensatz dazu die Parameter der Mischungsverteilungen selbst — also der einzelnen Normalverteilungsdichten — sowie die Mischungsgewichte zu optimieren. Betrachtet man die Auswertung der Mischungsverteilungen als eine Art Quantisierung, die eine probabilistische Abbildung der Observationen auf abstrakte aber noch nicht bedeutungstragende symbolhafte Einheiten herstellt, so ist unmittelbar einzusehen, dass die Berechnung aktualisierter Mischungsgewichte analog zu der von diskreten Emissionswahrscheinlichkeiten erfolgen kann.

Hierzu definiert man ähnlich zur Zustandswahrscheinlichkeit eine Hilfsgröße $\xi_t(j, k)$ die die Wahrscheinlichkeit dafür angibt, zum Zeitpunkt t im Zustand j die k-te Mischverteilungskomponente zur Erzeugung der kontinuierlichen Observation O_t zu verwenden[15]:

$$\xi_t(j, k) = P(S_t = j, M_t = k | \boldsymbol{O}, \lambda) = \frac{\sum_{i=1}^{N} \alpha_{t-1}(i)\, a_{ij}\, c_{jk}\, g_{jk}(O_t)\, \beta_t(j)}{P(\boldsymbol{O}|\lambda)} \qquad (5.20)$$

Mit Hilfe von Gleichung (5.20) lässt sich eine Schätzgleichung für die Mischungsgewichte wie folgt angeben:

$$\hat{c}_{jk} = \frac{\sum_{t=1}^{T} P(S_t = j, M_t = k | \boldsymbol{O}, \lambda)}{\sum_{t=1}^{T} P(S_t = j | \boldsymbol{O}, \lambda)} = \frac{\sum_{t=1}^{T} \xi_t(j, k)}{\sum_{t=1}^{T} \gamma_t(j)} \qquad (5.21)$$

Die Aktualisierung der Parameter der k-ten Mischverteilungskomponente $g_{jk}(\boldsymbol{x})$ von Zustand j — also des Mittelwertvektors $\boldsymbol{\mu}_{jk}$ und der Kovarianzmatrix $\boldsymbol{K}_{jk}$ — erfolgt analog zu den in Abschnitt 4.4 Seite 62 vorgestellten Schätzgleichungen für Mischverteilungsmodelle. Die a-posteriori

---

[14]Da zu einem gegebenen Zeitpunkt t das Symbol o_k in der Observationsfolge entweder vorlag oder nicht, nimmt die Wahrscheinlichkeit $P(S_t = j, O_t = o_k | \boldsymbol{O}, \lambda)$ entweder den Wert Null an, oder ist gleich $P(S_t = j | \boldsymbol{O}, \lambda)$ d.h. $\gamma_t(j)$.

[15]Für Zeitpunkt $t = 1$ muss in Gleichung (5.20) der Term $\sum_{i=1}^{N} \alpha_{t-1}(i)\, a_{ij}$ durch die Startwahrscheinlichkeit π_j des entsprechenden Zustands ersetzt werden.

Wahrscheinlichkeit $P(\omega_i|x,\theta)$ der einzelnen Musterklassen muss lediglich durch den Term $\xi_t(j,k)$ ersetzt werden. Im Unterschied zu den in Abschnitt 3.6 Seite 49 vorgestellten Schätzgleichungen (3.8) und (3.9) für einzelne Normalverteilungsmodelle gehen Observationen $O_t = x_t$ nicht eindeutig, sondern probabilistisch in den Berechnungsprozess ein. Die Wahrscheinlichkeit dafür, dass ein bestimmter Observationsvektor x_t zur Schätzung der Parameter von $g_{jk}(x)$ herangezogen werden soll, entspricht genau der Wahrscheinlichkeit $P(S_t = j, M_t = k|O,\lambda)$, dass die betreffende Mischungskomponente zur Erzeugung der Ausgabe zum fraglichen Zeitpunkt ausgewählt wurde.

Es ergeben sich daher die folgenden Vorschriften zur Berechnung aktualisierter Mittelwertvektoren $\hat{\mu}_{jk}$ und Kovarianzmatrizen $\hat{K}_{jk}$ der einzelnen Komponentendichten.

$$\hat{\mu}_{jk} = \frac{\sum\limits_{t=1}^{T} P(S_t = j, M_t = k|O,\lambda)\, x_t}{\sum\limits_{t=1}^{T} P(S_t = j, M_t = k|O,\lambda)} = \frac{\sum\limits_{t=1}^{T} \xi_t(j,k)\, x_t}{\sum\limits_{t=1}^{T} \xi_t(j,k)} \qquad (5.22)$$

$$\hat{K}_{jk} = \frac{\sum\limits_{t=1}^{T} P(S_t = j, M_t = k|O,\lambda)\, (x_t - \hat{\mu}_{jk})(x_t - \hat{\mu}_{jk})^T}{\sum\limits_{t=1}^{T} P(S_t = j, M_t = k|O,\lambda)} \qquad (5.23)$$

$$= \frac{\sum\limits_{t=1}^{T} \xi_t(j,k)\, (x_t - \hat{\mu}_{jk})(x_t - \hat{\mu}_{jk})^T}{\sum\limits_{t=1}^{T} \xi_t(j,k)}$$

Für die in der Praxis einfachere Berechnung dieser Größen bei nur einmaligem Durchlaufen der Observationsfolge lässt sich die Schätzgleichung (5.23) für die Kovarianzmatrix K_{jk} der Mischungskomponente unter Ausnutzung der Beziehung (3.4) von Seite 46 wie folgt umschreiben:

$$\hat{K}_{jk} = \frac{\sum\limits_{t=1}^{T} P(S_t = j, M_t = k|O,\lambda)\, x_t x_t^T}{\sum\limits_{t=1}^{T} P(S_t = j, M_t = k|O,\lambda)} - \hat{\mu}_{jk}\hat{\mu}_{jk}^T \qquad (5.24)$$

$$= \frac{\sum\limits_{t=1}^{T} \xi_t(j,k)\, x_t x_t^T}{\sum\limits_{t=1}^{T} \xi_t(j,k)} - \hat{\mu}_{jk}\hat{\mu}_{jk}^T$$

Bei semi-kontinuierlichen Modellen wird, wie in Abschnitt 5.2 eingeführt, für alle Modellzustände ein gemeinsamer Satz von Komponentendichten $g_k(x)$ für die Mischverteilungsmodelle verwendet. Da die Mischungsgewichte jedoch nach wie vor zustandsspezifisch sind, ergibt sich für sie in diesem Falle keine veränderte Berechungsvorschrift. Zur Schätzung der Parameter μ_k und K_k der gemeinsam verwendeten Basisverteilungen $g_k(x)$ muss jedoch berücksichtigt werden, dass die Wahrscheinlichkeit zur Auswahl einer speziellen Dichte zu einem bestimmten Zeitpunkt bei semi-

Man definiert:

$$\gamma_t(i) \quad = P(S_t = i | O, \lambda) \qquad = \frac{\alpha_t(i)\beta_t(i)}{P(O|\lambda)}$$

$$\gamma_t(i,j) \quad = P(S_t = i, S_{t+1} = j | O, \lambda) \quad = \frac{\alpha_t(i)\, a_{ij}\, b_j(O_{t+1})\, \beta_{t+1}(j)}{P(O|\lambda)}$$

$$\xi_t(j,k) \quad = P(S_t = j, M_t = k | O, \lambda) \quad = \frac{\sum_{i=1}^{N} \alpha_t(i)\, a_{ij}\, c_{jk}\, g_{jk}(O_t)\, \beta_t(j)}{P(O|\lambda)}$$

1. **Initialisierung**
    Wähle ein geeignetes Startmodell $\lambda = (\pi, A, B)$ mit Initialwerten π_i für Start-
    bzw. a_{ij} für Übergangswahrscheinlichkeiten sowie Gewichten c_{jk} und Basisdich-
    ten $g_{jk}(x) = \mathcal{N}(x|\mu_{jk}, K_{jk})$ zur Definition der Emissionsdichten $b_{jk}(x) = \sum_k c_{jk}\, g_{jk}(x)$.

2. **Optimierung**
    Berechne aktualisierte Schätzwerte $\hat{\lambda} = (\hat{\pi}, \hat{A}, \hat{B})$ der Modellparameter:

$$\hat{a}_{ij} = \frac{\sum_{t=1}^{T-1} \gamma_t(i,j)}{\sum_{t=1}^{T-1} \gamma_t(i)} \qquad\qquad \hat{\pi}_i = \gamma_1(i)$$

$$\hat{c}_{jk} = \frac{\sum_{t=1}^{T} \xi_t(j,k)}{\sum_{t=1}^{T} \gamma_t(j)}$$

$$\hat{\mu}_{jk} = \frac{\sum_{t=1}^{T} \xi_t(j,k)\, x_t}{\sum_{t=1}^{T} \xi_t(j,k)} \qquad\qquad \hat{K}_{jk} = \frac{\sum_{t=1}^{T} \xi_t(j,k)\, x_t x_t^T}{\sum_{t=1}^{T} \xi_t(j,k)} - \hat{\mu}_{jk}\hat{\mu}_{jk}^T$$

3. **Terminierung**
    falls durch das aktualisierte Modell $\hat{\lambda}$ das Gütemaß $P(O|\hat{\lambda})$ gegenüber λ deutlich
    verbessert wurde

    setze $\lambda \leftarrow \hat{\lambda}$ und weiter mit Schritt 2

    sonst Ende!

Abb. 5.9 Baum-Welch-Algorithmus zur Parameterschätzung für allgemeine kontinuierliche HMMs. Anpassungen für diskrete oder semi-kontinuierliche Modelle siehe Text.

kontinuierlichen Modellen unabhängig von einem konkreten Zustand ist. Sie ergibt sich aus Gleichung (5.20) als Randverteilung von $\xi_t(j,k)$ durch Summation über alle möglichen Zustände:

$$P(M_t = k|O,\lambda) \quad = \quad \xi_t(k) \quad = \quad \sum_j \xi_t(j,k)$$

Ersetzt man nun in den Gleichungen (5.22) und (5.24) die Wahrscheinlichkeitsgewichtung der Observationsvektoren durch $\xi_t(k)$, so erhält man folgende Schätzgleichungen für μ_k und K_k bei semikontinuierlichen Modellen:

$$\hat{\mu}_k \quad = \quad \frac{\sum_{t=1}^{T} P(M_t = k|O,\lambda)\, x_t}{\sum_{t=1}^{T} P(M_t = k|O,\lambda)} = \frac{\sum_{t=1}^{T} \xi_t(k)\, x_t}{\sum_{t=1}^{T} \xi_t(k)} \tag{5.25}$$

$$\hat{K}_k \quad = \quad \frac{\sum_{t=1}^{T} P(M_t = k|O,\lambda)\, x_t x_t^T}{\sum_{t=1}^{T} P(M_t = k|O,\lambda)} - \hat{\mu}_k \hat{\mu}_k^T = \frac{\sum_{t=1}^{T} \xi_t(k)\, x_t x_t^T}{\sum_{t=1}^{T} \xi_t(k)} - \hat{\mu}_k \hat{\mu}_k^T \tag{5.26}$$

Die Aktualisierung der Modellparameter gemäß den Schätzgleichungen (5.17), (5.18) und (5.19) für diskrete Modelle, unter Anwendung von (5.17), (5.18), (5.21), (5.22) und (5.24) für solche mit kontinuierlichen Emissionsdichten sowie mit Hilfe von (5.17), (5.18), (5.21), (5.25) und (5.26) für semikontinuierlichen Modelle entspricht einem Schritt in einem iterativ optimierenden Trainingsprozess. Ausgehend von einem vorgegebenen initialen Modell λ^0 muss die Neuschätzung der Parameter so lange wiederholt werden, bis das resultierende Modell eine hinreichende Beschreibungsgüte erreicht hat bzw. keine weiteren Verbesserungen mehr zu erwarten sind. Für "voll" kontinuierliche Modelle ist der gesamte Algorithmus in Abbildung 5.9 zusammengestellt.

Viterbi-Training

Im Gegensatz zum Baum-Welch-Algorithmus wird beim sogenannten *Viterbi-Training* lediglich die Wahrscheinlichkeit $P^*(O|\lambda) = P(O, s^*|\lambda)$, die Observationsfolge entlang des bestbewerteten Pfades s^* zu erzeugen, durch den Trainingsprozess verbessert. Man kann zeigen, dass das Verfahren ausgehend von einem bestehenden Modell λ eine Wachstumstransformation der Parameter realisiert, so dass das veränderte Modell $\hat{\lambda}$ eine größere oder wenigstens gleichbleibende Wahrscheinlichkeit für den jeweils optimalen Pfad liefert (vgl. [ST 95, S. 139f]):

$$P^*(O|\hat{\lambda}) \geq P^*(O|\lambda)$$

Das Verfahren folgt der zu Beginn dieses Unterkapitels gezeichneten intuitiven Vorstellung vom Prinzip des HMM-Trainings in zwei Arbeitsphasen. Zunächst wird mit dem Viterbi-Algorithmus die optimale Zustandsfolge s^* für die Trainingsdaten mit Hilfe der vorliegenden Modellparameter berechnet. Im zweiten Schritt werden die Schätzwerte zur Aktualisierung der Modellparameter auf der Basis der empirischen Verteilungen bestimmt, die sich durch die explizite Zuordnung von Observationen und einzelnen Modellzuständen entlang der optimalen Zustandsfolge ergeben.

Man definiert:

$$\chi_t(i) = \begin{cases} 1 & \text{falls} \quad s_t^* = i \text{ und } s^* = \underset{s}{\text{argmax}}\, P(s, O|\lambda) \\ 0 & \text{sonst} \end{cases}$$

1. **Initialisierung**
   Wähle ein geeignetes Startmodell $\lambda = (\pi, A, B)$ mit Initialwerten π_i für Start- bzw. a_{ij} für Übergangswahrscheinlichkeiten sowie diskreten Emissionswahrscheinlichkeiten $b_j(o_k)$.

2. **Segmentierung**
   Berechne mit Hilfe des Viterbi-Algorithmus (siehe Abbildung 5.5 Seite 80) die optimale Zustandsfolge s^* zur Erzeugung der Daten O bei geg. Modell λ.

3. **Optimierung**
   Berechne aktualisierte Schätzwerte $\hat{\lambda} = (\hat{\pi}, \hat{A}, \hat{B})$ für alle Modellparameter (außer π, Erläuterung siehe Text):

$$\hat{a}_{ij} = \frac{\sum_{t=1}^{T-1} \chi_t(i)\,\chi_{t+1}(j)}{\sum_{t=1}^{T-1} \chi_t(i)} \qquad\qquad \hat{b}_j(o_k) = \frac{\sum_{t\,:\,O_t = o_k} \chi_t(j)}{\sum_{t=1}^{T} \chi_t(j)}$$

4. **Terminierung**
   falls durch das aktualisierte Modell $\hat{\lambda}$ das Gütemaß $P^*(O|\hat{\lambda})$ gegenüber λ deutlich verbessert wurde

   setze $\lambda \leftarrow \hat{\lambda}$ und weiter mit Schritt 2
   sonst Ende!

Abb. 5.10 Viterbi-Training zur Parameterschätzung für diskrete HMMs. Erweiterung für kontinuierliche Modelle siehe Text.

Diese Zuordnung lässt sich mit Hilfe der Zustandswahrscheinlichkeit $\chi_t(i)$ aus Gleichung (5.12) formal beschreiben, deren Berechnung lediglich der Auswertung einer charakteristischen Funktion auf der optimalen Zustandsfolge s^* entspricht. Ersetzt man in den Schätzgleichungen des Baum-Welch-Algorithmus die dort verwendete probabilistische Version $\gamma_t(i)$ durch die eindeutige Zuordnung mit Hilfe von $\chi_t(i)$, so erhält man die im Rahmen des Viterbi-Trainings anzuwendenden Vorschriften zur Berechnung aktualisierter Parameter diskreter Modelle. Schätzwerte für die Zustandsübergangswahrscheinlichkeiten, die prinzipiell durch Auszählung der Zustandspaare in der optimalen Folge gewonnen werden können, ergeben sich gemäß:

$$\hat{a}_{ij} = \frac{\sum_{t=1}^{T-1} P(S_t = i, S_{t+1} = j|s^*, O, \lambda)}{\sum_{t=1}^{T-1} P(S_t = i|s^*, O, \lambda)} = \frac{\sum_{t=1}^{T-1} \chi_t(i)\chi_{t+1}(j)}{\sum_{t=1}^{T-1} \chi_t(i)} \tag{5.27}$$

Sinnvolle Schätzungen für Startwahrscheinlichkeiten erhält man mit Hilfe des Viterbi-Trainings allerdings nicht. Als Spezialfall von Gleichung (5.27) würde man für die Startwahrscheinlichkeit

$\pi_{s_1^*}$ des ersten Zustands s_1^* der optimalen Folge den Wert Eins und Null für alle anderen Zustände erhalten. Da aber die Startwahrscheinlichkeiten in praktischen Anwendungen kaum einen Einfluss ausüben, bedeutet dies keine relevante Einschränkung des Verfahrens.

Die diskreten Emissionswahrscheinlichkeiten werden direkt durch die empirisch ermittelten Verteilungen bestimmt. Letztere erhält man durch einfache Auszählung aller Observationssymbole o_k, die über die optimale Zustandsfolge einem bestimmten Modellzustand zugeordnet wurden:

$$\hat{b}_j(o_k) = \frac{\sum\limits_{t\,:\,O_t=o_k} P(S_t = j|s^*, O, \lambda)}{\sum\limits_{t=1}^{T} P(S_t = j|s^*, O, \lambda)} = \frac{\sum\limits_{t\,:\,O_t=o_k} \chi_t(j)}{\sum\limits_{t=1}^{T} \chi_t(j)} \qquad (5.28)$$

Der Gesamtalgorithmus für das Viterbi-Training diskreter HMMs ist in Abbildung 5.10 zusammengestellt.

Die Neuschätzung kontinuierlicher Mischverteilungsmodelle mit Hilfe des Viterbi-Trainings gestaltet sich allerdings deutlich schwieriger, da keine analytischen Verfahren bekannt sind, aus Trainingsbeispielen optimale Parameter solcher Modelle zu bestimmen. Man geht zwar in der Regel davon aus, dass die Anzahl M_j der verwendeten Basisverteilungen gleich bleibt, aber dennoch kann eine Neuschätzung der Mischungsgewichte c_{jk} sowie der Komponentendichten $g_{jk}(x)$ nicht direkt erfolgen.

In [Wel 92] wird hierzu das Maximum-Likelihood-Kriterium zur Verbesserung der optimalen Produktionswahrscheinlichkeit $P(O, s^*|\lambda)$ in Abhängigkeit der Modellparameter λ angewandt. Diese Optimierung kann getrennt für die Übergangswahrscheinlichkeiten a_{ij}, wie in Gleichung (5.27), und die Emissionsdichten $b_j(x)$ erfolgen. Zwar erhält man ein System von Einschränkungsgleichungen, jedoch keine explizite Beziehung zur Berechnung aktualisierter Modellparameter. Dies muss vielmehr in einem komplexen eingebetteten Optimierungsprozess erfolgen.

Segmental k-Means

Der sogenannte *segmental k-means*-Algorithmus[16] ist von der theoretischen Herleitung her mit dem im vorangegangenen Abschnitt vorgestellten Viterbi-Training identisch [Jua 90]. Als Optimierungskriterium dient ebenfalls die Produktionswahrscheinlichkeit $P(O, s^*|\lambda)$ der Trainingsdaten entlang des optimalen Pfades durch das Modell. In der praktischen Anwendung bietet er jedoch mit der Einbettung eines Verfahrens zur Vektorquantisierung – nämlich des *k-means*-Algorithmus – eine Lösung für das Problem an, Parameter für Mischverteilungsmodelle allein auf Beispieldaten zu schätzen. Dieser praktische Aspekt wird in [Jua 90] zwar erwähnt, jedoch nicht ausgearbeitet wie z.B. in [Lee 90].

Das Verfahren läuft genauso wie des Viterbi-Training in zwei Phasen ab. In einem ersten Schritt wird eine Segmentierung der Trainingsdaten mit dem bestehenden Modell erzeugt. Anschließend können aus den entstandenen Zuordnungen zwischen Merkmalsvektoren und Modellzuständen ohne Berücksichtigung der ursprünglichen Parameter neue Emissionsdichten geschätzt werden. Der entstehende Algorithmus ist in Abbildung 5.11 zusammengestellt.

---

[16]Wir verzichten bei der Bezeichnung dieses Verfahrens auf eine Übersetzung des Englischen *segmental* in deutsch "segmentweise", um in Kombination mit *means* keinen unnötig gemischtsprachigen Begriff zu erzeugen.

Gegeben sei die Anzahl M_j der pro Modellzustand zu schätzenden Mischverteilungs-komponenten (häufig wählt man $M_j = M$ identisch für alle Zustände j)

1. **Initialisierung**
   Wähle ein geeignetes Startmodell $\lambda = (\pi, \boldsymbol{A}, \boldsymbol{B})$

2. **Segmentierung**
   Berechne mit Hilfe des Viterbi-Algorithmus (siehe Abbildung 5.5 Seite 80) die optimale Zustandsfolge s^* zur Erzeugung der Daten O bei geg. Modell λ.
   Berechne aktualisierte Übergangswahrscheinlichkeiten $\hat{a}_{ij}$:

$$\hat{a}_{ij} = \frac{\sum\limits_{t=1}^{T-1} \chi_t(i)\,\chi_{t+1}(j)}{\sum\limits_{t=1}^{T-1} \chi_t(i)}$$

3. **Neuschätzung**
   Für alle Zustände j, $0 \le j \le N$:
   (a) **Clusteranalyse**
       Berechne auf der Teilstichprobe $\boldsymbol{X}(j)$ ein Vektorquantisierungscodebuch $Y = \{y_1, \ldots y_{M_j}\}$ und die zugehörige Partition $\{R_1, \ldots R_{M_j}\}$ z.B. mit Hilfe des k-means-Algorithmus (siehe Abbildung 4.3 Seite 61)
   (b) **Berechnung der Modellparameter**
       Berechne aktualisierte Emissionsparameter:

$$\hat{c}_{jk} = \frac{|R_k|}{|\boldsymbol{X}(j)|}$$
$$\hat{\mu}_{jk} = y_k$$
$$\hat{K}_{jk} = \sum_{x \in R_k} x\,x^T - \hat{\mu}_{jk}\,\hat{\mu}_{jk}^T$$

4. **Terminierung**
   falls durch das aktualisierte Modell $\hat{\lambda}$ das Gütemaß $P^*(O|\hat{\lambda})$ gegenüber λ deutlich verbessert wurde
   $\qquad$ setze $\lambda \leftarrow \hat{\lambda}$ und weiter mit Schritt 2
   sonst Ende!

Abb. 5.11 *segmental-k-means*-Algorithmus zur Parameterschätzung für kontinuierliche HMMs.

Wie bei allen Trainingsverfahren für HMMs müssen vor Beginn der Optimierungen geeignete initiale Modellparameter gewählt werden. Allerdings lässt sich das Verfahren so erweitern, dass für HMMs mit eingeschränkter Modellstruktur auch eine Initialisierung möglich ist. Dieser Aspekt des *segmental-k-means*-Algorithmus wird in Abschnitt 9.3 Seite 161 ausführlicher dargestellt.

Im nächsten Schritt wird mit Hilfe des Viterbi-Algorithmus für die betrachteten Observationen die optimale Zustandsfolge berechnet. Wie beim Viterbi-Training können auf dieser Basis bereits Schätzwerte für die Übergangswahrscheinlichkeiten des aktualisierten Modells berechnet werden (siehe Gleichung (5.27)). Außerdem erhält man eine Zuordnung zwischen Merkmalsvektoren x_t und entsprechenden Modellzuständen, die sich formal aus der diskreten Zustandswahrscheinlichkeit $\chi_t(i)$ ableiten lassen (siehe Gleichung 5.12 Seite 83). Alle einem bestimmten Zustand i zugeordneten Vektoren wollen wir zu einer Teilfolge $X(i)$ der betrachteten Stichprobe zusammenfassen:

$$X(i) = \{x_t | \chi_t(i) = 1\} = \{x_t | s_t^* = i\}$$

Diese bilden die Grundlage für die Neuschätzung der Emissionsdichten. Dafür wird zunächst mit einem prinzipiell beliebigen Verfahren zur Vektorquantisierung[17] eine Clusteranalyse der jeweiligen Teilfolge $X(i)$ vorgenommen. Die Parameter der Emissionsverteilungen des korrespondierenden Modellzustands ergeben sich dann genauso, wie im Falle der einfachen Schätzung von Mischverteilungsmodellen (siehe Abschnitt 4.4 Seite 62). Allerdings ist es wie bei der Vektorquantisierung auch notwendig, die Anzahl der gewünschten Codebuchklassen bzw. Mischverteilungskomponenten vorzugeben.

Geht man davon aus, dass pro Modellzustand j genau eine Mischverteilung mit M_j individuellen Basisdichten zur Emissionsmodellierung verwendet wird, so ergeben sich die Mittelwertvektoren μ_{jk} direkt aus den Zentroiden der M_j Codebuchklassen, die durch Vektorquantisierung für die Teilstichprobe $X(j)$ bestimmt wurden. Die Kovarianzmatrizen berechnet man als empirische Kovarianz der Merkmalsvektoren, die einem bestimmten Prototypenvektor zugeordnet wurden. Die erforderlichen Mischungsgewichte entsprechen den a-priori-Wahrscheinlichkeiten der einzelnen Codebuchklassen.

Da beim *segmental-k-means*-Algorithmus in jedem Optimierungsschritt die Parameter eines HMMs inklusive der komplexen Mischverteilungsmodelle komplett neu berechnet werden und zwar nur auf der Basis der Beispielvektoren, konvergiert das Verfahren deutlich schneller als eine entsprechende Neuschätzung mit dem Baum-Welch-Algorithmus.

5.7.3 Mehrere Observationsfolgen

In der Regel untergliedern sich die zum Parametertraining verwendeten Stichproben in einzelne Abschnitte — bei der Spracherkennung in Äußerungen oder Turns bzw. bei der biologischen Sequenzanalyse in Teilsequenzen. Aus Sicht des HMM-Formalismus handelt es sich dabei um einzelne Observationsfolgen. Um auch auf einer solchen Menge von Einzelfolgen Modellparameter schätzen zu können, müssen die Trainingsverfahren nicht grundsätzlich modifiziert werden. Lediglich die zur Aktualisierung der Parameter gesammelten Statistiken müssen über alle betrachteten Observationsfolgen hinweg akkumuliert werden. Man erhält dann modifizierte Schätzgleichungen mit einer zusätzlichen äußeren Summation über alle Observationsfolgen, die bei der Darstellung der einzelnen Verfahren in den vorangegangenen Abschnitten jedoch aus Gründen der Übersichtlichkeit weggelassen wurde. (vgl. z.B. [Hua 90, S. 157f], [ST 95, S. 146f]).

Am Beispiel der Neuschätzung der Mittelwertvektoren kontinuierlicher Emissionsdichten soll das zugrundeliegende Prinzip kurz erläutert werden. Wir gehen dabei davon aus, dass zum Training der

---

[17] Aus Effizienzgründen bietet es sich an, hierfür den *k-means*-Algorithmus zu verwenden, da dieser gute Ergebnisse bereits innerhalb eines einzelnen Optimierungsschritts liefert. Prinzipiell können aber auch andere Algorithmen zum Vektorquantisierungsdesign eingesetzt werden.

Modelle eine Stichprobe $\omega = \{O^1, O^2, \ldots O^L\}$ von L einzelnen Observationsfolgen O^l vorliegt. Man erhält aktualisierte Mittelwertvektoren in diesem Falle gemäß:

$$\hat{\mu}_{jk} = \frac{\sum\limits_{l=1}^{L} \sum\limits_{t=1}^{T} \xi_t^l(j,k)\, x_t}{\sum\limits_{l=1}^{L} \sum\limits_{t=1}^{T} \xi_t^l(j,k)}$$

Die inneren Summen im Zähler bzw. Nenner dieses Ausdrucks entsprechen dabei der ursprünglichen Berechnungsvorschrift (5.22) Seite 89, bei der lediglich eine Observationsfolge betrachtet wurde. Die Zuordnungswahrscheinlichkeit $\xi_t^l(j,k)$ von Merkmalsvektoren und Mischverteilungskomponenten muss allerdings in Abhängigkeit von der jeweiligen l-ten Observationsfolge O^l berechnet werden. Die gesammelten Statistiken werden anschließend über alle Teilfolgen der Stichprobe aufsummiert.

5.8   Modellvarianten

Aufgrund ihrer weiten Verbreitung und der inzwischen langen Entwicklungsgeschichte sind für Hidden-Markov-Modelle eine Reihe von Varianten in der algorithmischen Behandlung bzw. der Modelle selbst vorgeschlagen worden. Die wichtigsten dieser Aspekte sollen im folgenden kurz skizziert werden. Für eine ausführlichere Behandlung der entsprechenden Methoden sei der interessierte Leser auf die angegebene weiterführende Literatur verwiesen.

5.8.1   Alternative Algorithmen

Alle Erkennungssysteme mit impliziter Segmentierung, die auf HMMs setzen, verwenden zur Modelldekodierung prinzipiell den Viterbi-Algorithmus. Unterschiede ergeben sich lediglich durch notwendige Effizienzverbesserungen (siehe Abschnitt 10.2 Seite 165) bzw. die Einbeziehung weiterer Modellierungsanteile wie z.B. statistischer Sprachmodelle (vgl. Kapitel 12 Seite 185).

Für die Parameterschätzung existieren dagegen neben den etablierten Verfahren, die im vorangegangenen Abschnitt beschrieben sind, eine Reihe alternativer Ansätze. Die bekannteste Verfahrensgruppe wendet Methoden zum diskriminativen Training an. Ähnlich wie beim Viterbi-Training ist es dabei intuitiv betrachtet das Ziel, die Wahrscheinlichkeit des optimalen Pfades durch das Modell für gegebene Daten zu verbessern. Allerdings geschieht dies nicht isoliert, sondern es wird gleichzeitig versucht, die Wahrscheinlichkeit aller konkurrierenden Alternativlösungen zu verringern. Auf diese Weise soll eine höhere Trennschärfe der Modelle erreicht werden, was jedoch einen drastisch erhöhten Trainingsaufwand erfordert. Mathematisch betrachtet, erfolgt eine Maximierung der Transinformation (engl. *maximum mutual information* (MMI)), weshalb diese Verfahren auch häufig unter dem entsprechenden Kürzel in der Literatur zu finden sind (vgl. z.B. [Cho 90], [Hua 90, S. 213f], [ST 95, S. 90ff], [Hua 01, S. 150ff]). Diesen Methoden eng verwandt ist eine als korrektives Training (engl. *corrective training*) bezeichnete Technik [Bah 93].

5.8.2 Alternative Modellarchitekturen

Neben der "klassischen" HMM-Architektur existieren vielfältige Varianten, die mit speziellen Modifikationen versuchen, Einschränkungen der Modellierung zu vermeiden bzw. zu kompensieren. Besonders die Verbesserung der mit Hilfe von einfachen Übergangswahrscheinlichkeiten nur sehr unzureichenden Dauermodellierung von HMMs ist das Ziel einer Reihe von Ansätzen (vgl. z.B. [Lev 86, Bur 96], [Hua 01, S. 406ff]). Im Hauptanwendungsfeld der HMMs stellen jedoch die Übergangswahrscheinlichkeiten im Vergleich zu den Emissionsdichten relativ unbedeutende Modellierungsanteile dar. Aus diesem Grund und wegen des meist deutlich erhöhten Rechenaufwandes alternativer Dauermodellierungsverfahren konnte sich noch keine der vorgeschlagenen Techniken bisher als Standardverfahren etablieren.

Die bekannteste Modifikation der klassischen HMM-Architektur stellen zweifellos hybride Systeme aus einer Kombination von HMMs und neuronalen Netzwerken (NN) dar (vgl z.B. [Mor 95], [Hua 01, S. 458f]). Die eingesetzten neuronalen Netzwerke dienen dabei entweder als Vektorquantisierer in Kombination mit diskreten HMMs [Rig 94], als Ersatz für die Emissionsmodellierung auf der Basis von Mischverteilungen [Rot 00] oder direkt zur Schätzung von a-posteriori Wahrscheinlichkeiten für einzelne Zustände [Mor 95]. Die Kombination der so gewonnenen Bewertungen mit den HMM-Wahrscheinlichkeiten ist dabei jedoch durchaus problematisch und erfordert spezielle Umsetzungsvorschriften.

Aufgrund der höheren Modellierungsfreiheitsgrade, die durch das Wegfallen der Restriktion auf Mischverteilungsmodelle entstehen, lassen solche hybriden Systeme ein verbessertes Leistungspotential erwarten, das in der Literatur auch immer wieder exemplarisch demonstriert wird. Allerdings müssen dafür die meist schlechten Konvergenzeigenschaften des Trainings neuronaler Netzwerke in Kauf genommen werden. Auch erfolgt die Optimierung dieser Parameter üblicherweise getrennt vom eigentlichen HMM und nicht integriert, wie bei den klassischen Modellarchitekturen auf Mischverteilungsbasis. Da außerdem für HMM/NN-Hybrid-Systeme keine einheitlichen Designstrategien existieren, haben sich diese Verfahren bislang nicht als echte oder gar bessere Alternative neben Standardarchitekturen etablieren können.

5.9 Literaturhinweise

Hidden-Markov-Modelle wurden nach dem russischen Mathematiker Andrej Andrejewitsch Markov (1856 − 1922) benannt [Mar 13]. Werke aus dem Bereich der mathematischen Fachliteratur behandeln vorwiegend die theoretischen Aspekte dieser Modelle. Das Hauptanwendungsgebiet von HMMs, in dem sie erfolgreich eingesetzt und konsequent weiterentwickelt wurden, stellt die automatische Spracherkennung dar. Daher ist die Behandlung von HMMs in Monographien auch fast immer an diesen Themenkomplex gekoppelt.

Besonders gelungen ist die Darstellung des Themas in der neuen Monographie von Huang, Acero & Hon [Hua 01]. Auch Schukat-Talamazzini gibt eine gute Einführung in die Lösung von Spracherkennungsproblemen mit HMMs [ST 95]. Leider ist das Werk derzeit im Buchhandel vergriffen. Der theoretische Kern der Modellbildung wird weiterhin in dem teilweise veralteten Werk von Rabiner & Juang [Rab 93] sowie der Monographie von Jelinek [Jel 97] behandelt. Eine Einführung in HMMs aus der Sicht der Bioinformatik geben Durbin *et al.* [Dur 00].

In allen oben genannten Werken findet man Beschreibungen der für HMMs relevanten Algorithmen. Eine zusammenfassende Darstellung bietet auch der klassische Artikel von Rabiner [Rab 89], der einen großen Einfluß auf die HMM-Literatur und die darin verwendete Notation hatte.

Der *Viterbi-Algorithmus* ist nach seinem Entwickler benannt und geht auf dessen Arbeiten im Bereich der Kodierungstheorie zurück [Vit 67]. Eine ausführliche frühe Darstellung und Analyse des Verfahrens enthält [For 73]. Spätere Beschreibungen findet man z.B. in [ST 95, S. 132f], [Hua 90, S. 151f] oder [Hua 01, S. 387ff]. Das verbreitetste Verfahren zur Parameteschätzung von HMMs ist der *Baum-Welch-Algorithmus*, der von Baum und Kollegen entwickelt wurde [Bau 70]. Obwohl der Algorithmus mit Sicherheit nach seinen Erfindern benannt wurde, existiert keine zugängliche Veröffentlichung mit einem Koautor Welch. Das Verfahren stellt eine Variante des *EM-Algorithmus* dar [Dem 77]. Die Beziehungen zwischen beiden Algorithmen werden z.B. in [ST 95, S. 136ff] dargestellt. Einen Beweis der Konvergenz des Baum-Welch-Algorithmus findet man neben [Bau 70] z.B. auch in [Hua 90, S. 158ff]. Das Prinzip des Verfahrens ist weiterhin in [ST 95, S. 136ff], [Hua 90, S. 152ff] und [Hua 01, S. 389ff] beschrieben. Das *Viterbi-Training* als alternatives Verfahren zur Parameterschätzung für HMMs wird z.B. in [ST 95, S. 139f] beschrieben. Speziell für kontinuierliche HMMs wurde die Methode in [Wel 92] ausgearbeitet. Vom Prinzip her vergleichbar ist der *segmental k-means* Algorithmus, der von Juang & Rabiner entwickelt wurde [Jua 90]. Eine knappe Beschreibung der Methode findet sich auch in [Rab 93, S. 427]

6 n-Gramm-Modelle

Ein *statistisches Sprachmodell* in seiner allgemeinsten Form definiert eine Wahrscheinlichkeitsverteilung über einer Menge von Symbolfolgen aus einem endlichen Inventar. Als "Sprachmodell" bezeichnet man diese Verfahren deshalb, weil ihre Entstehung und Verbreitung eng mit der statistischen Modellierung von Texten sowie der Restriktion möglicher Worthypothesenfolgen bei der Spracherkennung verknüpft ist.

Ein besonders einfaches, aber dennoch sehr leistungsfähiges Konzept zur formalen Beschreibung von statistischen Sprachmodellen bildet deren Repräsentation durch Markov-Ketten. Hierauf basiert die heute verbreitetste Version dieser Modelle, die sogenannten *n-Gramm-Modelle*. Ebenfalls gut erforscht, aber deutlich komplexer ist die Beschreibung der statistischen Eigenschaften von Symbolfolgen mit stochastischen Grammatiken, da das Parametertraining solcher Modelle außerordentlich aufwendig ist. Zudem muss die Festlegung der Strukturregeln durch Experten erfolgen, da hierfür keine allgemeinen Inferenzmethoden bekannt sind. Aus diesen Gründen ist die Verbreitung stochastischer Grammatiken für Musteranalysezwecke gering geblieben, weshalb auch der Begriff Sprachmodell (engl. *language model*) in der Literatur meist als Synonym für n-Gramm-Modelle verwendet wird. Diese sollen daher auch im folgenden als einzige Klasse statistischer Sprachmodellierungstechniken betrachtet werden. Für andere Verfahren sei der Leser auf die entsprechende Spezialliteratur verwiesen.

6.1   Definition

Ein statistisches n-Gramm-Modell entspricht einer Markov-Kette n-1-ter Ordnung. Die Wahrscheinlichkeit $P(w)$ einer bestimmten Symbolfolge $w = w_1, w_2, \ldots, w_T$ der Länge T wird zuerst gemäß der Bayes-Regel in ein Produkt bedingter Wahrscheinlichkeiten zerlegt.

$$P(w) = P(w_1)P(w_2|w_1) \ldots P(w_T|w_1, \ldots, w_{T-1}) = \prod_{t=1}^{T} P(w_t|w_1, \ldots, w_{t-1})$$

Bei dieser Faktorisierung entstehen aber — wie schon bei der Einführung stochastischer Prozesse erläutert — mit zunehmender Länge T der Symbolfolge möglicherweise bedingte Wahrscheinlichkeiten mit beliebig langen Abhängigkeiten. Daher begrenzt man für praktische Anwendungen die maximale Kontextlänge auf $n - 1$ Vorgängersymbole. Motiviert durch eine zeitliche Ordnung der Symbol- oder Wortfolgen bezeichnet man diesen Kontext häufig auch als *Geschichte* (engl. *history*).

$$P(w) \approx \prod_{t=1}^{T} P(\ \underbrace{w_t \mid w_{t-n+1}, \ldots, w_{t-1}}_{n \text{ Symbole}})$$

Das jeweils vorhergesagte Symbol w_t und die zugehörige Geschichte bilden dabei ein Tupel von n Symbolen, weshalb man von n-Gramm-Modellen spricht. Eine konkretes n-Tupel von Symbolen heißt n-Gramm und wird im Bereich der Sprachmodellierung meist als *Ereignis* (engl. *event*) bezeichnet.

Ein gegebenes n-Gramm-Modell definiert also Wahrscheinlichkeiten zur Vorhersage bzw. Bewertung des Auftretens von Symbolen aus einem endlichen Inventar innerhalb einer Folge auf der Basis eines Kontexts von $n - 1$ bekannten vorangegangenen Folgegliedern. Aus diesen einzelnen Anteilen lässt sich direkt die Wahrscheinlichkeit einer bestimmten Folge insgesamt berechnen. Die Gesamtheit der bedingten Wahrscheinlichkeitsverteilungen bildet das statistische Sprachmodell, das im Gegensatz zu HMMs in der Literatur nicht explizit mit einem mathematischen Symbol bezeichnet wird. Daher wird in den weiteren Ausführungen ebenfalls auf eine explizite Benennung verzichtet, sofern die implizite Zuordnung der Wahrscheinlichkeiten zum jeweiligen Modell eindeutig ist.

Da mit wachsender Kontextlänge neben den prinzipiellen Schwierigkeiten, ein solches Modell zu schätzen und praktisch einzusetzen, auch noch der notwendige Speicheraufwand extrem ansteigt, stellen die verbreitetste Variante von n-Gramm-Modellen Bi- und Tri-Gramme dar. Bereits 4-Gramm-Modelle sind dagegen kaum mehr in statistischen Erkennungssystemen anzutreffen, wohingegen im Bereich der Spracherkennung ein Bi-Gramm-Modell als Ergänzung der HMM-Modellierung heute als Standard anzusehen ist. In den neueren Anwendungsfeldern statistischer Modellierungstechniken wie Handschrift-, Gestik- und biologische Sequenzanalyse haben statistische Sprachmodelle derzeit noch keine oder nur geringe Verbreitung erfahren. Dies ist wohl hauptsächlich dadurch bedingt, dass in diesen Forschungsfeldern im Gegensatz zur Spracherkennung die allgemeine Verfügbarkeit hinreichend großer Stichproben noch nicht gegeben ist.

6.2   Verwendungskonzepte

Genau wie bei HMMs beruht die Verwendung statistischer Sprachmodelle zur Beschreibung von Texten oder anderen Symbolsequenzen auf der Annahme, dass deren zugrundeliegendes Erzeugungsprinzip statistischen Gesetzmäßigkeiten gehorcht, die sich mit Markov-Ketten beschreiben oder wenigstens hinreichend genau annähern lassen.

Daher ist auch für n-Gramm-Modelle eine relevante Fragestellung, wie gut ein gegebenes Modell bestimmte vorliegende Daten zu beschreiben vermag. Hierzu muss im wesentlichen die Wahrscheinlichkeit dieser Symbolfolge — oder eine daraus abgeleitete informationstheoretische Größe — mit Hilfe des verwendeten Modells berechnet werden. Man kann dann Rückschlüsse auf die Qualität des Sprachmodells ziehen oder auch verschiedene Modelle hinsichtlich ihrer Eignung zur Beschreibung der jeweiligen Daten bewerten. Auf dieser Basis lassen sich z.B. Textpassagen einer bestimmten Textsorte oder einem bestimmten Thema zuordnen, sofern für diese jeweils ein geeignetes Modell erstellt wurde.

Die zweite wesentliche Fragestellung betrifft die Erstellung der n-Gramm Modelle selbst. Im Gegensatz zum bei HMMs notwendigen iterativ optimierenden Vorgehen sind für statistische Sprachmodelle prinzipiell Verfahren denkbar, die ein in gewisser Weise optimales Modell direkt in Abhängigkeit von Beispieldaten berechnen. Die naive, unmittelbar naheliegende Lösung des Problems besteht darin, innerhalb der vorliegenden Stichprobe die absoluten Häufigkeiten $c(w_1, w_2, \ldots, w_n)$ aller Symboltupel und aller möglichen Kontexte $w_1, \ldots, w_{n-1}$ auszuzählen und die benötigten bedingten Wahrscheinlichkeiten $P(w_n | w_1, w_2, \ldots, w_{n-1})$ über die entsprechenden relativen Häufigkeiten $f(w_n | w_1, w_2, \ldots, w_{n-1})$ zu definieren.

$$P(w_n | w_1, w_2, \ldots, w_{n-1}) := f(w_n | w_1, w_2, \ldots, w_{n-1}) = \frac{c(w_1, w_2, \ldots, w_n)}{c(w_1, \ldots, w_{n-1})} \qquad (6.1)$$

Allerdings muss selbst bei moderatem Symbolinventar und kleiner Kontextlänge davon ausgegangen werden, dass die Mehrzahl der theoretisch möglichen n-Gramme nicht in der betrachteten Stichprobe vorkommt — auch wenn diese sehr umfangreich ist. Man sagt dann, diese Ereignisse wurden nicht beobachtet (engl. *unseen events*). Nach Gleichung (6.1) werden alle mit solchen Tupeln verbundenen bedingten Wahrscheinlichkeiten zu Null festgelegt. Bei der Auswertung des entstehenden Modells auf neuen Daten ergibt sich zwangsläufig die Wahrscheinlichkeit Null für jede betrachtete Folge, die ein solches nicht beobachtetes Ereignis enthält.

Ein solches Verhalten des Modells ist jedoch äußerst unerwünscht, da man davon ausgeht, dass die Schätzung einer verschwindenden Wahrscheinlichkeit extrem unzuverlässig und nur auf die mangelnde Größe oder Repräsentativität der betrachteten Stichprobe zurückzuführen ist. Daher werden bei n-Gramm-Modellen die empirisch ermittelten Wahrscheinlichkeitsverteilungen immer einem Nachbearbeitungs- oder Glättungsschritt unterzogen, der robustere Schätzwerte insbesondere für sehr kleine bedingte Wahrscheinlichkeiten liefern soll. In den dafür eingesetzten Verfahren liegt auch das wesentliche algorithmische Know-How bei der Anwendung von statistischen Sprachmodellen für Mustererkennungsaufgaben.

6.3   Notation

Bei der Behandlung von n-Gramm-Modellen werden überwiegend die Ausdrücke zur Berechnung der einzelnen bedingten Wahrscheinlichkeiten betrachtet und nicht deren Auswertung auf einem längeren Text. Dabei ist die Unterscheidung zwischen vorhergesagtem Wort und aktueller Geschichte wesentlich. Um dies auch in der formalen Beschreibung expliziter herausstellen zu können, werden wir im folgenden eine an [Fed 95] angelehnte Notation verwenden.

Ein beliebiges einzelnes n-Gramm bezeichnen wir als yz, wobei z für das vorhergesagte Symbol und $y = y_1, y_2, \ldots y_{n-1}$ für seine Geschichte steht. Im notationsmäßig einfachen Fall von Tri- und Bi-Gramm-Modellen können — sofern erforderlich — alle Symbole eines Tri-Gramms mit xyz und die eines Bi-Gramms mit yz benannt werden. Die bedingten n-Gramm-Wahrscheinlichkeiten schreiben wir im allgemeinen Fall als $P(z|y)$ und als $P(z|xy)$ für Tri- und $P(z|y)$ für Bi-Gramm-

Modelle. Das in zeitlicher Reihenfolge gesehen letzte Wort des n-Gramms wird in jedem Fall als z bezeichnet.

Neben der Vorkommenshäufigkeit $c(yz)$ eines n-Gramms yz in der betrachteten Trainingsstichprobe sind auch einige abgeleitete Größen wichtig, die Eigenschaften von n-Gramm-Kontexten charakterisieren oder Metainformation über die empirische Häufigkeitsverteilung bereitstellen. Die Häufigkeit aller n-Gramme mit Geschichte y bezeichnen wir unter Anwendung des Jokersymbols '·' mit $c(y \cdot)$, die im Prinzip gleich der Vorkommenshäufigkeit $c(y)$ des Kontexts y eines n-Gramms yz ist. Unterschiede ergeben sich nur durch Randphänomene in der betrachteten Stichprobe. Enden der Trainingstext oder ein darin ausgezeichneter Abschnitt z.B. auf y, so existiert an dieser Stelle kein weiteres Ereignis yz mit diesem Kontext, und es gilt $c(y) > c(y \cdot)$. Aus diesem Grund verwenden wir in der gesamten Darstellung $c(y \cdot)$, da diese Größe in praktischen Anwendungen immer die korrekte Normierung liefert. Mit $d_k(y \cdot)$ wird angegeben, wieviele Ereignisse mit Kontext y genau k-mal im Trainingsmaterial vorkommen. Besonders wichtig ist die Häufigkeit $d_1(y \cdot)$ sogenannter *singletons*, d.h. im betrachteten Kontext genau einmal auftretender Ereignisse. Die Anzahl der überhaupt vorkommenden verschiedenen Ereignisse gibt in Verallgemeinerung dieser Notation $d_{1+}(y \cdot)$ an. Ersetzt man auch die Kontexteinschränkung im Argument dieser Größen durch das Jokersymbol, so erhält man die Gesamtanzahl aller n-Gramme $c(\cdot \cdot)$ bzw. die Anzahl der insgesamt genau k-mal vorkommenden Ereignisse $d_k(\cdot \cdot)$. Zur Vereinfachung der Darstellung kann bei den beiden letztgenannten Fällen auch das Funktionsargument $(\cdot \cdot)$ ganz entfallen.

6.4 Bewertung

Zur Bewertung eines statistischen Sprachmodells wird — wie in vielen Bereichen der statistischen Musteranalyse — dessen Leistungsfähigkeit auf unbekannten, d.h. nicht zur Erzeugung des Modells verwendeten Testdaten ermittelt. Als Qualitätsmaß hat sich die sogenannte *Perplexität* (engl. *perplexity*) etabliert [Jel 82]. Für einen gegebenen Testtext bzw. eine Test-Symbolfolge $w = w_1, w_2, \ldots, w_T$ der Länge $|w| = T$ erhält man die Perplexität $\mathcal{P}$ des betrachteten Sprachmodells als Kehrwert des geometrischen Mittels der einzelnen Symbolwahrscheinlichkeiten[1]:

$$\mathcal{P}(w) = \frac{1}{\sqrt[|w|]{P(w)}} = \frac{1}{\sqrt[T]{P(w_1, w_2, \ldots, w_T)}} = P(w_1, w_2, \ldots, w_T)^{-\frac{1}{T}}$$

Die große Verbreitung dieses Maßes in der Literatur ist zu einem wesentlichen Teil auf seine intuitiv anschauliche Interpretationsmöglichkeit zurückzuführen. Man nimmt dazu an, dass der betrachtete Text von einer Informationsquelle erzeugt wird, die mit gewisser Wahrscheinlichkeit Symbole aus einem endlichen Vokabular V generiert. Für Analysezwecke möchte man nun diesen Prozess möglichst genau vorhersagen können, d.h. es sollten nur möglichst wenige alternative Symbole jeweils zur Fortsetzung der Folge in Frage kommen. Eine solche deterministische Aussage ist jedoch streng genommen aufgrund des statistischen Verhaltens der Quelle nicht möglich. Alle Symbole können im Prinzip auftreten, wenn auch eventuell mit nur sehr geringer Wahrscheinlichkeit. Im

---

[1] In der Literatur wird die Perplexität meist über die Entropie einer Sprache oder einer Informationsquelle definiert (vgl. z.B. [Hua 90, S. 97ff], [Rab 93, S. 449f], [Hua 01, S. 560ff]). Die Einführung einer Reihe von informationstheoretischen Grundbegriffen ausschließlich für diese Herleitung erscheint uns jedoch als zu aufwendig. Daher wurde hier einer vereinfachten Darstellung der Vorzug gegeben.

statistischen Mittel kann man allerdings einen Bezug zum intuitiven deterministischen Verhalten herstellen.

Im "schlimmsten" Fall erfolgt die Erzeugung gemäß einer Gleichverteilung über dem Lexikon V, so dass jedes weitere Symbol w_t mit Wahrscheinlichkeit $P(w_t) = \frac{1}{|V|}$ unabhängig vom Kontext erzeugt wird. Eine Möglichkeit zur Vorhersage ist dann nicht gegeben, da alle Wörter des Lexikons gleichberechtigt vorkommen können. Die Wahrscheinlichkeit eines Textes der Länge T ergibt sich zu $\frac{1}{|V|}^T$ und seine Perplexität zu $|V|$.

Wenn das Generierungsprinzip auf einer anderen Wahrscheinlichkeitsverteilung beruht, die bestimmte Wörter mit höherer und andere mit geringerer Häufigkeit erzeugt, ergibt sich immer eine geringere Perplexität $\rho < |V|$ als im Falle der Gleichverteilung. Die Genauigkeit der Vorhersage aufgrund dieses Modells lässt sich nun zu einer "uninformierten", d.h. auf einer Gleichverteilung beruhenden Quelle mit gleicher Perplexität in Beziehung setzen. Das Vokabular dieser von der Bewertung her äquivalenten Quelle würde genau $|V'| = \rho < |V|$ Wörter umfassen — also weniger als das Ausgangslexikon. Man kann daher sagen, dass die Perplexität eines statistischen Sprachmodells angibt, wieviele Wörter im Mittel zur Fortsetzung einer Symbolfolge in Frage kommen, auch wenn zu jedem Zeitpunkt aus statistischer Sicht jede beliebige Fortsetzung mit eventuell geringer Wahrscheinlichkeit möglich ist.

Hieraus ergibt sich als Ziel der Sprachmodellierung, die Perplexität zu erwartender Texte oder Symbolfolgen mit Hilfe präziser statistischer Modelle möglichst gering zu halten. Dabei ist die Generalisierungsfähigkeit des Modells entscheidend, da eine zu speziell auf die Trainingssituation eingestellte Modellierung für die praktische Anwendung ungeeignet ist[2].

Für n-Gramm-Modelle gelingt dies immer dann gut, wenn sich aufgrund des betrachteten Kontexts von $n - 1$ Wörtern hinreichend genaue Einschränkungen für mögliche Nachfolger ableiten lassen. Die Parameter der zur Modellierung dieser Restriktionen erforderlichen bedingten Wahrscheinlichkeiten müssen allerdings auch auf dem verfügbaren Trainingsmaterial robust geschätzt werden können.

Eine für die Spracherkennung bedeutende Aufgabenstellung ist die Erkennung von Ziffernfolgen für Telefonieanwendungen. Aufgrund der nahezu vollständig fehlenden Restriktionen für solche Symbolfolgen lässt sich hier die "worst case" Perplexität von 10 nicht mit Sprachmodellierungstechniken reduzieren. Für "normale" Texte natürlicher Sprachen ist dagegen eine erhebliche Reduktion der Perplexität unter den unrestringierten Fall immer möglich. Ein Anwendungsfeld statistischer Sprachmodelle ist daher auch die Kompression von Texten (vgl. z.B. [Bel 90]).

Besonders gut anwendbar sind n-Gramm-Modelle auf das Englische — nicht nur weil diese Sprache wohl zu den diesbezüglich bestuntersuchten gehört. Die relativ lineare Satzstruktur mit reduzierter Freiheit bei der Wortstellung und das praktisch völlige Fehlen von Flexionsformen bieten ideale Voraussetzungen für die statistische Sprachmodellierung. Als wesentlich schwieriger gelten flektierende Sprachen mit freierer Wortstellung wie das Französische oder das Deutsche. Bei letzterem kommt auch noch die sehr produktive Wortbildung hinzu, wodurch entweder eine Analyse komplexerer Wortkonstrukte notwendig wird oder sich das mögliche Lexikon drastisch vergrößert (vgl. z.B. [Geu 95, Whi 98, Wai 00, AD 01]). Eine ähnliche Problematik findet sich in agglutinierenden

---

[2]Durch vollständige Speicherung des Trainingsmaterials im Sprachmodell lässt sich immer eine Perplexität von 1 auf diesen Daten erreichen. Allerdings sind auch bei Standardverfahren beliebig kleine Perplexitäten auf der Trainingsstichprobe möglich, die jedoch keinerlei Aussagen über die Modellierungsqualität für unbekannte Texte zulassen.

Sprachen wie z.B. dem Türkischen oder dem Finnischen, wo viele syntaktische Phänomene durch Verkettung von Morphemen beschrieben werden (vgl. [Çar 00, Sii 01]).

Die Basis der Sprachmodellierung muss jedoch nicht notwendigerweise die orthographische Wortdefinition in der jeweiligen Sprache bilden. Zur Erleichterung der Modellierung kommen daher eine Normalisierung des verwendeten Lexikons (vgl. z.B. [Add 97]) oder die direkte Modellierung von Morphemfolgen durch das statistische Modell (vgl. z.B. [Geu 95, Çar 00, Whi 00]) in Betracht.

6.5   Parameterschätzung

Da n-Gramm-Modelle im Gegensatz zu HMMs standardmäßig keine versteckten Zustandsvariablen enthalten, können ihre Parameter prinzipiell direkt — d.h. ohne iterative Optimierung — ausgehend von Beispieldaten berechnet werden. Sofern man sich damit begnügt, die bedingten Wahrscheinlichkeiten über relative Vorkommenshäufigkeiten zu definieren, kann das Modell nach der Auszählung der in der Stichprobe beobachteten Ereignisse direkt angegeben werden.

Allerdings ist es für eine robuste Anwendung von n-Gramm-Modellen wesentlich, das Problem der nicht beobachteten Ereignisse zu behandeln. Daher werden in allen aus der Literatur bekannten Ansätzen zur statistischen Sprachmodellierung die empirischen Verteilungen nie direkt verwendet, sondern immer einer geeigneten Glättung unterzogen. Deren wesentlichste Aufgabe ist es, verschwindende Wahrscheinlichkeiten nicht beobachteter Ereignisse durch plausible und robuste Schätzwerte zu ersetzen. Aufgrund der für Wahrscheinlichkeitsverteilungen notwendigen Normierungsbedingung kann dies jedoch nicht isoliert geschehen, sondern muss die Schätzwerte der übrigen Ereignisse mit einbeziehen.

Die verbreitetste Verfahrensklasse zur Lösung dieses Problems geht in zwei Schritten vor. Im ersten werden die empirischen Verteilungen so modifiziert, dass eine Umverteilung von Wahrscheinlichkeitsmasse von beobachteten auf nicht beobachtete Ereignisse stattfindet. Da diese Manipulationen meist sehr gering ausfallen, werden die Wahrscheinlichkeiten häufiger Ereignisse kaum verändert. Der wesentliche Effekt dieses Vorgehens ist daher die Gewinnung von "Manövriermasse", um neue, sehr kleine Wahrscheinlichkeiten für nicht in der Stichprobe beobachtete n-Gramme festzulegen.

In einem weiteren Schritt werden dann auf der Basis der veränderten empirischen Verteilung robuste Schätzwerte durch Einbeziehung einer oder mehrerer allgemeinerer Verteilungen berechnet. Für häufig beobachtete Ereignisse kann dieser Einfluss gering gehalten werden oder ganz entfallen. Für nicht beobachtete n-Gramme ist es jedoch wesentlich, die gewonnene Wahrscheinlichkeitsmasse nicht uniform zu verteilen, sondern auf der Basis einer allgemeineren Verteilung — meist der des zugehörigen $(n-1)$-Gramm-Modells. Andernfalls würde *allen* nicht beobachteten Ereignissen dieselbe Wahrscheinlichkeit zugeordnet werden.

In der Praxis liegen auch für $(n-1)$-Gramme nicht notwendigerweise robuste Schätzungen direkt vor. Daher werden die beiden oben skizzierten Verfahrensschritte rekursiv auf die entstehende Modellhierarchie vom n-Gramm bis zum Uni-Gramm bzw. Zero-Gramm angewendet. Als *Uni-Gramm-Modell* bezeichnet man die a-priori Wahrscheinlichkeit der Wörter und als *Zero-Gramm-Modell* die uniforme Wahrscheinlichkeitsverteilung über einem Lexikon gegebener Größe.

6.5.1 Umverteilung von Wahrscheinlichkeitsmasse

Eine intuitiv naheliegende Möglichkeit, das Problem der nicht beobachteten Ereignisse zu beseitigen, besteht darin, deren zu Null ermittelte Vorkommenshäufigkeiten künstlich auf einen positiven Wert anzuheben. Um dadurch nicht die Unterschiede zwischen beobachteten und nicht beobachteten Ereignissen zu verwischen, wird diese positive Konstante — meist 1 — zu allen n-Gramm-Häufigkeiten hinzuaddiert. Verwendet man bei der Berechnung der relativen Häufigkeiten nicht die Vorkommensanzahl $c(y\cdot)$ des jeweiligen n-Gramm-Kontexts zur Normierung, sondern die Summe über alle neu bestimmten Zählungen der Einzelereignisse $\sum_z c^*(yz)$, so ist auch durch diese Manipulation die Normierungsbedingung der Wahrscheinlichkeitsverteilungen nicht verletzt.

Dieses relativ alte Verfahren wird in der Literatur als *adding one* oder auch *Laplace's method* bezeichnet. Es ist zwar algorithmisch maximal einfach, liefert aber leider *deutlich* schlechtere Ergebnisse als die im folgenden vorgestellten neueren Methoden, weil dabei systematisch die Wahrscheinlichkeiten seltener Ereignisse überschätzt werden (vgl. [Ney 94]).

Allen übrigen Verfahren zur Umverteilung von Wahrscheinlichkeitsmasse liegt das Prinzip zugrunde, die Zählungen, die erforderlich sind, um unbeobachtete Ereignisse zu tilgen, zuerst an anderer Stelle in der ursprünglichen Wahrscheinlichkeitsverteilung einzusparen. Hierdurch bleibt nicht nur die Normierungsbedingung der relativen Häufigkeiten erhalten, sodern es kann auch je nach den Eigenschaften einer betrachteten Ausgangsverteilung und der angewendeten Umverteilungsstrategie eine unterschiedlich große Wahrscheinlichkeitsmasse für nicht beobachtete Ereignisse anfallen. Damit lässt sich in gewissem Umfang steuern, ob in einem bestimmten Kontext die Beobachtung eines solchen als sehr selten anzunehmenden Ereignisses mehr oder weniger wahrscheinlich ist.

Discounting

Um Wahrscheinlichkeitsmasse für nicht beobachtete Ereignisse ohne Veränderung der Gesamthäufigkeiten gewinnen zu können, müssen die empirischen Häufigkeiten $c(yz)$ beobachteter n-Gramme um einen bestimmten Betrag $\beta(yz)$ vermindert werden. Daher bezeichnet man diese Verfahrensklasse als sogenanntes *discounting* [Kat 87]. Die veränderten relativen Häufigkeiten $f^*(z|y)$ ergeben sich direkt aus den veränderten n-Gramm-Zählungen $c^*(yz)$ gemäß:

$$f^*(z|y) = \frac{c^*(yz)}{c(y\cdot)} = \frac{c(yz) - \beta(yz)}{c(y\cdot)} \quad \forall yz, c(yz) > \beta(yz)$$

Wird die Discountingfunktion $\beta(yz)$ so gewählt, dass sie für bestimmte Ereignisse yz gleich deren Häufigkeit $c(yz)$ wird, tritt der Effekt ein, dass diese zuerst alle Wahrscheinlichkeitsmasse zur Umverteilung beisteuern, aber nach dem Discounting selbst zu den effektiv nicht beobachteten Ereignissen zählen.

Als "Manövriermasse" zur Verbesserung der empirischen Verteilung, aber insbesondere zur Tilgung nicht beobachteter Ereignisse, erhält man die sogenannte *Nullwahrscheinlichkeit* $\lambda(y)$ in Abhängigkeit vom jeweiligen n-Gramm-Kontext y als Summe über die angesammelte Wahrscheinlichkeits-masse[3]:

$$\lambda(y) = \frac{\sum_{yz:c(yz)>0} \min\{\beta(yz), c(yz)\}}{c(y\cdot)}$$

Sofern die veränderte relative Häufigkeit $f^*(\cdot)$ direkt als Schätzwert für die bedingte Wahrschein-lichkeit beobachteter Ereignisse verwendet wird, gibt diese Größe an, mit welcher Wahrschein-lichkeit in einem bestimmten Kontext *überhaupt* eines der nicht beobachteten Ereignisse erwartet wird. Wie im folgenden Abschnitt 6.5.2 noch näher ausgeführt wird, existieren auch Methoden, die eine Umverteilung der Nullwahrscheinlichkeit auf *alle* im jeweiligen Kontext möglichen Ereignis-se vornehmen. Für beide Strategien ist jedoch zusätzliches Wissen erforderlich, da andernfalls die Umverteilung nur gemäß einer uniformen Verteilung möglich wäre.

Zur Festlegung der speziellen Discountingstrategie — d.h. der Wahl von $\beta(yz)$ — lassen sich die aus der Literatur bekannten Methoden in zwei Gruppen einteilen. Als *linear discounting* bezeichnet man alle Verfahren, bei denen die Verminderung einer bestimmten n-Gramm-Häufigkeit propor-tional zu deren Betrag $c(yz)$ erfolgt. Legt man dagegen eine Discountingkonstante β unabhängig davon fest, so spricht man von *absolute discounting*.

In der einfachsten Form des *linear discounting* wird $\beta(yz)$ mit Hilfe eines Proportionalitätsfaktors α in Abhängigkeit von $c(yz)$ festgelegt.

$$\beta(yz) = \alpha\, c(yz)$$

Die veränderten relativen Häufigkeiten $f^*(yz)$ für alle beobachteten Ereignisse ergeben sich folg-lich zu:

$$f^*(z|y) = \frac{(1-\alpha)c(yz)}{c(y\cdot)} = (1-\alpha)f(z|y) \quad \forall yz, c(yz) > 0 \quad \text{und} \quad 0 < \alpha < 1$$

Eine gute Wahl für α stellt die relative Häufigkeit nur einmal beobachteter Ereignisse dar [Ney 95]:

$$\alpha = \frac{d_1(\cdot\cdot)}{c(\cdot\cdot)} = \frac{d_1}{c}$$

Eine allgemeinere Formulierung ergibt sich, wenn die Proportionalitätskonstante nicht global, son-dern individuell für jeden n-Gramm-Kontext festgelegt wird. In diesem Falle ist sie von ihrer Bedeu-tung her identisch mit der jeweiligen Nullwahrscheinlichkeit $\lambda(y)$, so dass man folgende veränderte relative Häufigkeitsverteilung erhält [Ney 95, Fed 95]:

$$f^*(z|y) = \frac{(1-\lambda(y))c(yz)}{c(y\cdot)} = (1-\lambda(y))f(z|y) \quad \forall yz, c(yz) > 0 \tag{6.2}$$

Den wesentlichsten Nachteil von *linear discounting* stellt die Tatsache dar, dass die Zählungen häufig beobachteter Ereignisse am stärksten verändert werden. Dies entspricht aber nicht der durch das "Gesetz der großen Zahlen" untermauerten statistischen Grundannahme, dass sich robustere

---

[3]Im allgemeinen kann die Discountingfunktion $\beta(yz)$ Werte größer als die absoluten Häufigkeiten $c(yz)$ annehmen, so dass bei der Modifikation ggf. nur das Minimum der jeweiligen Werte als Wahrscheinlichkeitsmasse gewonnen wird.

Schätzungen ergeben, je mehr Beispieldaten für ein bestimmtes Ereignis vorliegen. Weiterhin ist in der allgemeinen Formulierung von Gleichung (6.2) die Wahl bzw. Optimierung der Nullwahrscheinlichkeiten $\lambda(y)$ für alle n-Gramm-Kontexte erforderlich. Dies kann zwar auf zusätzlichem Datenmaterial erfolgen [Ney 95], aber der Aufwand zur Berechnung des n-Gramm-Modells wird in jedem Falle deutlich erhöht.

Wesentlich einfacher in der Anwendung sind dagegen die Methoden zum *absolute discounting*, die auch in der Leistungsfähigkeit zu den besten bekannten Verfahren zählen. Hier bleiben große Häufigkeiten nahezu unverändert, und vorwiegend selten beobachtete Ereignisse tragen zur Gewinnung von Wahrscheinlichkeitsmasse bei. Daher tendieren diese Verfahren auch im allgemeinen dazu, nicht beobachteten Ereignissen kleinere Wahrscheinlichkeiten zuzuordnen als Methoden zum *linear discounting*.

Bei *absolute discounting* wird jede empirisch ermittelte Häufigkeit $c(yz)$ um einen konstanten Betrag β vermindert. Auf der Basis der so modifizierten Häufigkeiten $c^*(yz)$ erhält man folgende veränderte relative Häufigkeitsverteilung:

$$f^*(z|y) = \frac{c^*(yz)}{c(y\cdot)} = \frac{c(yz) - \beta}{c(y\cdot)} = \quad \forall yz, c(yz) > \beta \tag{6.3}$$

Die Nullwahrscheinlichkeit $\lambda(y)$ lässt sich in diesem Fall einfach angeben als:

$$\lambda(y) = \frac{\displaystyle\sum_{yz:c(yz)>0} \beta}{c(y\cdot)} = \beta \frac{d_{1+}(y\cdot)}{c(y\cdot)}$$

Bei allen Varianten des *absolute discounting* werden die Discountingkonstanten β immer so gewählt, dass sie nicht über den ursprünglichen Häufigkeitswerten liegen. Dies gilt insbesondere für die weit verbreitete Wahl von $\beta \leq 1$, mit der man in der Praxis bereits sehr gute Ergebnisse erzielen kann.

Unter gewissen Randbedingungen können die Discountingkonstanten aber auch besser — wenngleich nicht optimal — gewählt werden. Verwendet man für jede Kontextlänge genau eine Konstante, so ergibt sich für diese nach [Ney 94] folgende obere Schranke:

$$\beta \leq \frac{d_1(\cdot\cdot)}{d_1(\cdot\cdot) + 2d_2(\cdot\cdot)} = \frac{d_1}{d_1 + 2d_2} < 1$$

In [Che 99] werden sogar drei verschiedene Konstanten für einmal, zweimal sowie häufiger beobachtete Ereignisse vorgeschlagen. Die mit dieser Verfeinerung des Modells erzielten Verbesserungen sind in der überwiegenden Anzahl der Fälle allerdings eher marginal.

6.5.2 Einbeziehung allgemeinerer Verteilungen

Die Gewinnung von Wahrscheinlichkeitsmasse allein reicht jedoch nicht aus, um befriedigende Schätzwerte für bedingte n-Gramm-Wahrscheinlichkeiten zu bestimmen. Die Umverteilung der Nullwahrscheinlichkeit zum Tilgen nicht beobachteter Ereignisse oder auch zur Unterstützung weniger robuster Schätzwerte erfordert immer die Einbeziehung zusätzlichen, verlässlicheren Wissens. Da dies nicht von Experten beigesteuert, sondern ebenfalls auf Beispieldaten ermittelt werden soll, kommen hierfür nur Wahrscheinlichkeitsverteilungen in Betracht, die weniger komplex und daher robuster zu schätzen sind als das zu verbessernde n-Gramm-Modell.

Für Sprachmodellierungsaufgaben ist die am häufigsten angewandte Strategie zur Wahl solcher allgemeinerer Verteilungen die Kürzung der Kontextrestriktion der n-Gramm-Modelle um jeweils ein Wort. Die resultierende $(n\text{-}1)$-Gramm-Verteilung ist weniger spezifisch als das Ausgangsmodell, und die Chancen, deren notwendige Parameter auf den verfügbaren Daten robust zu schätzen, sind daher auch höher.

Zur Kombination der allgemeineren Verteilung mit der zu glättenden empirischen Verteilung existieren zwei grundlegende Verfahrensklassen. Bei der *Interpolation* erfolgt eine gewichtete Mittelung der beiden Modellierungsanteile. Im Falle des sogenannten *backing off* wird die allgemeinere Verteilung nur herangezogen, um die angesammelte Nullwahrscheinlichkeit geschickt auf nicht beobachtete Ereignisse umzuverteilen.

Interpolation

Eine im Bereich der Sprachmodellierung sehr verbreitete Verfahrensgruppe zur Verbesserung empirisch ermittelter Schätzwerte $f(z|y)$ einer speziellen Verteilung $P(z|y)$ stellen *Interpolationsmethoden* dar (vgl. [Jel 80]). Durch Linearkombination mit einer geeignet gewählten allgemeineren Verteilung $q(z|y)$ erhält man eine robustere Schätzung für die betrachtete speziellere Wahrscheinlichkeitsverteilung:

$$P(z|y) = (1 - \alpha)\, f(z|y) + \alpha\, q(z|y) \quad 0 \leq \alpha \leq 1 \tag{6.4}$$

Diesem Vorgehen liegt die Annahme zugrunde, dass sich prinzipiell *alle* empirisch ermittelten relativen Häufigkeiten $f(z|y)$ durch Hinzunahme weiteren Wissens in Form einer allgemeineren Verteilung $q(z|y)$ besser — d.h. robuster — schätzen lassen. Es werden also verschwindende relative Häufigkeiten und solche, die auf einer ausreichenden Anzahl von Beispielen basieren, gleich behandelt.

Das Interpolationsgewicht α muss bei diesem Verfahren so gewählt werden, dass die vergröberte Information der allgemeineren Verteilung einerseits die speziellen Schätzwerte nicht zu sehr dominiert, andererseits aber wenig robuste oder verschwindende relative Häufigkeiten sinnvoll unterstützt werden. Auf der Basis zusätzlichen Trainingsmaterials, das nicht zur Bestimmung der empirischen Verteilungen verwendet wurde, kann man das Interpolationsgewicht α entweder experimentell ermitteln oder auch mathematisch exakt optimieren[4].

Als allgemeinere Verteilung wird im Kontext der Sprachmodellierung nahezu immer die zum betrachteten n-Gramm-Modell $P(z|y)$ gehörige $(n\text{-}1)$-Gramm-Verteilung $P(z|\hat{y})$ gewählt. Die Verallgemeinerung besteht also in einer Kürzung der Kontextrestriktion $y = y_1, y_2, \ldots y_{n-1}$ um ein Wort zu $\hat{y} = y_2, \ldots y_{n-1}$, wodurch eine geringere Spezifität des Modells und gleichzeitig eine bessere Trainierbarkeit seiner Parameter erreicht wird.

$$q(z|y) = q(z|y_1, y_2, \ldots y_{n-1}) \leftarrow P(z|y_2, \ldots y_{n-1}) = P(z|\hat{y})$$

---

[4]Zur optimalen Bestimmung des Interpolationsgewichts α kann das Trainingsmaterial des n-Gramm-Modells nicht verwendet werden, da auf diesem das speziellste Modell — also die empirische Verteilung $f(z|y)$ selbst — immer optimal ist. Es würde sich daher $\alpha = 0.0$ ergeben [Jel 97, S. 63]. Vielmehr muss zusätzliches Material bereitstehen, das ausschließlich zum Optimierung des Interpolationsgewichts verwendet wird.

Für Tri- und Bi-Gramm-Modelle lässt sich $q(\cdot)$ bei dieser Strategie einfach wie folgt angeben:

$$\begin{aligned}
q(z|xy) &\leftarrow P(z|y)\\
q(z|y) &\leftarrow P(z)
\end{aligned}$$

Da es sich bei der allgemeineren Verteilung $q(\cdot)$ prinzipiell wieder um ein n-Gramm-Modell handelt, wird hier in der Regel das Interpolationsprinzip rekursiv angewendet.

$$\begin{aligned}
P(z|y) &= (1-\alpha_n)\,f(z|y) + \alpha_n\,q(z|y)\\
&= (1-\alpha_n)\,f(z|y_1\ldots y_{n-1})\\
&\quad + \alpha_n\,[(1-\alpha_{n-1})\,f(z|y_2\ldots y_{n-1})\\
&\qquad + \alpha_{n-1}\,q(z|y_2\ldots y_{n-1})]\\
&= \cdots \hspace{4cm} \forall i: 0 \le \alpha_i \le 1
\end{aligned}$$

So erhält man bei wiederholter Kürzung des n-Gramm-Kontexts zur Wahl der jeweils allgemeineren Verteilung $q(\cdot)$ eine Linearkombination[5] aller empirisch ermittelten relativen Häufigkeiten als letztendliches Modell[6].

$$\begin{aligned}
P(z|y) &= \lambda_n\;f(z|y)\\
&\quad + \lambda_{n-1}\;f(z|y_2\ldots y_{n-1})\\
&\quad + \cdots\\
&\quad + \lambda_1\;f(z)\\
&= \sum_{i=1}^n \lambda_i\;f(z|y_{n-i+1}\ldots y_{n-1}) \quad \forall i: 0 \le \lambda_i \le 1 \quad \text{und} \quad \sum_i \lambda_i = 1
\end{aligned}$$

Als Spezialfall ergibt sich die von Jelinek & Mercer entwickelte und in der Forschungstradition von IBM verwendete Interpolationsformel für robuste Tri-Gramm-Modelle (vgl. [Jel 97, S. 60f]):

$$P(z|xy) = \lambda_3\,f(z|xy) + \lambda_2\,f(z|y) + \lambda_1\,f(z)$$

In der bisherigen Formulierung ging die Interpolationsmethode direkt von den empirisch ermittelten relativen Häufigkeiten $f(\cdot)$ aus und machte keinen Gebrauch von den im zuvor beschriebenen Vorbereitungsschritt reduzierten Häufigkeitsverteilungen $f^*(\cdot)$. Die prinzipielle Möglichkeit zu deren Einbeziehung in die Interpolation ist am einfachsten dann ersichtlich, wenn zur Gewinnung von $f^*(z|y)$ *linear discounting* verwendet wird:

$$f^*(z|y) = (1-\alpha)f(z|y) \quad \forall yz$$

Dieser Ausdruck entspricht nämlich direkt dem ersten Summanden in der klassischen Interpolationsgleichung (6.4). Unterscheidet man zwischen ausreichend häufig beobachteten Ereignissen, für die Schätzungen $f^*(z|y)$ existieren, und effektiv nicht beobachteten n-Grammen, so erhält man eine verallgemeinerte Interpolationsvorschrift. Hierbei wird die reduzierte Häufigkeitsverteilung

---

[5]Aus Gründen der Übersichtlichkeit wurden hier die entstehenden Produkte der paarweisen Interpolationsgewichte α_i durch neue Konstanten λ_i ersetzt.

[6]Die Einbeziehung eines Zero-Gramm-Modells ist in der Regel nicht erforderlich, wenn man davon ausgeht, dass jedes Wort des betrachteten Lexikons V wenigstens einmal beobachtet wurde. Ist dies jedoch nicht der Fall, da z.B. Stichprobe und Lexikon unabhängig voneinander definiert wurden, so kann im Interpolationsschema der zusätzliche Summand $\lambda_0 \frac{1}{|V|}$ ergänzt werden.

$f^*(z|y)$ mit der allgemeinen Verteilung $q(z|y)$ kombiniert, wobei das Interpolationsgewicht gleich der angesammelten Nullwahrscheinlichkeit $\lambda(y)$ ist.

$$P(z|y) = \begin{cases} f^*(z|y) + \lambda(y)q(z|y) & c^*(yz) > 0 \\ \lambda(y)q(z|y) & c^*(yz) = 0 \end{cases} \tag{6.5}$$

Da in diesem Falle die Interpolationsgewichte nicht für eine Verteilung insgesamt festgelegt, sondern in Abhängigkeit vom Kontext y gewählt werden, spricht man hier auch von *nichtlinearer Interpolation* [Ney 94].

Der entscheidende konzeptionelle Nachteil von Interpolationsmodellen liegt direkt in deren Entwurfsprinzip begründet. Geht man davon aus, dass Häufigkeiten, die auf einer breiten Datengrundlage ermittelt wurden, bereits robuste Schätzungen darstellen, so erscheint es nicht sinnvoll, diese durch Interpolation mit einem vergröberten Modell zu modifizieren. Dies bewirkt letztendlich eine Glättung der resultierenden Verteilung, womit immer auch ein teilweiser Verlust ihrer Spezifität einhergeht.

Backing-Off

Das auf Katz zurückgehende Prinzip des *backing off* (dt. zurückweichen) [Kat 87] bezieht im Gegensatz zu Interpolationsverfahren die allgemeinere Verteilung nur dann in die Berechnung des n-Gramm-Modells ein, wenn die reduzierten Häufigkeitswerte $f^*(\cdot)$ verschwinden. In allen anderen Fällen werden diese Werte direkt als bedingte Wahrscheinlichkeiten für das jeweilige Ereignis übernommen. Die Umverteilung der angesammelten Nullwahrscheinlichkeit $\lambda(y)$ auf die nicht beobachteten Ereignisse erfolgt hingegen proportional zur allgemeineren Verteilung $q(\cdot)$.

$$P(z|y) = \begin{cases} f^*(z|y) & c^*(yz) > 0 \\ \lambda(y)\, K_y q(z|y) & c^*(yz) = 0 \end{cases} \tag{6.6}$$

Um die Normierungsbedingung für die so konstruierte Verteilung $P(z|y)$ zu gewährleisten, muss eine zusätzliche Skalierungskonstante K_y eingeführt werden. Sie stellt sicher, dass die Nullwahrscheinlichkeit gemäß einer nur auf nicht beobachteten Ereignissen definierten Verteilung $K_y q(z|y)$ vollständig — d.h. mit Gewicht 1.0 — in das resultierende Modell eingeht. Der Skalierungsfaktor lässt sich daher als Kehrwert der Wahrscheinlichkeitssumme berechnen, die sich gemäß der allgemeineren Verteilung für nicht beobachtete Ereignisse ergibt:

$$K_y = \frac{1}{\displaystyle\sum_{yz\,:\,c^*(yz)=0} q(yz)} \tag{6.7}$$

Die Wahl der allgemeineren Verteilung $q(\cdot)$ erfolgt wie bei den Interpolationsmethoden in der Regel durch einfache Kürzung des n-Gramm-Kontexts. Ebenso wird das Prinzip des *backing off* rekursiv auf die gesamte Hierarchie der n-Gramm-Modelle angewandt. Für ein *back-off*-Tri-Gramm-Modell erhält man damit folgendes Berechnungsschema:

$$
P(z|xy) = \begin{cases} f^*(z|xy) & c^*(xyz) > 0 \\[2ex] \lambda(xy)\,K_{xy} \begin{cases} f^*(z|y) & c^*(xyz) = 0 \;\wedge\; c^*(yz) > 0 \\[2ex] \lambda(y)\,K_y \begin{cases} f^*(z) & c^*(yz) = 0 \;\wedge\; c^*(z) > 0 \\[2ex] \lambda(\cdot)\,K.\frac{1}{|V|} & c^*(z) = 0 \end{cases} \end{cases} \end{cases}
$$

In Kombination mit *absolute discounting* erhält man durch *backing-off* auf sehr einfache Weise äußerst leistungsfähige n-Gramm-Modelle für ein breites Spektrum von Anwendungen (vgl. [Fed 95, Che 99]). Selbst mit deutlich aufwendigeren Methoden lassen sich in der Regel nur unwesentlich geringere Perplexitäten erzielen.

6.5.3 Optimierung verallgemeinerter Verteilungen

Im vorangegangenen Abschnitt wurde davon ausgegangen, dass die für Interpolationsmethoden oder *backing off* notwendigen allgemeineren Verteilungen durch Kürzung des Kontexts des jeweiligen n-Gramm-Modells gewonnen werden können. Diese heuristische Festlegung ist jedoch nicht notwendigerweise die bestmögliche Strategie.

Anschaulich kann man sich dies am Beispiel eines Wortes z plausibel machen, das in einer gegebenen Stichprobe zwar sehr häufig auftritt, aber nur in einem bestimmten Kontext y. Dies könnte je nach Textsorte zum Beispiel "York" im Kontext "New" oder auch "Grüßen" bei vorangegangenem "Mit freundlichen" sein. In allen anderen Kontexten y' dagegen wurde z nie beobachtet, und sowohl bei Interpolation als auch bei *backing off* gibt dann die allgemeinere Verteilung $q(z|y')$ den Ausschlag bei der Bestimmung der bedingten Wahrscheinlichkeit $P(z|y')$. Wählt man $q(z|y') \leftarrow P(z)$, ist die vorhergesagte Wahrscheinlichkeit $P(z|y')$ proportional zur Vorkommenshäufigkeit $c(z)$ des betrachteten Wortes z. Man erhält daher eine relativ hohe Wahrscheinlichkeit für seine Beobachtung in einem Kontext y', in dem z in der Stichprobe nie vorkam. Plausibler wäre ein relativ niedriger Wert, da das betrachtete Wort ja in dieser Situation nur in genau einem Kontext häufig ist, aber in keinem anderen anzutreffen war. Eine allgemeinere Verteilung, die dieser intuitiven Vorstellung nahe kommt, legt $q(z|y')$ proportional zur Anzahl verschiedener Kontexte fest, in denen ein bestimmtes Wort beobachtet wurde. Je eindeutiger die Kontextspezifität eines Ereignisses ist, desto niedriger würde dann im Vergleich zu anderen die ensprechend vorhergesagte Wahrscheinlichkeit ausfallen.

Bei der von Kneser & Ney vorgeschlagenen Methode zur Bestimmung der allgemeineren Verteilung wird $q(\cdot)$ nicht heuristisch festgelegt, sondern analytisch bestimmt [Kne 95]. Mit zwei unterschiedlichen Optimierungskriterien ergeben sich prinzipiell ähnliche Verteilungen $q(\cdot)$, die nicht auf der Basis absoluter Häufigkeiten von Ereignissen, sondern auf der Anzahl der Kontexte beruhen, in denen ein Wort beobachtet wurde.

Im ersten vorgeschlagenen Lösungsansatz wird gefordert, dass sich die bedingte $(n\text{-}1)$-Gramm-Verteilung $P(z|\hat{y})$, die durch Kürzung des Kontexts entsteht, auch als Randverteilung der kombinierten Verteilung $P(y,z|\hat{y})$ ergibt. Man erhält dann die allgemeinere Verteilung $q(z|y)$ gemäß:

$$q(z|y) = \frac{d_{1+}(\cdot\hat{y}z)}{d_{1+}(\cdot\hat{y}\cdot)} = \frac{d_{1+}(\cdot\hat{y}z)}{\sum\limits_{z'} d_{1+}(\cdot\hat{y}z')} \tag{6.8}$$

In der zweiten Herleitung, die das Prinzip des *leaving one out* — eine spezielle Technik der Parameterschätzung mit Hilfe von Kreuzvalidierung — anwendet (vgl. [Ney 95] bzw. [Efr 83]), ergibt sich eine ähnliche Berechnungsvorschrift für $q(\cdot)$.

$$q(z|y) = \frac{d_1(\cdot\hat{y}z)}{d_1(\cdot\hat{y}\cdot)} = \frac{d_1(\cdot\hat{y}z)}{\sum\limits_{z'} d_1(\cdot\hat{y}z')} \tag{6.9}$$

Im ersten Fall ist $q(z|y)$ also proportional zur Anzahl der verschiedenen Kontexte $\hat{y}$, in denen das vorherzusagende Wort z vorkommt. Bei dem durch *leaving one out* ermittelten Ausdruck (6.9) werden von diesen Kontexten nur diejenigen gezählt, in denen z *genau einmal* beobachtet wurde. In der Regel macht diese Anzahl $d_1(\cdot\hat{y}z)$ auch einen signifikanten Anteil der Gesamtanzahl $d_{1+}(\cdot\hat{y}z)$ verschiedener Kontexte aus, so dass sich die beiden Möglichkeiten zur Wahl von $q(\cdot)$ nicht gravierend unterscheiden. Allerdings treten in praktischen Anwendungen häufig auch Fälle auf, in denen $d_1(\cdot\hat{y}z)$ für bestimmte, meist häufige Wörter verschwindet, weil diese in ihren jeweiligen Kontexten immer mehr als einmal beobachtet wurden. Daher eignet sich Gleichung (6.8) besser zur robusten Bestimmung optimierter allgemeinerer Verteilungen.

Obwohl das Prinzip, allgemeinere Verteilungen bei n-Gramm-Modellen möglichst optimal zu bestimmen, unmittelbar überzeugt, sind die Vorteile der Methode in der Praxis eher gering.

Für die Herleitung der Gleichungen (6.8) und (6.9) legen die Autoren zwar *backing-off* zugrunde. In der Praxis ergeben sich mit der entwickelten Glättungsmethode jedoch nur bei Verwendung von nichtlinearer Interpolation signifikante Verbesserungen der Modellierungsqualität[7]. Da bei *backing-off* die allgemeinere Verteilung nur zur Bewertung nicht beobachteter Ereignisse verwendet wird, ist dieses Verhalten jedoch plausibel. Eine Optimierung an dieser Stelle bewirkt nur dann etwas, wenn in der Teststichprobe extrem viele unbeobachtete Ereignisse vorkommen. Dies bedeutet jedoch, dass das verwendete n-Gramm-Modell ziemlich ungeeignet ist, und kommt in der Praxis kaum vor. Bei nichtlinearer Interpolation wird dagegen die allgemeinere Verteilung *immer* in die Bewertungsberechnung einbezogen und hat daher ungleich größeren Einfluss auf die Modellierungsgüte.

Die möglichen Verbesserungen werden jedoch durch extremen Aufwand erkauft, der bereits bei Tri-Gramm-Modellen die übrigen zur Erzeugung des Modells notwendigen Berechnungen bei weitem dominiert. Verantwortlich hierfür ist die vielfach wiederholte Auswertung von Ausdrücken der Form $d_k(\cdot yz)$. Diese Zählungen können wegen des führenden Jokersymbols nicht lokal ermittelt werden. Vielmehr müssen immer alle möglichen Kontexte xy betrachtet werden, was das Durchsuchen eines Großteils der gespeicherten Zählungsdaten erforderlich macht.

---

[7]Inkonsistenterweise verwenden Kneser & Ney selbst nichtlineare Interpolation, um die Leistungsfähigkeit ihrer Glättungsmethode in experimentellen Untersuchungen zu demonstrieren [Kne 95].

6.6 Modellvarianten

In der Literatur wurden neben der in den vorangegangenen Abschnitten dargestellten "klassischen" Definition von n-Gramm-Modellen auch einige Varianten dieses Grundkonzepts vorgeschlagen. Diese versuchen in der Regel Beschränkungen oder Unzulänglichkeiten des Standardformalismus zu vermeiden.

6.6.1 Kategoriemodelle

Die bekannteste Variante der n-Gramm-Technik versucht die Tatsache auszunutzen, dass natürliche Sprachen neben einer syntagmatischen auch eine paradigmatische Struktur aufweisen. Dies bedeutet, dass in verschiedenen sprachlichen Kontexten nicht nur ein bestimmtes Wort, sondern eine ganze Gruppe von Wörtern oder Phrasen gleichbedeutend vorkommen kann. In jedem Fall ergibt sich eine syntaktisch wohlgeformte Äußerung, auch wenn natürlich mit einem solchen Austausch im allgemeinen eine Veränderung der Bedeutung verbunden ist.

So kann man in dem Satz *"ich wohne über zehn Jahre in Bielefeld"* beispielsweise den Ortsnamen durch einen beliebig anderen ersetzen, wie z.B. *Nürnberg* oder *Calgary*. Außerdem lässt sich die Zahlangabe prinzipiell beliebig variieren sowie die betreffende Zeiteinheit austauschen. Aber auch an vielen anderen Positionen können paradigmatische Ersetzungen vorgenommen werden.

Wenn man versucht, eine solche Situation mit einem n-Gramm-Modell zu erfassen, stellt man fest, dass dann alle möglichen Kombinationen in der betrachteten Stichprobe zumindest einmal vorkommen müssen. Trotzdem können aber keine paradigmatischen Gesetzmäßigkeiten abstrakt dargestellt werden. Um z.B. das Auftreten beliebiger Städtenamen in allen relevanten Kontexten wahrscheinlich werden zu lassen, müssten auch *alle* diese Namen in den jeweiligen Kontext beobachtet werden. Daher fasst man alle Wörter, die in einem bestimmten Kontext austauschbar sein sollen, zu einer *Kategorie* zusammen. *Bielefeld*, *Nürnberg* und *Calgary* würden also im Beispiel die Kategorie der Städtenamen bilden.

Die solchermaßen erweiterten Sprachmodelle bezeichnet man als *kategoriale n-Gramm-Modelle* (engl. *category-based language models*) oder auch einfach als *Kategoriemodelle*, sofern der thematische Kontext eindeutig ist. Die verwendeten Kategorien sollten dabei solche Wörter umfassen, die – statistisch gesehen – in ähnlichen Kontexten vorkommen bzw. vergleichbare Einschränkungen für das gleichzeitige Auftreten anderer Wörter oder Kategorien erzeugen. Brown und Kollegen formulieren das in [Bro 92, Abschnitt 3] recht anschaulich wie folgt:

> *"Clearly, some words are similar to other words in their meaning and syntactic function. We would not be surprised to learn that the probability distribution of words in the vicinity of Thursday is very much like that for words in the vicinity of Friday. Of course, they will not be identical: we rarely hear someone say Thank God it's Thursday! or worry about Thursday the 13th."*

Bei der Verwendung eines kategorialen n-Gramm-Modells muss man zur Berechnung der Wahrscheinlichkeit von Wortfolgen die möglichen Folgen von Kategorien einbeziehen, die diesen entsprechen können. Da im allgemeinen die Zuordnung von Wörtern und Kategorien nicht eindeutig ist, kann im Prinzip jede Folge $C = C_1, C_2, \ldots C_T$ von Kategorien der Länge T einer Wortfolge

$w = w_1, w_2, \ldots w_T$ mit gewisser Wahrscheinlichkeit $P(w_1, w_2, \ldots w_T | C_1, C_2, \ldots C_T)$ zugeordnet werden. Die Wahrscheinlichkeit der Wortfolge ergibt sich dann als Randverteilung über alle möglichen Kategoriefolgen entsprechender Länge:

$$
\begin{aligned}
P(w) &= P(w_1, w_2, \ldots w_T) \\
&= \sum_{C_1, C_2, \ldots C_T} P(w_1, w_2, \ldots w_T, C_1, C_2, \ldots C_T) \\
&= \sum_{C_1, C_2, \ldots C_T} P(w_1, w_2, \ldots w_T | C_1, C_2, \ldots C_T) P(C_1, C_2, \ldots C_T)
\end{aligned}
$$

Als erste Vereinfachung legt man nun fest, dass das Auftreten eines Wortes in einer bestimmten Position nicht von der gesamten Kategoriefolge, sondern nur vom jeweils korrespondierenden Element abhängen soll, und erhält:

$$
P(w_1, w_2, \ldots w_T | C_1, C_2, \ldots C_T) = \prod_{t=1}^{T} P(w_t | C_t)
$$

Außerdem beschreibt man die Gesamtwahrscheinlichkeit der Kategoriefolge näherungsweise durch ein n-Gramm-Modell:

$$
P(C_1, C_2, \ldots C_T) \approx \prod_{t=1}^{T} P(C_t | C_{t-n+1}, \ldots, C_{t-1})
$$

Die Bewertung einer Wortfolge mit Hilfe eines so eingeschränkten kategorialen Sprachmodells erhält man dann gemäß:

$$
P(w) \approx \sum_{C_1, C_2, \ldots C_T} \prod_{t=1}^{T} P(w_t | C_t) P(C_t | C_{t-n+1}, \ldots, C_{t-1}) \tag{6.10}
$$

Schränkt man noch das verwendete Kategorie-n-Gramm-Modell auf ein Bi-Gramm-Modell ein, so ergibt sich die folgende vereinfachte Berechnungsvorschrift:

$$
P(w) \approx \sum_{C_1, C_2, \ldots C_T} \prod_{t=1}^{T} P(w_t | C_t) P(C_t | C_{t-1}) \tag{6.11}
$$

Der Vergleich mit Gleichung (5.6) auf Seite 74 zeigt unmittelbar, dass dieses Modell äquivalent zu einem diskreten HMM ist, dessen interne Zustände den Kategorien entsprechen und das als Emissionen Wörter aus einem bestimmten Lexikon erzeugt. Leider bedeutet dies aber auch, dass die reine Auswertung des Modells ungleich aufwendiger ist, als im Falle eines "normalen" n-Gramm-Modells. Bei letzterem war lediglich die Multiplikation einer Folge bedingter Wahrscheinlichkeiten erforderlich. Für ein kategoriales Bi-Gramm-Modell lässt sich die Wahrscheinlichkeit einer Wortfolge dagegen nur mit Hilfe des Forward-Algorithmus berechnen. Gegenüber der allgemeinen Formulierung eines kategoriebasierten n-Gramm-Modells in Gleichung (6.10), bei dem prinzipiell beliebig lange Kategoriefolgen als Kontext zugelassen sind, bedeutet dies aber trotzdem einen deutlichen Effizienzgewinn.

Die drastischste Reduktion des Auswertungsaufwands bei kategorialen n-Gramm-Modellen erreicht man durch die Verwendung strikt disjunkter Kategorien. Es ist dann eine eindeutige Zuordnung zwischen Wortfolge und entsprechender Kategoriefolge möglich, wodurch sich Gleichung (6.10) vereinfacht zu:

$$P(\boldsymbol{w}) \approx \prod_{t=1}^{T} P(w_t|C_t)P(C_t|\,C_{t-n+1}, \ldots, C_{t-1}) \tag{6.12}$$

Der Hauptvorteil von Kategoriemodellen liegt darin, dass sie verglichen mit "gewöhnlichen" wortbasierten n-Gramm-Modellen deutlich weniger Parameter aufweisen. Sie können daher auch auf begrenztem Datenmaterial robust geschätzt werden und versprechen bessere Generalisierungseigenschaften auf unbekanntem Material, sofern die paradigmatischen Gegebenheiten hinreichend gut erfasst wurden.

Ein "konventionelles" n-Gramm-Modell ist allerdings einem Kategoriemodell immer dann überlegen, wenn umfangreiches Trainingsmaterial vorliegt. Daher werden kategoriebasierte n-Gramm-Modelle oft nur zur Ergänzung eines vorliegenden wortbasierten Modells eingesetzt. Sie dienen dann dazu, robuste Schätzungen für die erforderlichen allgemeineren Verteilungen zu liefern, bei denen es ja darauf ankommt, seltenen oder gar nicht beobachteten Ereignissen sinnvolle Wahrscheinlichkeitswerte zuzuordnen (vgl. z.B. [Nie 96, Sam 99]).

Die Notwendigkeit, ein geeignetes Kategoriesystem anzugeben, erschwert jedoch den Einsatz von Kategoriemodellen erheblich. In manchen Domänen, die auch auf syntaktisch-semantischer Ebene untersucht werden, bietet es sich an, die dafür definierten linguistischen Kategorien direkt für die Sprachmodellierung zu verwenden (vgl. z.B. [Kuh 95, S. 100ff], [Nie 98]). Im allgemeinen leistungsfähiger, aber auch deutlich aufwendiger sind dagegen Verfahren zur automatischen Bestimmung geeigneter Kategoriesysteme allein auf der Basis einer Stichprobe (vgl. z.B. [Bro 92, Kne 97, Nie 98]).

6.6.2 Längere zeitliche Abhängigkeiten

Die wichtigste Einschränkung in den Modellierungsmöglichkeiten von n-Gramm-Sprachmodellen ergibt sich dadurch, dass in der Praxis nur sehr kurze Kontexte von in der Regel weniger als drei Vorgängerwörtern berücksichtigt werden können. Die üblicherweise verfügbaren Trainingsstichproben reichen nicht aus, um Parameter noch komplexerer Modelle robust schätzen zu können. Daher wurde in der Literatur eine Reihe von Verfahren vorgeschlagen, die es erlauben, längere Kontextabhängigkeiten bei gleichzeitig reduzierter Modellkomplexität zu erfassen.

Bei sogenannten *long distance bigrams* werden Wortpaare in bestimmten definierten Abständen betrachtet, um bi-gramm-ähnliche Sprachmodelle zu definieren. Das Gesamtmodell entsteht dann durch Linearkombination der Komponentenmodelle [Hua 93]. Ein vergleichbares Prinzip verwenden auch die sogenannten *distance trigrams*, bei denen Worttripel mit der Auslassung jeweils eines Kontextwortes erzeugt werden [Mar 99b].

Im Gegensatz zu solchen expliziten Techniken zur Berücksichtigung längerer Kontextrestriktionen stehen Verfahren, die versuchen, ein bestehendes Modell in geeigneter Weise an einen konkreten textuellen bzw. thematischen Kontext anzupassen. Einige Methoden dieser Verfahrensgruppe werden unter dem Aspekt der Modellanpassung in Abschnitt 11.3 Seite 182 dargestellt.

6.7   Literaturhinweise

Markov-Ketten-Modelle entstanden aus den Arbeiten des russischen Mathematikers Andrej Andrejewitsch Markov (1856–1922), nach dem sie auch benannt sind. Er verwendete erstmals eine solche Modellierung zur statistischen Analyse der Buchstabenabfolge im Text von "Eugen Onegin", einer Versnovelle von Alexander Puschkin [Mar 13]. In der mathematischen Fachliteratur werden vorwiegend theoretische Aspekte von Markov-Ketten-Modellen behandelt. Ihr praktischer Einsatz erfolgt hauptsächlich im Bereich der automatischen Spracherkennung bzw. der statistischen Modellierung von Texten, wo man diese Modelle als *n-Gramm-Modelle* oder *Sprachmodelle* bezeichnet.

Eine sehr ausführliche Darstellung des Themas findet man in dem neuen Werk von Huang, Acero & Hon [Hua 01, S. 558ff]. Die Behandlung von Sprachmodellen in [Jel 97] ist dagegen stark auf die Sichtweise des Autors eingeschränkt. Bell *et al.* beschreiben n-Gramm-Modelle im Kontext der Textkompression [Bel 90]. Eine kompakte Einführung in die Problematik gibt auch der Artikel von Federico *et al.* [Fed 95]. Insbesondere auf die historische Entwicklung von Techniken zur Sprachmodellierung geht Rosenfeld ein [Ros 00].

Stochastische Grammatiken, die ähnlich wie n-Gramm-Modelle zur Beschreibung von Abfolgerestriktionen in Symbolketten bzw. Texten eingesetzt werden können, werden z.B. in [Hua 01, S. 554ff] beschrieben. Eine Übersicht über Sprachmodellierungstechniken allgemein findet man in [Hua 01, Kapitel 11, S. 545ff] oder [ST 95, Kapitel 7, S. 199ff] und [O'S 00, S. 417ff].

Die wohl älteste Methode zur Beseitigung verschwindender Wahrscheinlichkeitsschätzwerte für nicht beobachtete Ereignisse stellt *adding one* dar (vgl. z.B. [Fed 95], "Method A" in [Wit 91], "Jeffrey's estimate" in [Ney 94]). Angewandt wird das auch als *Laplace's method* bezeichnete Verfahren derzeit noch bei der Analyse biologischer Sequenzen [Dur 00, S. 108,115]. Wesentlich bessere Modellparameter erhält man mit *Interpolationsmethoden*, die auf Arbeiten von Jelinek & Mercer zurückgehen ([Jel 80], vgl. auch [Jel 90] bzw. [Jel 97, S. 62ff]). Von Ney, Essen & Kneser wurde die Verwendung *nichtlinearer Interpolation* vorgeschlagen [Ney 94]. Das Prinzip des *backing off* wurde von Katz entwickelt [Kat 87]. Die Gewinnung der erforderlichen Wahrscheinlichkeitsmasse erfolgt mit Hilfe von *linear discounting* ([Kat 87], vgl. auch [Fed 95, Ney 95]) oder *absolute discounting* ("Method B" in [Wit 91], [Ney 94, Ney 95]). Ein Verfahren zur Optimierung der für *backing-off* und Interpolation erforderlichen verallgemeinerten Verteilungen wurde von Kneser & Ney entwickelt [Kne 95]. Gegenüberstellungen verschiedener Glättungstechniken findet man bei Federico *et al.* [Fed 95] und auch bei Chen & Goodman [Che 99, Che 98], wo über umfangreiche experimentelle Untersuchungen berichtet wird. *Kategoriale n-Gramm-Modelle* werden z.B. in [Bro 92], [Kuh 95, S. 91ff] oder [Hua 01, S. 170ff] behandelt.

Teil II

Praxis

Vorbemerkungen

In den Kapiteln 3 bis 6 des vorangegangenen Teils dieses Buchs wurden die theoretischen Grundlagen von Markov-Modellen eingeführt. Obwohl sie für das konzeptionelle Verständnis der Eigenschaften von HMMs und n-Gramm-Modellen extrem wichtig sind, reichen sie nicht aus, um funktionsfähige Implementierungen dieser Techniken und in praktischen Anwendungen erfolgreiche Systeme zu realisieren. Hierzu ist außerdem praxisbezogenes Know-How erforderlich, dessen Darstellung in der Literatur trotz seiner großen Bedeutung in der Regel jedoch vernachlässigt wird. Besonders extrem verfährt hier Jelinek, der schon ganz zu Beginn seiner Monographie über statistische Methoden zur Spracherkennung in einer Anmerkung klarstellt [Jel 97, S. 11]:

> *"As presented here, the algorithm contains the idea's essence. In practice, [...],*
> *many refinements are necessary that are the results of intensive experimentation.*
> *[...] This is the case with the vast majority of algorithms presented in this book:*
> *We describe the basic idea that must then be worked out in practice."*

Gerade von einem Pionier der automatischen Spracherkennung und der statistischen Methoden im Bereich der Musteranalyse hätte man mehr erwartet als eine so enttäuschende Aussage.

Im Gegensatz dazu wollen wir einen Schwerpunkt dieses Buchs auf den praktischen Einsatz der Markov-Modell-Technologie legen. In den folgenden Kapiteln werden wesentliche praxisrelevante Aspekte von HMMs und n-Gramm-Modellen behandelt, um beim Leser nicht nur ein theoretisches Verständnis der Konzepte zu erreichen, sondern ihn auch in die Lage zu versetzen, eigene Anwendungen der behandelten Techniken zu realisieren.

Zu Beginn werden Methoden zum numerisch stabilen Umgang mit den bei Markov-Modellen allgegenwärtigen Wahrscheinlichkeitswerten vorgestellt. Dem schwierigen Problem der Konfiguration von Modellen widmet sich Kapitel 8. Kapitel 9 beschäftigt sich mit Verfahren, die eine robuste Schätzung der Modellparameter komplexer Modellierungen möglich machen. In Kapitel 10 werden effiziente Algorithmen für die Modellauswertung beschrieben. Außerdem werden Techniken vorgestellt, die durch eine Reorganisation der Modellrepräsentation einen Effizienzgewinn bei der praktischen Anwendung bewirken. Thema von Kapitel 11 ist die Anpassung von Modellen an die in der Regel gegenüber der Trainingsphase veränderten Einsatzbedingungen. Besonders für Hidden-Markov-Modelle haben solche Methoden in letzter Zeit deutlich an Bedeutung gewonnen. Im letzten Kapitel des Praxisteils werden integrierte Suchverfahren beschrieben, die eine gemeinsame Nutzung von HMMs und n-Gramm-Modellen für anspruchsvolle Erkennungsaufgaben ermöglichen.

In einem erfolgreichen Markov-Modell-basierten Erkennungssystem für gesprochene Sprache oder Handschrift sind in der Regel Methoden aus *allen* angesprochenen Themenbereichen realisiert. Im Gegensatz dazu spielen bei der Analyse biologischer Sequenzen Modellanpassung, Integration von n-Gramm-Modellen und die robuste Schätzung kontinuierlicher Verteilungen derzeit keine Rolle.

7 Rechnen mit Wahrscheinlichkeiten

Der Umgang mit Wahrscheinlichkeitswerten in realen Rechnersystemen erscheint auf den ersten Blick als triviales Problem, da der Wertebereich dieser Größen auf das Intervall $[0.0\ldots1.0]$ beschränkt ist. Trotzdem treten besonders bei längeren Rechengängen numerische Probleme auf, da *extrem kleine*, also nahe bei Null liegende Werte repräsentiert und manipuliert werden müssen.

Dass beim Rechnen mit Markov-Modellen solche nahezu verschwindenden Wahrscheinlichkeitswerte rasch auftreten können, lässt sich an folgendem Beispiel veranschaulichen. Die Berechnung der Wahrscheinlichkeit $P(s|\lambda)$ einer Zustandsfolge $s = s_1, s_2, \ldots s_T$ bei gegebenem Modell λ erfolgt durch Multiplikation aller beteiligten Übergangswahrscheinlichkeiten (vgl. Gleichung (5.5)).

$$P(s|\lambda) = \prod_{t=1}^{T} a_{s_{t-1}, s_t}$$

Selbst wenn in jedem Zustand nur jeweils zwei Nachfolger mit gleicher Wahrscheinlichkeit vorkommen können, also alle $a_{s_{t-1}, s_t} = 0.5$ sind, erhält man ab einer Länge der Observationsfolge von $T > 100$ bereits Zahlwerte kleiner als $5 \cdot 10^{-100}$, die sich in heutigen Rechnern kaum noch darstellen lassen[1]. Dabei wurden bei dieser Betrachtung stark vereinfachende Annahmen gemacht, die in der Realität so niemals zutreffen. Darüberhinaus ist im Normalfall mit deutlich längeren Observationsfolgen zu rechnen, da $T = 100$ in der Spracherkennung meist nur einer Äußerung von einer Sekunde[2] und im Handschriftbereich wenigen aufeinanderfolgenden Zeichen entspricht.

Um dem Phänomen der *de facto* verschwindenden Wahrscheinlichkeitswerte wirksam zu begegnen, setzt man in der Praxis auf eine verbesserte Repräsentation dieser Größen und gegebenenfalls auch auf deren algorithmische Beschränkung auf geeignete untere Schranken.

7.1 Logarithmische Wahrscheinlichkeitsrepräsentation

Die wahrscheinlich älteste Methode, um den Dynamikbereich von Wahrscheinlichkeitswerten bei Berechnungen zu verbessern, besteht darin, diese geeignet zu skalieren (vgl. [Rab 89], [Hua 90, S. 241f], [ST 95, S. 134]). Allerdings ist dies nur lokal möglich, da sich insbesondere bei längeren

---

[1]Auf praktisch allen heutigen Rechnerarchitekturen werden Gleitkommazahlen in Formaten repräsentiert, die 1987 im Rahmen des ANSI/IEEE-Standards 854 standardisiert wurden [IEE 87]. Vom Betrag her sind dann Zahlen einfacher Genauigkeit in einem Wertebereich von ca. $3.4 \cdot 10^{38}$ bis $1.4 \cdot 10^{-45}$ darstellbar und solche doppelter Genauigkeit von ca. $1.8 \cdot 10^{308}$ bis $4.9 \cdot 10^{-324}$.

[2]Merkmalsvektoren werden in praktisch allen aktuellen Spracherkennungssystemen mit einem zeitlichen Versatz von 10 ms aus dem Sprachsignal extrahiert.

Rechengängen die auftretenden Größen immer mehr hin zu extrem kleinen Wahrscheinlichkeitswerten bewegen. Die Skalierungsfaktoren müssen also für jede Normierungsoperation immer wieder neu bestimmt werden, was das ganze Verfahren äußerst aufwendig und fehleranfällig macht.

Als Methode der Wahl zum Umgang mit selbst extrem kleinen Wahrscheinlichkeitswerten hat sich daher deren Repräsentation auf einer negativ-logarithmischen Skala etabliert (vgl. [Hua 90, S. 243f], [ST 95, S. 134f]). Man rechnet also nicht mehr mit den eigentlichen Wahrscheinlichkeits- oder Dichtewerten p, sondern führt folgende Transformation durch:

$$\tilde{p} = -\log_b p \tag{7.1}$$

Die ursprünglich multiplikativen Wahrscheinlichkeitswerte können nach dieser Transformation als additive Kosten interpretiert werden.

Die Wahl der Basis b des verwendeten Logarithmus hat keinen nennenswerten Einfluss auf die Repräsentationsmöglichkeiten[3]. Da der natürliche Logarithmus zur Basis e jedoch außerdem noch eine Vereinfachung der Auswertung von Normalverteilungsdichten erlaubt (vgl. 3.6.1), wird dieser überwiegend verwendet. Auch stehen in praktisch jeder Standardbibliothek effiziente Implementierungen des natürlichen Logarithmus und seiner Umkehrfunktion als `log()` und `exp()` zur Verfügung. Im weiteren wollen wir daher für die Transformation von Wahrscheinlichkeitswerten in und aus dem logarithmischen Bereich das Funktionenpaar $\ln x = \log_e x$ und e^x verwenden.

Der ursprüngliche Wertebereich $[0.0 \dots 1.0]$ für Wahrscheinlichkeiten wird mit dieser Transformation auf die Gesamtheit der darstellbaren nichtnegativen Gleitkommazahlen abgebildet. Da Dichtewerte auch größer als 1.0 werden können — wenn auch in der Praxis nur in seltenen Fällen — umfasst deren logarithmische Darstellung sogar prinzipiell den gesamten Dynamikbereich der Gleitkommazahlen. Das Auflösungsvermögen der negativ-logarithmischen Darstellung ist zwar wegen der beschränkten Präzision gängiger Gleitkommaformate begrenzt, die Genauigkeit reicht jedoch für den praktischen Einsatz vollkommen aus.

Um die Vorzüge der logarithmischen Repäsentation voll ausnützen zu können, ist es natürlich erforderlich, alle Wahrscheinlichkeitsberechnungen möglichst durchgehend in dieser Darstellung auszuführen. Dies gelingt leicht, solange an den Berechnungen nur Multiplikationen und Maximumoperationen beteiligt sind. So geht z.B. die Vorschrift zur Berechnung der partiellen Pfadwahrscheinlichkeiten $\delta_{t+1}(i)$ beim Viterbi-Algorithmus (vgl. Gleichung (5.9)) bzw. Abbildung 5.5) von

$$\delta_{t+1}(j) = \max_i \{\delta_t(i)a_{ij}\} \, b_j(O_{t+1})$$

in linearer, d.h. gewissermaßen "normaler" Wahrscheinlichkeitsrepräsentation, in

$$\tilde{\delta}_{t+1}(j) = \min_i \left\{ \tilde{\delta}_t(i) + \tilde{a}_{ij} \right\} + \tilde{b}_j(O_{t+1})$$

bei Verwendung der negativ-logarithmischen Darstellung über.

Schwieriger ist es dagegen, Berechnungen, die eine Summation erfordern, mit logarithmisch repräsentierten Wahrscheinlichkeitswerten auszuführen. Im ungünstigsten Fall müssten die beteiligten Größen $\tilde{p}_1$ und $\tilde{p}_2$ delogarithmiert, addiert und anschließend erneut in den logarithmischen Bereich transferiert werden:

$$\tilde{p}_1 +_{\log} \tilde{p}_2 = -\ln\left(e^{-\tilde{p}_1} + e^{-\tilde{p}_2}\right)$$

---

[3]Für Betrachtungen der erzielbaren Genauigkeit in Abhängigkeit von der Basis b siehe [ST 95, S. 134].

Diese extrem aufwendige Operation lässt sich mit Hilfe der sogenannten *Kingsbury-Rayner-Formel* ([Kin 71], vgl. auch [ST 95, S. 135], [Lee 89, S. 29]) vereinfachen und so eine Exponentiation einsparen[4]:

$$
\begin{aligned}
\tilde{p}_1 +_{\log} \tilde{p}_2 &= -\ln(p_1 + p_2) = -\ln(p_1(1 + \tfrac{p_2}{p_1})) = \\
&= -\left\{ \ln p_1 + \ln(1 + e^{\ln p_2 - \ln p_1}) \right\} \\
&= \tilde{p}_1 - \ln(1 + e^{-(\tilde{p}_2 - \tilde{p}_1)})
\end{aligned}
\tag{7.2}
$$

Zwar muss man bei der Anwendung von Gleichung (7.2) immer noch eine Exponentiation und eine Logarithmierung[5] in Kauf nehmen. Dafür können aber auch Berechnungsabläufe, die Summationen von Wahrscheinlichkeitswerten erfordern, einheitlich im logarithmischen Bereich erfolgen.

Die Vorwärts- und Rückwärtsvariablen $\alpha_t(i)$ bzw. $\beta_t(j)$ (vgl. Gleichungen (5.7) und (5.13)) sowie Abbildung 5.6) und auch Wahrscheinlichkeitssummen zur Normierung von n-Gramm-Bewertungen (vgl. Gleichung (6.7) lassen sich durch Anwendung der Methode von Kingsbury & Rayner mit ausreichender Genauigkeit berechnen. Der zu beobachtende Effizienzverlust bedeutet in der Trainingsphase eines Modells gegenüber der Erweiterung des Dynamikbereichs eine unwesentliche Einschränkung.

Die Auswertung von durch Mischverteilungen beschriebenen Emissionsdichten erfordert allerdings auch bei der Dekodierung eines Modells die Summation über alle Komponentenverteilungen (vgl. Gleichung (5.1)):

$$
b_j(x) = \sum_{k=1}^{M} c_{jk}\, g_{jk}(x)
$$

In diesem Falle ist die Anwendung der "logarithmischen Addition" nach Gleichung (7.2) nicht anzuraten, da pro Dichteberechnung M Exponentiationen und Logarithmierungen zusätzlich zum Rechenaufwand im linearen Bereich notwendig werden. Kann man auch in solchen Fällen nicht mit "normalen" Wahrscheinlichkeiten arbeiten (vgl. hierzu Abschnitt 7.3), so lässt sich bei geringfügig reduzierter Genauigkeit $b_j(x)$ durch den jeweils maximalen Summanden approximieren:

$$
b_j(x) \approx \max_k \left\{ c_{jk}\, g_{jk}(x) \right\}
$$

Da für diese Näherungsberechnung keine Summation mehr erforderlich ist, kann die Bestimmung von $\tilde{b}_j(x)$ nunmehr vollständig in logarithmischer Repräsentation erfolgen:

$$
\tilde{b}_j(x) \approx \min_k \left\{ \tilde{c}_{jk} + \tilde{g}_{jk}(x) \right\}
$$

---

[4]Eine Berechnung kann sogar ganz unterbleiben, wenn einer der beiden Werte $\tilde{p}_i$ bereits unter dem kleinsten noch zu repräsentierenden logarithmischen Wahrscheinlichkeitswert liegt, bzw. wenn die Differenz zwischen $\tilde{p}_1$ und $\tilde{p}_2$ zu groß ist, und daher der Term $e^{-(\tilde{p}_2 - \tilde{p}_1)}$ verschwindet.

[5]Die Genauigkeit der "logarithmischen Addition" lässt sich noch verbessern, wenn man die z.B. in der Standard-C-Bibliothek verfügbare Funktion `log1p()` zur direkten und auch für kleine x genauen Berechnung von $\ln(1+x)$ verwendet.

7.2 Untere Schranken für Wahrscheinlichkeiten

Die im vorangegangenen Abschnitt vorgestellte logarithmische Repräsentation von Wahrscheinlichkeitswerten kann jedoch nur numerisch verschwindende Werte in einen für Rechnersysteme handhabbaren Zahlenbereich transferieren. Treten "echte" Nullen auf, also z.B. Wahrscheinlichkeiten nicht beobachteter Ereignisse, so müssten diese auf die größte darstellbare positive Gleitkommazahl abgebildet werden[6]. Genau wie die äquivalenten Größen in linearer Repräsentation dominieren solche Werte alle Berechnungsvorgänge, in denen sie verwendet werden. Effektiv führt dies dazu, dass Zustände oder Zustandsfolgen, bei deren Bewertung eine einzige verschwindende Wahrscheinlichkeit auftritt, nicht mehr Teil einer Lösung sein können.

Genau wie bei der Erzeugung von statistischen Sprachmodellen (vgl. Abschnitt 6.5) ist ein solches Verhalten jedoch generell bei statistischen Modellen unerwünscht, da man niemals davon ausgehen kann, dass eine zu Null berechnete Wahrscheinlichkeit und die damit verbundene endgültige Rückweisung bestimmter Lösungen zuverlässig genug ist. Vielmehr sorgt man immer dafür, dass einzeln festgelegte oder berechnete Wahrscheinlichkeitswerte wie Übergangs- oder Emissionswahrscheinlichkeiten nicht unter einen bestimmten Mindestwert p_{min} fallen können. In negativ-logarithmischer Repräsentation bedeutet dies, einen entsprechenden Maximalwert $\tilde{p}_{max} = -\ln p_{min}$ zu verwenden. Eine solche untere Schranke nennt man im Englischen *floor*, weswegen ein entsprechendes Vorgehen häufig auch als *flooring* bezeichnet wird.

Da entlang von Pfaden durch HMMs oder n-Gramm-Modelle die akkumulierten Bewertungen in Abhängigkeit von der Pfadlänge anwachsen, wird hier keine absolute Begrenzung eingeführt. Vielmehr vertraut man darauf, dass die Verrechnung geeignet begrenzter Einzelwerte zusammen mit dem erweiterten Dynamikbereich der logarithmischen Darstellung die Berechen- und Vergleichbarkeit der Ergebnisse immer sicherstellen. In der Praxis ist diese Annahme wegen der *de facto* doch endlichen Länge konkreter Observations- oder Wortfolgen durchaus gerechtfertigt.

Die bereits in [Rab 89] vorgeschlagene Begrenzung der $b_j(x) > b_{min}$ bewirkt im praktischen Betrieb zwei Effekte. Während der Trainingsphase des Modells wird verhindert, dass bestimmte Zustände bei der Neuschätzung nicht betrachtet werden, deren aktuelle Parameter zur Erzeugung bestimmter Observationen noch völlig ungeeignet sind. Bei der Dekodierung verhindert diese Begrenzung, dass Pfade durch Zustände mit verschwindenden Emissionswahrscheinlichkeiten sofort als Lösungen verworfen werden. Prinzipiell ähnlich wirkt sich die Begrenzung der Mischungsgewichte $c_{jk} > c_{min}$ aus.

Obwohl dieses sogenannte *flooring* eine für den robusten Einsatz von Markov-Modellen notwendige Maßnahme darstellt, hat es doch den entscheidenden Nachteil, dass die nötigen Schranken heuristisch festgelegt und daher in der Regel im Anwendungskontext optimiert werden müssen. Außerdem ergeben sich immer Wechselwirkungen mit Methoden zur Beschränkung des Suchraums, die in Kapitel 10 vorgestellt werden, da diese versuchen, wenig aussichtsreiche Lösungen frühzeitig aus dem Suchprozess zu eliminieren.

---

[6]Bei naiver Anwendung von Gleichung (7.1) würde sich sogar in der Regel ein Fehler der Gleitkommaverarbeitung ergeben.

7.3 Codebuchauswertung für semi-kontinuierliche HMMs

Bei der Verwendung semi-kontinuierlicher HMMs hat sich zur Auswertung der Dichten des gemeinsam genutzten Codebuchs ein Verfahren in der Praxis bewährt, das im wesentlichen als Methode zur Reduktion der Dynamik aller beteiligten Größen angesehen werden kann.

Die Emissionsdichten $b_j(x)$ semi-kontinuierlicher HMMs werden als Mischverteilungen über einem gemeinsamen Inventar von Basisdichten definiert (vgl. Gleichung (5.2)):

$$b_j(x) \quad = \quad \sum_{k=1}^{M} c_{jk} \, g_k(x) \quad = \quad \sum_{k=1}^{M} c_{jk} \, p(x|\omega_k)$$

Die einzelnen Komponentendichten $g_k(x)$ entsprechen dabei den bedingten Dichten $p(x|\omega_k)$ der Merkmale in Abhängigkeit von den Codebuchklassen ω_k. Mit Hilfe der Bayes-Regel lässt sich diese Größe zur a-posteriori Wahrscheinlichkeit $P(\omega_k|x)$ der jeweiligen Klasse in Beziehung setzen:

$$p(x|\omega_k) \, P(\omega_k) \; = \; p(x, \omega_k) \; = \; P(\omega_k|x) \, p(x)$$

In diesem Ausdruck sind jedoch weder die a-priori Wahrscheinlichkeiten $P(\omega_k)$ der Codebuchklassen noch die Dichte $p(x)$ der Daten selbst bekannt. Allerdings lässt sich die Tatsache ausnutzen, dass bei der semi-kontinuierlichen Modellierung ein globales Codebuch verwendet wird. Dieses sollte idealerweise die Verteilung aller Merkmalsvektoren — nämlich $p(x)$ — mit Hilfe der darin enthaltenen Basisverteilungen hinreichend genau approximieren. Man kann daher $p(x)$ mit einer Mischverteilung wie folgt annähern:

$$p(x) \quad \approx \quad \sum_{m=1}^{M} P(\omega_m) \, p(x|\omega_m)$$

Geht man weiterhin davon aus, dass die Partitionierung des Merkmalsraumes in Klassen ω_k näherungsweise gleich große Häufungsgebiete erzeugt, so können die a-priori Wahrscheinlichkeiten $P(\omega_k)$ mit einer Gleichverteilung angenähert werden. Die bedingte Wahrscheinlichkeit $P(\omega_k|x)$ einer Klasse ω_k kann dann in Abhängigkeit von den Merkmalsvektoren x wie folgt berechnet werden:

$$P(\omega_k|x) \; = \; \frac{p(x|\omega_k) \, P(\omega_k)}{p(x)} \; \approx \; \frac{p(x|\omega_k) \, P(\omega_k)}{\sum_{m=1}^{M} P(\omega_m) \, p(x|\omega_m)} \; \approx \; \frac{p(x|\omega_k)}{\sum_{m=1}^{M} p(x|\omega_m)}$$

In der Praxis entspricht dies der Skalierung der Dichtewerte $p(x|\omega_k)$ auf Summe 1.0, einer Normierungsoperation, die beim Einsatz semi-kontinuierlicher HMMs verbreitet ist [Hua 90, S. 200]. Die Definition der Emissionswahrscheinlichkeiten erfolgt dann über die a-posteriori Wahrscheinlichkeiten der Codebuchklassen.

$$b_j'(x) \quad = \quad \sum_{k=1}^{M} c_{jk} \, P(\omega_k|x) \quad = \quad \sum_{k=1}^{M} c_{jk} \, \frac{p(x|\omega_k)}{\sum_{m=1}^{M} p(x|\omega_m)}$$

Das semi-kontinuierliche Modell lässt sich daher direkt als Kombination aus einer "weichen" Quantisierungsstufe, die $P(\omega_k|x)$ berechnet, und einem diskreten HMM mit Emissionswahrscheinlichkeiten $b_j(\omega_k) = c_{jk}$ auffassen.

7.4 Wahrscheinlichkeitsverhältnisse

Bei der Dekodierung von HMMs für biologische Sequenzen wird oft eine Modifikation der Berechnung von Emissionswahrscheinlichkeiten vorgenommen. Die vom Modell vorgegebene Ausgabewahrscheinlichkeit $b_j(o_k)$ für das Symbol o_k im Zustand j wird auf eine geeignete Hintergrundverteilung $P(o_k)$ normiert, die für alle Zustände identisch ist:

$$b'_j(o_k) = \frac{b_j(o_k)}{P(o_k)}$$

Im einfachsten Fall wird $P(o_k)$ als zufälliges Modell (engl. *random model*) d.h. als Gleichverteilung über alle K möglichen Symbole des Ausgabealphabets angenommen:

$$b'_j(o_k) \approx \frac{b_j(o_k)}{\frac{1}{K}}$$

Man erhält so eine modifizierte Wahrscheinlichkeit $P'(O, s|\lambda)$ zur Generierung der betrachteten Sequenz $O_1, O_2, \ldots O_T$ und gleichzeitiges Durchlaufen einer bestimmten Zustandsfolge $s_1, s_2, \ldots s_t$ bei gegebenem Modell λ (siehe auch Gleichung (5.6), Seite 74):

$$P'(O, s|\lambda) = \prod_{t=1}^{T} a_{s_{t-1},s_t} \frac{b_{s_t}(O_t)}{P(O_t)} = \prod_{t=1}^{T} \frac{1}{P(O_t)} \prod_{t=1}^{T} a_{s_{t-1},s_t} b_{s_t}(O_t) = \frac{P(O, s|\lambda)}{\prod_{t=1}^{T} P(O_t)}$$

Die Normierung der ursprünglichen Emissionswahrscheinlichkeiten $b_j(o_k)$ auf eine Hintergrundverteilung bewirkt eine nichtlineare Längennormierung der Pfadbewertung $P'(O, s|\lambda)$. Wird dabei nur ein zufälliges Hintergrundmodell verwendet, erhält man eine lineare Längennormierung mit dem Faktor $\left(\frac{1}{K}\right)^T$.

Da auch bei der Analyse biologischer Sequenzen eine logarithmische Wahrscheinlichkeitsrepräsentation verwendet wird, berechnet man die konkrete Bewertung der Emission eines Symbols o_k im Modellzustand j wie folgt:

$$\tilde{b}'_j(o_k) = \ln \frac{b_j(o_k)}{P(o_k)} = \ln b_j(o_k) - \ln P(o_k) \tag{7.3}$$

Das Vorgehen wird in der Literatur als *log-odds* Bewertung bezeichnet (vgl. [Kro 98], [Dur 00, S. 108ff]). Durch diesen Normierungschritt ist sichergestellt, dass sich die für verschiedene Sequenzen bestimmten Bewertungen der jeweils optimalen Zustandsfolge direkt vergleichen lassen. Andernfalls würden diese stark mit der Länge der betrachteten Observationsfolge variieren, so dass sie keine sinnvolle Grundlage einer Klassifikationsentscheidung bilden könnten.

Betrachtet man zur Vereinfachung die Entscheidung über eine einzelne Sequenz, so lässt sich durch die Verwendung von *log-odds* Bewertungen einfach ein Rückweisungskriterium definieren. Dieses Vorgehen entspricht vom Prinzip her der Verwendung eines sehr allgemeinen separaten HMMs (engl. *garbage model*) zur Modellierung der insgesamt zu erwartenden Observationsfolgen. Liefert dieses eine höhere Gesamtwahrscheinlichkeit als ein Modell einer speziellen Musterklasse, erfolgt eine Rückweisung.

Im Bereich der Spracherkennung findet man die Verwendung von *garbage*-Modellen zur Detektion unbekannter Wörter. Man erstellt dabei zusätzlich zu den Modellen für die Wörter des Erkennungslexikons ein allgemeines HMM für z.B. beliebige Lautfolgen der betrachteten Sprache. Liefert das *garbage*-Modell für ein bestimmtes akustisches Ereignis die beste Bewertung, so kann man davon ausgehen, dass dieses durch die Modelle der "bekannten" Wörter nicht hinreichend gut modelliert wird und daher nicht Teil des Erkennungslexikons, also unbekannt ist (vgl. [Asa 90, Hay 93, Jus 94, You 94b, Jus 96]).

8 Konfiguration von Hidden-Markov-Modellen

Für n-Gramm-Sprachmodelle sind die entscheidenden Konfigurationsparameter durch den Umfang des verwendeten Lexikons und die zu berücksichtigende Kontextlänge gegeben. Im Gegensatz dazu ist bei der Erstellung von HMMs für eine bestimmte Anwendung nicht unmittelbar klar, wie groß das oder die Modelle gewählt werden sollen, welche Art der Emissionsmodellierung zum Einsatz kommen soll und ob sich die Anzahl der möglichen Pfade durch das Modell einschränken lässt.

8.1 Modelltopologien

In den Hauptanwendungsfeldern von HMM-basierten Modellierungen – der Sprach- und Handschrifterkennung sowie der Analyse biologischer Sequenzen – weisen die zu verarbeitenden Eingabedaten eine zeitliche oder lineare Struktur auf. Es ist daher für solche Anwendungen nicht sinnvoll, innerhalb eines HMMs beliebige Zustandsübergänge zuzulassen, wie es in sogenannten *ergodischen* Modellen der Fall ist (siehe Abbildung 8.1(d)).

Man geht vielmehr davon aus, dass die Modelle in kausaler zeitlicher Reihenfolge durchlaufen werden, und sich die Modellzustände daher linear anordnen lassen. Übergangswahrscheinlichkeiten zu Zuständen, die zeitlich zurückliegende Datensegmente beschreiben, werden konstant auf Null gesetzt. In graphischen Darstellungen von HMMs lässt man dann solche Kanten, die für mögliche Zustandsfolgen ausgeschlossen sind, zur Vereinfachung weg.

Die einfachste Modelltopologie, die sich aus dieser Annahme ableiten lässt, ist die der sogenannten *linearen* HMMs. Wie Abbildung 8.1(a) schematisch zeigt, sind in solchen Modellen nur Übergänge zum jeweils nächsten Zustand und zum aktuellen Zustand selbst mit positiver Wahrscheinlichkeit möglich. Durch die Selbstübergänge (engl. *loops*) erreicht man, dass das Modell Variationen in der zeitlichen Ausdehnung der beschriebenen Muster erfassen kann.

Eine größere Flexibilität der Dauermodellierung erreicht man, wenn auch das Überspringen (engl. *to skip*) einzelner Zustände innerhalb einer Folge möglich ist. Man erhält dann sogenannte *Bakis-Modelle*. Diese im Bereich der Sprach- und Handschrifterkennung sehr verbreitete Modelltopologie ist in Abbildung 8.1(b) exemplarisch dargestellt. Für die Modellierung akustischer Ereignisse bieten Bakis-Modelle die Möglichkeit, in begrenztem Umfang artikulatorische Verschleifungen zwischen benachbarten Segmenten zu modellieren, die zum Überspringen kurzer Signalabschnitte führen.

Will man innerhalb eines Modells auch den Ausfall längerer Teilbereiche der zu verarbeitenden Daten zulassen und letztendlich nur das Zurückspringen zu "vergangenen" Zuständen ausschließen, ergeben sich die sogenannten *Links-Rechts-Modelle*. Bei dieser Topologie, die in Abbildung 8.1(c)

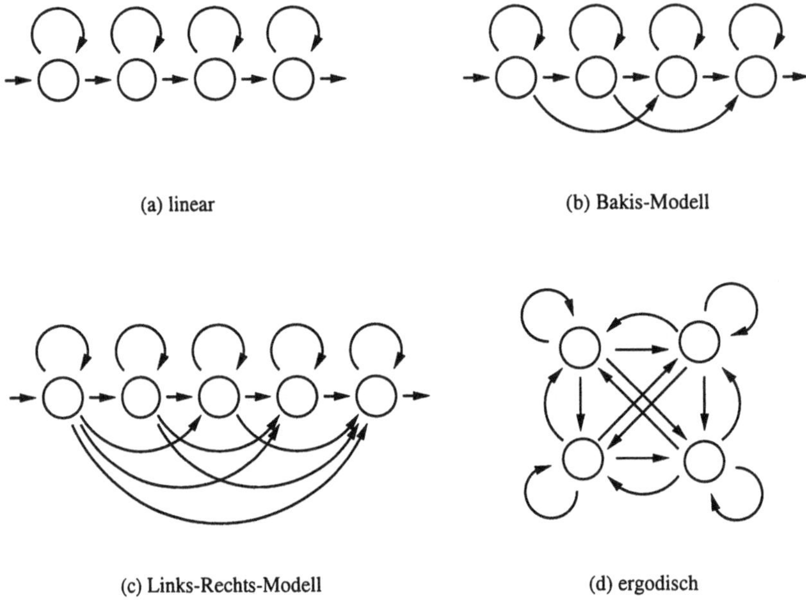

(a) linear   (b) Bakis-Modell

(c) Links-Rechts-Modell   (d) ergodisch

Abb. 8.1 Schematische Darstellung verschiedener HMM-Topologien: (a) lineares Modell, (b) Bakis-Modell und (c) Links-Rechts-Modell sowie (d) vollverbundene Struktur eines ergodischen Modells.

gezeigt ist, darf eine beliebige Anzahl von Zuständen innerhalb einer Folge in Vorwärtsrichtung übersprungen werden.

Je freier die Modelltopologie gewählt wird, desto mehr Parameter sind zu trainieren und desto variabler sind auch die möglichen Pfade durch das Modell. Die Auswahl einer bestimmten Basistopologie stellt daher immer einen Kompromiss zwischen Flexibilität und Handhabbarkeit dar. Da durch eine erhöhte Anzahl von Nachfolgern pro Modellzustand nicht nur das Parametertraining erschwert wird, sondern auch der Dekodierungsaufwand steigt, stellen lineare Modelle zweifellos die effizienteste Modelltopologie dar. Den besten Kompromiss zwischen Parameteranzahl, Dekodierungsaufwand und Flexibilität bieten dagegen Bakis-Modelle, die in vielen Systemen zum Einsatz kommen (siehe auch Teil III).

8.2   Modelluntereinheiten

In der theoretischen Sicht auf HMMs existiert immer genau ein Modell λ mit N Zuständen, das als Einheit betrachtet wird. In der Praxis ist es jedoch kaum möglich, ohne geeignete Strukturierungsmaßnahmen Gesamtmodelle direkt anzugeben. Am nächsten liegt es, die Modularisierung großer HMMs auf der Basis der Segmentierungseinheiten vorzunehmen, die in der jeweiligen Domäne betrachtet werden. Im Bereich der Sprach- und Schrifterkennung sind dies üblicherweise gesprochene oder geschriebene Wörter einer bestimmten Sprache[1]. Wie im folgenden Abschnitt gezeigt werden wird, lassen sich auf dieser Basis komplexe Modelle für sprachliche Äußerungen oder Texte konstruieren.

Die einzelnen Wortmodelle können prinzipiell direkt mit einer der im vorangegangenen Abschnitt vorgestellten Modelltopologien erstellt werden. Dabei ergibt sich jedoch das Problem, dass für jedes Modell als Ganzes ausreichend viele Trainingsbeispiele vorliegen müssen. Für ein System zur Erkennung einzelner gesprochener Ziffern oder weniger Kommandowörter ließe sich eine entsprechende Stichprobe noch erstellen. Bei Erkennungssystemen mit großen Wortschätzen ist dagegen eine solche Ganzwortmodellierung völlig undenkbar.

Es ist daher erforderlich, eine weitere Modularisierung der betrachteten Segmentierungseinheiten vorzunehmen, um durch geeignete Wiederverwendung der Teilmodelle die Trainierbarkeit der Parameter des Gesamtmodells sicherzustellen. Gleichzeitig ergibt sich ein bezogen auf die Anzahl der verwendeten unterschiedlichen Parametersätze kompakteres HMM (siehe auch Abschnitt 9.2). Da dieses Prinzip im Bereich der Spracherkennung entwickelt und perfektioniert wurde, bezeichnet man die entstehenden elementaren Modelle, die bestimmte Segmente von Wörtern beschreiben, auch als *Wortuntereinheiten* (engl. *sub-word units*).

In den letzten Jahrzehnten wurden verschiedenste Methoden zur Definition von Wortuntereinheiten entwickelt. Den gefundenen Lösungen liegen häufig stark anwendungsspezifische Prinzipien zugrunde. Daher wollen wir hier nicht versuchen, einen vollständigen Überblick über die vorgeschlagenen Verfahren zu geben. Vielmehr sollen in den folgenden Abschnitten relativ allgemein anwendbare Methoden vorgestellt werden. Für eine tiefergehende Behandlung der Thematik sei der interessierte Leser auf die entsprechende Spezialliteratur verwiesen (vgl. z.B. [Lee 89, Kapitel 6, S. 91ff], [ST 95, Kapitel 6, S. 165ff], [Jel 97, Kapitel 3, S. 39ff], [Hua 01, S. 428ff]).

8.2.1 Kontextunabhängige Wortuntereinheiten

Die einfachsten Methoden zur Definition von Wortuntereinheiten basieren auf der Segmentierung von Wörtern in eine Folge kürzerer Segmente. Am nächsten liegt es, hierfür die orthographische Repräsentation von Wörtern zugrunde zu legen. Man erhält so eine Segmentierung in eine Buchstabenfolge, die in vielen Systemen zur Handschrifterkennung Verwendung findet. Im Bereich der Spracherkennung ist es dagegen sinnvoll, von einer phonetischen Transkription der betrachteten Wörter auszugehen. Die symbolisch repräsentierte Lautfolge eines Wortes gibt relativ gut dessen tatsächliche Realisierung als akustisches Ereignis wieder[2].

In beiden Fällen erhält man ein ziemlich kompaktes Inventar von ca. 50 bis 100 elementaren Einheiten[3], das sich hervorragend zur Konstruktion beliebiger gesprochener oder geschriebener Wörter

---

[1]Bei der Analyse biologischer Sequenzen folgt man einer etwas anderen Philosophie bei der Strukturierung von HMMs, deren wichtigste Verfahren in Abschnitt 8.4 behandelt werden.

[2]Sofern die phonetische Transkription nicht verfügbar ist oder deren Erstellung zu großen Aufwand verursacht, lassen sich auch im Bereich der Spracherkennung auf der Basis einer orthographischen Wortmodellierung brauchbare Ergebnisse erzielen [ST 93c, Sch 00a].

[3]Für das Deutsche verwendet man je nach Definitionsgrundlage ca. 40 bis 50 verschiedene Lautmodelle. Zur (Hand-)Schrifterkennung müssen bei den meisten Sprachen Modelle für alle Buchstaben des Alphabets – ggf. in Groß- und Kleinschreibung – sowie für Ziffern erstellt werden. Im Deutschen erhält man daher 69 Elementarmodelle.

eignet und damit universell einsetzbar ist[4]. Allerdings ist die Genauigkeit einer solchen Modellierung vergleichsweise gering, da die Realisierungen der einzelnen Einheiten vielfach durch deren Kontext beeinflusst werden und diese daher in ihrer konkreten Ausprägung stark variieren können.

Die passende Zustandsanzahl für kontextunabhängige Laut- oder Buchstabenmodelle ergibt sich aus der erwarteten Länge der entsprechenden Signalabschnitte. Bei linearer Topologie entspricht die Anzahl der Modellzustände außerdem der Mindestlänge möglicher Ereignisse, da alle Zustände wenigstens einmal durchlaufen werden müssen. So ergeben sich zwischen drei und sechs Zustände für Spracherkennungsanwendungen und bis zu ca. 15 Zustände für Buchstabenmodelle zur Schrifterkennung.

8.2.2 Kontextabhängige Wortuntereinheiten

Der Hauptnachteil einfacher Laut- oder Buchstabenmodelle besteht darin, dass sie nicht in ausreichender Weise Variabilitäten der beschriebenen Einheiten erfassen können, die durch deren Einbettung in unterschiedliche Kontexte bedingt sind. In den Anfängen der Spracherkennungsforschung versuchte man diesem Problem unter anderem durch die Verwendung längerer Wortuntereinheiten zu begegnen bzw. dadurch, dass Segmentgrenzen zwischen Teilmodellen in als näherungsweise stationär angenommenen Signalbereichen definiert wurden (vgl. z.B. [ST 95, Kapitel 6, S. 165ff]). Eine elegante und mittlerweile zum Standard gewordene Vorgehensweise besteht demgegenüber darin, elementare Einheiten einfach in Abhängigkeit vom jeweiligen Kontext zu unterscheiden, ohne diesen jedoch in das Modell einzubeziehen. Man erhält damit sogenannte *kontextabhängige Wortuntereinheiten*.

Die wohl bekanntesten Vertreter dieser Gattung bilden die auf Schwartz und Kollegen von BBN zurückgehenden sogenannten *Triphone* (vgl. [ST 95, S. 180ff], [Lee 89, S. 95f]). Sie entsprechen Lautmodellen im Kontext des jeweils rechten und linken unmittelbaren Nachbarlauts, so dass drei Lautsymbole zur eindeutigen Bezeichnung eines Triphons erforderlich sind. Somit beschreibt ein Triphon genau wie ein sogenanntes *Monophon* – d.h. ein kontextunabhängiges Lautmodell – die Realisierung nur *eines* Sprachlauts, allerdings eines recht speziellen.

Am Beispiel des Wortes *"Sprache"* wollen wir die entstehende Triphonmodellierung veranschaulichen. In Lautumschrift entspricht dieses Wort der Symbolfolge /Spra:x@/, wenn man das SAMPA-Alphabet zugrunde legt (vgl. [Wel]). Ohne Berücksichtigung des Kontexts würde das erforderliche Modell /a:/ des A-Lauts nicht von den Vorkommen in z.B. *"Bahn"* (/ba:n/), *"haben"* (/ha:b@n/) oder *"Zahl"* (/tsa:l/) unterschieden. Das entsprechende Triphon r/a:/x schränkt dagegen die Verwendung des Modells sehr genau auf den lautlichen Kontext ein.

Der Grundgedanke der Triphonmodellierung kann in unterschiedlicher Weise verallgemeinert werden. Will man Kontexte noch spezieller beschreiben, so kann dies durch die Angabe einer größeren Anzahl von Kontextlauten geschehen. Prinzipiell beliebig lange Kontexte erlauben sogenannte *Polyphone* [ST 93b], [ST 95, S. 186f]. Jeweils zwei rechte und linke Kontextlaute verwenden dagegen sogenannte *Quinphone*, wie sie z.B. im Spracherkennungssystem BYBLOS zum Einsatz kommen

---

[4]Für die (Hand-)Schrifterkennung muss das Inventar aus Buchstaben- und Ziffernmodellen noch um HMMs für Satzzeichen und Wortzwischenräume ergänzt werden. In Spracherkennungssystemen ist es ebenso unverzichtbar, ein Modell für Sprachpausen zu definieren. Außerdem kann es in anspruchsvolleren Anwendungen sinnvoll sein, zusätzlich Modelle für sprachliche und nicht-sprachliche Geräusche sowie Häsitationen und andere spontansprachliche Effekte zu verwenden (vgl. z.B. [Sch 95]).

(vgl. [Bil 99], siehe auch Abschnitt 13.2). Der Grundgedanke, Einheiten elementarer Modelle je nach Vorkommenskontext zu unterscheiden, lässt sich selbstverständlich auch leicht auf eine andere Definitionsgrundlage übertragen. Obwohl im Bereich der Handschrifterkennung noch hauptsächlich mit kontextunabhängigen Modellen gearbeitet wird, verwenden manche Systeme auch bereits kontextabhängige Buchstabenmodelle [Mak 94, Kos 97].

Der große Vorteil kontextabhängiger Modelle, nämlich der hohe erreichte Spezialisierungsgrad, stellt gleichzeitig deren Hauptnachteil dar. Bei Triphonmodellen erhält man, ausgehend von etwa 50 Lautmodellen, ein mögliches Inventar von 125 000 Einheiten. Auch wenn nicht alle diese Lautkombinationen tatsächlich vorkommen können, ist es doch in der Praxis kaum möglich, für jedes dieser hochspezialisierten Modelle in ausreichendem Umfang Trainingsmaterial bereitzustellen. Man muss daher vergleichbare Modelle oder ähnliche Modellparameter zusammenfassen, um die Trainierbarkeit sicherzustellen. Verschiedene Methoden hierzu werden in Abschnitt 9.2 vorgestellt. Durch die angewendeten Techniken werden prinzipiell immer die Kontextrestriktionen abgeschwächt, so dass sich allgemeiner verwendbare Modellierungsanteile ergeben. Im Zusammenhang mit Triphonmodellen spricht man dann auch von *generalisierten Triphonen*.

8.3 Verbundmodelle

Bereits bei der Aufteilung von Modellen für gesprochene oder geschriebene Wörter sind wir implizit davon ausgegangen, dass sich aus vorliegenden Teil-HMMs durch Konkatenation komplexere Modelle erzeugen lassen. Solche Konstruktionsprinzipien werden entweder implizit oder explizit angewandt, um Verbundmodelle für unterschiedliche Erkennungsaufgaben zu definieren. Dieses Prinzip liegt auch den im folgenden Abschnitt 8.4 behandelten Profile-HMMs zugrunde, die wegen ihrer Sonderstellung jedoch separat vorgestellt werden.

Hat man durch Hintereinanderschaltung der entsprechenden Wortuntereinheiten HMMs für alle Wörter des Erkennungslexikons erzeugt, kann durch Parallelschaltung aller dieser Modelle ein Gesamtmodell zur Erkennung isoliert gesprochener oder geschriebener Wörter definiert werden. Abbildung 8.2(a) zeigt schematisch die entstehende Modellstruktur. Alle Start- bzw. Endzustände der einzelnen Wortmodelle sind auch Start- oder Endzustände des Gesamtmodells. Die Darstellung solcher komplexer HMMs lässt sich durch die Einführung sogenannter *Pseudo-Zustände* vereinfachen, die keine Emissionen erzeugen und uniform verteilte Übergangswahrscheinlichkeiten besitzen. Sie dienen lediglich zur Bündelung von Kanten, so dass das vereinfachte Gesamt-HMM jeweils einen Start- bzw. Endzustand besitzt.

In der automatischen Spracherkennung verlieren Einzelworterkennungssysteme mittlerweile immer mehr an Bedeutung. Dagegen kann man bei der automatischen Verarbeitung von Formularen häufig davon ausgehen, dass das in einem bestimmten Feld enthaltene Schriftbild genau einem Wort oder einer Phrase entsprechen sollte. Auch bei der Erkennung von geschriebenen Texten werden in vielen Fällen zuerst die vorliegenden Textzeilen in eine Folge einzelner Wortbereiche segmentiert. Im Anschluss kann dann ein HMM zur Erkennung isoliert geschriebener Wörter zum Einsatz kommen.

Zur Erkennung kontinuierlich gesprochener Sprache mit HMMs müssen dagegen immer beliebige Folgen von Wörtern durch das statistische Modell verarbeitet werden können. Fügt man zu dem Einzelworterkennungsmodell eine Rückkopplungskante hinzu, die den End- mit dem Startzustand des

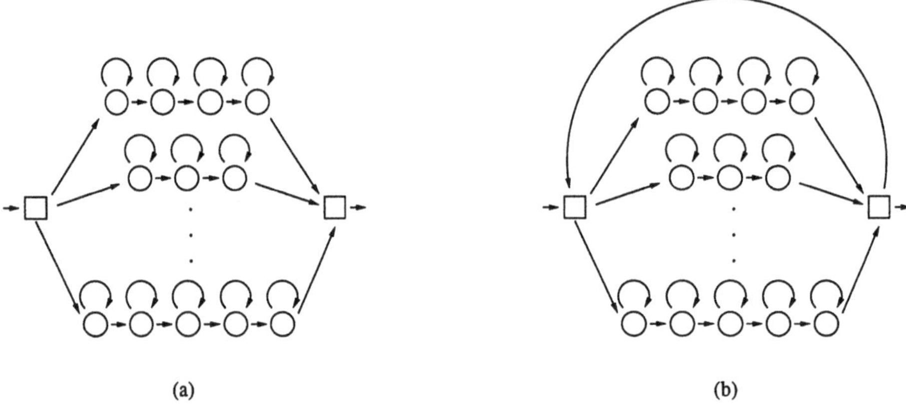

(a)   (b)

Abb. 8.2 Schematische Darstellung vom HMM-Strukturen zur (a) Einzel- und (b) Verbundworterkennung. Modellzustände sind durch Kreise und Pseudozustände durch Quadrate dargestellt.

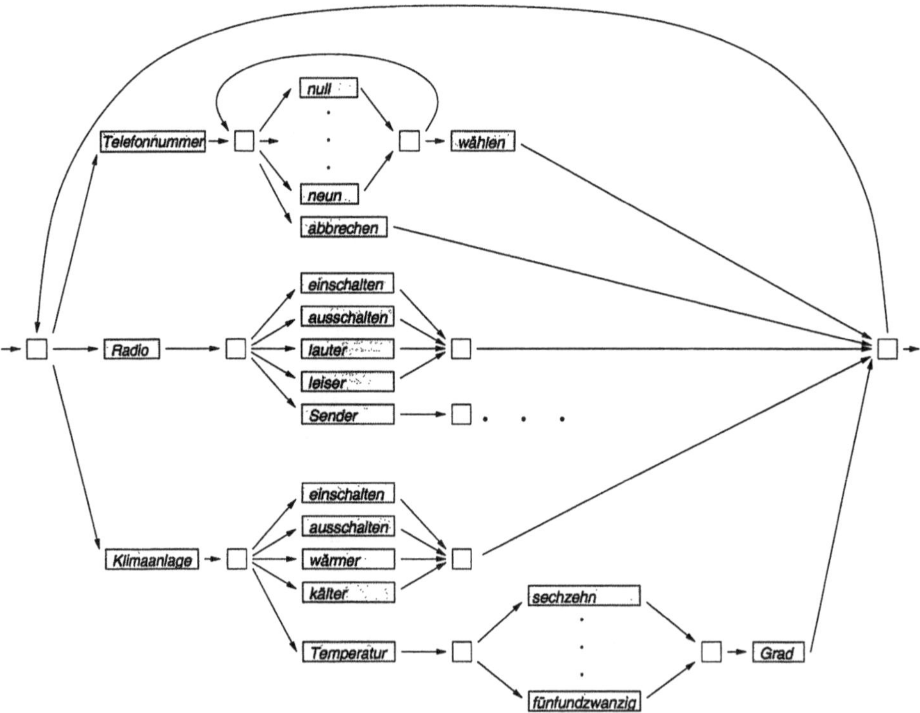

Abb. 8.3 Beispiel einer in die HMM-Struktur kodierten Grammatik eines Erkennungssystems zur sprachlichen Steuerung nicht-sicherheitsrelevanter Fahrzeugfunktionen.

Modells verbindet, so entsteht die entsprechende Modellstruktur, die in Abbildung 8.2(b) dargestellt ist. Um während der Dekodierung eines solchen Modells die Suche auf plausible Wortfolgen einschränken zu können, setzt man üblicherweise zusätzlich zum HMM ein n-Gramm-Sprachmodell ein (siehe auch Kapitel 12).

Sind in einer bestimmten Domäne die zu erwartenden Wort- oder Segmentfolgen stark eingeschränkt und formalisiert, so lassen sich diese auch direkt als Graph von Teil-HMMs darstellen. Eine solche Modellarchitektur wurde erstmals erfolgreich im Spracherkennungssystem HARPY eingesetzt [Low 76]. Wegen der inhärenten Beschränkungen von HMMs lassen sich auf diese Weise jedoch nur reguläre Sprachen erfassen, da das resultierende Gesamtmodell wieder ein HMM ist. Abbildung 8.3 zeigt das Beispiel einer einfachen innerhalb der HMM-Struktur kodierten Grammatik, wie sie in ähnlicher Form schon bald in Automobilen der Oberklasse zur sprachlichen Steuerung sogenannter nicht-sicherheitsrelevanter Fahrzeugfunktionen zum Einsatz kommen könnte.

Da bei der Dekodierung eines Grammatik-HMMs nur in der jeweiligen Domäne korrekte Wortfolgen gefunden werden können, haben solche Modellierungen Schwierigkeiten damit, sinnlose Eingaben zurückzuweisen. Die probabilistische Einschränkung möglicher Wortfolgen über ein Sprachmodell ist dagegen in dieser Beziehung weniger anfällig.

8.4 Profile-HMMs

Die verbreitetste HMM-Struktur für Anwendungen in der Bioinformatik stellen die von Krogh und Kollegen vorgeschlagenen sogenannten *Profile-HMMs* dar ([Kro 94b], vgl. auch [Edd 98, Dur 00]). Die Strukturierung dieser Modelle leitet sich unmittelbar aus den Daten ab, die dem Parametertraining zugrundeliegen. Ähnlichkeiten zwischen Proteinen werden durch die positionsweise Zuordnung der entsprechenden Aminosäuresequenzen analysiert bzw. repräsentiert. Man erhält sogenannte *multiple Alignments* (engl. *multiple alignments*[5], siehe auch Abschnitt 2.3 Seite 33). In diesen können diejenigen Positionen innerhalb der verschiedenen Sequenzen identifiziert werden, die große Ähnlichkeiten untereinander aufweisen und somit einen "Konsens" (engl. *consensus*) für alle betrachteten Proteine bilden. Abbildung 8.4 zeigt das Beispiel eines multiplen Alignments mit der Markierung der entsprechenden Spalten. Jede Zeile entspricht der Aminosäuresequenz eines Proteins mit ähnlicher zellbiologischer Funktion. Da in konkreten Sequenzen aber Teilfolgen fehlen oder zusätzlich zu denen des Konsenses auftreten können. müssen bei der Bildung multipler Alignments auch Löschungen und Einfügungen zugelassen werden.

In einem Profile-HMM existieren nun genau drei Typen von Zuständen, die direkt diesen unterschiedlichen Zuordnungsmöglichkeiten entsprechen. Die sogenannten *match*-Zustände beschreiben eine Position innerhalb einer Aminosäuresequenz, die bezogen auf die betrachtete Familie von Sequenzen zum Konsens gehört, d.h. in der überwiegenden Anzahl der Trainingsbeispiele in sehr ähnlicher Form vorkommt. Um Symbole in einer Sequenz löschen oder einfügen zu können, existieren entsprechend sogenannte *insert-* und *delete*-Zustände. Abbildung 8.5 zeigt ein Profile-HMM, wie es sich für das multiple Alignment aus Abbildung 8.4 ergibt. Das Modell weist zusätzlich ausgezeichnete Anfangs- und Endzustände auf, die genauso wie *delete*-Zustände keine Emissionen generie-

---

[5]Da für den englischen Fachbegriff *multiple alignment* keine angemessene Übersetzung ins Deutsche existiert, wollen wir ihn hier wie ein Fremdwort aus dem Englischen behandeln.

```
HBA_HUMAN          ...VGA--HAGEY...
HBB_HUMAN          ...V----NVDEV...
MYG_PHYCA          ...VEA--DVAGH...
GLB3_CHITP         ...VKG------D...
GLB5_PETMA         ...VYS--TYETS...
LGB2_LUPLU         ...FNA--NIPKH...
GLB1_GLYDI         ...IAGADNGAGV...
                      ***  *****
```

Abb. 8.4 Ausschnitt aus dem in Abbildung 2.8 Seite 36 gezeigten multiplen Alignment von sieben Globinen. Die mit * markierten Spalten werden im zugehörigen Profile-HMM als *matches* behandelt (nach [Dur 00, S. 106]).

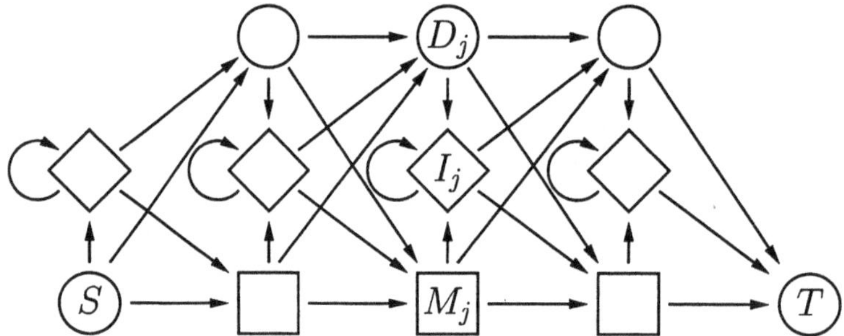

Abb. 8.5 Schematische Darstellung der Struktur eines Profile-HMMs, wie man es auf der Basis eines multiplen Alignments erhält. *match*-Zustände sind durch Quadrate, *insert*-Zustände durch Rauten und *delete*-Zustände durch Kreise symbolisiert. Außerdem existiert zur Kantenbündelung je ein nicht emittierender Anfangs- und Endzustand.

ren[6]. Die möglichen Zustandsübergänge innerhalb des Modells erlauben ein Durchlaufen von links nach rechts. Durch die *delete*-Zustände ist es möglich, einen oder mehrere *match*-Zustände zu überspringen. Außerdem können zwischen *match*-Zuständen sowie am Anfang- und Ende des Modells beliebig viele Aminosäuren durch *insert*-Zustände in eine Sequenz eingefügt werden. Die erforderlichen diskreten Emissionsverteilungen der *match*-Zustände werden auf den Konsens-Positionen des multiplen Alignments geschätzt, das die zu modellierende Proteinfamilie definiert. In analoger Weise ergeben sich die Verteilungen zur Modellierung von Symboleinfügungen.

Ein Profile-HMM kann ähnlich wie ein Modell zur Erkennung einzelner Wörter genutzt werden, um den Grad der Übereinstimmung einer unbekannten Sequenz mit der durch das Modell beschriebenen Proteinfamilie zu bestimmen[7]. Außerdem kann ein bestehendes multiples Alignment mit Hilfe eines darauf trainierten Profile-HMMs automatisch um die Zuordnung neuer Sequenzen erweitert werden. Hierfür muss lediglich die optimale Zustandsfolge durch das Modell bestimmt werden, die dann die Zuordnung der einzelnen Folgeglieder zu den Positionen im Alignment definiert.

Die flankierenden *insert*-Zustände können zwar ein Präfix oder Suffix einer zu analysierenden Se-

---

[6]Prinzipiell handelt es sich dabei um Pseudo-Zustände. Allerdings werden in diesem Fall speziell auf das Modell abgestimmte Übergangswahrscheinlichkeiten verwendet.
[7]Mit PFAM existiert eine im Internet verfügbare Bibliothek entsprechender fertig vorliegender Profile-HMMs [Bat 00].

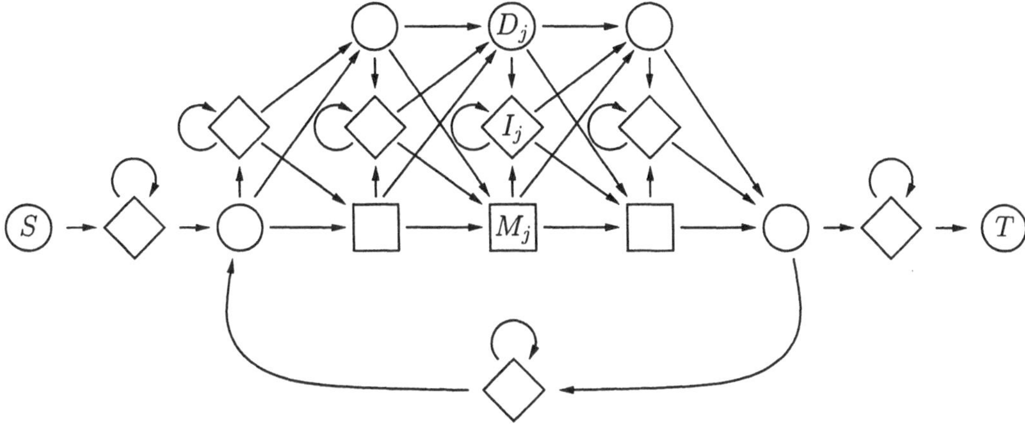

Abb. 8.6 Schematische Darstellung der erweiterten Struktur eines Profile-HMMs zur Detektion von ggf. mehreren in eine längere Folge eingebetteten Teilsequenzen.

quenz beschreiben, das nicht dem Konsens der modellierten Familie entspricht. Allerdings sind die entsprechenden Emissionsverteilungen auf die im jeweiligen multiplen Alignment tatsächlich vorkommenden Anfangs- und Endsequenzen spezialisiert. Daher ist ein Auffinden von gegebenenfalls auch mehreren mit der Struktur der Proteinfamilie übereinstimmenden Teilsequenzen in einer längeren Folge von Aminosäuren erst mit einer Erweiterung des Modells möglich. Diese wurde von Eddy und Kollegen vorgeschlagen und ist Teil des Analysewerkzeugs HMMER ([Edd 98], siehe auch Abschnitt 15.1 Seite 213). Der prinzipielle Aufbau eines solchen Modells ist in Abbildung 8.6 gezeigt. Dabei werden zusätzliche *insert*-Zustände verwendet, die zur Überbrückung von Teilsequenzen dienen, die keinerlei Gemeinsamkeiten mit den durch das Kernmodell beschriebenen Aminosäuresequenzen aufweisen. Eine Rückkopplungskante erlaubt es – ebenso wie bei der Verbundworterkennung –, eine Folge der modellierten Daten zu beschreiben. Somit ist es möglich, Übereinstimmungen zwischen Mitgliedern der betrachteten Proteinfamilie an mehreren Stellen einer längeren Sequenz von Aminosäuren zu detektieren.

8.5 Emissionsmodellierung

Ist für eine bestimmte Anwendung die Struktur der zu verwendenden HMMs festgelegt, bleibt noch zu entscheiden, wie die zugehörige Emissionsmodellierung erfolgen soll.

Im Bereich der Bioinformatik fällt diese Entscheidung leicht, da die dort verarbeiteten Daten üblicherweise Folgen diskreter Symbole von DNS-Basenpaaren oder Aminosäuren sind. Sofern keine zusätzlichen Eigenschaften der Daten berücksichtigt werden müssen, reichen daher diskrete Emissionsverteilungen mit vier bzw. 20 verschiedenen Ausgabesymbolen aus.

Bei der Beschreibung von kontinuierlichen Merkmalsvektoren im Bereich der Sprach- und Schrifterkennung müssen dagegen Mischverteilungsmodelle verwendet werden (siehe auch Abschnitt 5.2). Leider existiert jedoch kein allgemeingültiges Verfahren, um die möglichen Freiheitsgrade der einzusetzenden Modelle in geeigneter Weise festzulegen. Vielmehr sind hierbei Erfahrung im Umgang mit den entsprechenden Daten und häufig auch die experimentelle Validierung unterschiedlicher Parametrisierungen erforderlich.

Im einzelnen gilt es, den Grad der Spezialisierung der Emissionsdichten zu bestimmen, d.h. festzulegen, wieviele Modellzustände Mischverteilungen auf demselben Inventar von Basisdichten definieren. Außerdem muss der Umfang der entsprechenden Codebücher bestimmt werden. Diese Entscheidungen stellen im allgemeinen einen Kompromiss zwischen Modellierungspräzision, Generalisierungsfähigkeit und Auswertungsaufwand, d.h. erforderlicher Rechenzeit dar.

Bei semi-kontinuierlichen Modellen werden in der Regel einige hundert bis wenige tausend Dichten für das von allen Zuständen gemeinsam genutzte Codebuch verwendet. Je individueller die Mischverteilungen einzelnen Modellzuständen zugeordnet sind, desto weniger Trainingsbeispiele liegen für sie vor und desto weniger Komponentendichten können geschätzt werden. Da eine einzelne Normalverteilungsdichte pro Modellzustand aber kaum angemessen ist, werden bei kontinuierlichen HMMs ohne *mixture tying* in der Regel zwischen 8 und 64 Komponentendichten verwendet.

Ebenso wie bei der Verwendung kontextabhängiger Modelluntereinheiten besteht bei HMMs auf Mischverteilungsbasis die Gefahr, dass versucht wird, zu viele unabhängige Dichtemodelle auf begrenztem Datenmaterial zu schätzen. Allerdings lassen sich auch auf Emissionsdichten vergleichbare Methoden anwenden, wie sie zur Optimierung von HMM-Zustandsräumen eingesetzt werden (siehe auch Abschnitt 9.2). Wie die Emissionsmodellierung für typische Erkennungssysteme in verschiedenen Anwendungsszenarien konkret erfolgt, wird auch im Rahmen der Systembeschreibungen in Teil III behandelt.

9   Robuste Parameterschätzung

Beim praktischen Einsatz von HMMs steht man, wie generell im Bereich der statistischen Mustererkennung, dem Problem gegenüber, die Parameter des Modells aus den verfügbaren Trainingsbeispielen robust zu schätzen. Die Situation ist zwar nicht so extrem wie im Falle von n-Gramm-
Modellen, für die man ohne geeignete Maßnahmen überhaupt keine sinnvollen Modelle erstellen
könnte (vgl. Abschnitt 6.5). Allerdings wird man auch bei HMMs mit dem sogenannten *sparse data
problem*[1] konfrontiert, wenn man mit komplexeren Modellarchitekturen arbeitet. Die Wahrscheinlichkeit ist dann groß, dass sich Modellparameter entweder aus numerischen Gründen nicht mehr
berechnen lassen, oder eine Überanpassung (engl. *overfitting*) des Modells an die betrachteten Beispieldaten eintritt. Dies kann im Extremfall dazu führen, dass die geschätzten Modelle die Stichprobe "auswendig gelernt" haben, d.h. nur noch bekannte Datenbeispiele beschreiben. Durch die
begleitende Evaluation auf einer unabhängigen Kreuzvalidierungsstichprobe lässt sich ein solches
Verhalten jedoch in der Regel diagnostizieren und der Trainingsprozess dann an einer geeigneten
Stelle abbrechen.

Allerdings ist eine solche Entscheidung per "Notbremse" nicht hilfreich, um die Konfiguration des
Modells gezielt für eine einfachere Parameterschätzung verändern zu können. Es wäre daher für die
Praxis äußerst hilfreich, eine Entscheidungsgrundlage dafür zu besitzen, wieviel Trainingsmaterial
zur Dimensionierung eines gegebenen Modells erforderlich ist. Leider lässt sich diese Frage von
mathematischer Seite nur mit dem Gesetz der großen Zahlen beantworten, das von Robert L. Mercer
(IBM) aus Sicht der statistischen Mustererkennung pointiert wie folgt formuliert wurde ([Mer 88]
nach [ST 95, S. 216]):

> *"There is no data like more data!"*

Eine sehr grobe Abschätzung des Datenbedarfs stellt die Annahme dar, dass zwischen der Anzahl P
der Modellparameter und der Mindestgröße T der Stichprobe ein linearer Zusammenhang besteht,
T also direkt proportional zu P ist:

$$T \propto P \tag{9.1}$$

Auch wenn ein solches triviales Modell aus mathematischer Sicht kaum gerechtfertigt ist, lässt es
sich in der Praxis dennoch relativ gut verwenden, um näherungsweise untere Schranken für die
Anzahl von Trainingsbeispielen festzulegen, die pro zu schätzendem Modellparameter vorliegen
müssen[2]. Außerdem lässt sich diese Beziehung auch umgekehrt ausnützen, um näherungsweise
festzulegen, wieviele Modellparameter sich bei gegebenem Stichprobenumfang trainieren lassen.

---

[1] *sparse data* entspricht im Deutschen etwa "spärlichen" d.h. für den gewünschten Zweck nicht ausreichend vorhandenen
Daten. Man könnte das *sparse data problem* daher evtl. als "Datenmangelproblem" bezeichnen.

[2] Eine Proportionalitätskonstante von 5 liefert z.B. bei der Schätzung von Mischverteilungsmodellen gute Ergebnisse. Zur
Etablierung einzelner HMM-Zustände reichen i.d.R. 50 bis 100 Trainingsbeispiele aus.

Da die Modellqualität in der Regel auch mit der Parameteranzahl steigt, ist man immer am speziellsten Modell interessiert, das sich noch robust schätzen läst.

Sobald klar ist, dass sich mit den vorhandenen Beispieldaten ein bestimmter Parametersatz kaum zufriedenstellend trainieren lassen wird, müssen die Faktoren betrachtet werden, die eine solche "Datenmangelsituation" verursachen. Es kommen dabei primär die folgenden drei Ursachen oder eine Kombination davon in Betracht:

Modellkomplexität: Es wird versucht, auf der Basis der verfügbaren Daten zu viele unabhängige Modelle oder Modellierungsanteile zu schätzen. Bei Klassifikationsproblemen ist diese Anzahl i.d.R. nach unten beschränkt durch die Zahl der mindestens zu unterscheidenden Musterklassen. Häufig werden aber deutlich mehr spezialisierte Modelle verwendet, um Varianten der betrachteten Muster genauer beschreiben zu können und so die Modellierungsgüte insgesamt zu verbessern.

Dimensionalität: Die Anzahl der verwendeten Merkmale ist zu groß. Besonders bei heuristisch bestimmten Merkmalssätzen lässt sich häufig eine Vielzahl von Kenngrößen berechnen, die für sich betrachtet einen gewissen Beitrag zur Lösung des Problems leisten können. Die Hinzunahme neuer Komponenten zu den Merkmalsvektoren führt jedoch auch zu einer deutlichen Erhöhung des Bedarfs an Beispieldaten. Kann dieser nicht befriedigt werden, nimmt die Modellierungsgüte trotz der vermeintlich verbesserten Beschreibung der Daten ab, da die erforderlichen Parameter nicht mehr robust geschätzt werden können[3].

Korrelation: Innerhalb der zu modellierenden Daten liegen gegenseitige Abhängigkeiten vor, zu deren Beschreibung zusätzliche Parameter notwendig werden. Die nachfolgenden Betrachtungen werden sich hierbei auf Korrelationen zwischen den Komponenten der Merkmalsvektoren beschränken, wie sie in heuristisch erzeugten Merkmalssätzen häufig auftreten. Korrelationen über die zeitliche Folge der Merkmale werden dagegen bei HMMs nicht parametrisch, sondern nur näherungsweise über die Modellstruktur erfasst.

Die effektive Größe des erforderlichen Parametersatzes wird also bestimmt durch die Spezifität der Modellierung, die Dimension des Merkmalsraums und die Notwendigkeit zur Beschreibung von Korrelationen innerhalb der Daten. Eine Verbesserung der Trainierbarkeit lässt sich i.d.R. durch die Reduktion der Komplexität in einem oder mehreren dieser Modellierungsaspekte erreichen.

Im folgenden Abschnitt wollen wir zunächst analytische Verfahren betrachten, die es erlauben, eine vorliegende Merkmalsrepräsentation so zu optimieren, dass die darauf aufbauende Modellierung bei unveränderter Beschreibungsqualität weniger Parameter erfordert. Zu diesem Zweck werden entweder interne Korrelationen näherungsweise eliminiert oder die Dimension der Merkmalsvektoren insgesamt reduziert. Im Abschnitt 9.2 werden dann Verfahren zur Reduktion der Modellkomplexität vorgestellt. Ihnen liegt das Prinzip zugrunde, innerhalb des Modells aufgrund von Expertenwissen oder mit Hilfe von automatischen Verfahren "ähnliche" Parameter zu identifizieren und diese während des Trainingsprozesses zusammenzufassen. Dadurch reduziert sich die Anzahl der benötigten Modellparameter, so dass deren Trainierbarkeit und ggf. auch die Modellierungsgüte insgesamt verbessert werden können.

Außerdem ist es für alle iterativ optimierenden Trainingsverfahren, wie sie für HMMs zum Einsatz kommen, von zentraler Bedeutung, die Optimierungen mit einem geeigneten Startwert zu beginnen. Daher werden zum Abschluss des Kapitels Methoden zur Bestimmung initialer Modellparameter für HMMs vorgestellt.

---

[3]Man spricht hier auch vom sogenannten *curse of dimensionality* (vgl. z.B. [Dud 73, S. 95]).

9.1 Merkmalsoptimierung

Die Berechnung von Merkmalen, die für bestimmte Signalanalyseaufgaben möglichst gut geeignet sind, ist Thema ungezählter Veröffentlichungen im Bereich der Mustererkennung. Hier wollen wir uns mit diesem Problem allerdings nicht in solch grundsätzlicher Form beschäftigen, sondern lediglich Verfahren betrachten, die es erlauben, die Eigenschaften einer bestehenden Merkmalsrepräsentation in Bezug auf die eingesetzte Modellbildung zu optimieren.

Wir gehen also davon aus, dass eine prinzipiell geeignete Merkmalsextraktionsvorschrift für das betrachtete Problem existiert, die meist aus einer Kombination heuristischer Methoden besteht. Sie liefert für die zu analysierenden Signale eine Basisrepräsentation in Form von n-dimensionalen Merkmalsvektoren $x \in \mathbb{R}^n$. Die Wahrscheinlichkeitsverteilung dieser Daten ist im allgemeinen unbekannt. Wir nehmen jedoch an, dass auf der Basis einer repräsentativen Stichprobe

$$\omega = \{x_1, x_2, \ldots x_N\}$$

von Beispielvektoren die erforderlichen Verteilungsparameter empirisch hinreichend genau ermittelt werden können.

Im allgemeinen sind die statistischen Eigenschaften dieser Ausgangsmerkmale nicht optimal auf die nachfolgende Modellbildung abgestimmt. Daher betrachten wir im weiteren eine Klasse von Verfahren, die mit Hilfe einer geeigneten Transformation des Merkmalsraums eine Optimierung der Datenrepräsentation in Bezug auf die Eigenschaften und Möglichkeiten der nachfolgenden Modellierung vornehmen.

Wir beschränken uns dabei auf *lineare* Transformationen, die jeden Merkmalsvektor x aus der Basisrepräsentation in einen korrespondierenden Vektor y mit gleicher oder geringerer Dimension überführen, und vollständig durch eine Transformationsmatrix T bestimmt sind:

$$y = Tx \quad \text{mit} \quad x \in \mathbb{R}^n, y \in \mathbb{R}^m, T \in \mathbb{R}^m \times \mathbb{R}^n \quad \text{wobei} \quad m \leq n$$

Die Einschränkung auf lineare Transformationen erfolgt aus Einfachheitsgründen und, da die Eigenschaften solcher Operationen mathematisch besonders gut untersucht sind.

Außerdem wollen wir die Merkmalstransformation immer *zentriert* anwenden, d.h. nach der Kompensation des Stichprobenmittelwerts $\bar{x}$:

$$y = T(x - \bar{x})$$

Durch diese Modifikation ergibt sich lediglich eine Translation der transformierten Merkmale um den Vektor $-T\bar{x}$, die bei Bedarf leicht wieder korrigiert werden kann. Die grundlegenden statistischen Eigenschaften der Daten bleiben davon jedoch unberührt.

Nach Anwendung einer bestimmten Transformation auf die Ursprungsdaten ω erhält man die transformierte Stichprobe

$$\tilde{\omega} = \{y_k \mid y_k = T(x_k - \bar{x}), 1 \leq k \leq N\}$$

die bei der weiteren Modellbildung die Ausgangsversion ersetzt. Ziel aller vorgestellten Verfahren ist es, die Transformation T so zu bestimmen, dass für die Modellierung irrelevantes "Rauschen" in den Daten möglichst eliminiert wird. Gleichzeitig aber sollen relevante Unterschiede erhalten bleiben und so letztendlich der Modellbildungsprozess vereinfacht werden.

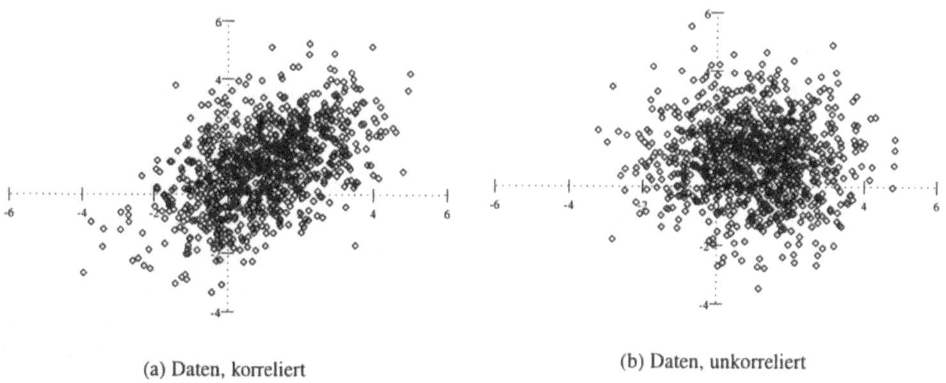

(a) Daten, korreliert   (b) Daten, unkorreliert

Abb. 9.1 Beispiele einer einfachen zweidimensionalen Verteilung mit (a) korrelierten bzw. (b) unkorrelierten Merkmalskomponenten.

9.1.1 Dekorrelation

Da die Basisrepräsentation der Merkmale in der Regel Ergebnis eines heuristischen Verfahrens ist, muss man davon ausgehen, dass zwischen den einzelnen Komponenten x_i der Merkmalsvektoren x statistische Abhängigkeiten bestehen. Abbildung 9.1(a) veranschaulicht diese Situation in einem einfachen zweidimensionalen Beispiel. Bei der gezeigten Verteilung gehen große Werte des ersten Merkmals x_1 meist mit ebensolchen der zweiten Merkmalskomponente x_2 einher. Die gezeigten Daten lassen sich mit einer zweidimensionalen Normalverteilung beschreiben, die Mittelwert $\mu = \begin{bmatrix} 1 \\ 1 \end{bmatrix}$ und Kovarianzmatrix $K = \begin{bmatrix} 2 & 1 \\ 1 & 2 \end{bmatrix}$ besitzt. Beim Training des entsprechenden Modells müssen also sechs Parameter aus den Datenbeispielen geschätzt werden.

Bei der in Abbildung 9.1(b) gezeigten Verteilung sind dagegen die Komponenten der Merkmalsvektoren statistisch unabhängig und daher insbesondere unkorreliert. Man kann diese Daten daher mit einem vereinfachten Modell beschreiben, das als Kovarianz lediglich eine Diagonalmatrix verwendet. Es lassen sich so zwei Modellparameter einsparen und eine robuste Schätzung der übrigen kann – nach der eingangs aufgestellten Faustformel (9.1) – mit ca. 30% weniger Datenmaterial erfolgen.

Deutlicher fällt eine solche Reduktion natürlich bei realen Systemen z.B. aus der Spracherkennung ins Gewicht. Mit einem Inventar von $M = 10\,000$ Normalverteilungsdichten und einer Merkmalsdimension von $n = 39$ ergeben sich $10\,000 \cdot \frac{3n+n^2}{2} = 8.19 \cdot 10^6$ Parameter für ein System mit voll besetzten Kovarianzmatrizen, aber nur $10\,000 \cdot 2n = 7.8 \cdot 10^5$ Freiheitsgrade, bei der Verwendung diagonaler Kovarianzen. Man kann also bei Verwendung der "diagonalen" Modelle entweder mit einem Zehntel des Trainingsmaterials auskommen oder die zehnfache Anzahl von Dichten schätzen.

Statistische Abhängigkeiten zwischen Komponenten eines Merkmalsvektors lassen sich jedoch in der Praxis nicht prinzipiell ausschließen. Allerdings besteht die Möglichkeit, mit Hilfe einer Transformation des Merkmalsraumes zumindest eine Dekorrelation der Merkmale zu erreichen. Im Falle von normalverteilten Daten ist dies gleichbedeutend mit der Erzeugung von statistisch unabhängigen Merkmalskomponenten.

Orthonormale Transformationen

Eine spezielle Klasse der linearen Transformationen bilden die *orthonormalen Transformationen*. Sie entsprechen der Entwicklung der zu transformierenden Daten $x \in \mathbb{R}^n$ nach einem neuen System von orthonormalen Basisvektoren. Eine solche Transformation bewirkt daher lediglich eine Rotation der Ausgangsvektoren auf ein neues System von orthogonalen Koordinatenachsen.

Die Zeilen der Transformationsmatrix T entsprechen genau den Vektoren t_i, die die neue Orthonormalbasis des $\mathbb{R}^n$ bilden:

$$T = [t_1, t_2, \ldots t_n]^T \qquad \text{mit} \quad t_i^T t_j = \begin{cases} 1 & i = j \\ 0 & \text{sonst} \end{cases} \quad \text{und} \quad \|t_i\| = 1 \quad \forall i, j$$

Wegen der paarweisen Orthogonalität der Zeilenvektoren von T ergibt sich

$$T^T T = I$$

woraus direkt folgt, dass für orthonormale Transformationen die Inverse T^{-1} der Transformationsmatrix mit deren Tranponierter identisch ist:

$$T^{-1} = T^T$$

Unter Ausnutzung dieser Eigenschaft lässt sich leicht verifizieren, dass durch eine orthonormale Transformation die Norm von Vektoren erhalten bleibt:

$$\|y\| = \sqrt{y^T y} = \sqrt{[Tx]^T Tx} = \sqrt{x^T T^T T x} = \sqrt{x^T x} = \|x\|$$

Dies ist gleichbedeutend damit, dass euklidische Abstände zwischen Datenvektoren bei der Transformation unverändert bleiben.

Hauptachsentransformation I

Die sogenannte *Hauptachsentransformation*[4] berechnet für eine empirisch oder parametrisch gegebene Verteilung von Datenvektoren ein neues Koordinatensystem, das so ausgelegt ist, dass Korrelationen zwischen Vektorkomponenten verschwinden. Darüberhinaus sind die neuen Koordinatenachsen so angeordnet, dass die größte Streuung der Daten im transformierten Merkmalsraum entlang der ersten Koordinatenachse vorliegt und für höhere Vektorkomponenten immer weiter abnimmt (vgl. z.B. [Dev 82, S. 302ff], [Nie 83, S. 108ff], [ST 95, S. 114ff]).

Die Berechnung der Hauptachsentransformation beruht auf der Analyse der Streuungseigenschaften der betrachteten Daten. Diese werden charakterisiert durch die sogenannte *Streuungsmatrix* (engl. *scatter matrix*), die bei Betrachtung einer einzelnen Verteilung mit deren Kovarianzmatrix iden-

---

[4]Das Vorgehen wird in der Literatur auch als *Hauptkomponentenanalyse* (engl. *principal component analysis* (PCA)) oder *Karhunen-Loève-Transformation* bezeichnet. Bei letzterer wird die Transformation des Merkmalsraums jedoch nicht zentriert angewandt, so dass die Karhunen-Loève-Transformation nur bei mittelwertfreien Daten zur Hauptachsentransformation vollkommen äquivalent ist.

tisch ist[5]. Die Gesamtstreuungsmatrix (engl. *total scatter*) S_T einer Stichprobe $x_1, x_2, \ldots x_N$ von Datenvektoren ist definiert als (vgl. auch Gleichung (3.9)):

$$S_T := \frac{1}{N} \sum_{i=1}^{N} (x_i - \bar{x})(x_i - \bar{x})^T \tag{9.2}$$

Dabei steht $\bar{x}$ für den Stichprobenmittelwert, d.h. den empirischen Erwartungswert der Merkmalsverteilung (vgl. auch Gleichung (3.8)):

$$\bar{x} := \frac{1}{N} \sum_{i=1}^{N} x_i$$

Nach Anwendung einer Transformation T erhält man für die transformierte Stichprobe $\tilde{\omega}$ die Streuungsmatrix

$$\tilde{S}_T = \frac{1}{N} \sum_{i=1}^{N} T(x_i - \bar{x})[T(x_i - \bar{x})]^T = T S_T T^T$$

Zur Dekorrelation der Daten ist daher eine Transformation T gesucht, die S_T "diagonalisiert", d.h. $\tilde{S}_T$ zur Diagonalmatrix werden lässt. Dabei sollte jedoch die relative Lage der Datenvektoren zueinander unverändert bleiben. Es muss sich daher um eine orthonormale Transformation handeln, da durch diese Klasse von Transformationen euklidische Abstände in den beteiligten Vektorräumen nicht verändert werden (vgl. Exkurs S. 141).

Unglücklicherweise lässt sich die Diagonaleigenschaft der transformierten Gesamtstreuungsmatrix $\tilde{S}_T$ nicht durch Formulierung eines Kriteriums und analytische Berechnung einer geeigneten Transformation herleiten. Vielmehr muss man auf die aus der linearen Algebra bekannte Tatsache zurückgreifen, dass sich jede nicht-singuläre symmetrische Matrix immer durch eine geeignet gewählte orthonormale Transformation auf Diagonalform bringen lässt (vgl. Exkurs S. 144).

Die Diagonalisierung der Gesamtstreuungsmatrix S_T erfolgt also mit Hilfe der Transponierten Φ^T ihrer Eigenvektormatrix Φ, deren Spalten die n normierten Eigenvektoren ϕ_i von S_T bilden. Für die reine Diagonalisierung von $\tilde{S}_T$ ist die Anordnung dieser Vektoren zu einer Matrix eigentlich irrelevant. Im Hinblick auf die weiteren Betrachtungen jedoch, die auch eine Dimensionsreduktion einschließen, wird Φ so konstruiert, dass die Eigenvektoren gemäß der Größe der zugehörigen Eigenwerte angeordnet sind. Die erste Spalte von Φ entspricht somit dem Eigenvektor zum größten Eigenwert, die letzte dem zum kleinsten.

$$\Phi = [\phi_1, \phi_2, \ldots \phi_n] \quad \text{mit} \quad S_T \phi_i = \phi_i \lambda_i \quad \text{und} \quad \lambda_1 \geq \lambda_2 \geq \ldots \geq \lambda_n \tag{9.3}$$

Wendet man diese Transformation auf die mittelwertbereinigten Datenvektoren an

$$y = \Phi^T (x - \bar{x})$$

---

[5] In Darstellungen, die von mittelwertfreien Daten ausgehen oder den Stichprobenmittelwert bei der Transformation nicht kompensieren, wird die sogenannte *Korrelationsmatrix* (engl. *correlation matrix*) verwendet, die folgendermaßen definiert ist: $C := \frac{1}{N} \sum_{i=1}^{N} x_i x_i^T$

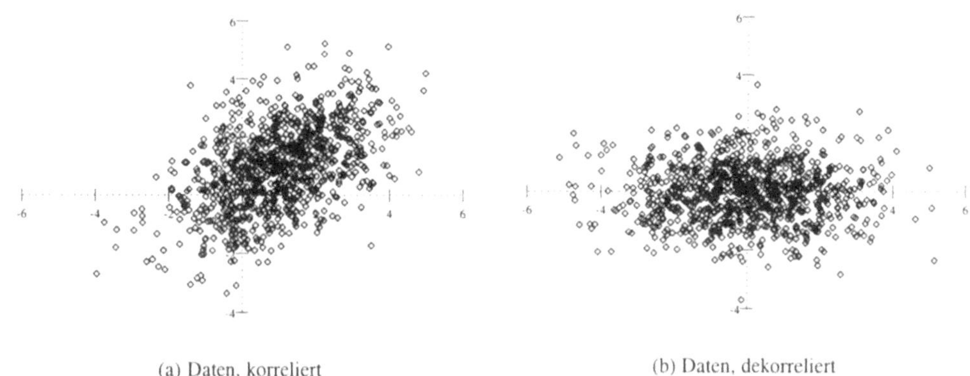

(a) Daten, korreliert   (b) Daten, dekorreliert

Abb. 9.2 Beispiel zur Dekorrelation einer einfachen zweidimensionalen Verteilung: (a) Ausgangsdaten (auch Abbildung 9.1(a)) und (b) nach der Dekorrelation mit Hilfe der Hauptachsentransformation.

erhält man folgende Transformierte der Streuungsmatrix:

$$\tilde{S}_T = \Phi^T S_T \Phi = \Phi^T \Phi \Lambda \Phi^T \Phi = \Lambda = \begin{bmatrix} \lambda_1 & & & 0 \\ & \lambda_2 & & \\ & & \ddots & \\ 0 & & & \lambda_n \end{bmatrix}$$

Die Gesamtstreuungsmatrix $\tilde{S}_T$ der transformierten Stichprobe entspricht also der Eigenwertmatrix Λ von S_T, da Φ^T gleichzeitig die Inverse von Φ ist. Im transformierten Raum ist die Varianz der Daten entlang der Koordinatenrichtungen somit gegeben durch die Eigenwerte λ_i. Alle Korrelationen zwischen Vektorkomponenten verschwinden dagegen. Damit ist das Ziel erreicht, die Streuungsmatrix der optimierten Merkmalsrepräsentation auf Diagonalform zu bringen.

Für das eingangs verwendete Beispiel erhält man

$$\Phi = \begin{bmatrix} \frac{1}{\sqrt{2}} & -\frac{1}{\sqrt{2}} \\ \frac{1}{\sqrt{2}} & \frac{1}{\sqrt{2}} \end{bmatrix} \quad \text{und} \quad \Lambda = \begin{bmatrix} 3 & 0 \\ 0 & 1 \end{bmatrix}$$

als Eigenvektor- und Eigenwertmatrix. Die Transformation der Beispieldaten gemäß

$$y_i = \Phi^T (x_i - \bar{x})$$

ergibt die in Abbildung 9.2(b) gezeigte Verteilung. Die diagonalisierte Gesamtstreuungsmatrix $\tilde{S}_T$ der transformierten Daten ist durch die Eigenwertmatrix Λ gegeben.

Die Dekorrelation eines gegebenen Merkmalssatzes bewirkt immer, dass dessen Gesamtstreuungsmatrix zur Diagonalmatrix wird und somit, global betrachtet, die Korrelationen zwischen den Komponenten der transformierten Merkmalsvektoren verschwinden. Geht man davon aus, dass die Daten näherungsweise normalverteilt sind, erhält man sogar näherungsweise statistisch unabhängige Merkmale.

Diagonalisierung symmetrischer Matrizen

Jede nicht-singuläre symmetrische Matrix Q lässt sich mit Hilfe einer geeigneten orthonormalen Transformation $T = \Phi^T$ auf Diagonalform bringen (vgl. z.B. [Fuk 72, S. 29ff]). Dabei entspricht Φ der sogenannten *Eigenvektormatrix* von Q:

$$\Phi = [\phi_1, \phi_2, \ldots \phi_n] \quad \text{mit} \quad \phi_i^T \phi_j = \begin{cases} 1 & i = j \\ 0 & \text{sonst} \end{cases} \quad \text{und} \quad ||\phi_i|| = 1 \quad \forall i, j$$

Die Spaltenvektoren ϕ_i von Φ werden von den normierten Eigenvektoren[a] von Q zum zugehörigen Eigenwert λ_i gebildet, und erfüllen somit die Eigenwertgleichung:

$$Q\phi_i = \phi_i \lambda_i \quad \forall i$$

Korrespondierend zur Eigenvektormatrix ist auf der Basis der Eigenwerte λ_i die sogenannte *Eigenwertmatrix* Λ wie folgt definiert:

$$\Lambda = \begin{bmatrix} \lambda_1 & & & 0 \\ & \lambda_2 & & \\ & & \ddots & \\ 0 & & & \lambda_n \end{bmatrix}$$

Als Verallgemeinerung der Eigenwertgleichung gilt somit

$$Q\Phi = \Phi\Lambda$$

und man erhält für Q die folgende Zerlegung in die Eigenvektor- und Eigenwertmatrix:

$$Q = \Phi\Lambda\Phi^T$$

Wendet man nun die Transformation Φ^T auf Q an

$$\Phi^T Q \Phi = \Phi^T \Phi \Lambda \Phi^T \Phi = \Lambda$$

erhält man als Ergebnis die Diagonalmatrix der Eigenwerte von Q.

---

[a] Die Berechnung von Eigenwerten und Eigenvektoren von Matrizen stellt ein anspruchsvolles numerisches Problem dar. Wegen ihrer relativ allgemeinen Anwendbarkeit ist das verbreitetste Lösungsverfahren die sogenannte *von-Mises-Iteration*, die häufig auch als *Potenzmethode* bezeichnet wird (vgl. z.B. [Jen 92, S. 233ff], [Spä 94, S. 260ff]). Für symmetrische Matrizen, wie es Streuungsmatrizen immer sind, lassen sich in der Praxis auch mit der sogenannten *Jacobi-Rotation* (vgl. z.B. [Jen 92, S. 196ff], [Pre 88, S. 360ff]) gute Ergebnisse erzielen.

Wird ein solcher Datensatz durch Mischverteilungsmodelle beschrieben, ist es daher mit gewissen Einschränkungen gerechtfertigt, für die einzelnen Komponentendichten auch nur diagonale Kovarianzmatrizen zu verwenden und somit eine beträchtliche Anzahl von Modellparametern einzusparen. Da aber durch die Hauptachsentransformation nur *globale* Korrelationen eliminiert werden, können

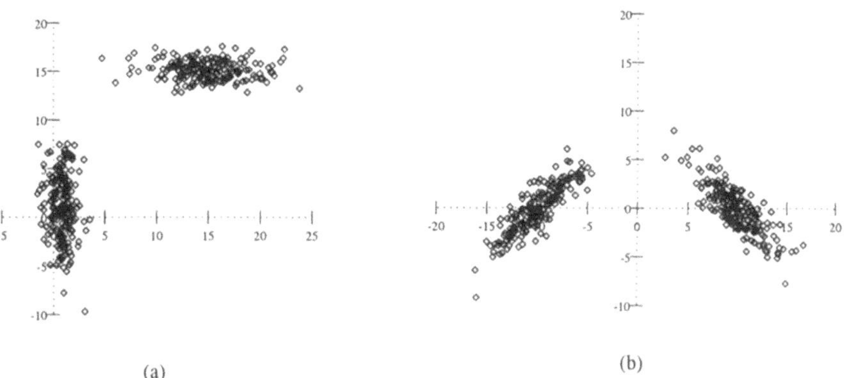

(a)   (b)

Abb. 9.3 Beispiel einer Datenverteilung mit mehreren Häufungsgebieten und lokalen Korrelationen (a) vor und (b) nach einer Hauptachsentransformation.

trotzdem in einzelnen Häufungsgebieten der Daten lokale statistische Abhängigkeiten auftreten, wie z.B. in Abbildung 9.3 veranschaulicht. Diese werden durch die vereinfachte Modellbildung nur unzureichend oder gar nicht erfasst. Üblicherweise gibt man aber der beachtlichen Reduktion der Parameteranzahl den Vorzug vor der Möglichkeit, solche Klassengebiete genauer nachbilden zu können. Im gezeigten Beispiel müssen bei der Verwendung diagonalisierter Modelle schlicht mehrere Basisdichten zur Beschreibung eines der "länglichen" Häufungsgebiete verwendet werden.

Whitening

In praktischen Anwendungen ist es in der Regel ungünstig, wenn der numerische Dynamikbereich zwischen einzelnen Komponenten der Merkmalsvektoren stark variiert. Daher kann es sinnvoll sein, zur Erleichterung der weiteren Modellbildung nach der Dekorrelation der Merkmale mit Hilfe der Hauptachsentransformation auch noch die Varianzanteile einem Normierungsschritt zu unterziehen.

Wendet man auf die per Hauptachsentransformation dekorrelierten Daten zusätzlich noch die Transformation

$$
\Lambda^{-\frac{1}{2}} = \begin{bmatrix} \lambda_1^{-\frac{1}{2}} & & & \\ & \lambda_2^{-\frac{1}{2}} & & 0 \\ & & \ddots & \\ 0 & & & \lambda_n^{-\frac{1}{2}} \end{bmatrix}
$$

an, so bewirkt dies, dass die letztendliche Gesamtstreuungsmatrix $\hat{S}_T$ zur Einheitsmatrix I wird.

$$
\hat{S}_T = \Lambda^{-\frac{1}{2}} \tilde{S}_T \Lambda^{-\frac{1}{2}} = \Lambda^{-\frac{1}{2}} \Phi^T S_T \Phi \Lambda^{-\frac{1}{2}} = \Lambda^{-\frac{1}{2}} \Lambda \Lambda^{-\frac{1}{2}} = I
$$

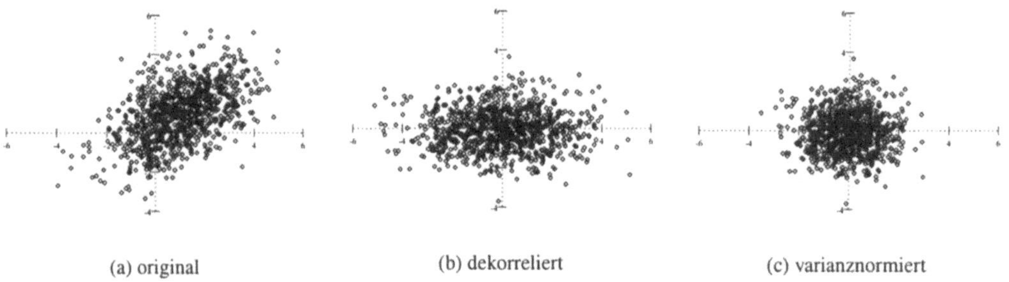

(a) original   (b) dekorreliert   (c) varianznormiert

Abb. 9.4 Beispiel zur kombinierten Dekorrelation und Varianznormierung mit *whitening*: (a) Ausgangsdaten, (b) nach Dekorrelation und (c) nach Varianznormierung.

Die hierfür erforderliche Gesamttransformation der Daten, d.h. die Kombination aus Dekorrelation und anschließender Varianznormierung, bezeichnet man als *whitening* (dt. etwa "Weissen"):

$$z = \Lambda^{-\frac{1}{2}} y = \Lambda^{-\frac{1}{2}} \Phi^T (x - \bar{x})$$

Die Varianzen in den Koordinatenrichtungen werden durch diese Transformation jeweils auf 1 normiert. Dies bedeutet insbesondere, dass die globalen Streuungseigenschaften der Daten nach einem Whitening invariant gegenüber weiteren orthonormalen Transformationen sind, da die Gesamtstreuungsmatrix auf Einheitsform gebracht wurde.

Im Gegensatz zur Hauptachsentransformation ist diese Transformation nicht orthonormal, so dass euklidische Abstände zwischen transformierten Vektoren *nicht* erhalten bleiben. Intuitiv ist das auch unmittelbar einleuchtend, da der Merkmalsraum entlang der Koordinatenachsen jeweils mit dem Faktor $\frac{1}{\sqrt{\lambda_i}}$ skaliert wird.

Ein Whitening der Beispieldaten aus Abbildung 9.4(a) resultiert in der in Abbildung 9.4(c) gezeigten Verteilung. Man erhält eine radialsymmetrische Punktwolke, da die Varianz der Verteilung in beiden Koordinatenrichtungen gleich 1 ist.

9.1.2   Dimensionsreduktion

Als zweite wichtige Methode zur Optimierung von Merkmalsrepräsentationen wird zusätzlich zur Dekorrelation der Daten häufig eine Dimensionsreduktion angewandt. Die verwendeten Verfahren bauen dabei aufeinander auf, so dass der Dekorrelationsschritt entweder implizit oder explizit in der Vorbereitungsphase der eigentlichen Dimensionsreduktion durchgeführt wird.

Hauptachsentransformation II

Die einfachste Methode zur Verringerung der Merkmalsdimension besteht darin, bei der Hauptachsentransformation nicht alle n Eigenvektoren der Streuungsmatrix S_T zur Konstruktion der Transformationsmatrix Φ^T zu verwenden, sondern nur die, zu den $m < n$ größten Eigenwerten von S_T auszuwählen (siehe Gleichung (9.3)). Man erhält so eine Abbildung der Merkmalsvektoren $x \in \mathbb{R}^n$

in einen niedrigerdimensionalen Raum, in dem die größten Varianzanteile der Ausgangsdaten erhalten bleiben.

Trotzdem entsteht natürlich ein gewisser Fehler durch diese Reduktion der Vektordimension. Dieser lässt sich quantitativ erfassen, wenn man zu jedem Originalvektor x dessen Rekonstruktion

$$x' = \sum_{i=1}^{m} y_i \phi_i$$

auf der Grundlage der dimensionsreduzierten Repräsentation y erzeugt und den entstehenden Rekonstruktionsfehler ϵ berechnet. Man kann zeigen (vgl. [Dev 82, S. 304f], [ST 95, S. 114f]), dass dieser durch die Summe der Eigenwerte derjeniger Eigenvektoren von S_T gegeben ist, die bei der Bildung der Transformationsmatrix Φ^T nicht berücksichtigt wurden:

$$\epsilon = \mathcal{E}\{||x - x'||^2\} = \mathcal{E}\{|| \sum_{i=m+1}^{n} y_i \phi_i ||^2\} = \sum_{i=m+1}^{n} \lambda_i$$

Die Auswahl der Eigenvektoren zu den größten Eigenwerten für die Transformation maximiert damit nicht nur die Varianzanteile in den erzeugten Vektorkomponenten sondern minimiert auch den entstehenden Rekonstruktionsfehler bei der Dimensionsreduktion. Durch Betrachtung der Größenverhältnisse der Eigenwerte λ_i lässt sich daher auch abschätzen, auf welche Dimension $m < n$ sich die vorliegenden Daten mit nur vernachlässigbaren Verlusten der Repräsentationsgenauigkeit reduzieren lassen.

Eine Dimensionsreduktion per Hauptachsentransformation wird allerdings hauptsächlich bei der analytischen Gewinnung von Merkmalen direkt aus Signaldaten eingesetzt und kaum zur Optimierung der Merkmalsrepräsentation in Bezug auf Mischverteilungs- oder Hidden-Markov-Modelle verwendet[6]. Die Maximierung der Varianzerhaltung auf globaler Ebene berücksichtigt nämlich nicht die Unterscheidbarkeit der betrachteten Musterklassen.

Lineare Diskriminanzanalyse

Im Gegensatz zu einer einfachen Dimensionsreduktion auf der Basis globaler Varianzkriterien versucht die sogenannte *lineare Diskriminanzanalyse* (LDA) eine Merkmalstransformation zu ermitteln, die die Unterscheidbarkeit der betrachteten Musterklassen bei gleichzeitig reduzierter Dimensionalität verbessert (vgl. z.B. [Fuk 72, S. 260ff], [Dud 73, S. 118ff], [ST 95, S. 116ff]). Zur Berechnung der Transformationsmatrix gehen daher vor allem Kriterien ein, die die Verteilung von Klassengebieten und deren Trennbarkeit aufgrund der verfügbaren Merkmale charakterisieren. Zur Anwendung der LDA ist daher eine *klassifizierte Stichprobe* zwingend erforderlich. Intuitiv betrachtet ist eine Transformation gesucht, die möglichst kompakte Klassengebiete erzeugt ohne gleichzeitig die Gesamtvarianz der Daten zu verändern[7].

---

[6]Im Bereich der Spracherkennung ist ein weiterer wichtiger Grund hierfür, dass die überwiegend als Merkmale verwendeten *Cepstralkoeffizienten* bereits als näherungsweise dekorreliert angenommen werden können [Mer 93].

[7]Dies entspricht prinzipiell Kriterium s_4 aus [Nie 83, S. 109ff], das eine Maximierung des Interklassenabstandes bei konstantem Intraklassenabstand fordert.

Für die weiteren Betrachtungen gehen wir also davon aus, dass innerhalb der verfügbaren Stichprobe ω Teilmengen ω_κ ausgewiesen sind, die nur Merkmale von Mustern einer Klasse Ω_κ enthalten.

$$\omega = \bigcup_\kappa \omega_\kappa$$

Die Kompaktheit dieser Klassen lässt sich durch Angabe der mittleren Varianz der Merkmale *innerhalb* der jeweiligen Gebiete beschreiben. Man erhält hierfür die sogenannte Intraklassenstreuungsmatrix (engl. *within class scatter*) S_W:

$$S_W := \sum_\kappa p_\kappa \sum_{x \in \omega_\kappa} (x - \bar{x}_\kappa)(x - \bar{x}_\kappa)^T \tag{9.4}$$

Dabei bezeichnet $\bar{x}_\kappa$ den Mittelwert des jeweiligen Klassengebiets, d.h. den empirischen bedingten Erwartungswert von Merkmalsvektoren der Klasse Ω_κ. Die klassenbedingten Streuungsmatrizen werden gemäß der a-priori Wahrscheinlichkeiten p_κ der jeweiligen Klassen gewichtet, die sich über den Anteil von Merkmalsvektoren aus Ω_κ an der Stichprobe abschätzen lassen:

$$p_\kappa = \frac{|\omega_\kappa|}{|\omega|}$$

Mit Hilfe der sogenannten Interklassenstreuungsmatrix (engl. *between class scatter*) S_B lässt sich die relative Lage der einzelnen Klassengebiete zueinander beschreiben. Allerdings ist nicht eindeutig, auf welche Weise S_B zu definieren ist, und man findet daher in der Literatur verschiedene Ansätze hierzu (vgl. z.B. [Fuk 72, S. 260]). Die einfachste Möglichkeit besteht darin, eine Streuungsmatrix auf der Basis der einzelnen Klassenzentren $\bar{x}_\kappa$ zu berechnen:

$$S_B := \sum_\kappa p_\kappa (\bar{x}_\kappa - \bar{x})(\bar{x}_\kappa - \bar{x})^T \tag{9.5}$$

Diese Definition erlaubt es auch, einen analytischen Zusammenhang zwischen den drei bisher eingeführten Streuungsmatrizen herzustellen. Die Gesamtstreuungsmatrix ergibt sich dann nämlich als Summe aus Inter- und Intraklassenstreuungsmatrix:

$$S_T = S_B + S_W$$

Als Optimierungskriterium für die LDA kommen verschiedene Maße in Frage, die alle im wesentlichen versuchen, das Verhältnis zwischen Inter- und Intraklassenstreuung innerhalb der Stichprobe zu erfassen (vgl. z.B. [Fuk 72, S. 261]). Eine möglichst kleine Intraklassenstreuung bei gleichzeitig möglichst großem Abstand der Musterklassen untereinander lässt sich dann als Optimierungsaufgabe auf der Basis eines solchen Kompaktheitsmaßes definieren.

Am häufigsten verwendet man in der Literatur hierfür das folgende Kriterium[8]:

$$\mathrm{Spur}\{S_W^{-1} S_B\} \to \max!$$

---

[8]Dieses Kriterium lässt sich, wie in [Hae 99] gezeigt wird, auch zur Bewertung unterschiedlicher Merkmalssätze hinsichtlich ihrer Eignung für eine bestimmte Modellierungsaufgabe einsetzen.

Nach einer relativ umfangreichen mathematischen Beweisführung, die der interessierte Leser in der betreffenden Spezialliteratur findet (vgl. z.B. [Fuk 72, S. 260ff]), lässt sich zeigen, dass dieses Maximierungsproblem – ähnlich wie im Falle der Hauptachsentransformation – auf die Lösung einer Eigenwertaufgabe führt. Die gesuchte Transformationsmatrix Φ^T der LDA wird aus den $m < n$ Eigenvektoren ϕ_i der Matrix $S_W^{-1} S_B$ zu den m größten Eigenwerten gebildet.

$$\Phi = [\phi_1, \phi_2, \ldots \phi_m] \quad \text{mit} \quad S_W^{-1} S_B \phi_i = \phi_i \lambda_i \quad \text{und} \quad \lambda_1 \geq \lambda_2 \geq \ldots \geq \lambda_m \quad (9.6)$$

Um Probleme bei der Eigenwertberechnung für $S_W^{-1} S_B$ zu umgehen, die sich aus der nötwendigen Invertierung von S_W ergeben können oder der Tatsache, dass $S_W^{-1} S_B$ nicht notwendigerweise eine symmetrische Matrix ist, kann man die Lösung auch auf die gleichzeitige Diagonalisierung der Matrizen S_W und S_B zurückführen (vgl. z.B. [Fuk 72, S. 33]).

Bei diesem Verfahren erfolgt die Berechnung der Transformationsmatrix für die LDA in zwei Teilschritten. Zunächst wird durch ein Whitening die Intraklassenstreuungsmatrix S_W auf Einheitsform gebracht. Hierzu berechnet man die Eigenwert- und Eigenvektormatrix von S_W

$$S_W \Phi = \Phi \Lambda$$

transformiert die Ausgangsdaten gemäß

$$y = \Lambda^{-\frac{1}{2}} \Phi^T (x - \bar{x})$$

und erhält als neue Intraklassenstreuungsmatrix die Einheitsmatrix:

$$\tilde{S}_W = \Lambda^{-\frac{1}{2}} \Phi^T S_W \Phi \Lambda^{-\frac{1}{2}} = I$$

Die Interklassenstreuungsmatrix S_B wird durch diesen Vorgang natürlich auch verändert aber im allgemeinen nicht auf Diagonalform gebracht:

$$\tilde{S}_B = \Lambda^{-\frac{1}{2}} \Phi^T S_B \Phi \Lambda^{-\frac{1}{2}}$$

Im zweiten Schritt nutzt man die Tatsache aus, dass die Intraklassenstreuung wegen ihrer Einheitsform invariant gegenüber weiteren orthonormalen Transformationen ist, und führt eine Hauptachsentransformation der Klassenzentren durch, diagonalisiert also $\tilde{S}_B$. Man berechnet dazu die Eigenvektormatrix Ψ von $\tilde{S}_B$ und führt einen zweiten Transformationsschritt durch:

$$z = \Psi^T y = \Psi^T \Lambda^{-\frac{1}{2}} \Phi^T (x - \bar{x})$$

Es lässt sich zeigen, dass die resultierende Gesamttransformationsmatrix $\Psi^T \Lambda^{-\frac{1}{2}} \Phi^T$ bis auf die Normierung der Eigenvektoren mit derjenigen identisch ist, die man aus der direkten Lösung der Eigenwertaufgabe für $S_W^{-1} S_B$ erhält (vgl. z.B. [Fuk 72, S. 34], [Dev 82, S. 330]). Das bedeutet, dass beide Transformationen den Merkmalsraum auf dasselbe neue Koordinatensystem abbilden, mit dem Unterschied, dass bei der zweistufigen Methode zusätzlich eine Skalierung mit $\Lambda^{-\frac{1}{2}}$ erfolgt.

Der Vorteil des zweiten Verfahrens ist – neben seiner größeren Anschaulichkeit – darin zu sehen, dass es eine bessere numerische Stabilität aufweist. Es ist nämlich weder eine Matrixinversion erforderlich noch die Eigenwertberechnung für eine nicht notwendigerweise symmetrische Matrix.

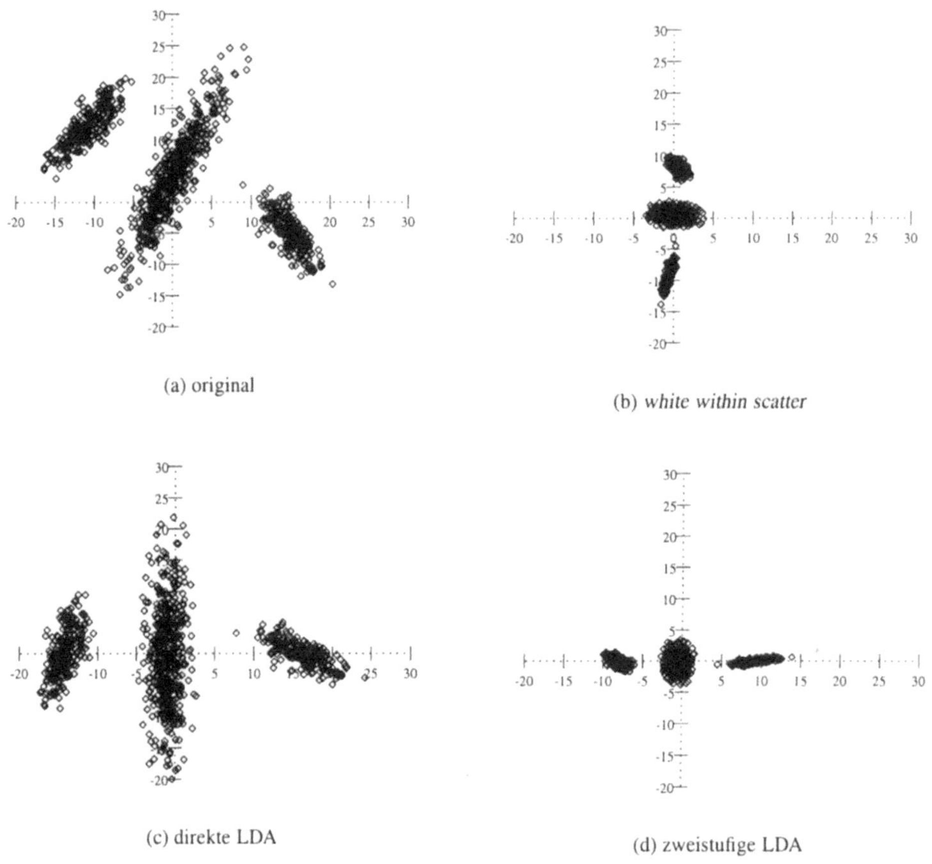

Abb. 9.5 Beispiel zur linearen Diskriminanzanalyse (a) Ausgangsdaten, (b) nach Whitening der Intraklassenstreuungsmatrix und (c) Ergebnis der direkten Lösung sowie (d) des zweistufigen Verfahrens.

Die Auswirkung der LDA-Transformation auf eine exemplarische Verteilung mit drei Musterklassen ist in Abbildung 9.5 veranschaulicht. Gezeigt ist oben links die Originalverteilung sowie darunter deren LDA-Transformierte nach Anwendung des einschrittigen Lösungsverfahrens. Zum Vergleich zeigt die Abbildung oben rechts das Zwischenergebnis, das durch das Whitening der Intraklassenstreuungsmatrix erzeugt wird. Das Endergebnis der zweistufigen LDA-Transformation, das
unten rechts gezeigt ist, geht dann durch Anwendung einer Hauptachsentransformation auf die Interklassenstreuungsmatrix daraus hervor und ist bis auf eine Skalierung und Spiegelung identisch
mit dem Ergebnis des einstufigen Verfahrens.

Ein wesentliches Problem der LDA, das über der Herleitung mathematischer Lösungsverfahren
jedoch nicht in Vergessenheit geraten darf, ist die Frage nach einer geeigneten Wahl der zugrundegelegten Musterklassen. Durch diese wird vermittels der Inter- und Intraklassenstreuungsmatrizen
letztendlich das Ergebnis der Transformation unmittelbar beeinflusst.

Aus der näheren Analyse der Interklassenstreuungsmatrix lässt sich zumindest eine untere Schranke für die Klassenanzahl ableiten. Aufgrund ihrer Definition (vgl. Gleichung (9.5)) hat S_B nämlich höchstens Rang $K - 1$, falls K die Anzahl der verwendeten Musterklassen ist. Da nur die Lage der K Klassenzentren x_κ in die Konstruktion von S_B eingeht, können höchstens $K - 1$ linear unabhängige Vektorkomponenten existieren. Die Interklassenstreuungsmatrix spannt also einen $K-1$-dimensionalen Unterraum auf und besitzt daher auch nur $K - 1$ von Null verschiedene Eigenwerte. Bei der zweistufigen Berechnung der LDA bildet eine Diagonalisierung von S_B den letzten Schritt, der dann auch nur in einen Unterraum abbilden kann, dessen Dimension m kleiner ist als $K - 1$.

Extensiv eingesetzt wird und wurde die LDA für Spracherkennungszwecke vor allem in der Tradition der Philips-Forschungssysteme (vgl. [HU 92, Aub 93, Ste 96] bzw. [Ney 98]). Dort werden die zugrundegelegten Musterklassen praktisch immer auf der Basis der Modellzustände der verwendeten kontextabhängigen HMMs gewählt. Dadurch übersteigt die Klassenanzahl die Merkmalsdimension um ein Vielfaches. Die Verwendung von elementaren segmentalen Einheiten wie Lauten – also von deutlich weniger Musterklassen – fällt demgegenüber in der Leistungsfähigkeit zurück.

Diese Ergebnisse wurden auch in umfangreichen eigenen Experimenten bestätigt. Sie legen die Vermutung nahe, dass es bei der Wahl der Klassendefinition hauptsächlich darum geht, eine robuste Schätzung der Interklassenstreuungsmatrix sicherstellen zu können, da nicht ernsthaft erwartet werden darf, dass eine lineare Transformation wirklich in der Lage ist, einige hundert Musterklassen perfekt zu trennen. Gleichzeitig erreicht eine differenziertere Klassendefinition auch, dass die Interklassenstreuung die lokalen Gegebenheiten innerhalb einzelner Häufungsgebiete besser approximiert. Insgesamt kann man schlussfolgern, dass die Anzahl der verwendeten Klassen für eine LDA-Transformation die angestrebte Dimension der Merkmalsvektoren deutlich übersteigen sollte.

9.2   *Tying*

Die im vorangegangenen Abschnitt vorgestellten Verfahren verringern implizit die Anzahl der Modellparameter dadurch, dass die innerhalb der zu beschreibenden Daten vorliegenden Freiheitsgrade — wie z.B. die Dimension der Merkmalsvektoren — reduziert werden. Auf eine im Gegensatz dazu explizite Parameterreduktion arbeiten Methoden hin, die "ähnliche" Modellparameter zusammenfassen, dadurch die Schätzgrundlage auf den verfügbaren Beispieldaten verbessern und so letztendlich die Robustheit des Modells insgesamt erhöhen. Diese Verfahren, die an den unterschiedlichsten Stellen der Modellierung ansetzen können, werden üblicherweise als *tying* (dt. "verbinden") bezeichnet[9]. Es lassen sich drei prinzipielle Vorgehensweisen bei einer solchen Parameterverschmelzung unterscheiden.

Beim *konstruktiven Tying* ergibt sich die Zusammenfassung von Modellparametern implizit dadurch, dass der Aufbau eines komplexeren Modells aus Bausteinen erfolgt, die durch bestimmte Elementarmodelle gegeben sind. Alle Kopien dieser wiederverwendeten Untereinheiten benützen dann natürlich dieselben Parametersätze.

Im Gegensatz dazu legen die beiden folgenden Vorgehensweisen ein bereits existierendes Modell zugrunde, dessen Trainierbarkeit durch Tying verbessert werden soll.

---

[9]Da es sich bei dem Begriff *tying* im Bereich der HMM-Literatur um einen *terminus technicus* handelt und keine adäquate Entsprechung im Deutschen existiert, verzichten wir auf eine Übersetzung.

Durch *Generalisierung* von Modellierungsanteilen, die sehr speziell ausgeprägt sind und für die daher nur wenige Trainingsbeispiele vorliegen, lassen sich allgemeinere Einheiten ableiten. Deren Parameter können auf einer breiteren Datengrundlage und damit robuster geschätzt werden. Die speziellen Modelle werden dann nicht mehr selbst verwendet, sondern durch geeignete Generalisierungen ersetzt. Die notwendigen Generalisierungsregeln werden üblicherweise aufgrund von Expertenwissen aufgestellt. Die Erzeugung der generalisierten Modelle selbst kann dagegen automatisch erfolgen.

Ein ähnliches Ergebnis erreicht man auch durch *agglomeratives Tying*. Auf der Basis bereits vorliegender Modellparameter können mit einem geeigneten Abstandsmaß ähnliche Parameter identifiziert werden. Durch Anwendung eines Clusteranalyseverfahrens auf den Parameterraum kann man dann Gruppen von Modellparametern konstruieren, die innerhalb des Gesamtmodells eine ähnliche "Aufgabe" erfüllen und für die ausreichend Beispieldaten zum Training vorliegen. Diese Verfahren haben den großen Vorteil, datengetrieben eine geeignete Form von Tying in einem beliebigen Modell automatisch berechnen zu können. Allerdings darf darüber nicht das eigentlich Paradoxe dieser Methode vergessen werden: Die Parametercluster, die eine robuste Trainierbarkeit sicherstellen sollen, werden aufgrund von initialen Parametern ermittelt, die gerade *nicht* zuverlässig zu schätzen waren. In der Praxis erzielt man jedoch trotz dieses "Münchhausen-Tricks" mit datengetriebenem Tying gute Ergebnisse für einen weiten Bereich von Anwendungen.

Wie diese Prinzipien des Tying auf existierende oder noch zu konstruierende Modelle angewandt werden, bleibt natürlich dem Entwickler überlassen. Je nach Einsatzzweck können unterschiedliche Vorgehensweisen sinnvoll sein. Eine in jedem Falle optimale Strategie lässt sich leider nicht angeben. Im folgenden wollen wir daher als "Entscheidungshilfe" einen Überblick über die bekanntesten Methoden geben. Dabei werden zuerst solche Verfahren behandelt, die Tying auf der Ebene von Teilmodellen anwenden. Anschließend werden vergleichbare Methoden behandelt, die ähnliche Gruppen von Modellzuständen identifizieren oder innerhalb der verwendeten Mischverteilungsmodelle eine Parameterverschmelzung vornehmen.

9.2.1   Modelluntereinheiten

Die Erzeugung eines komplexen HMMs erfolgt in der Regel nicht durch direktes Training aller Parameter. Vielmehr konstruiert man größere Modelle auf der Basis kleiner Teilmodelle mit definiertem Beschreibungspotential. Dieses Vorgehen führt nicht nur zu einer Modularisierung komplexer HMMs, sondern erlaubt auch die besonders ökonomische Ausnutzung der vorhandenen Beispieldaten für das Parametertraining.

Entwickelt und perfektioniert wurde dieses Vorgehen im Bereich der automatischen Spracherkennung. Aber auch bei ähnlich strukturierten Erkennungsaufgaben wie der Segmentierung von Handschriftdaten gehört die Verwendung sogenannter *Wortuntereinheiten* zum Standardrepertoire (siehe Abschnitt 8.2 Seite 128). Dagegen werden bei der Analyse biologischer Sequenzen keinerlei Maßnahmen getroffen, um die erstellten Modelle auf symbolischer Ebene modular aufzubauen.

Wie in Abschnitt 8.2 beschrieben, werden HMMs für komplexere Einheiten wie z.B. ganze Wörter, sprachliche Äußerungen oder Textabschnitte ausgehend von einem begrenzten Inventar von Basismodellen erzeugt. Dadurch, dass pro repliziertes elementares Modell zwar neue Modellzustände

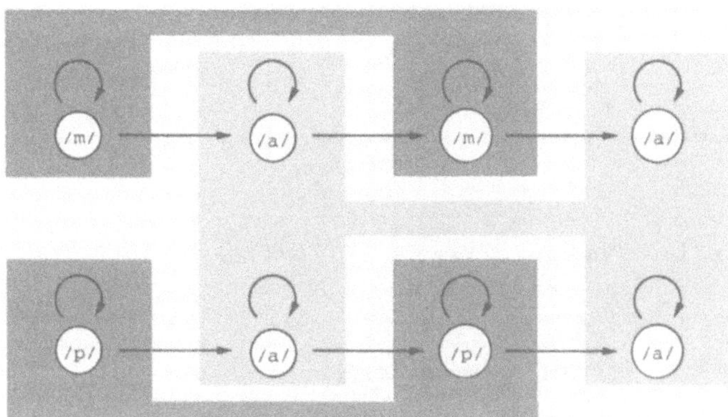

Abb. 9.6 Beispiele eines einfachen Parametertying auf Elementarmodellebene, wie es durch die Modellkonstruktion entsteht.

entstehen, diese jedoch wie alle anderen Kopien des Ausgangsmodells auf denselben Parametersatz zurückgreifen, entsteht implizit ein Tying der entsprechenden Modellparameter.

Abbildung 9.6 zeigt hierzu ein einfaches Beispiel aus dem Bereich der Spracherkennung. Zur Beschreibung eines simplen "Baby-Vokabulars" wollen wir Modelle der Wörter Mama und Papa erzeugen. Da in den Lautumschriften /mama/ bzw. /papa/ jeweils zwei Laute an zwei unterschiedlichen Positionen auftreten, ergibt sich bereits ein wortinternes Tying der entsprechenden Modelle. Dabei geht man natürlich davon aus, dass für eine solche Spielzeuganwendung Laute in unterschiedlichen Kontexten gleich modelliert werden können. Bei Verschaltung der beiden Wörter zu einem primitiven Verbundmodell ist außerdem klar, dass die Parameter des Teilmodells für den Laut /a/ im gemeinsamen Modell identisch sind, also auch "getied" werden können.

In einfachen Fällen modellgetriebenen Tyings werden also Parameter identisch benannter Teilmodelle in einem komplexeren Gesamtmodell zusammengefasst. Bei der Konstruktion von HMMs durch Verschaltung existierender Modelle entspricht dies schlicht der Wiederverwendung von Parametersätzen. Für die Trainingsphase bedeutet es, dass alle in der Stichprobe enthaltenen Beispielsequenzen, die einer beliebigen Modellkopie entsprechen, zur Schätzung der gemeinsam verwendeten Parameter herangezogen werden.

Modellgeneralisierung

Komplexer wird modellgetriebenes Tying, wenn die Ähnlichkeit von Teilmodellen nicht direkt aus deren Bezeichnung abgelesen werden kann, sondern durch Inferenzprozesse ermittelt werden muss. Solche Verfahren kommen hauptsächlich in Zusammenhang mit der Verwendung kontextabhängiger Wortuntereinheiten zum Einsatz (siehe auch Abschnitt 8.2.2 Seite 130). Die Vielfalt der möglichen Modelle ist dann in der Regel so groß, dass für die Mehrzahl davon keine direkte Schätzung robuster Parameter erfolgen kann. Daher versucht man, ähnliche Modelle zusammenzufassen, um deren Trainierbarkeit sicherstellen zu können.

Ein regelbasiertes Verfahren zur Generalisierung kontextabhängiger Wortuntereinheiten, die nach dem Prinzip von Triphonen aufgebaut sind, wurde in [ST 95, S. 183ff] vorgeschlagen. Die Verallge-

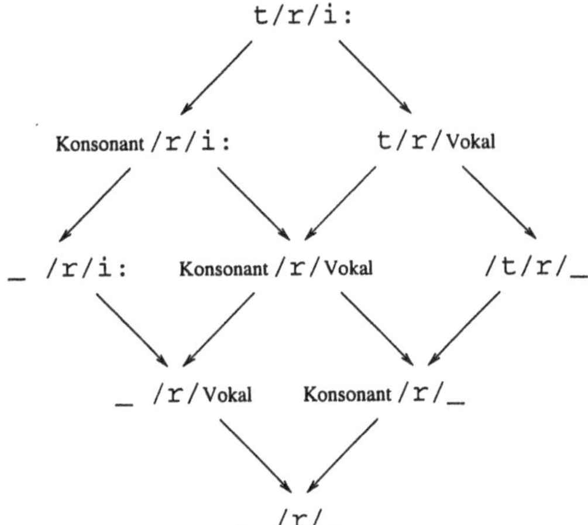

Abb. 9.7
Beispiel zur Generalisierung der Kontextrestriktion bei Triphonen

meinerung der Kontextrestriktion auf symbolischer Ebene kann für solche Modelle entweder durch
Kürzung der segmentalen Ausdehnung des Kontexts erfolgen oder durch explizite Einführung von
Kontextoberklassen.

Abbildung 9.7 zeigt, ausgehend von dem Triphonmodell $t/r/i:$, eine denkbare einfache Generalisierungshierarchie. Da jede Verallgemeinerung der Kontextrestriktion entweder den linken oder
den rechten Kontext betreffen kann, existieren zu jedem Triphonmodell immer zwei mögliche Ver-
allgemeinerungen. Die Generalisierung eines einzelnen Kontexts erfolgt in diesem Beispiel in zwei
Schritten. Zuerst werden grobe Lautoberklassen wie Vokale, Nasale, Plosive etc. verwendet, und
schließlich wird die Kontexteinschränkung ganz fallen gelassen. Am Ende des Generalisierungs-
prozesses steht also immer das jeweilige kontextunabhängige Lautmodell.

Bezieht sich die Kontexteinschränkung auf mehr als jeweils ein benachbartes Modell wie z.B. bei
sogenannten Polyphonen, erfolgt die Generalisierung der Modelle durch einfache Kürzung der Kon-
textausdehnung. Am Ende der Generalisierungshierarchie steht dabei wieder die kontextunabhängige Variante der modellierten Einheit, bei Polyphonen also das entsprechende Monophon.

In der entstehenden Hierarchie von generalisierten Modellen müssen nun noch diejenigen ausgewählt werden, die hinreichend speziell und gleichzeitig ausreichend robust trainierbar sind. Sie
werden dann anstelle der zu speziell ausgeprägten ursprünglichen kontextabhängigen Einheiten zur
Konstruktion komplexerer HMMs verwendet. Ein gutes Maß für die Trainierbarkeit von HMMs
bietet die Vorkommenshäufigkeit der entsprechenden Einheiten in den verfügbaren Beispieldaten.
Man wählt dann in der Generalisierungshierarchie die speziellsten Modelle aus, die häufiger als eine vorgegebene untere Schranke im Trainingsmaterial vorkommen. In der Praxis werden mit Mindesthäufigkeiten zwischen 50 und 100 Vorkommen gute Ergebnisse erzielt.

Modellclustering

Eine andere Sicht auf die Generalisierungsbeziehungen zwischen HMMs für verschieden spezielle Wortuntereinheiten ergibt sich bei der Verwendung von Verfahren auf der Basis von *Entscheidungsbäumen* (engl. *decision trees* oder *classification and regression trees*, [Bre 84]). Im Gegensatz

zur Festlegung von Generalisierungsbeziehungen zwischen kontextabhängigen Wortuntereinheiten werden Kriterien formuliert, die ähnliche Einheiten zu Gruppen oder Clustern zusammenfassen (vgl. z.B. [Kuh 94]). Es handelt sich daher um Verfahren zur Clusteranalyse, die jedoch auf der symbolischen Repräsentation der Modelle aufsetzen und bei denen Ähnlichkeitsbeziehungen durch Regeln definiert werden.

Wir wollen das prinzipielle Vorgehen kurz am Beispiel der Zusammenfassung ähnlicher Triphonmodelle erläutern. Jeder Knoten im Entscheidungsbaum entspricht dabei einer möglichen Gruppe von Triphonen mit identischem Zentrallaut. Ein bestimmtes Modell wird, beginnend bei der Baumwurzel, einer solchen Modellgruppe durch eine Folge binärer Entscheidungen zugeordnet. In jedem Baumknoten wird dazu ein von Experten aufgestelltes Kriterium ausgewertet, das eine bestimmte Eigenschaft des Modellkontexts überprüft[10]. Je nachdem ob diese Eigenschaft auf das betrachtete Triphon zutrifft oder nicht, wird entweder der linke oder der rechte Nachfolger des aktuellen Baumknotens erreicht. Den einzelnen Blattknoten des Entscheidungsbaums entspricht jeweils ein HMM, das zur tatsächlichen Modellierung aller Triphone verwendet wird, die durch die Entscheidungsregeln diesem Knoten zugeordnet wurden.

Mit Hilfe dieser Technik ist eine sehr fein parametrisierbare Gruppierung kontextabhängiger Wort untereinheiten möglich. Hauptnachteil der Methode ist jedoch, dass die notwendigen Entscheidungsregeln von Experten aufgestellt werden müssen. Die entstehenden Regelwerke sind zudem in der Praxis äußerst umfangreich und werden in der Literatur nur beispielhaft oder in sehr begrenzten Auszügen angegeben (vgl. [Kuh 94]).

Den Nachteil, dass zur Gruppierung von Modellen zuerst Expertenwissen in geeigneter Art formalisiert werden muss, versuchen agglomerative Verfahren zu umgehen, die rein datengetrieben Ähnlichkeiten zwischen verschiedenen Teilmodellen ableiten. Bei diesen Methoden muss jedoch immer noch ein geeignetes Abstandsmaß zwischen den Parameterwerten der betrachteten HMMs vorgegeben werden. Dann können unter Anwendung eines Clusteranalyseverfahrens automatisch Gruppen von Modellen berechnet werden, die ähnliche Parameter besitzen und daher durch ein gemeinsames HMM repräsentiert werden können. Als einer der ersten Forscher setzte Kai-Fu Lee ein solches rein datengetriebenes Verfahren zur Bestimmung geeigneter generalisierter Triphone ein [Lee 89, S. 103ff]. Da die Modellstruktur einzelner HMMs im allgemeinen variieren kann und bei der Abstandsberechnung zumindest mehrere Zustände eines Modells berücksichtigt werden müssen, haben sich automatische Verfahren zum Tying auf der Ebene der Teilmodelle nicht durchsetzen können. Allerdings stellt die Anwendung äquivalenter Methoden auf der Ebene der Modellzustände mittlerweile eine Standardtechnik dar. Daher wollen wir die entsprechenden Verfahren im Rahmen der automatischen Generierung von Zustandsclustern im folgenden Abschnitt vorstellen.

9.2.2 Zustandstying

Das Tying individueller HMM-Zustände stellt gegenüber der Verschmelzung von ähnlichen Modelluntereinheiten eine Verallgemeinerung dar. Parametergruppen können dabei mit deutlich höherer Granularität gewählt werden. Gleichzeitig vereinfachen sich automatische Verfahren, da die Struktur der bearbeiteten Einheiten deutlich einfacher ist als die von Teilmodellen.

---

[10]In der Literatur spricht man oft in unangemessen anthropomorphisierender Weise davon, dass Baumknoten "Fragen stellen" (engl. "*nodes ask questions*").

Einfache Dauermodellierung

Auf Zustandsebene wird kaum konstruktives Tying angewandt, da einzelnen Zuständen im Gegensatz zu Modelluntereinheiten üblicherweise keine symbolische Bedeutung innerhalb von komplexen Modellen zugeordnet wird. Lediglich zur Veränderung der Dauermodellierung von HMMs wird vereinzelt konstruktives zustandsbasiertes Tying eingesetzt. Ein einzelner Modellzustand beschreibt Datensegmente, deren Dauer einer geometrischen Verteilung gehorcht. Die maximale Wahrscheinlichkeit wird – unabhängig von den konkreten Werten der Übergangswahrscheinlichkeiten – für eine Segmentlänge von nur einem Zeittakt erreicht. Für längere Segmentdauern fällt die Verweilwahrscheinlichkeit exponentiell ab (vgl. [Hua 90, S. 218]). Durch lineare Verkettung von mehreren identischen Kopien eines Zustands lässt sich das Dauerverhalten so verändern, dass es einer Binomialverteilung gehorcht. Bei linearen Modellen wird dadurch eine Mindestsegmentdauer vorgegeben, die der Anzahl der replizierten Zustände entspricht. Mit Hilfe der Übergangswahrscheinlichkeiten kann die Zustandsgruppe so parametrisiert werden, dass die maximale Verweilwahrscheinlichkeit für eine beliebige größere Segmentdauer erreicht wird (vgl. z.B. [ST 95, S. 153ff]).

Man kann davon auszugehen, dass eine binomialverteilte Segmentdauer besser für die Modellierung geeignet ist als eine exponentiell abklingende Verteilung. Allerdings haben solche relativ einfachen Veränderungen der Dauereigenschaften (vgl. auch Abschnitt 5.8.2) in der Praxis kaum entscheidenden Einfluss auf die Modellierungsqualität, da diese immer durch den weitaus wichtigeren Anteil der Emissionsdichten dominiert wird.

Zustandsclustering

Als Stand der Forschung hat sich dagegen die regelbasierte oder datengetriebene Erzeugung von Zustandsclustern herausgebildet (engl. *state clustering*). Solche Verfahren werden in vielen aktuellen Systemen eingesetzt, um auf flexible und doch konzeptionell einfache Weise eine möglichst optimale Ausnutzung der Trainingsdaten bei gleichzeitig hoher Modellierungsqualität zu erreichen.

Speziell für den Bereich der Spracherkennung wurden eine Reihe von regelbasierten Methoden vorgestellt. Dabei wird linguistisch-phonetisches Expertenwissen über Ähnlichkeiten zwischen den Zuständen kontextabhängiger Lautmodelle in Form von Entscheidungsbäumen repräsentiert (vgl. [Bre 84], siehe auch Seite 154). Diese lassen sich dann dazu verwenden, eine Generalisierungshierarchie auf möglichen Gruppen von Modellzuständen zu erzeugen. Solche Zustandsgruppen beschreiben phonetische Ereignisse, die in mehreren unterschiedlichen Kontexten als Bestandteil eines Lautes vorkommen. Trainiert werden dann Parametersätze für diejenigen Cluster, für die ausreichend viele Datenbeispiele vorliegen und die gleichzeitig eine möglichst spezielle Modellbindung erlauben (vgl. z.B. [Fri 97, Noc 97, Kos 98], [Hua 01, S. 432ff]). Der Hauptnachteil dieser Methoden liegt darin, dass die Notwendigkeit besteht, sehr spezialisiertes Expertenwissen zu akquirieren und für die Anwendung eines automatischen Clusterverfahrens geeignet zu repräsentieren.

Dies wird vermieden, wenn die Ermittlung der Zustandscluster ausschließlich datengetrieben erfolgt. Hierzu muss zuerst ein Ähnlichkeits- oder Abstandsmaß zwischen Modellzuständen definiert werden, das sich allein aufgrund der Zustandsparameter bzw. der mit einem Zustand assoziierten Datenbeispiele berechnen lässt. Anschließend können durch ein prinzipiell beliebiges Vektorquantisierungs- oder Clusteranalyseverfahren Zustandsgruppen bestimmt werden, deren Parameter robust trainierbar sind.

Gegeben seien die Parameter eines HMMs, dessen Zustandsanzahl optimiert werden soll, ein Abstandsmaß $d(C_i, C_j)$ für Modellzustände bzw. Zustandscluster und ein geeignetes Abbruchkriterium

1. **Initialisierung**

   Erzeuge für alle Modellzustände i jeweils einen Zustandscluster

   $C_i = \{i\} \quad \forall i, 0 \leq i \leq N$

   und fasse diese zur initialen Clustermenge $\mathcal{C}$ zusammen:

   $$\mathcal{C} = \bigcup_{i=1}^{N} \{C_i\}$$

2. **Selektion**

   Wähle aus der aktuellen Menge $\mathcal{C}$ von Zustandsclustern das Paar C_j, C_k aus, das das Abstandsmaß minimiert:

   $$(C_j, C_k) = \operatorname*{argmin}_{C_p, C_q \in \mathcal{C}} d(C_p, C_q)$$

3. **Reorganisation**

   Bilde einen neuen Zustandscluster C durch Verschmelzung von C_j und C_k:

   $C \leftarrow C_j \cup C_k$

   Entferne die Ausgangscluster C_j und C_k aus $\mathcal{C}$ und füge stattdessen den neu erzeugten Cluster C ein:

   $\mathcal{C} \leftarrow \mathcal{C} \setminus \{C_j, C_k\} \cup \{C\}$

4. **Terminierung**

   falls das Abbruchkriterium für die aktuelle Menge $\mathcal{C}$ von Zustandsclustern noch nicht erfüllt ist

   weiter mit Schritt 2

   sonst Ende!

Abb. 9.8 Algorithmus zur automatischen Bestimmung einer Menge von Zustandsclustern in einem HMM.

Abbildung 9.8 zeigt einen einfachen Algorithmus zur automatischen Erzeugung von Zustandsclustern in HMMs beliebiger Struktur. Er geht ähnlich vor, wie die in [Lee 89, S. 104] oder [You 94a] beschriebenen Verfahren. Der Algorithmus geht davon aus, dass für die Parametersätze einzelner Zustände oder Zustandsgruppen C_j bzw. C_k ein geeignetes Abstandsmaß $d(C_j, C_k)$ vorgegeben wurde. Außerdem muss ein Kriterium angegeben werden, wann das Gruppierungsverfahren abzubrechen ist, da andernfalls alle Zustände zu einem trivialen Cluster zusammengefasst würden.

Im Initialisierungschritt wird pro Modellzustand ein Cluster erzeugt, der diesen enthält. Zusammen bilden sie die initiale Clustermenge. In jeder Optimierungsphase wird nun das Paar von Clustern C_j und C_k ausgewählt, das bezüglich des gewählten Maßes minimalen Abstand besitzt. Diese beiden Zustandscluster werden anschließend zusammengefasst. Sofern das Abbruchkriterium für die aktuelle Clustermenge noch nicht erfüllt ist, wird die Auswahl der am nächsten benachbarten Zustandscluster wiederholt. Anderfalls ist das Verfahren beendet.

Eine einfache und robuste Möglichkeit zur Festlegung eines Abbruchkriteriums kann wie bei Tying von Teilmodellen auf der Basis der Häufigkeit der erzeugten Cluster im Trainingsmaterial erfolgen. Es muss dann lediglich überprüft werden, ob alle bislang gebildeten Zustandscluster hinreichend viele Merkmalsvektoren abdecken. Ist dies für jeden Cluster erfüllt, wird von einer robusten Trainierbarkeit des modifizierten Modells ausgegangen. Die Mindestanzahl der Trainingsbeispiele pro Zustandscluster ist allerdings anwendungsabhängig und muss im allgemeinen empirisch ermittelt werden. Ähnlich wie für Teilmodelle liefern Mindesthäufigkeiten zwischen 50 und wenigen hundert Trainingsbeispielen in der Praxis gute Ergebnisse.

Die wichtigsten Modellparameter eines HMM-Zustands dienen zur Beschreibung der Emissionsdichte. Übergangswahrscheinlichkeiten sind dagegen von untergeordneter Bedeutung und werden bei der Bestimmung von Zustandsclustern nicht berücksichtigt. Allerdings ist es problematisch, für allgemeine, mit Mischverteilungsmodellen beschriebene Emissionsverteilungen ein Abstandsmaß anzugeben. Daher werden in der Praxis üblicherweise geeignete Vereinfachungen vorgenommen.

Die zur Bestimmung der Zustandscluster verwendeten Modellparameter müssen nicht der Modellierung entsprechen, die für das modifizierte Modell letztendlich verwendet wird. Diese kann nach der Optimierung der Modellstruktur in beliebiger Weise festgelegt werden. Daher kann als Grundlage des Clusteranalyseverfahrens im Zustandsraum eine einfachere Modellierung dienen. In [You 94a] werden zur Bestimmung der Zustandscluster Emissionsverteilungen mit lediglich einer einzelnen Normalverteilungsdichte verwendet. Als Abstandsmaß zwischen Zuständen bzw. Zustandsclustern kann dann die Divergenz verwendet werden, die für zwei multivariate Normalverteilungsdichten wie folgt definiert ist (vgl. z.B. [Nie 83, S. 133]):

$$d_{\text{Divergenz}}(\mathcal{N}_j, \mathcal{N}_k) = \frac{1}{2}(\mu_j - \mu_k)^T(K_j^{-1} + K_k^{-1})(\mu_j - \mu_k) + \tag{9.7}$$

$$+ \frac{1}{2}\,\text{Spur}\{K_j^{-1}K_k + K_k^{-1}K_j - 2I\}$$

Eine deutliche Vereinfachung dieser Berechnungsvorschrift ergibt sich bei der Berücksichtigung lediglich diagonaler Kovarianzmatrizen, wie sie auch in [You 94a] verwendet werden. Das Clustering ist dort außerdem auf Modellzustände beschränkt, die in kontextabhängigen Modellen mit demselben Basislaut vorkommen. Als Abbruchkriterium wird eine Mindestanzahl von 100 Trainingsbeispielen pro erzeugte Zustandsgruppe gefordert. Die so optimierte HMM-Struktur dient dann als Ausgangsbasis zur Erstellung eines komplexeren Modells mit durch Mischverteilungsdichten beschriebenen Emissionen.

Ein einfach auszuwertendes Abstandsmaß für Mischverteilungsmodelle wird in [Dug 95] vorgeschlagen. Da bei der zugrundeliegenden Modellierung lediglich eine globale Kovarianz verwendet wird, lässt sich der Abstand zweier Zustandscluster allein auf der Basis der Mittelwertvektoren der entsprechenden Komponentendichten definieren. Als Clusterabstand wird die größte Entfernung zwischen allen möglichen Paaren von Mittelwertvektoren μ_l und ν_m wie folgt berechnet:

$$d(C_j, C_k) = \max_{\mu_l \in C_j, \nu_m \in C_k} \|\mu_l - \nu_m\|$$

Dieses Abstandsmaß wird als *furthest-neighbor*-Kriterium bezeichnet, da nur die jeweils am weitesten voneinander entfernt liegenden Basisdichten den Ausschlag geben.

Bei diskreten HMMs und auch bei Mischverteilungsmodellen, die auf gemeinsam verwendeten Codebüchern basieren wie z.B. semi-kontinuierliche HMMs, lassen sich die zustandsspezifischen Emissionsverteilungen besonders einfach miteinander vergleichen. Da die zugrundeliegenden Basisdichten durch das Zustandsclustering nicht modifiziert werden bzw. im diskreten Fall gar nicht vorhanden sind, sind die Verteilungen vollständig durch die Mischungsgewichte c_{jk} bzw. die diskreten Emissionswahrscheinlichkeiten einzelner Symbole definiert.

Für solche diskreten Verteilungen lässt sich die Entropie $H(C_j)$ berechnen, die ein Maß dafür angibt, wie speziell bzw. allgemein mögliche Emissionen in dem betreffenden Modellzustand bzw. Zustandscluster C_j erzeugt werden.

$$H(C_j) = -\sum_{k=1}^{K} c_{jk} \ln c_{jk}$$

Die Entropie einer diskreten Verteilung ist nichtnegativ und nimmt für eine Gleichverteilung ihren Maximalwert $\ln K$ an. Sie wird Null, sofern die Verteilung die Modellausgaben eindeutig definiert, d.h. genau eine diskrete Ausgabewahrscheinlichkeit bzw. ein Mischverteilungsgewicht den Wert Eins annimmt und alle übrigen verschwinden (vgl. z.B. [Hua 01, S. 120ff]).

Die Zusammenfassung von Zuständen und die Modellierung der entsprechenden Emissionen durch *eine* gemeinsame Verteilung bewirkt eine Zunahme der Entropie. Diese kann als Abstandsmaß für die Bildung von Zustandsclustern verwendet werden. Um zu verhindern, dass große Cluster, die eine umfangreiche Anzahl von Merkmalsvektoren abdecken, den Gruppierungsprozess dominieren, wird die Entropiezunahme mit der Anzahl der zugrundeliegenden Trainingsbeispiele gewichtet. Für ein Paar von Clustern C_i und C_j, deren Ausgabeverteilungen durch Mischungsgewichte c_{ik} bzw. c_{jk} gegeben sind, ist die gewichtete Entropiezunahme dann wie folgt definiert (vgl. [Lee 89, S. 105]):

$$d(C_i, C_j) = (N_i + N_j)H(C_i \cup C_j) - N_i H(C_i) - N_j H(C_j)$$

Dabei stehen N_i bzw. N_j für die Anzahl der Trainingsbeispiele, die dem jeweiligen Cluster zugeordnet wurden. Die neuen Mischungsgewichte eines Zustandsclusters C_m, der aus C_i und C_j gebildet wird, ergeben sich als gewichtete Mittelwerte der einzelnen Mischverteilungsgewichte gemäß:

$$c_{mk} = \frac{N_i}{N_i + N_j} c_{ik} + \frac{N_j}{N_i + N_j} c_{jk}$$

Sie lassen sich daher während der Gruppierungsprozesses äußerst leicht berechnen.

9.2.3   *Tying* in Mischverteilungsmodellen

Eine gegenüber Zustandsclustern noch weiter verfeinerte Form des Tying lässt sich durch die Zusammenfassung ähnlicher Parameter innerhalb der für die Emissionsmodellierung zugrundegelegten Mischverteilungsmodelle erreichen.

Mixture Tying

Die bekannteste Variante des Tying auf Mischverteilungsebene stellen die sogenannten *semi-kontinuierlichen HMMs* (engl. *semi-continuous* bzw. *tied-mixture models*) dar (siehe auch Abschnitt 5.2 Seite 69). Dabei wird für alle Mischverteilungen innerhalb eines HMMs ein gemeinsamer Satz von Basisdichten verwendet, d.h. die einzelnen Mischungskomponenten werden zwischen allen Verteilungen "getied". Man erhält dann die folgende Definition der Emissionsdichten (vgl. Gleichung (5.2)):

$$b_j(x) = \sum_{k=1}^{M} c_{jk} \mathcal{N}(x|\mu_k, K_k) = \sum_{k=1}^{M} c_{jk} g_k(x)$$

Semi-kontinuierliche HMMs bieten eine Reihe von praktischen Vorteilen gegenüber der "voll-kontinuierlichen" Modellierung, bei der die zustandsspezifischen Mischverteilungen völlig unab-hängig voneinander beschrieben werden.

Durch die Verwendung eines einzigen gemeinsamen Codebuchs kann auf einfache Weise sicherge-stellt werden, dass alle Basisdichten zuverlässig auf den vorhandenen Beispieldaten geschätzt wer-den können. Da Vektorquantisierungsverfahren meist dazu neigen, Klassengebiete ähnlicher Größe zu erzeugen, muss bei der Berechnung eines initialen Codebuches für ein semi-kontinuierliches HMM lediglich darauf geachtet werden, dass im Mittel pro Parameter der Basisverteilungen ausrei-chend Merkmalsvektoren in der Stichprobe vorhanden sind. Durch ein anschließendes Training des Modells werden die einzelnen Basisdichten zwar verändert. Dies führt aber nur in Ausnahmefällen dazu, dass eine Parameterschätzung aufgrund von Beispieldatenmangel fehlschlägt. Außerdem kann in semi-kontinuierlichen HMMs die Dynamik der Bewertungen während der Berechnungsprozes-se durch Umrechnung der Verteilungsdichtewerte in a-posteriori-Wahrscheinlichkeiten effektiv be-grenzt werden (siehe Abschnitt 7.3).

Die prinzipielle Idee von semi-kontinuierlichen HMMs, gemeinsame Basisdichten für die Model-lierung von Mischverteilungen zu verwenden, lässt sich auch auf den Einsatz mehrerer Codebücher verallgemeinern. Welche Modellzustände ein gemeinsames Codebuch verwenden, muss allerdings vom Systementwickler vorgegeben werden. Sinnvoll ist es, solche Zustände diesbezüglich zusam-menzufassen, von denen man erwarten kann, dass ihre Emissionsverteilungen ähnliche Daten be-schreiben werden.

Das bekannteste Beispiel einer solchen Modellierung sind die sogenannten *phonetically-tied mix-tures*. Bei dieser für die automatische Spracherkennung entwickelten Modellierung verwenden alle Zustände von Modellen, die aus phonetischer Sicht zu ähnlichen Lauten oder Lautgruppen gehören, gemeinsame Codebücher. Bei der Verwendung von Triphonen als Wortuntereinheiten teilen sich dann z.B. alle Modelle mit demselben Zentrallaut ein Inventar von Basisverteilungen.

Clustering von Dichten

Neben solchen konstruktiven Techniken existieren auch automatische Methoden zum Tying der Basisdichten von Mischverteilungsmodellen. Da jedoch für einzelne Komponentendichten im all-gemeinen keine symbolische Beschreibung des Vorkommenskontexts angegeben werden kann, exi-stieren keine Verfahren auf der Basis von Entscheidungsbäumen. Agglomerative Techniken können dagegen völlig analog zur automatischen Bestimmung von Zustandsclustern eingesetzt werden, wie sie im vorangegangenen Abschnitt vorgestellt wurde. Man erhält dadurch eine noch feinere Granu-larität bei der Zusammenfassung ähnlicher Modellparameter. Als Abstandsmaße zwischen einzel-nen Dichten kann z.B. die Divergenz wie bei der Bildung von Zustandsgruppen verwendet werden (siehe Gleichung (9.7)).

In [Dug 95] kommt ein sehr einfach zu berechnendes Maß zum Einsatz, das lediglich den gewichte-ten euklidischen Abstand der entsprechenden Mittelwertvektoren μ_i und μ_j der Dichtegruppen C_i und C_j auswertet:

$$d(C_i, C_j) = \frac{N_i N_j}{N_i + N_j} \, \|\mu_i - \mu_j\|$$

Dabei stehen N_i bzw. N_j für die Anzahl der Trainingsbeispiele, die auf die jeweilige Dichte entfallen. Ein aufwendigeres Verfahren, das auch die Kovarianzmatrizen der beteiligten Dichten berücksichtigt, wird in [Kan 94] vorgeschlagen.

Im Gegensatz zur Bildung von Zustandsclustern dient die Zusammenfassung von Parametern auf der Ebene von Mischverteilungsdichten in der Regel nicht dazu, allgemeinere Modellierungsanteile zu definieren, die sich auf einer gegebenen begrenzten Stichprobe robust schätzen lassen. Vielmehr verfolgen alle Verfahren als Hauptzweck die Beschleunigung der Modellauswertung.

Tying von Kovarianzmatrizen

Bei der Mischverteilungsmodellierung beschreiben die Mittelwertvektoren einer Basisdichte das Zentrum eines Häufungsgebiets der betrachteten Datenverteilung. Gegenüber den Kovarianzen, die die lokale Verzerrung des Merkmalsraumes angeben, kommt daher den Mittelwertvektoren im allgemeinem die größere Bedeutung zu. Insbesondere bei der Verwendung voll besetzter Kovarianzmatrizen erfordern diese jedoch für eine robuste Schätzung deutlich mehr Trainingsbeispiele. Daher werden in umfangreicheren Mischverteilungsmodellen häufig auch Kovarianzmatrizen "getied", d.h. von mehreren oder allen Basisdichten gemeinsam verwendet.

Das radikalste Vorgehen dieser Art wird in den Spracherkennungssystemen angewandt, die aus der Philips-Forschungstradition hervorgegangen sind (vgl. z.B. [Ste 96, Ney 98]). Im Gegensatz zur standardmäßigen Definition kontinuierlicher HMMs werden dort Emissionsverteilungen auf der Basis von Laplace-Dichten mit einem Positionsvektor r_{jk} und je einem Skalierungsfaktor $v(l)$ pro Dimension der Merkmalsvektoren definiert:

$$g_{jk}(x|r_{jk}, v) = \frac{1}{\prod_{l=1}^{n} 2v(l)} \; e^{-\sum_{l=1}^{n} \frac{|x(l) - r_{jk}(l)|}{v(l)}}$$

Dies entspricht im wesentlichen der Verwendung von Gauß-Dichten mit den Mittelwertvektoren r_{jk} und einer gemeinsam verwendeten diagonalen Kovarianzmatrix, deren Elemente die Faktoren $v(l)$ bilden. Der Erfolg einer solchen drastischen Vereinfachung der Kovarianzmodellierung liegt wohl in der Tatsache begründet, dass in den entsprechenden Erkennungssystemen immer auch eine lineare Diskriminanzanalyse angewandt wird. Deren erster Berechnungschritt besteht darin, die Kovarianzmatrizen der einzelnen Musterklassen näherungsweise auf Einheitsform zu bringen (siehe Abschnitt 9.1.2 Seite 147). Dadurch verliert die Modellierung der lokalen Verzerrung des Merkmalsraumes deutlich an Bedeutung und kann auch für Mischverteilungsmodelle mit einigen 10 000 bzw. mehreren 100 000 Dichten erfolgreich durch eine einzige global verwendete diagonale Kovarianzmatrix beschrieben werden.

9.3   Parameterinitialisierung

Die in Abschnitt 5.7 ab Seite 81 vorgestellten Trainingsverfahren für HMMs erfordern immer die Vorgabe eines geeigneten initialen Modells, dessen Parameter dann iterativ verbessert werden. Wie die Wahl eines solchen Startpunkts der Optimierungsverfahren erfolgen soll, wird allerdings in der Literatur kaum behandelt, obwohl diese Entscheidung das gesamte nachfolgende Parametertraining

wesentlich beeinflusst. Es reicht für Modelle mit praktischer Relevanz in keinem Fall aus, initiale
Parameter zufällig oder gemäß einer Gleichverteilung festzulegen.

Als einziges formal definiertes Verfahren bietet der *segmental-k-means*-Algorithmus die Möglichkeit, initiale Parameter für ein HMM-Training zu bestimmen [Lee 90]. Diese Methode der Parameterschätzung führt abwechselnd eine Segmentierung der Trainingsdaten und eine Neuberechnung
der Modellparameter *allein* aufgrund der Segmentierung unter Beibehaltung der Modellstruktur aus
(siehe Seite 93ff). Zur Initialisierung des Verfahrens reicht es daher aus, eine Segmentierung der
Trainingsstichprobe sowie die gewünschte Modellstruktur vorzugeben. Letztere umfasst in der Regel eine Modularisierung in Modelluntereinheiten (siehe Abschnitt 8.2), die Wahl einer geeigneten
Topologie der Basismodelle (siehe Abschnitt 8.1), sowie die Spezifikation der Anzahl von Basisverteilungen, die zur Beschreibung von Emissionsdichten verwendet werden sollen.

Die initiale Segmentierung der Stichprobe wird beim *segmental-k-means*-Algorithmus aus einer
Referenzannotation abgeleitet. Die manuelle Zuordnung von Merkmalsvektoren und Modellzuständen ist dagegen in der Praxis *de facto* nicht möglich, und selbst die manuelle Segmentierung von
Daten in elementare Beschreibungseinheiten wie z.B. Laute oder Buchstaben verursacht einen immensen Aufwand, der nur in den wenigsten Fällen zu leisten ist.

Daher wird in [Lee 90] ein radikal vereinfachtes Vorgehen für die Initialisierung linear aufgebauter
Modellstrukturen vorgeschlagen. Aus der Referenzannotation kann zuerst durch Konkatenation der
entsprechenden HMMs ein Modellrahmen für jeden Abschnitt der Trainingsdaten erzeugt werden.
Im Bereich der Spracherkennung erzeugt man z.B. durch Hintereinanderschaltung von Wortmodellen gemäß der orthographischen Transkription ein Rahmen-HMM für die jeweilige Äußerung. Da
man von einem prinzipiell linearen Durchlaufen der entsprechenden Modellzustände ausgeht, lassen sich diese in einfacher Weise den vorliegenden Merkmalsvektoren linear zuordnen. Obwohl die
so gewonnene initiale Segmentierung im allgemeinen nur sehr unzureichend sein wird, genügt sie
in der Regel zur Definition eines Startpunkts für die anschließende Optimierung des Modells.

Wesentlich bessere Ergebnisse lassen sich erzielen, wenn genauere Segmentierungsinformation bei
der Initialisierung der Modellparameter eingebracht wird. Diese leitet man in der Regel aus einem
bereits bestehenden Erkennungssystem ab, das dazu verwendet wird, die Trainingsbeispiele in eine
Folge von Wörtern, Lauten oder Buchstaben zu segmentieren[11]. Die lineare Zuordnung zwischen
Merkmalsvektoren und Modellzuständen erfolgt dann lediglich innerhalb dieser relativ kleinen Segmente, so dass eine akzeptable Genauigkeit erzielt wird.

Da die Wahl eines initialen Modells auf der Grundlage einer optimierten Segmentierung sich in der
Regel positiv auf das Parametertraining auswirkt, wird man selbst bei unveränderter Modellstruktur
nach einer solchen zweiten Initialisierungsphase eine Qualitätsverbesserung erreichen. Allerdings
ist es mit Hilfe einer hinreichend genauen Segmentierung insbesondere möglich, das Training eines
wesentlich komplexeren Modells deutlich besser zu initialisieren als auf der Basis einer uninfor-
mierten linearen Zustandszuordnung. Daher werden umfangreichere HMM-Systeme häufig in einer
Reihe von Designphasen aufgebaut. Man startet mit einem sehr einfachen Modell und verfeinert
dessen Struktur im Laufe von einigen aufeinanderfolgenden Optimierungschritten, wobei die Parameter jeweils mit der verbesserten Segmentierungsinformation neu initialisiert werden.

---

[11]Sofern für eine gegebene Stichprobe im Ausnahmefall doch eine manuell erstellte Segmentierung auf der Ebene elementarer Einheiten vorliegt, kann diese selbstverständlich alternativ an dieser Stelle in das Verfahren eingebracht werden.

10 Effiziente Modellauswertung

Mit dem Viterbi-Algorithmus wurde in Abschnitt 5.6 eine Dekodierungsvorschrift für HMMs vorgestellt, und auch zur Auswertung von n-Gramm-Modellen existieren Algorithmen wie z.B. das auf den Seiten 110ff beschriebene sogenannte *backing-off*. Allerdings stellen diese Methoden nur das Grundgerüst dar, auf dem aufbauend Algorithmen für die effiziente und integrierte Auswertung von Markov-Modellen in der Praxis entwickelt werden.

Allen diesen Verfahren liegt die Idee zugrunde, soweit wie möglich "unnötige" Berechnungen einzusparen. Dies lässt sich in manchen Fällen durch eine geeignete Reorganisation der Repräsentation des Suchraums oder des Modells selbst erreichen. Bei der Mehrzahl der Verfahren werden jedoch "wenig aussichtsreiche" Lösungswege explizit frühzeitig aus dem weiteren Suchprozess ausgeschlossen und der Suchraum somit auf einen eng fokussierten "vielversprechenden" Ausschnitt reduziert. Dieses Vorgehen bezeichnet man häufig auch als *Suchraumbeschneidung* bzw. direkt mit dem entsprechenden englischen Begriff als *pruning*. Problematisch ist es bei allen solchen Verfahren, eine Methode zu finden, um "wenig aussichtsreiche" Lösungen zu identifizieren. Mit absoluter Sicherheit ist dies nämlich immer erst *nach* Kenntnis der tatsächlich optimalen Lösung möglich. Jede vorzeitige Entscheidung birgt daher das Risiko, unter Umständen auch die eigentlich gesuchte Hypothese aus dem Suchraum zu entfernen. In vielen Fällen kommt jedoch deren exakte Berechnung in der Praxis wegen des immensen Rechenaufwands sowieso nicht in Frage. Daher nimmt man in der Regel in Kauf, dass handhabbare, effiziente Verfahren im allgemeinen nur Näherungslösungen liefern. Man nennt solche Methoden dann auch *suboptimal*.

Die folgenden Abschnitte geben eine Übersicht über die wichtigsten Verfahren zur effizienten Auswertung von Markov-Modellen. Am Anfang stehen Methoden zur beschleunigten Berechnung von Emissionsdichten auf der Basis von Mischverteilungen. Anschließend wird das Standardverfahren zur effizienten Anwendung der Viterbi-Dekodierung auf große HMMs beschrieben. In Abschnitt 10.3 werden Methoden beschrieben, die Techniken der Suchraumeinschränkung zur Beschleunigung des Modellparametertrainings bei HMMs einsetzen. Den Abschluss des Kapitels bildet ein Abschnitt über baumförmige Modellstrukturen, die sowohl bei HMMs als auch bei n-Gramm-Modellen verwendet werden können, um die Effizientz der Verarbeitung zu steigern.

10.1 Effiziente Auswertung von Mischverteilungen

In typischen Anwendungen kontinuierlicher HMMs, bei denen Emissionsdichten durch Mischverteilungen repräsentiert werden, kann die Auswertung dieser Modelle während der Dekodierung den insgesamt entstehenden Suchaufwand deutlich dominieren. Besonders wenn zur möglichst exakten Repräsentation der Emissionen sehr viele Basisdichten verwendet werden, entsteht unter

Umständen mehr als die Hälfte des Dekodierungsaufwandes durch die Berechnung dieser Verteilungsdichten (vgl. [Pau 97]). Daher werden in den meisten größeren HMM-basierten Systemen Verfahren zur Beschränkung der Mischverteilungsauswertung eingesetzt, deren konkretes Vorgehen jedoch in der Literatur nicht immer gut dokumentiert ist.

Allen diesen Methoden liegt das Prinzip zugrunde, durch ein sehr schnell anzuwendendes Verfahren eine Teilmenge von Basisdichten zu identifizieren, die zur Berechnung der erforderlichen Emissionsdichten relevante Beiträge leisten. Für diese wird dann der Dichtewert exakt bestimmt. Für alle anderen Verteilungen verwendet man dagegen einen konstanten Wert[1] zur Approximation des erwartungsgemäß sehr kleinen tatsächlichen Dichtewerts, der nicht berechnet wird und dadurch den Auswertungsaufwand reduziert.

Die bekannteste Methode zur Vorhersage von tatsächlich auszuwertenden Basisdichten in Mischverteilungsmodellen stellt die sogenannte *Gaussian selection* (dt. etwa *Normalverteilungsauswahl*) dar, die erstmals in [Boc 93] vorgeschlagen wurde (vgl. z.B. [Kni 96, Dav 99, Pau 97]). Mit Hilfe eines Vektorquantisierungsverfahrens werden zunächst die vorhandenen Gauß-Dichten zu Gruppen zusammengefasst. Dabei werden zur Verbesserung der anschließend erfolgenden beschleunigten Dichteauswertungen Überlappungen zwischen den Dichtegruppen explizit zugelassen. Für jede Gruppe von Basisdichten wird außerdem der Zentroid berechnet. Während der Dekodierung des HMMs werden dann jeweils nur diejenigen Gauß-Dichten exakt berechnet, die in der Dichtegruppe liegen, zu deren Zentroid der aktuelle Merkmalsvektor minimalen Abstand hat. Da eine Gruppe von Dichten eine im allgemeinen kurze Liste derjenigen Verteilungen definiert, deren exakte Auswertung lohnenswert erscheint, findet man in der Literatur auch die Bezeichnung *Gaussian short-lists* für dieses Verfahren. Mit der Methode lässt sich je nach Systemkonfiguration eine Beschleunigung der Dichteauswertung um einen Faktor von 3 bis 10 erreichen.

Ein ähnliches Prinzip verfolgt auch das in [ST 93a] vorgeschlagene Verfahren, das eine Folge immer exakter ausgeführter Vektorquantisierungsprozesse verwendet. Zuerst wird nur ein vergröbertes Modell der verfügbaren Dichten ausgewertet, das dadurch entsteht, dass nicht alle Dimensionen der Merkmalsvektoren betrachtet werden. Für aussichtsreiche Verteilungskandidaten werden dann in einem oder mehreren weiteren Verarbeitungsschritten exaktere und damit aufwendigere Berechnungen durchgeführt.

In [Fri 96] wird ein Verfahren vorgeschlagen, das speziell für Basisnormalverteilungsdichten mit diagonalen Kovarianzmatrizen geeignet ist, die sehr häufig in größeren HMM-basierten Systemen Verwendung finden. Die Gebiete, in denen eine dieser Dichten einen relevanten Beitrag zu einer Mischverteilung leistet, werden zuerst durch Hyperquader approximiert. Durch eine Repräsentation des Merkmalsraums als n-dimensionalen Baum können dann sehr effizient diejenigen Hyperquader bestimmt werden, in denen ein bestimmter Merkmalsvektor liegt. Für die zugehörigen Dichten werden deren tatsächliche Werte exakt berechnet. Der entstehende Fehler bei der so definierten Approximation kann durch die geeignete Wahl der Ausdehnung der Hyperquader kontrolliert werden.

Eine umfangreiche empirische Untersuchung von verschiedenen Verfahren zur Beschleunigung der Mischverteilungsauswertung wurde in [Ort 97b] durchgeführt. Als bestes einzelnes Verfahren schneidet dabei die oben beschriebene *Gaussian selection* ab, d.h. die Vorauswahl bestimmter Gauß-Dichten durch einen Vektorquantisierungsprozess. Als Modifikation gegenüber dem ursprünglichen

---

[1] Die konkrete Wahl dieser unteren Schranke der verschwindenden Dichtewerte ist für die Gesamtperformanz eines Systems ein durchaus kritischer Parameter, wie z.B. in [Kni 96] auch empirisch untersucht wird.

Vorgehen [Boc 93] werden allerdings die Dichten in den drei bis fünf zum aktuellen Merkmalsvektor am nächsten gelegenen Dichtegruppen ausgewertet. Die Autoren berichten von einer Reduktion des Aufwandes zur Mischverteilungsauswertung um mehr als den Faktor fünf sowie eine insgesamte Reduktion des Berechnungsaufwands auf ca. 30 %.

10.2 Beam Search

Der Viterbi-Algorithmus zur Dekodierung von HMMs stellt mit seiner linearen Zeitkomplexität bereits eine deutliche Verbesserung gegenüber dem naiven Berechnungsschema mit exponentiellem Aufwand dar. Allerdings weist das Verfahren dennoch quadratische Komplexität in der Anzahl der Modellzustände auf. Durch die Wahl einer geeignet eingeschränkten Modelltopologie (vgl. Abschnitt 8.1) kann zwar sichergestellt werden, dass pro Berechnung einer partiellen Pfadbewertung im Normalfall nur einige wenige mögliche Vorgängerzustände betrachtet werden müssen. Dennoch wächst die Viterbi-Matrix der $\delta_t(i)$ linear mit der Anzahl der Modellzustände, so dass eine vollständige Auswertung in der Praxis nur für sehr beschränkte Probleme möglich ist.

Bei einem Spracherkennungssystem mit großem Wortschatz umfasst das akustische Modell i.d.R. mehrere 10 000 Zustände, für die bei direkter Anwendung des Viterbi-Algorithmus zu jedem Zeitpunkt partielle Pfadbewertungen zu berechnen wären. All diese Zustände kodieren jedoch unterschiedlichste akustische Ereignisse, weshalb man davon ausgehen kann, dass die Mehrzahl der möglichen Zustandsfolgen sprachliche Äußerungen repräsentiert, die kaum Gemeinsamkeiten mit dem analysierten Signal aufweisen und daher eigentlich nicht betrachtet werden müssten.

Diese "wenig aussichtsreichen" Lösungen gilt es während des Dekodierungsprozesses möglichst frühzeitig, aber auch hinreichend zuverlässig zu identifizieren. Eine absolute Bewertungsschranke kommt hierfür allerdings nicht in Frage, da die Werte der $\delta_t(i)$ insgesamt in Abhängigkeit von den betrachteten Daten und insbesondere der Länge der Observationsfolge stark variieren. Ein echtes Verschwinden der partiellen Pfadbewertungen wird außerdem üblicherweise mit Hilfe des in Abschnitt 7.2 vorgestellten *flooring* verhindert, d.h. der Begrenzung einzelner Beiträge zur Pfadbewertung auf Mindestwerte. Daher können nur die Bewertungs*unterschiede* Hinweise auf interessante bzw. zu eliminierende Zwischenergebnisse liefern.

Bei dem von Lowerre entwickelten *beam search*[2] ([Low 76, S. 25ff], vgl. auch [Low 80], [ST 95, S. 240ff], [Hua 01, S. 606ff])[3] wird auf der Basis der relativen Unterschiede in den partiellen Pfadbewertungen ein sehr robustes dynamisches Kriterium zur Suchraumeinschränkung verwendet. Die Suche wird dadurch gewissermaßen in einem engen "Strahl" (engl. *beam*) um die aktuelle beste partielle Lösung fokussiert.

Die Grundidee des Verfahrens besteht darin, die Auswertung der partiellen Pfadbewertungen in der Viterbi-Matrix auf sogenannte aktive Zustände, also auf einen kleinen relevanten Bereich zu beschränken. Als aktiv definiert man diejenigen Zustände, deren Bewertungen $\delta_t(i)$ nicht zu stark von

---

[2]Da der Begriff *beam search* im Bereich der HMM-Literatur einen *terminus technicus* darstellt und kein etabliertes deutsches Äquivalent existiert, unternehmen wir hier keinen Übersetzungsversuch und verzichten auch auf die Verwendung des Begriffs "Strahlsuche" [ST 95, S. 240ff].

[3]Trotz der immensen praktischen Bedeutung des Verfahrens finden sich in den einschlägigen Monographien kaum Darstellungen davon, und der Leser wird auf die abgelegene Originalarbeit von Lowerre verwiesen [Low 76]).

---

1. **Initialisierung**
   initialisiere Menge aktiver Zustände mit Pseudozustand 0
   $\mathcal{A}_0 \leftarrow \{0\}$
2. **Propagierung**
   für alle Zeitpunkte $t, t = 1 \ldots T$:
   - initialisiere lokal optimale Pfadbewertung $\tilde{\delta}_t^* \leftarrow \infty$
   - für alle $i \in \mathcal{A}_{t-1}$ und alle $j \in \{j | j = \mathrm{succ}(i)\}$
     - $\tilde{\delta}_t(i,j) = \tilde{\delta}_{t-1}(i) + \tilde{a}_{ij} + \tilde{b}_j(O_t)$
     - falls $\tilde{\delta}_t(j)$ noch nicht berechnet wurde oder $\tilde{\delta}_t(i,j) < \tilde{\delta}_t(j)$
       $$\tilde{\delta}_t(j) \leftarrow \tilde{\delta}_t(i,j)$$
       $$\psi_t(j) \leftarrow i$$
     - falls $\tilde{\delta}_t(i,j) < \tilde{\delta}_t^*$
       $$\tilde{\delta}_t^* \leftarrow \tilde{\delta}_t(i,j)$$
   - bestimme Menge $\mathcal{A}_t$ aktiver Zustände
     - $\mathcal{A}_t \leftarrow \emptyset$
     - für alle $i \in \mathcal{A}_{t-1}$ und alle $j \in \{j | j = \mathrm{succ}(i)\}$
       falls $\tilde{\delta}_t(j) <= \tilde{\delta}_t^* + \tilde{B}$
       $$\mathcal{A}_t \leftarrow \mathcal{A}_t \cup \{j\}$$
3. **Rekursionsabschluss**
   bestimme optimalen Endzustand
   $$\hat{s}_T^* := \operatorname*{argmin}_{j \in \mathcal{A}_T} \tilde{\delta}_T(j)$$
4. **Rückverfolgung des näherungweise optimalen Pfades**
   für alle Zeitpunkte $t, t = T - 1 \ldots 1$:
   $$\hat{s}_t^* = \psi_{t+1}(\hat{s}_{t+1}^*)$$

Abb. 10.1 *beam-search*-Algorithmus zur effizienten Bestimmung der näherungweise optimalen Zustandsfolge $\hat{s}^*$ in HMMs mit großer Zustandsmenge. Wahrscheinlichkeitsgrößen werden negativ-logarithmisch repräsentiert (vgl. Abschnitt 7.1).

der lokal optimalen Lösung $\delta_t^* = \max_j \delta_t(j)$ abweichen. Der maximal zulässige Bewertungsunterschied wird mit Hilfe eines Faktors B proportional zur aktuell optimalen Bewertung δ_t^* festgelegt. Die Menge der zum Zeitpunkt t aktiven Zustände $\mathcal{A}_t$ ist daher wie folgt definiert:

$$\mathcal{A}_t = \{i | \delta_t(i) \geq B \, \delta_t^*\} \quad \text{mit} \quad \delta_t^* = \max_j \delta_t(j) \text{ und } 0 < B \ll 1$$

Bei der weiteren Auswertung der Viterbi-Matrix zum jeweils nächsten Zeitpunkt $t + 1$ werden dann nur diese aktiven Zustände als mögliche Vorgänger bei der Ermittlung der lokalen Pfadbewertungen betrachtet (vgl. Gleichung (5.9)), wodurch sich folgende modifizierte Berechnungsvorschrift ergibt:

$$\delta_{t+1}(j) = \max_{i \in \mathcal{A}_t} \{\delta_t(i) a_{ij}\} \, b_j(O_{t+1}) \tag{10.1}$$

Der Proportionalitätsfaktor B wird als sehr kleine positive Konstante gewählt und liegt typischerweise in der Größenordnung von 10^{-10} bis 10^{-20}. Je kleiner B ist, desto mehr Zustände liegen mit ihren Bewertungen im Intervall $[B \, \delta_t^* \ldots \delta_t^*]$ und sind damit aktiv, d.h. werden im Suchprozess berücksichtigt.

Intuitiv besser verständlich ist dieses Konzept bei der Verwendung der negativ-logarithmischen Repräsentation für Wahrscheinlichkeitswerte (vgl. Abschnitt 7.1). Der Proportionalitätsfaktor B geht dann in einen additiven Offset $\tilde{B}$ über, und man erhält folgende Vorschrift zur Bestimmung der aktiven Zustände:

$$\mathcal{A}_t = \{i|\tilde{\delta}_t(i) \leq \tilde{\delta}_t^* + \tilde{B}\} \quad \text{mit} \quad \tilde{\delta}_t^* = \min_j \tilde{\delta}_t(j) \text{ und } \tilde{B} > 0 \tag{10.2}$$

Es entsteht also um die jeweils lokal optimale Pfadbewertung δ_t^* ein "Korridor" konstanter Breite, in dem nach der optimalen Lösung gesucht wird. Man bezeichnet $\tilde{B}$, den einzigen freien Parameter dieses Suchverfahrens, daher in der Regel als *Beam*-Breite (engl. *beam width*).

Für eine Implementierung des Verfahrens ist es allerdings ungünstig, aus der i.a. sehr großen Gesamtzustandsmenge einen kleinen Teil aktiver Zustände als mögliche *Vorgänger* auszuwählen, wie in Gleichung (10.1) angegeben. Zum Zeitpunkt $t + 1$ müssen dennoch alle möglichen Zustände j betrachtet werden, um zu überprüfen, ob ihre Vorgänger in der Menge aktiver Zustände $\mathcal{A}_t$ liegen. Eine solche Überprüfung ist jedoch vom Aufwand her schon fast einer tatsächlichen Berechnung der entsprechenden Bewertung gleichzusetzen.

Daher verändert man für den *beam search* die "Blickrichtung" bei der rekursiven Berechnung der partiellen Pfadwahrscheinlichkeiten. Anstatt alle möglichen Zustandsvorgänger zu betrachten, werden die Bewertungen direkt von den jeweils aktiven Zuständen aus auf die möglichen *Nachfolger* propagiert[4]. Um dieses Vorgehen exakt formulieren zu können definieren wir eine Nachfolgerrelation zwischen Zuständen eines HMMs wie folgt:

$$j = \text{succ}(i) \quad \Leftrightarrow \quad a_{ij} > 0$$

Zum "Einstieg" in das Modell führen wir außerdem den Pseudozustand 0 ein, dessen Nachfolger alle möglichen Startzustände sind:

$$j = \text{succ}(0) \quad \Leftrightarrow \quad \pi_j > 0$$

Der Algorithmus, der in Abbildung 10.1 zusammengefasst ist, läuft nun wie folgt ab: Zunächst wird die Menge der aktiven Zustände mit dem Pseudozustand 0 initialisiert. Danach schließt sich die Propagierung der Pfadwahrscheinlichkeiten an, die für alle Zeitpunkte $t = 1 \ldots T$ ausgeführt wird.

Zu Beginn jedes Propagierungsschritts ist die lokal optimale Bewertung $\tilde{\delta}_t^*$ noch nicht bekannt und wird auf einen geeigneten großen Wert gesetzt. Anschließend werden für alle aktiven Zustände i die jeweils möglichen Nachfolger j betrachtet. Bei festem Vorgängerzustand i erhält man für einen Pfad zu Zustand j die Bewertung $\tilde{\delta}_t(i, j)$. Die optimierte partielle Pfadbewertung des Zustands j wird neu berechnet, sofern noch keine Lösung bekannt war, oder ersetzt, sofern sich vom Vorgänger i aus eine bessere Bewertung ergibt. Gleichzeitig werden die zur Rückverfolgung des optimalen Pfades notwendigen Zeiger $\psi_t(j)$ aktualisiert. Außerdem kann in dieser Berechnungsphase auch die für den aktuellen Zeitpunkt optimale Pfadbewertung $\tilde{\delta}_t^*$ ermittelt werden. Zum Abschluss eines Propagierungsschritts wird dann die Menge $\mathcal{A}_t$ der weiterhin aktiven Zustände bestimmt[5].

---

[4]Eine Vereinfachung ergibt sich natürlich nur bei Modellen mit eingeschränkter Topologie, wie sie jedoch gerade in großen HMM-Systemen ausschließlich zum Einsatz kommen.

[5]Die aktive Zustandsmenge $\mathcal{A}_t$ kann auch *inkrementell* auf der Basis des jeweils aktuellen Schätzwerts $\tilde{\delta}_t^*$ für die tatsächlich optimale Bewertung berechnet werden. Theoretisch kann bei ungünstiger Reihenfolge in der Auswertung der Pfadbewertungen hier keinerlei Suchraumeinschränkung erfolgen. In der Praxis sind die erzielten Ergebnisse jedoch vergleichbar. Ein Vorteil des inkrementellen Verfahrens ergibt sich, falls zur "Aktivierung" eines Zustandes große Datenstrukturen erzeugt werden müssen, da dies dann in einer früheren Phase der Suche verhindert werden kann.

Sobald mit diesem Berechnungsschema das Ende der Observationsfolge, d.h. der Zeitpunkt T erreicht wurde, kann die Bestimmung des näherungsweise optimalen Pfades $\hat{s}^*$, beginnend mit seinem letzten Folgeglied $\hat{s}_T^*$, in prinzipiell gleicher Weise wie beim Viterbi-Algorithmus erfolgen (vgl. auch Abbildung 5.5). Die mit Hilfe des *beam search* gefundene suboptimale Lösung unterscheidet sich dabei i.a. von der theoretisch optimalen Zustandsfolge s^*. Allerdings ist in der Praxis die zur exakten Berechnung von s^* notwendige vollständige Suche in der gesamten Viterbi-Matrix aus Aufwandsgründen in den seltensten Fällen durchführbar.

Der *beam-search*-Algorithmus bildet das Kernstück jedes Verfahrens zur Dekodierung von HMMs und lässt sich auch auf die Suche mit Hilfe von n-Gramm-Modellen übertragen (vgl. Kapitel 12). Bei der hier vorgestellten und in Abbildung 10.1 gezeigten Realisierung des Algorithmus sind natürlich noch weitere Effizienzverbesserungen möglich, die sich auch in Abhängigkeit von der gewählten internen Repräsentation der HMMs ergeben können. So lässt sich z.B. die explizite Berechnung von $\mathcal{A}_t$ vermeiden, wenn die Entscheidung über aktive Zustände erst zu Beginn des jeweils nächsten Propagierungsschritts getroffen wird. Auch ist die Auswertung der Emissionswahrscheinlichkeiten $b_j(O_t)$ eigentlich erst nach der Rekombination der möglichen Pfade erforderlich.

10.3   Effiziente Parameterschätzung

Der zur Parameterschätzung notwendige Rechenaufwand steht bei Effizienzüberlegungen in der Regel nicht im Vordergrund, da der Design- und Parametrisierungsprozess von HMMs vorab erfolgen kann. Allerdings ist bei den dafür eingesetzten Verfahren immer eine iterative Optimierung erforderlich, so dass die Laufzeit eines Optimierungsschritts mehrfach in den Gesamtaufwand eingeht. Außerdem müssen meist verschiedene Modellparametrisierungen bzw. -konfigurationen erstellt werden, um nach abgeschlossenem Training diejenige mit der besten Performanz auswählen zu können. Es liegt daher nahe, auch im Training "unnötige" Berechnungen nach Möglichkeit zu vermeiden, sofern dies nicht zu Lasten der Parameterschätzung geht.

10.3.1   *Forward-Backward-Pruning*

Beim Baum-Welch-Algorithmus muss für jeden Abschnitt der Trainingsdaten die komplette Matrix der Vorwärts- und Rückwärtswahrscheinlichkeiten ausgewertet werden. Allerdings lässt sich auch bei diesem Verfahren die Idee des *beam search* anwenden, um die Berechnung nur für relevante Teile dieses Suchraums durchführen zu müssen (vgl. [Hua 90, S. 244]).

Man definiert während der Berechnung der Vorwärts- und Rückwärtsvariablen zu jedem Zeitpunkt t aktive Zustände in Abhängigkeit vom optimalen Wert $\alpha_t^* = \max_j \alpha_t(j)$ bzw. $\beta_t^* = \max_j \beta_t(j)$ der jeweiligen Wahrscheinlichkeitsgröße.

Die Menge der aktiven Zustände, die während des Berechnungsprozesses berücksichtigt werden, ist dann definiert als

$$\mathcal{A}_t = \{i \,|\, \alpha_t(i) \geq B\,\alpha_t^*\} \quad \text{mit} \quad \alpha_t^* = \max_j \alpha_t(j) \text{ und } 0 < B \ll 1$$

für die Vorwärtsvariable bzw. als

$$\mathcal{B}_t = \{i|\beta_t(i) \geq B\,\beta_t^*\} \quad \text{mit} \quad \beta_t^* = \max_j \beta_t(j) \text{ und } 0 < B \ll 1$$

für deren Pendant im Rückwärtsalgorithmus (vgl. auch Gleichung (10.2)). Wie beim *beam search* bestimmt die Konstante B die Beambreite und damit implizit die Größe des durchsuchten Teilbereichs des Gesamtsuchraums.

Man erhält damit modifizierte rekursive Berechnungsvorschriften für die Vorwärts- und Rückwärtsvariablen, bei denen nur die zum jeweiligen Vorgängerzeitpunkt aktiven Zustände betrachtet werden (vgl. Gleichungen (5.8) und (5.16)):

$$\alpha_{t+1}(j) := \sum_{i \in \mathcal{A}_t} \{\alpha_t(i)a_{ij}\}\, b_j(O_{t+1}) \tag{10.3}$$

$$\beta_t(i) := \sum_{j \in \mathcal{B}_{t+1}} a_{ij}b_j(O_{t+1})\beta_{t+1}(j) \tag{10.4}$$

Die für das Parametertraining zentrale Zustandswahrscheinlichkeit $\gamma_t(i)$, die sich im Wesentlichen als Produkt aus Vorwärts- und Rückwärtswahrscheinlichkeit ergibt (siehe Gleichung (5.15)), verschwindet als Konsequenz der Suchraumbeschränkung für alle Zeitpunkte t und Zustände i, für die keine Berechnung von $\alpha_t(i)$ oder $\beta_t(i)$ erfolgt ist. Insbesondere zu Beginn des Parametertrainings sollte daher der Proportionalitätsfaktor B sehr klein und die Beambreite damit groß gewählt werden (vgl. Seite 167), so dass nur eine geringe Beschränkung der Suche erreicht wird, und nicht aufgrund noch unzulänglicher Modellparameter mögliche Lösungen ausschgeschlossen werden.

Eine Vereinfachung des Verfahrens erhält man dann, wenn das Prinzip des *beam search* nur in einem modifizierten Forward-Algorithmus angewandt wird. Die Berechnung der Rückwärtsvariablen kann nämlich ohne die Bestimmung von $\mathcal{B}_t$ auf diejenigen Zustände eingeschränkt werden, für die ein nichtverschwindender Wert von $\alpha_t(i)$ ermittelt wurde.

10.3.2 Segmentweiser Baum-Welch-Algorithmus

Eine weitere Möglichkeit zur Beschränkung der Suche beim Baum-Welch-Training ergibt sich, wenn man davon ausgeht, dass es sich bei den zu verarbeitenden Observationsfolgen um zeitlich linear fortschreitende Signale handelt und entsprechend eingeschränkte Modelltopologien verwendet werden. Aus der Referenzannotation, die die Sequenz bedeutungstragender Einheiten für jeden Abschnitt O der Stichprobe angibt – also z.B. die orthographische Umschrift einer sprachlichen Äußerung –, erhält man dann durch Hintereinanderschaltung der korrespondierenden Teilmodelle z.B. für Wörter wieder ein linear organisiertes HMM. Wechselwirkungen zwischen den Teilmodellen können dabei nur in begrenztem Umfang an den Modellgrenzen auftreten. Die Zuordnung eines Zustands eines Teilmodells zu einem weit entfernten Segment der Daten ist dagegen beliebig unwahrscheinlich. Man kann daher davon ausgehen, dass die Vorwärts- und Rückwärtswahrscheinlichkeiten vornehmlich "innerhalb" von Teilbereichen, die aus der Zuordnung eines Teilmodells und den entprechenden Daten bestehen, positive Werte annehmen, und dass die entsprechenden Matrizen daher näherungsweise block-diagonale Struktur aufweisen.

Vernachlässigt man die Wechselwirkungen über Segmentgrenzen hinweg, so lässt sich diese Block-struktur *vor* Beginn des Trainings festlegen und die Auswertung der Wahrscheinlichkeitswerte ent-sprechend einschränken. Als Grundlage der Entscheidung dient die Segmentierung der Daten mit Hilfe der aktuellen Modellparameter. Da diese noch nicht optimal an die Stichprobe angepaßt sind, erhält man nur eine näherungsweise Lösung des Segmentierungsproblems.

Innerhalb der so ermittelten Segmente kann man dann die erforderlichen Statistiken zur Parame-terneuschätzung lokal mit Hilfe des Baum-Welch-Algorithmus berechnen. Die kumulative Statistik zur Bestimmung aktualisierter Modellparameter ergibt sich genau wie bei dem in Abschnitt 5.7.3 Seite 95 beschriebenen Verfahren zur Verarbeitung mehrere Observationsfolgen durch geeignete Summation über alle einzelnen Anteile[6].

Die Kombination einer Segmentierung der Trainingsdaten mit Hilfe des Viterbi-Algorithmus und eines anschließenden Parametertrainings nur auf den gefundenen Einzelsegmenten entspricht der Auswertung einer block-diagonalen Matrix von Vorwärts- und Rückwärtswahrscheinlichkeiten. In [Den 91] wird diese Methode als *segmented training* bezeichnet. Allerdings ergibt sich durch die strikte Festlegung der Segmentgrenzen *vor* dem Parametertraining unter Umständen ein gewisser Verlust an Genauigkeit bzw. Flexibilität des Verfahrens. Beim sogenannten *semi-relaxed training* wird dieser Nachteil dadurch vermieden, dass mit Überlappungen zwischen den jeweils aneinander-grenzenden Blöcken bzw. Segmenten gearbeitet wird [Den 91].

Durch eine "Vorsegmentierung" der Daten vor der Anwendung der Trainingsvorschrift lassen sich insbesondere auf langen Observationsfolgen deutliche Effizienzsteigerungen erreichen. Soll z.B. ein HMM mit 100 Zuständen auf einer Folge der Länge $T = 1000$ trainiert werden, so müssen jeweils 100×1000 Matrizen für Vorwärts- und Rückwärtswahrscheinlichkeiten erzeugt, also je $2 \cdot 10^5$ Werte berechnet werden. Teilt man dagegen die Daten in 10 Segmente einer mittleren Länge $T' = 100$ ein, die Teilmodellen mit im Mittel 10 Zuständen zugeordnet werden, so müssen nur noch zehnmal Ma-trizen der Größe 10×100 verarbeitet und somit nur noch $2 \cdot 10^4$ Wahrscheinlichkeitswerte berechnet werden. Man erreicht also schon in diesem einfachen Fall eine deutliche Effizienzverbesserung um den Faktor 10, nämlich die Anzahl der verwendeten Segmente.

10.3.3   Training von Modellhierarchien

In HMM-basierten Erkennungssystemen ist man prinzipiell immer an der Verwendung möglichst spezifischer Modelle interessiert. Allerdings sind zur Beschreibung seltener Ereignisse in der Re-gel auch allgemeine HMMs erforderlich, die dann zusätzlich zu den speziellen Modellen trainiert werden müssen. Im Bereich der Spracherkennung ist es z.B. üblich, neben den verbreiteten Triphon-Modellen auch allgemeine kontextunabhängige Lautmodelle in einem robusten Gesamtsystem ein-zubeziehen.

Um die Parameter verschiedener Modellierungsanteile korrekt schätzen zu können, ist normaler-weise ein separates Training der entsprechenden Modelle erforderlich. Allerdings besteht in der Regel eine Generalisierungshierarchie zwischen den verwendeten HMMs. Daher lassen sich unter bestimmten Voraussetzungen die Parameter allgemeiner Modelle näherungsweise aus den Statisti-ken ableiten, die während der Neuschätzung speziellerer HMMs berechnet wurden.

---

[6]Eigentlich entspricht bereits die Einteilung einer größeren Stichprobe in Teilobservationsfolgen dieser Vorgehensweise.

Dazu geht man davon aus, dass nicht nur zwischen speziellen und allgemeinen Modellen eine eindeutige Beziehung existiert, sondern dass auch die Zustände der spezialisierten Modelle eindeutig denen der allgemeineren HMMs zugeordnet werden können. In kontinuierlichen HMMs müssen weiterhin die Emissionsdichten der korrespondierenden Modellzustände "kompatibel" sein, d.h. sie müssen denselben Satz von Basisverteilungen verwenden. Dies ist trivialerweise in semikontinuierlichen HMMs der Fall, kann aber auch in allen anderen *tied mixture* Modellen erreicht werden.

Unter diesen Voraussetzungen ergeben sich die Statistiken zur Parameterschätzung der jeweils allgemeineren Zustände durch einfache Summation über diejenigen Werte, die für die zugehörigen speziellen Modellzustände berechnet wurden. Als Beispiel wollen wir eine Triphonmodellierung betrachten, die für alle Basismodelle dieselbe Zustandsanzahl verwendet. Der jeweils n-te Zustand der Triphonmodelle x/a/y korrespondiert dabei mit dem n-ten Zustand des Monophonmodells /a/. Zur Aktualisierung der Modellparameter des kontextunabhängigen Modells müssen alle Trainingsbeispiele betrachtet werden, die einem der zugehörigen spezielleren Modellzustände zugeordnet wurden. Näherungsweise erhält man daher die Zustandswahrscheinlichkeit $\gamma_t(/a/_n)$ für den n-ten Monophonzustand als Summe über die Zustandswahrscheinlichkeiten der entsprechenden Triphonzustände:

$$\gamma_t(/a/_n) = \sum_x \sum_y \gamma_t(x/a/y_n)$$

In analoger Weise lässt sich die Zuordnungswahrscheinlichkeit $\xi_t(j, k)$ für Mischverteilungskomponenten approximieren. Auf der Basis dieser beiden Größen kann man dann die Schätzwerte für die Modellparameter des allgemeinen HMMs in gewohnter Weise berechnen (vgl. Abschnitt 5.7 Seite 81).

Allerdings handelt es sich bei den so gewonnenen Parameterschätzwerten nur um Näherungslösungen. Korrekterweise müssten nämlich die bestehenden Modellparameter des allgemeinen Modells zur Bestimmung der Zustandswahrscheinlichkeit und aller anderen Statistiken verwendet werden. Da die allgemeinen Modelle in der Praxis aber lediglich als Ergänzung der Modellierung um robuste Basismodelle verwendet werden, ist es meist unerheblich, ob die Schätzwerte ihrer Parameter lediglich näherungsweise bestimmt werden.

10.4 Baumförmige Modellorganisation

Neben der Verwendung spezieller Algorithmen lassen sich auch Veränderungen der Modellstruktur einsetzen, um die Verarbeitungseffizienz von Markov-Modellen zu steigern. Sowohl für HMMs als auch für n-Gramm-Modelle bieten baumförmige Strukturen hierfür gute Möglichkeiten.

10.4.1 Präfixbaum für HMMs

In allen größeren HMM-Modellierungen überwiegt die Anzahl der Modellzustände bei weitem die der verwendeten unterschiedlichen Zustandsparametersätze. Methoden zum *tying* der Modellparameter fassen entweder datengetrieben ähnliche Parametersätze zusammen, um deren robuste

Schätzung sicherzustellen, oder nutzen strukturelle Eigenschaften der erstellten Modelle aus, um ähnliche Teilmodelle an verschiedenen Stellen wiederzuverwenden (vgl. Abschnitt 9.2, Seite 151). Allerdings kann *tying* allein das Gesamtmodell nicht verkleinern, da sonst im allgemeinen unerwünschte Pfade durch das Modell möglich werden.

Bei HMM-Systemen mit großen Inventarien von Segmentierungseinheiten, wie sie im Bereich der Sprach- oder Handschrifterkennung üblich sind, ergibt sich jedoch eine einfache Möglichkeit, aus dem *tying* von Teilmodellen eine Kompression der Modellstruktur abzuleiten. Bei solchen Systemen sind die erforderlichen Wortmodelle des Erkennungslexikons üblicherweise als Folge von elementaren Wortuntereinheiten – also z.B. Laut- oder Buchstabenmodellen – aufgebaut. Das Gesamtmodell entsteht dann prinzipiell als Parallelschaltung der entsprechenden Einzelmodelle (vgl. Abschnitt 8.3, Seite 131). Zur korrekten Auswertung der Pfadbewertungen ist es jedoch unerheblich, ob identische Zustandsfolgen zu Beginn eines Wortmodells getrennt durchlaufen oder zu einer Sequenz zusammengefasst werden. Die Struktur des Gesamtmodells lässt sich daher dadurch deutlich vereinfachen, dass identische Modellpräfixe der einzelnen Teilmodelle im gesamten Erkennungslexikon zusammengefasst werden. Die entstehende baumförmige Modellstruktur bezeichnet man als *Präfixbaum* bzw. phonetischen Präfixbaum, wenn gleiche Folgen von Lautmodellen nur einmal repräsentiert werden (vgl. [Ney 92, Ney 99, Ort 00a]).

Bei Sprach- oder Handschrifterkennungssystemen mit großen Wortschätzen gehört diese Technik mittlerweile zum Standard. Je nach Anwendung erreicht man dardurch eine Kompression des Suchraums um den Faktor 2 bis 5. Die erzielte Effizienzsteigerung ist jedoch noch größer, da die Reduktion der Modellkomplexität besonders den Beginn von Wortmodellen betrifft. In diesem Bereich entsteht nämlich der größte Suchaufwand, da die Bewertungen der partiellen Pfade nach nur wenigen Merkmalsvektoren einer neuen Segmentierungseinheit noch vergleichsweise unsicher sind [Ney 92]. Allerdings ist bei der Verwendung eines solchen "Baumlexikons" erst bei Erreichen eines Blattknotens bekannt, welches Wort des Erkennungslexikons hypothetisiert wurde. Dies muss in geeigneter Weise berücksichtigt werden, wenn ein n-Gramm-Modell in die Suche mit einbezogen werden soll (vgl. Abschnitt 12.3, Seite 190).

Abbildung 10.2 zeigt ein Beispiel für die Organisation des Erkennungslexikons eines hypothetischen Spracherkennungssystems in Form eines phonetischen Präfixbaums. Die Baumwurzel dient nur zur Pfadbündelung und entspricht daher nur einem HMM-Pseudozustand. Von ihr aus werden nun nicht wie bei einer linearen Lexikonorganisation die Anfangsknoten aller Wortmodelle erreicht. Vielmehr bündeln die Nachfolgerknoten der Wurzel des Präfixbaumes die Pfade durch alle Wortmodelle, die jeweils mit demselben Lautmodell beginnen. Sobald eine Lautfolge einem kompletten Wort des Erkennungslexikons entspricht, erfolgt eine Rückkopplung des Pfades zur Baumwurzel. Ein solches Wortmodell kann jedoch auch wieder Präfix weiterer Pfade im Lexikonbaum sein.

10.4.2 Baumrepräsentation für n-Gramm-Modelle

Auf den ersten Blick betrachtet, scheinen n-Gramm-Modelle praktisch keine nennenswerte Struktur aufzuweisen. Die bedingten Wahrscheinlichkeiten $P(z|y)$ für alle Kombinationen von vorhergesagtem Wort z und Geschichte y ließen sich prinzipiell in einer Tabelle ablegen. Allerdings ist eine solche triviale Repräsentation in der Praxis höchstens für sehr kleine Wortschätze und sehr begrenzte Kontextlängen handhabbar. Für ein Tri-Gramm-Modell mit einem Lexikon von 20 000 Wörtern müssten bereits $8 \cdot 10^{12}$ Wahrscheinlichkeitswerte gespeichert werden, die in 4-byte Gleitkomma-

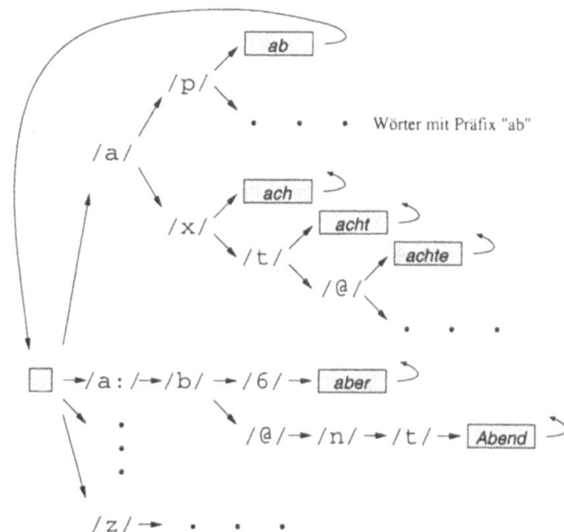

Abb. 10.2 Beispiel für die baumförmige Organisation des Erkennungslexikons eines hypothetischen Spracherkennungssystems.

darstellung ca. 29 Terrabyte Speicher belegen würden. Um trotzdem mit solchen Modellen arbeiten zu können, ist daher eine effiziente Repräsentation erforderlich.

Die Strukturierungsmöglichkeiten bei der Speicherung von n-Gramm-Modellen ergeben sich unmittelbar aus den Berechnungsschemata der Modellparameter. Eine drastische Reduktion des Speicheraufwands ergibt sich bereits, wenn nur die Bewertungen *beobachteter* Ereignisse repräsentiert werden. Die bedingten Wahrscheinlichkeiten für nicht beobachtete n-Gramme lassen sich dann aus diesen bei Bedarf mit Hilfe von *backing-off* oder Interpolation berechnen (vgl. Abschnitt 6.5.2, Seite 107). Da die überwiegende Anzahl von Ereignissen in der Praxis nicht beobachtet wird, erreicht man so eine Reduktion des Speicheraufwands auf handhabbare Größenordnungen[7]. Der erforderliche Berechnungsaufwand ist dagegen vergleichsweise gering, da nur einige wenige Multiplikationen durchgeführt werden müssen.

Allerdings müssen für die Berechnung von n-Gramm-Bewertungen nicht beobachteter Ereignisse die Nullwahrscheinlichkeiten der möglichen Kontexte sowie die Parameter der erforderlichen allgemeineren Verteilungen gespeichert werden. Es ergibt sich also eine hierarchische Organisation der Modellparameter. Da die allgemeinere Verteilung selbst wieder ein n-Gramm-Modell ist, kann dieses Prinzip rekursiv angewendet werden.

Die Parameter einer solchen n-Gramm-Modellhierarchie lassen sich natürlich prinzipiell in einzelnen Tabellen ablegen [Wes 97a]. Eine wesentlich flexiblere Methode der Speicherung erhält man jedoch durch eine baumförmige Repräsentation des Gesamtmodells. Einzelne Knoten im Baum ste-

---

[7]Eine weitere deutliche Kompression von n-Gramm-Modellen lässt sich erreichen, wenn seltene Ereignisse vernachlässigt werden. Für nur einmal beobachtete n-Gramme ergibt sich dies durch Anwendung von *absolute discounting* mit einer Discounting-Konstante $\beta = 1$. Sofern die Modellqualität nicht im Vordergrund steht, sondern hauptsächlich eine möglichst kompakte Repräsentation erzeugt werden soll, können zusätzlich auch Parameter anderer selten beobachteter n-Gramme aus dem Modell entfernt werden.

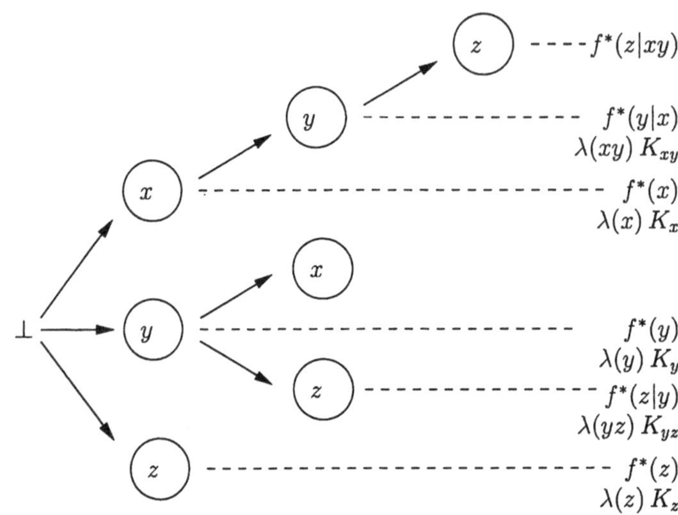

Abb. 10.3 Präfixbaum zur Speicherung von n-Gramm-Parametern am Beispiel eines Tri-Gramm-Modells

hen dabei für verschiedene beobachtete Ereignisse. In jedem Knoten ist die n-Gramm-Bewertung abgelegt sowie die normierte Nullwahrscheinlichkeit[8], die sich für $n + 1$-Gramme mit dieser Geschichte ergibt. Die Nachfolgerrelation im Baum entspricht der Verlängerung eines Ereignisses y um ein Wort z nach rechts, so dass man von einem Knoten y aus alle n-Gramme $y\cdot$ erreicht. Betrachtet man also nur das Auffinden eines bestimmten n-Gramms, so liegt ein *Präfixbaum* vor.

Abbildung 10.3 veranschaulicht diese Repräsentationsform für n-Gramm-Modelle am Beispiel eines Tri-Gramm-Modells. Um möglichst einfach die Bewertung $P(z|y)$ eines beobachteten Ereignisses angeben zu können, wird im Beispiel das Prinzip des *backing-off* angewandt. Sie ist dann direkt durch den entsprechenden Wert der reduzierten Häufigkeitsverteilung $f^*(z|y)$ gegeben. Als allgemeinere Verteilung wird außerdem zur Vereinfachung das jeweils um ein Kontextsymbol gekürzte $n - 1$-Gramm-Modell verwendet. Der Wurzelknoten $\perp$ des Baumes steht daher für das Zero-Gramm-Modell, das jedem Ereignis die Wahrscheinlichkeit $\frac{1}{|V|}$ zuordnet, wobei V das verwendete Lexikon bezeichnet. Da die rekursive Berechnungsvorschrift für n-Gramm-Bewertungen hier abbricht, ist im Wurzelknoten keine Nullwahrscheinlichkeit angegeben. Die Nachfolger der Baumwurzel, d.h. die Baumknoten der ersten Ebene, speichern die Parameter des Uni-Gramm-Modells und definieren gleichzeitig die jeweiligen Geschichten der beobachteten Bi-Gramme. Über die Baumknoten der zweiten Ebene, die die Bi-Gramm-Modellparameter beinhalten, erreicht man schließlich Knoten, die Tri-Gramm-Ereignissen entsprechen. Bei diesen handelt es sich immer um Blattknoten. Allerdings können sich in Abhängigkeit von der jeweiligen Stichprobe auch Bi-Gramm- oder Uni-Gramm-Knoten ergeben, die keine Nachfolger im Baum besitzen.

In einer baumförmigen Repräsentation eines n-Gramm-Modells, die auf dem rekursiven Berechnungsschema der Modellparameter beruht, lassen sich drei prinzipiell verschiedene Zugriffstypen unterscheiden, die in Abbildung 10.4 zusammengestellt sind. In Anlehnung an die im Zusammen-

---

[8]Falls die allgemeineren Verteilungen nicht durch Interpolation, sondern durch *backing off* einbezogen werden, muss der Normierungsfaktor K_y berücksichtigt werden.

> **n-gram hit** :
>> Es soll die Bewertung eines beobachteten Ereignisses xyz bestimmt werden, d.h. $c^*(xyz) > 0$.
>> $$P(z|xy) \leftarrow f^*(z|xy)$$
>
> **n-gram miss** (einfach):
>> Das Ereignis xyz wurde nicht beobachtet, d.h. $c^*(xyz) = 0$, aber es existieren andere n-Gramme mit der Geschichte yz, d.h. $c(yz) > 0$.
>> $$P(z|xy) \not\leftarrow f^*(\cdot|xy) \Rightarrow P(z|xy) \leftarrow \lambda(xy) K_{xy} P(z|y)$$
>
> **history miss** (einfach):
>> Die Geschichte xy eines n-Gramms existiert nicht im vorliegenden Modell, sondern nur deren Suffix y.
>> $$P(z|xy) \not\leftarrow f^*(\cdot|x\cdot) \Rightarrow P(z|xy) \leftarrow P(z|y)$$

Abb. 10.4 Mögliche Zugriffstypen für n-Gramm-Modellparameter am Beispiel eines Tri-Gramm-Modells mit *backing off*.

hang mit Cache-Speichern gebräuchliche Terminologie wollen wir von einem *n-gram hit* sprechen, wenn die Bewertung eines beobachteten Ereignisses durch einen direkten Zugriff auf den entsprechenden Baumknoten bestimmt werden kann. Für nicht beobachtete Ereignisse ergibt sich dagegen ein *n-gram miss*. Dieser kann einfach ausfallen, wenn das zugehörige $n - 1$-Gramm beobachtet wurde, oder mehrfach auftreten, bis ein entsprechendes allgemeineres Ereignis existiert. Dabei muss aber immer die komplette Geschichte des betrachteten Ereignisses repräsentiert sein. Ist dies nicht der Fall, entspricht dies einem *history miss*. In diesem Fall muss das längste Suffix der aktuellen Geschichte bestimmt werden, für das noch Modellparameter vorliegen. Es ergibt sich also eine Kürzung des n-Gramm-Kontexts um mindestens eines, ggf. aber auch um mehrere Symbole.

Die oben vorgestellte Repräsentation eines n-Gramm-Modells mit Hilfe eines Präfixbaums erlaubt eine effiziente Verarbeitung von *n-gram hits*. Allerdings ist schon bei einem *n-gram miss* das erneute Durchlaufen des Baumes ab der Wurzel erforderlich, um die Bewertung des jeweiligen $n - 1$-Gramms zu bestimmen. Existiert auch dieses nicht, wiederholt sich der Vorgang unter Umständen mehrfach. Ein ähnliches Problem entsteht bei *history misses*. Zuerst muss probehalber ein Zugriff mit der kompletten Geschichte erfolgen, um festzustellen, dass diese im vorliegenden Modell nicht existiert. Anschließend kann der Kontext um ein Symbol gekürzt werden und ein erneuter Zugriffsversuch erfolgen. Dieses Vorgehen muss solange wiederholt werden, bis ein existierendes Suffix der ursprünglichen Geschichte gefunden wurde.

Sowohl für *n-gram* als auch für *history misses* entsteht also bei der Präfixbaumrepräsentation unnötiger Suchaufwand, der zudem für n-Gramm-Modelle höherer Ordnung deutlich zunimmt. Daher bietet es sich an, die Baumrepräsentation so zu reorganisieren, dass die oben genannten Zugriffstypen effizient bearbeitet werden können. Da innerhalb von n-Gramm-Kontexten nicht deren Präfix, sondern die jeweils letzten und damit am nächsten am vorhergesagten Wort liegenden Symbole die größte Bedeutung haben, bietet es sich an, die n-Gramm-Geschichten in einem Suffixbaum zu speichern. Da die Knoten für vorherzusagende Wörter, wie bei einfachen Präfixbäumen auch, von der jeweiligen Geschichte aus erreicht werden sollten, wollen wir bei dieser Repräsentationsform für n-Gramm-Parameter von einem kombinierten Suffix-Präfix-Baum sprechen.

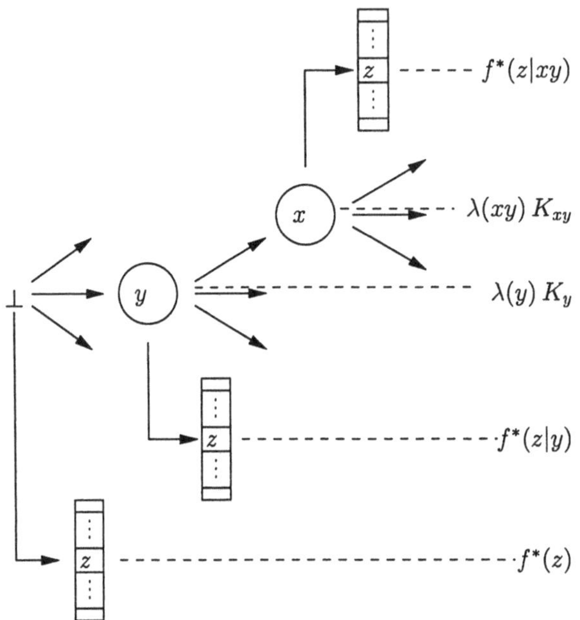

Abb. 10.5 Kombinierter Suffix-Präfix-Baum zur Speicherung von n-Gramm-Parametern am Beispiel eines Tri-Gramm-Modells.

Wie in Abbildung 10.5 exemplarisch für ein Tri-Gramm-Modell gezeigt, kodiert ein Pfad ab der Baumwurzel die Geschichte eines n-Gramms in umgekehrter Reihenfolge, also beginnend mit dem unmittelbaren Vorgänger des vorherzusagenden Wortes. Durch Traversierung des Baumes ab der Wurzel wird so automatisch das längste existierende Suffix einer gegebenen n-Gramm-Geschichte gefunden. Ein *history miss* verursacht also keinerlei zusätzlichen Suchaufwand. Die Bewertungen der in einem gegenbenen Kontext beobachteten Wörter z werden pro Baumknoten kompakt als Tabelle gespeichert. Da sich an dieser Stelle das Durchlaufen der Symbolfolge eines n-Gramms sozusagen wieder umgekehrt, können diese Bewertungen nicht in den Baumknoten selbst abgelegt werden. Diese dienen ausschließlich dazu, n-Gramm-Kontexte in einer Suffixkodierung zu repräsentieren. Ein *n-gram hit* kann in der kombinierten Suffix-Präfix-Repräsentation genauso effizient bearbeitet werden wie im einfachen Präfixbaum. Dadurch, dass die n-Gramm-Kontexte jedoch entlang eines Pfades immer spezieller werden, erhält man im umgekehrter Richtung die Folge der jeweils allgemeineren n-Gramm-Geschichten. Im Falle von *n-gram misses* kann man daher durch einfache Zurückverfolgung des zuvor von der Wurzel aus durchlaufenen Pfades im Baum die jeweils erforderlichen Parameter der allgemeineren Verteilungen erreichen.

11 Modellanpassung

Sowohl HMMs als auch n-Gramm-Modelle werden normalerweise unter Verwendung einer Trainingsstichprobe erstellt und anschließend zur Segmentierung *neuer* Daten eingesetzt. Diese sind *per definitionem* nicht Teil der Trainingsbeispiele und können das in praktischen Anwendungen auch nicht sein. Die charakteristischen Eigenschaften dieser Testdaten können daher auf der Basis des Trainingsmaterials lediglich bis zu einem gewissen Grad vorhergesagt werden. Im allgemeinen werden daher immer Unterschiede zwischen Trainings- und Testmaterial auftreten, die von den erstellten statistischen Modellen nicht erfasst werden können und letztendlich die Qualität der erzielten Ergebnisse beeinträchtigen.

Solche Veränderungen in den Charakteristiken der Eingabedaten lassen sich am Beispiel der automatischen Spracherkennung veranschaulichen. Bereits relativ einfache Abweichungen bei den Bedingungen der Signalaufnahme führen häufig zu deutlich erhöhten Fehlerraten. Dies kann durch die Verwendung eines anderen Mikrophons bedingt sein, oder dadurch, dass die Trainingsdaten in ruhiger Büroumgebung erhoben wurden, das Erkennungssystem aber im Freien oder im Auto eingesetzt wird. Zu einer reduzierten Systemleistung führen auch unerwartete Störgeräusche durch Wind, vorbeifahrende Fahrzeuge oder durch Gespräche im Hintergrund hörbarer Personen auf einer Party. Aber auch Veränderungen bei den Eigenschaften des Systembenutzers verursachen gravierende Probleme. Selbst sogenannte sprecherunabhängige Erkennungssysteme verlieren an Leistungsfähigkeit, wenn sie mit einem unbekannten Dialekt konfrontiert werden oder wenn Kinder ein Spracherkennungssystem benutzen, das für erwachsene Personen trainiert wurde.

Alle diese Veränderungen betreffen statistische Eigenschaften der zu verarbeitenden Daten. Nicht betrachten wollen wir dagegen Unterschiede auf semantisch-pragmatischer Ebene, wenn man also z.B. versucht, beim Fahrplanauskunftssystem der Deutschen Bahn Pizza zu bestellen oder wenn ein Spracherkennungssystem mit seismischen Messwerten gefüttert wird.

11.1 Grundprinzipien

Gemeinsames Ziel aller in den folgenden Abschnitten vorgestellten Verfahren ist es, Unterschiede zwischen Trainings- und Testbedingungen eines Markov-Modell-basierten Erkennungssystems auszugleichen, die statistische Eigenschaften der Daten betreffen. Eine scheinbar naheliegende Lösung des Problems bestünde darin, Modelle speziell für den betreffenden Einsatzzweck zu trainieren. Dies scheitert jedoch an zwei wichtigen Gründen. Zum einen ist, wie eingangs schon dargelegt, Testmaterial von Natur aus unbekannt, und es lassen sich auch nur in Laborumgebung Bedingungen herstellen, die diese Tatsache ignorieren. Zum anderen ist zum Training eines statistischen Modells

Datenmaterial in beträchtlichem Umfang erforderlich. Man darf also nicht hoffen, für jeden speziellen Einsatzzweck erneut eine komplette, repräsentative Trainingsstichprobe erstellen zu können.

In geringem Umfang wird dagegen spezialisiertes Material immer verfügbar sein. Spätestens die eigentlichen Testdaten selbst können als Beispiele für die aktuellen Eigenschaften der zu erwartenden Eingabedaten aufgefasst werden. Häufig ist es jedoch außerdem möglich, wenige aktuelle Datenbeispiele zu erheben noch vor der eigentlichen Anwendung des Erkennungssystems. Diese sogenannte Adaptionsstichprobe kann dann zur Anpassung der vorgegebenen Systemparameter an den jeweiligen Einsatzzweck genutzt werden. Bei handelsüblichen Diktiersystemes wird z.B. vom Anwender gefordert, einige vorgegebene Texte als Adaptionsmaterial vorzulesen, bevor das System einsatzbereit ist.

Im Unterschied zum Training eines Modells besteht dessen Adaption also darin, eine vorgegebene allgemeine Parametrisierung unter Verwendung einer äußerst begrenzten Adaptionsstichprobe in einen spezielleren Parametersatz zu überführen, der besser für die Verarbeitung der konkret anfallenden Datenbeispiele geeignet ist. Vom Prinzip her sind daher auch Adaptionstechniken Verfahren zur Parameterschätzung. Von klassischen Schätzverfahren unterscheiden sie sich vor allem deshalb, weil sie mit etlichen Größenordnungen weniger Datenmaterial auskommen müssen.

Liegen Adaptionsdaten zusätzlich zum Trainings- und Testmaterial vor, so kann die Anpassung der Modelle vor deren tatsächlicher Anwendung erfolgen. Man bezeichnet diese Adaption im Stapelverarbeitungsbetrieb auch als *Batch-Adaption*. Bei diesem Vorgehen kann man zur Erleichterung sowie zur Verbesserung der Ergebnisse die korrekte Annotation der Adaptionsstichprobe vorgeben und erhält ein *überwachtes* Adaptionsverfahren. Häufig ist dies jedoch aus Aufwandsgründen nicht möglich, so dass die Annotation der Adaptionsdaten mit dem vorliegenden allgemeinen Modell automatisch bestimmt werden muss. Man spricht dann von *unüberwachter* Adaption. Ein unüberwachtes Vorgehen bietet auch die einzige Möglichkeit, wenn die Adaption nicht auf separaten Datenbeispielen sondern direkt während der Auswertung der Modelle auf den Testdaten selbst erfolgen soll. Solche sogenannten *On-Line*-Adaptionsverfahren sind zweifellos die flexibelste Methode zur Modellanpassung, da sie keinerlei Veränderungen in der natürlichen Verwendung des betreffenden Systems erfordern. Außerdem können die Parameter *kontinuierlich* an Veränderungen der Datencharakteristik angepaßt werden.

11.2   Adaption von Hidden-Markov-Modellen

Die Anpassung eines allgemeinen HMMs an spezielle veränderte Charakteristiken der zu verarbeitenden Daten kann prinzipiell mit Hilfe der aus Abschnitt 5.7 Seite 81 bekannten Trainingsverfahren geschehen (vgl. z.B. [Dig 99]). Allerdings muss dann eine ziemlich umfangreiche Adaptionsstichprobe zur Verfügung stehen, um die spezialisierten HMM-Parameter robust schätzen zu können. Im Falle der Sprecheradaption, also der Anpassung eines Spracherkennungssystems an einen neuen Benutzer, müssen dann wenigstens einige hundert Äußerungen der betreffenden Person als Adaptionsmaterial verfügbar sein.

Wenn nur sehr wenige Datenbeispiele zur Anpassung eines gegebenen Modells vorliegen, sind die Parameterschätzwerte, die z.B. die Anwendung des Baum-Welch-Algorithmus liefert, extrem unzuverlässig. Daher werden diese nicht direkt als spezialisierte Modelle verwendet, sondern mit den

Parametern des allgemeinen Modells in geeigneter Weise interpoliert. Die Interpolationsgewichte orientieren sich dabei meist am Umfang der Beispieldaten, die für die Schätzung bestimmter Modellparameter verfügbar sind. Dadurch lässt sich erreichen, dass Parameter, für die viele Adaptionsbeispiele vorliegen, nahezu unverändert in das spezielle Modell eingehen. Dagegen überwiegen bei selten beobachteten Ereignissen die bekannten Parameter des allgemeinen Modells.

Formal betrachtet entspricht dieses Verfahren einer Parameterschätzung nach dem *Maximum-a-posteriori-Prinzip* (MAP, vgl. Abschnitt 3.6.2). Im Gegensatz zur häufig angewendeten Maximum-Likelihood-Schätzung (ML, vgl. Abschnitt 3.6.1), die auch dem Baum-Welch-Algorithmus zugrunde liegt, wird dabei die a-posteriori Wahrscheinlichkeit der Modellparameter θ bei gegebenen Daten ω maximiert (vgl. z.B. [Hua 01, S. 445f]):

$$\hat{\theta} = \operatorname*{argmax}_{\theta} P(\theta|\omega) = \operatorname*{argmax}_{\theta} P(\theta)\, p(\omega|\theta)$$

Eine Modelladaption auf der Basis des MAP-Prinzips bietet den Vorteil, dass die berechneten Schätzwerte mit wachsendem Umfang der Adaptionsstichprobe gegen die einer ML-Schätzung konvergieren. Bei Vorliegen immens umfangreichen Adaptionsmaterials ist also die MAP-Schätzung identisch mit dem Ergebnis eines Standard-Trainingsverfahrens auf den gesamten zur Modellanpassung verfügbaren Daten.

Allerdings ist es zur Anwendung dieses Prinzips erforderlich, Schätzwerte für die a-priori Wahrscheinlichkeit $P(\theta)$ der Parameter selbst anzugeben. Auch darf eine schnelle Spezialisierung auf nur wenigen Datenbeispielen nicht erwartet werden, da dann noch die ursprünglichen Modellparameter die MAP-Schätzwerte dominieren. Insbesondere für Teilmodelle, Zustände oder Verteilungsdichten, für die keine Adaptionsbeispiele vorliegen, können mit dem Verfahren auch keine verbesserten Parameter ermittelt werden[1].

Einen völlig anderen Weg zur Spezialisierung von Modellen auf bestimmte Einsatzgebiete verfolgen Verfahren, die zur besseren Modellierung von Variationen der Sprechgeschwindigkeit in automatischen Spracherkennungssystemen vorgeschlagen wurden [Sie 95, Mar 98, Wre 01]. Dabei werden verschiedene spezialisierte Modelle z.B. für langsame, mittlere und schnelle Sprache vorab erzeugt, indem das vorliegende Trainingsmaterial entsprechend klassifiziert und in separate Stichproben unterteilt wird. Die Anpassung auf den konkreten Einsatzzweck erfolgt relativ einfach durch Auswahl des am besten für die Daten passenden Modells. Im einfachsten Fall wird hierzu die Geschwindigkeitsklasse der Testdaten durch einen Klassifikator ermittelt, und dann genau das entsprechende Modell zur Segmentierung eingesetzt [Mar 98]. Bessere Ergebnisse liefert ein allerdings auch deutlich aufwendigeres Verfahren, bei dem alle vorliegenden Modelle parallel eine Segmentierung der Testdaten erzeugen. Anschließend entscheidet man sich für das Ergebnis – und letztendlich auch für das zugehörige Modell – mit der besten Bewertung [Wre 01].

Obwohl bei diesen Verfahren auch eine Anpassung der HMMs erfolgt, kann diese prinzipbedingt nur Veränderungen erfassen, die vorab im Designprozess antizipiert wurden und durch Datenbeispiele der Trainingsstichprobe abgedeckt sind. Auf eine unbekannte Variation in den statistischen Eigenschaften der Testdaten kann damit nicht reagiert werden.

---

[1]Dieser Effekt kann in der Praxis durch geschicktes Parameter-Tying (vgl. Abschnitt 9.2, Seite 151) teilweise verhindert werden.

Maximum-Likelihood Linear-Regression

Das erfolgreichste Verfahren zur schnellen Adaption von HMM-Parametern auf sehr geringem Datenmaterial stellt die sogenannte *Maximum-Likelihood Linear-Regression* (MLLR) dar [Leg 95b, Leg 95a]. Diese Technik gehört inzwischen zum Standardrepertoire von Algorithmen zur Anwendung von HMMs auf Mustererkennungsaufgaben (vgl. [Hua 01, S. 447ff]).

Im Gegensatz zu einem klassischen Trainingsverfahren, das versucht, für *alle* Modellparameter auf den Beispieldaten neue Schätzwerte zu berechnen, erzeugt MLLR ein spezialisiertes Modell über eine Transformationsvorschrift. Diese hat im Vergleich zum adaptierten HMM selbst nur sehr wenige freie Parameter, die sich auch anhand einer kleinen Adaptionsstichprobe robust schätzen lassen. Da die Transformation alle Modellparameter gemeinsam verändert, können auch solche Parameter angepaßt werden, für die keine Adaptionsbeispiele beobachtet wurden.

Zur Vereinfachung des Verfahrens geht man bei MLLR davon aus, dass die wichtigsten Parameter eines HMMs die Mittelwertvektoren der verwendeten Verteilungsdichten sind. Im Gegensatz zu Übergangswahrscheinlichkeiten, Mischungsgewichten oder auch Kovarianzmatrizen wirken sich Veränderungen in den statistischen Eigenschaften der Eingabedaten auf sie am stärksten aus. Mit Hilfe einer affinen Transformation werden die Mittelwertvektoren des allgemeinen Modells an eine veränderte Datenverteilung angepaßt[2]. Jeder Mittelwertvektor μ wird durch die folgende Transformationsvorschrift in einen adaptierten Vektor μ' überführt:

$$\mu' = A\,\mu + b$$

Dabei steht die Matrix A für den rotatorischen Anteil der Transformation und der Vektor b für eine Translation im Merkmalsraum. Bildet man einen erweiterten Mittelwertvektor $\tilde{\mu} = [1, \mu^T]^T$ und eine kombinierte Transformationsmatrix $W = [b, A]$, so lässt sich die Vorschrift kompakt mit nur einer Matrixmultiplikation notieren:

$$\tilde{\mu}' = W\,\tilde{\mu}$$

Optimierungskriterium des Verfahrens ist, wie auch beim Baum-Welch-Algorithmus, die Produktionswahrscheinlichkeit der Daten. Die Transformation der Modellparameter muss also so bestimmt werden, dass die Wahrscheinlichkeit zur Erzeugung der Adaptionsdaten durch das spezialisierte Modell maximiert wird.

Sofern der Umfang der verfügbaren Beispieldaten es zulässt, können zur Steigerung der Genauigkeit der MLLR-Methode auch mehrere unabhängige Transformationen auf unterschiedliche Gruppen von Verteilungsdichten angewendet werden. Man spricht dann von der Bildung sogenannter *Regressionsklassen*, für die jeweils eine separate Parametertransformation geschätzt wird. Da alle Mittelwertvektoren von Verteilungen derselben Regressionsklasse in identischer Weise adaptiert werden, sollten solche Verteilungen zusammengefasst werden, die ähnliche Modellierungsanteile beschreiben. Eine naheliegende Wahl ist es z.B., alle Verteilungen eines von mehreren Zuständen gemeinsam genutzten Codebuchs zu einer Regressionsklasse zusammenzufassen.

---

[2]Mit geeigneten Erweiterungen des MLLR-Verfahrens lassen sich auch die Parameter von Kovarianzmatrizen adaptieren [Gal 96]. Die vergleichsweise geringen Verbesserungen rechtfertigen in der Praxis aber den erheblichen Zusatzaufwand in der Regel nicht.

Zur Bestimmung der Schätzwerte für die MLLR-Transformationen einer oder mehrerer Regressionsklassen ist eine Zuordnung von Merkmalsvektoren x_t der Adaptionsstichprobe und Codebuchklassen erforderlich. Im allgemeinen erfolgt diese probabilistisch, wie auch bei der Neuschätzung der Verteilungsparameter kontinuierlicher HMMs mit Hilfe des Baum-Welch-Algorithmus (vgl. Seite 85ff). Die Größe $\xi_t(j,k)$ gibt dabei die Wahrscheinlichkeit dafür an, dass zum Zeitpunkt t im Zustand j die k-te Mischverteilungskomponente zur Erzeugung der Daten verwendet wurde. Sie lässt sich auf der Basis der Vorwärts- und Rückwärtswahrscheinlichkeiten bestimmen (vgl. Gleichung 5.20, Seite 88). Mit einer formalen Herleitung, die im wesentlichen der des Baum-Welch-Algorithmus entspricht, erhält man folgende Einschränkungsgleichung für die Bestimmung der MLLR-Transformationen:

$$\sum_{t=1}^{T} \sum_{g_{jk} \in R} \xi_t(j,k) \boldsymbol{K}_{jk}^{-1} x_t \tilde{\boldsymbol{\mu}}_{jk}^T = \sum_{t=1}^{T} \sum_{g_{jk} \in R} \xi_t(j,k) \boldsymbol{K}_{jk}^{-1} \boldsymbol{W}_R \tilde{\boldsymbol{\mu}}_{jk} \tilde{\boldsymbol{\mu}}_{jk}^T \tag{11.1}$$

Dabei steht R für die jeweilige Regressionsklasse, die eine bestimmte Menge von Basisdichten g_{jk} der Mischverteilungen des Gesamtmodells umfasst. Die zugehörige Transformationsmatrix ist mit $\boldsymbol{W}_R$ bezeichnet. Außerdem gehen die Merkmalsvektoren x_t sowie die inversen Kovarianzmatrizen $\boldsymbol{K}_{jk}^{-1}$ und die erweiterten Mittelwertvektoren $\tilde{\boldsymbol{\mu}}_{jk}$ der Verteilungsdichten ein.

Allerdings existiert für diese Einschränkungsgleichung in der oben angegebenen allgemeinen Form keine geschlossene Lösung. Häufig werden jedoch in praktischen Anwendungen von HMMs die Kovarianzen der Normalverteilungsdichten lediglich durch Diagonalmatrizen beschrieben. In diesem eingeschränkten Fall lassen sich die gesuchten Transformationsmatrizen $\boldsymbol{W}_R$ zeilenweise berechnen (vgl. [Leg 95b], [Hua 01, S. 449]).

Eine deutliche Vereinfachung für die praktische Anwendung des MLLR-Verfahrens ergibt sich, wenn die Zuordnung von Codebuchklassen zu Adaptionsbeispielen eindeutig erfolgt. Wie beim Viterbi-Training oder dem *segmental k-means* Algorithmus verwendet man das Viterbi-Kriterium, um zunächst eine eindeutige Zuordnung zwischen Modellzuständen und Merkmalsvektoren herzustellen. Im Falle einer überwachten Adaption wird hierzu die korrekte Annotation der Beispieldaten vorgegeben, im Falle der Spracherkennung also die korrekte orthographische Transkription einer Äußerung. Soll die MLLR-Methode dagegen unüberwacht angewandt werden, so kann die Segmentierung auch ohne entsprechende Einschränkungen allein mit Hilfe des bestehenden allgemeinen Modells erzeugt werden.

Auf der Basis der optimalen Zustandsfolge lässt sich die jeweils optimale Codebuchklasse dann leicht als diejenige Basisverteilung m_t der Emissionsdichte des optimalen Zustandes s_t bestimmen, die maximale a-posteriori Wahrscheinlichkeit besitzt.

$$m_t = \operatorname*{argmax}_{k} c_{s_t k}\, g_{s_t k}(x_t) = \operatorname*{argmax}_{k} c_{s_t k}\, \mathcal{N}(x_t | \boldsymbol{\mu}_{s_t k}, \boldsymbol{K}_{s_t k})$$

Außerdem geht man davon aus, dass die Kovarianzmatrizen der einzelnen Dichten vernachlässigt bzw. als Einheitsmatrizen angenommen werden können. Man erhält dann ein Schätzverfahren, das die Parametertransformation so bestimmt, dass der mittlere quadratische Fehler zwischen den Merkmalsvektoren x_t und den ihnen zugeordneten Mittelwertvektoren $\boldsymbol{\mu}_{s_t m_t}$ minimiert wird ([Leg 95b,

Abschnitt 4.1: *Least Squares Regression*], [Fis 99]). Bei Verwendung von nur einer Regressionsklasse ergibt sich folgende einfache Berechnungsvorschrift für die Transformationsmatrix:

$$W = \left\{ \sum_{t=1}^{T} x_t \tilde{\mu}_{s_t m_t}^T \right\} \left\{ \sum_{t=1}^{T} \tilde{\mu}_{s_t m_t} \tilde{\mu}_{s_t m_t}^T \right\}^{-1} \qquad (11.2)$$

Sollen mehrere Regressionsklassen verwendet werden, so erfolgt die Berechnung der einzelnen Transformationsmatrizen nach demselben Schema. Es werden dann im jeweiligen Fall allerdings nur diejenigen Adaptionsvektoren x_t betrachtet, deren zugeordnete Codebuchklasse $g_{s_t m_t}$ in der betreffenden Regressionsklasse liegt.

Das MLLR-Verfahren bietet die zweifellos schnellste Möglichkeit zur Anpassung eines bestehenden HMMs an veränderte Einsatzbedingungen. Verwendet man nur eine Regressionsklasse bei einer für Spracherkennungssysteme typischen Merkmalsvektordimension von 39, so müssen weniger als 1600 Parameter für die globale Transformationsmatrix W geschätzt werden. Dies kann in der Praxis bereits mit weniger als einer Minute Sprachmaterial in befriedigender Qualität erfolgen.

Natürlich lässt sich die Qualität des Adaptionsverfahrens durch den Einsatz vieler verschiedener Regressionsklassen prinzipiell beliebig steigern. Allerdings steigt dann auch der Bedarf an Datenmaterial entsprechend an, und die Methode bietet letztendlich gegenüber einem herkömmlichen Trainingsverfahren keine Vorteile mehr. Um einen optimalen Kompromiss zwischen Genauigkeit der Adaption und Robustheit bei der Schätzung der Transformationsparameter zu erreichen, wurden daher Verfahren vorgeschlagen, die die Menge der Regressionsklassen in Abhängigkeit von der Größe der Adaptionsstichprobe möglichst optimal festlegen [Leg 95b, Bou 01] oder, beginnend mit nur einer Regressionsklasse, schrittweise deren Anzahl erhöhen, sobald ausreichendes Datenmaterial verfügbar wird [Leg 95a].

Eine Erweiterung der MLLR-Technik, bei der mehrere Einzeltransformationen kombiniert werden, wurde von Digalakis und Kollegen vorgeschlagen [Dia 97, Dia 99, Bou 00, Bou 01]. Zum Zwecke der Sprecheradaption werden zunächst auf dem Trainingsmaterial Adaptionstransformationen für typische Sprechergruppen geschätzt. Dabei wird die Anzahl der verwendeten Regressionsklassen in Abhängigkeit vom verfügbaren Adaptionsmaterial optimiert. Zur Adaption des allgemeinen HMMs auf einen speziellen Testsprecher wird dann aus allen vorliegenden Transformationen eine optimale Linearkombination bestimmt. Die Schätzung der Kombinationsgewichte erfordert dabei deutlich weniger Datenmaterial als die Bestimmung einer MLLR-Adaptionsvorschrift. Daher eignet sich das Verfahren auch sehr gut zur schnellen Adaption umfangreicher Modelle an veränderte Einsatzbedingungen.

11.3 Adaption von n-Gramm-Modellen

Bei n-Gramm-Modellen ist noch deutlicher als bei HMMs klar, dass sich eine Schätzung eines komplett neuen, spezialisierten Modells allein auf einer begrenzten Adaptionsstichprobe nicht erreichen lässt. Selbst auf umfangreichen Trainingsstichproben ist es ja unbedingt erforderlich, durch Glättung der empirischen Verteilung sinnvolle Schätzwerte für die Wahrscheinlichkeiten nicht beobachteter Ereignisse zu bestimmen (vgl. Abschnitt 6.5, Seite 104).

11.3.1 Cache-Modelle

Hinter sogenannten *Cache-n-Gramm-Modellen* ([Kuh 90], vgl. auch [Cla 97, Iye 99]) steht die Idee, dass in Texten solche Wörter oder Wortkombinationen, die bereits verwendet wurden, mit höherer Wahrscheinlichkeit wieder auftreten werden. Da es aber praktisch nicht möglich ist, Statistiken für Bi-Gramme oder n-Gramme höherer Ordnung mit nur wenigen Adaptionsbeispielen zu aktualisieren, werden zur Modellierung dieses Effekts nur spezielle Uni-Gramm-Statistiken ermittelt. Um das Auftreten eines Wortes w_t an der Position t eines Textes besser vorhersagen zu können, berechnet man die Häufigkeit $c(w_t|w_{t-T}, \ldots w_{t-1})$ seines Vorkommens in einem bestimmten Abschnitt zurückliegenden Textmaterials der Länge T, dem sogenannten *Cache*. Die aufgrund des Caches bestimmte Uni-Gramm-Wahrscheinlichkeit ergibt sich dann zu:

$$P_{\text{cache}}(w_t) = \frac{c(w_t|w_{t-T}, \ldots w_{t-1})}{T}$$

Das so geschätzte einfache Cache-Uni-Gramm-Modell wird anschließend mit einem herkömmlichen n-Gramm-Modell $P(z|y)$ interpoliert:

$$P_{\text{cache}}(z|y) = \lambda\, P(z|y) + (1 - \lambda)\, P_{\text{cache}}(z)$$

Das erforderliche Interpolationsgewicht λ muss allerdings experimentell bestimmt oder heuristisch festgelegt werden.

In der Arbeit von Kuhn & De Mori [Kuh 90], die den Begriff des Cache-n-Gramm-Modells prägten, kommt ein kategoriebasiertes Tri-Gramm-Modell zum Einsatz. Auf der Basis des Cache-Speichers werden lediglich die Zuordnungswahrscheinlichkeiten $P(w_i|C_j)$ zwischen Kategorien und Wortsymbolen adaptiert, so dass eine gute Robustheit des Modells erreicht wird.

11.3.2 Dialogschrittabhängige Modelle

Ein völlig anderes Vorgehen zur Anpassung der Sprachmodellierung beschreiten die sogenannten *dialogschrittabhängigen Sprachmodelle* (vgl. z.B. [Kuh 95, S. 103ff], [Eck 96, Pop 97, Wes 99b, Wes 99a]). In Kombination mit einem System zur Führung eines natürlichsprachlichen Dialogs ist es möglich, die Prädiktion des Dialogsystems zur Auswahl eines für die erwartete Klasse von sprachlichen Äußerungen angepaßten Sprachmodells zu verwenden. Es erfolgt also keine eigentliche Adaption der Modellparameter aufgrund von beobachteten Datenbeispielen, sondern eine Selektion aufgrund des Systemzustandes.

Durch die Aufteilung des Trainingsmaterials in einzelne Dialogschritte wird allerdings die Datenlage zur Schätzung der einzelnen n-Gramm-Modelle deutlich eingeschränkt [Pop 97]. Speziell für seltene Dialogschrittypen steht unter Umständen nicht ausreichend Material zur Verfügung, um ein für diese spezialisiertes n-Gramm-Modell robust zu schätzen. Man muss in solchen Fällen daher entweder eine geeignete Zusammenfassung der verwendeten Dialogzustände vornehmen [Wes 99b] oder durch eine Interpolation von dialogschrittabhängigen Modellen mit einem allgemeinen Sprachmodell die Robustheit verbessern [Wes 99a].

11.3.3   Topic-basierte Sprachmodelle

Einen ähnlichen Grundgedanken wie die dialogschrittabhängige Modellierung verfolgen die sogenannten *topic-basierten Sprachmodelle* (vgl. z.B. [Big 97, Cla 97, Iye 99]). Man geht bei dieser Modellierung davon aus, dass sich in umfangreicherem Textmaterial bestimmte Themenbereiche (engl. *topics*) identifizieren lassen und dass die zugehörigen Textpassagen spezifische statistische Eigenschaften besitzen. Zur besseren Beschreibung des Gesamtdatenmaterials bietet es sich daher an, spezialisierte Teilmodelle für die einzelnen Themen zu verwenden.

Da im Gegensatz zu dialogschrittabhängigen Sprachmodellen die Zuordnung eines bestimmten Textabschnitts zu einem Thema und damit einem speziellen n-Gramm-Modell in der Regel nicht eindeutig erfolgen kann, werden topic-basierte n-Gramm-Modelle meist in der Form sogenannter *topic mixtures* verwendet. Dabei werden alle für ein spezielles Thema T_i erstellten Teilmodelle $P(z|y, T_i)$ durch Linearkombination zu einem Gesamtmodell zusammengefasst. Am häufigsten verwendet wird eine Kombination auf der Ebene einzelner bedingter Wahrscheinlichkeiten zur Vorhersage des jeweils nächsten Worts:

$$P_{\text{topic}}(z|y) = \sum_i \lambda_i \, P(z|y, T_i) \quad \text{mit} \quad \sum_i \lambda_i = 1$$

In [Iye 99] wird demgegenüber die Gesamtwahrscheinlichkeit eines Testtextes $w_1, w_2, \ldots w_T$ als gewichtete Summe der Wahrscheinlichkeitsbeiträge definiert, die jedes einzelne topic-abhängige n-Gramm-Modell für die gesamte Wortfolge liefert. Bei der Verwendung von Bi-Gramm-Modellen ergibt sich folgende Berechnungsvorschrift:

$$P_{\text{topic}'}(w_1, w_2, \ldots w_T) = \sum_i \lambda_i \prod_{t=1}^{T} P(w_t|w_{t-1}) \quad \text{mit} \quad \sum_i \lambda_i = 1$$

Im Gegensatz zur rein lokalen Interpolation der Modelle lässt sich diese Definition ausschließlich in einem mehrphasigen Erkennungssystem zur Neubewertung komplett vorliegender Segmentierungshypothesen verwenden. Eine zeitsynchrone Verrechnung mit den partiellen Pfadbewertungen eines HMMs während der Dekodierung ist so nicht möglich.

Wie bei dialogschrittabhängigen n-Gramm-Modellen werden die einzelnen Topic-Modelle vorab auf für den entsprechenden Themenbereich relevantem Textmaterial trainiert. Die Anpassung des Gesamtmodells an den konkreten Einsatzzweck erfolgt dann durch Adaption der Interpolationsgewichte λ_i. Diese kann entweder mit einem unüberwachten Schätzverfahren wie dem EM-Algorithmus erfolgen [Cla 97] oder auf der Basis von Methoden zur Topic-Identifikation, wie sie aus dem Bereich des *information retrieval* bekannt sind [Big 97, Mah 99].

12 Integrierte Suchverfahren

Die wohl anspruchsvollsten Anwendungen der Markov-Modell-Technologie stellen Erkennungsaufgaben mit sehr großen Inventarien zu segmentierender Einheiten dar. Typische Beispiele hierfür
sind Diktiersysteme mit Wortschätzen von einigen 10 000 oder 100 000 Wörtern oder auch Systeme
zur Schrifterkennung mit nahezu uneingeschränktem Vokabular. Die Modellierung der Segmentierungseinheiten – also der gesprochenen oder geschriebenen Wörter – mit Hilfe von HMMs hat sich,
wie auch in einfacheren Systemen, als Quasi-Standard etabliert. Allerdings sind für solche umfangreichen Erkennungsaufgaben zusätzliche Einschränkungen der möglichen oder plausiblen Abfolgen
von Segmenten unerlässlich, um den Suchaufwand in handhabbaren Grenzen zu halten. Die Beschreibung solcher Restriktionen mit n-Gramm-Modellen bietet gegenüber anderen Verfahren den
entscheidenden Vorteil, dass zwei kompatible Formalismen zum Einsatz kommen und dadurch eine
kombinierte Anwendung einfacher und mit größerem Erfolg möglich ist.

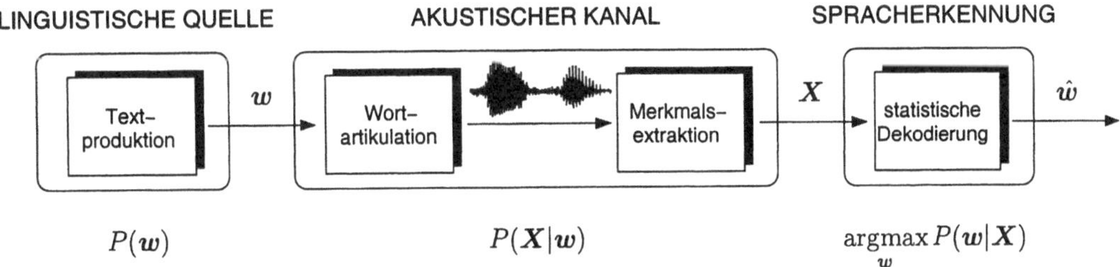

Abb. 12.1 Informationstheoretisches Kanalmodell von Spracherzeugung und -erkennung

Formal lässt sich dieses Vorgehen aus der folgenden Modellannahme ableiten, die überwiegend im
Bereich der Spracherkennung Verwendung findet und wohl auf Jelinek und Kollegen zurückgeht
[Jel 75, Jel 82]. Dieses integrierte probabilistische Modell von Signalerzeugung und -dekodierung
bettet das Segmentierungsproblem in die Begriffswelt der Informationstheorie ein. Abbildung 12.1
zeigt schematisch das sogenannte *Kanalmodell*, wie es für das Problem der Spracherzeugung und
-erkennung formuliert wurde.

Man geht dabei davon aus dass zuerst eine hypothetische Informationsquelle eine Folge symbolischer Einheiten $w = w_1, w_2, \ldots w_N$ mit einer bestimmten Wahrscheinlichkeit $P(w)$ erzeugt. Es
würde also z.B. ein menschlicher Sprecher oder Schreiber eine Wortfolge mental formulieren in
der Absicht, sie später auszusprechen oder niederzuschreiben. Die tatsächliche Realisierung erfolgt
dann in einem zweiten Schritt, bei dem die symbolische Information in eine Signalrepräsentati-
on überführt bzw. kodiert wird. Die gedachte Wortfolge wird also als akustisches Sprachsignal
artikuliert oder in einen Schriftzug umgesetzt. Das entstandene Signal wird nun über einen po-

tentiell fehlerbehafteten Kanal übertragen, von einem Sensor aufgezeichnet und in eine parametri-
sche Repräsentation als Folge von Merkmalsvektoren $\boldsymbol{X} = \boldsymbol{x}_1, \boldsymbol{x}_2, \ldots \boldsymbol{x}_T$ überführt. Fasst man
zur Vereinfachung der Betrachtungen die beiden letzten Schritte zusammen, so erfolgt eine Kodie-
rung der Symbolfolge w in eine Merkmalsvektorfolge $\boldsymbol{X}$ mit einer bestimmten Wahrscheinlichkeit
$P(\boldsymbol{X}|w)$.

Der Prozess der Dekodierung bzw. Erkennung versucht nun, auf der Basis dieser Merkmale die ursprüngliche "ideale" Wortfolge zu rekonstruieren. Aufgrund der probabilistischen Erzeugung, die
auch mögliche Fehler des Übertragungskanals erfasst, ist dies jedoch nicht eindeutig möglich. Da-
her entscheidet man sich für diejenige Lösung $\hat{w}$, die die a-posteriori Wahrscheinlichkeit $P(w|\boldsymbol{X})$
der Wortfolge gegeben die beobachteten Daten $\boldsymbol{X}$ maximiert. Es ergibt sich damit folgende Dekodierungsvorschrift:

$$\hat{w} = \underset{w}{\operatorname{argmax}}\, P(w|\boldsymbol{X})$$

Da parametrische Modelle zur direkten Beschreibung der Rückschlusswahrscheinlichkeit $P(w|\boldsymbol{X})$
im allgemeinen nicht bekannt sind, formt man diesen Ausdruck mit Hilfe der Bayes-Regel wie folgt
um, mit dem Ziel das Problem auf tatsächlich modellierbare Wahrscheinlichkeitsanteile zurückzuführen:

$$\hat{w} = \underset{w}{\operatorname{argmax}}\, P(w|\boldsymbol{X}) = \underset{w}{\operatorname{argmax}}\, \frac{P(w)\,P(\boldsymbol{X}|w)}{P(\boldsymbol{X})}$$

Eine weitere Vereinfachung ergibt sich aus der Tatsache, dass die Auftretenswahrscheinlichkeit
$P(\boldsymbol{X})$ der Daten selbst bezüglich der Maximierung eine Konstante darstellt und daher bei der Bestimmung der optimalen Worfolge $\hat{w}$ vernachlässigt werden kann:

$$\hat{w} = \underset{w}{\operatorname{argmax}}\, P(w)\,P(\boldsymbol{X}|w) \tag{12.1}$$

Beide beteiligten Wahrscheinlichkeitsausdrücke lassen sich nun zu möglichen Modellierungsanteilen in einem statistischen Erkennungssystem in Beziehung setzen.

Die Wahrscheinlichkeit $P(w)$ zur Erzeugung einer Symbolfolge w lässt sich einfach durch ei-
ne Markov-Kette, d.h. ein statistisches n-Gramm-Modell, beschreiben. Die Größe $P(\boldsymbol{X}|w)$ inter-
pretiert man dagegen als die Wahrscheinlichkeit, bei gegebenem Modell – nämlich der Wortfolge
w – eine bestimmte Observationsfolge $\boldsymbol{X}$ zu erzeugen. Dieser Anteil kann also mit Hilfe eines
Hidden-Markov-Modells beschrieben werden. Außerdem geht aus Gleichung (12.1) hervor, dass
die Bewertungen beider Modellierungsanteile prinzipiell durch einfache Multiplikation kombiniert
werden können.

An dieser Stelle der Überlegungen brechen die meisten Darstellungen ab. Leider ist aber die integrierte Verwendung von HMMs und n-Gramm-Modellen in der Praxis nicht so einfach möglich.

Zum einen unterscheiden sich die Dynamikbereiche der beiden Bewertungsanteile normalerweise
so stark, dass ohne geeignete Kompensation die HMM-Bewertung $P(\boldsymbol{X}|w)$ die des Sprachmodells

$P(w)$ praktisch immer dominiert[1]. Daher verrechnet man die beiden Größen gewichtet mit einer Konstanten ρ gemäß (vgl. z.B. [Hua 01, S. 610])[2]:

$$P(w)^\rho \, P(\boldsymbol{X}|w) \tag{12.2}$$

In negativ-logarithmischer Darstellung (vgl. Abschnitt 7.1) entspricht dies einer gewichteten Summe der Bewertungen, wobei die Konstante ρ, die als *linguistic matching factor* bezeichnet wird, dazu dient, die im allgemeinen deutlich geringeren Kosten des Sprachmodells an die Größenordnung der HMM-Bewertung anzupassen. Die Wahl von ρ ist leider problemabhängig, und geeignete Werte müssen in experimentellen Untersuchungen ermittelt werden[3].

Zum anderen gibt Gleichung (12.1) nur an, dass die Gesamtbewertung einer vollständig vorliegenden Wortfolge w durch Multiplikation der einzelnen Modellbewertungen erfolgen kann. Es geht jedoch aus ihr nicht hervor, wie dies im Rahmen eines Suchprozesses erfolgen soll. Ohne effiziente Suchverfahren wie Viterbi-Algorithmus oder *beam search* ist jedoch in der Praxis die Dekodierung von HMMs nicht möglich. Daher müssen statt der Bewertungen bestimmter Gesamtlösungen partielle Pfadbewertungen $\delta_t(i)$ während der Viterbi-Suche mit Anteilen der n-Gramm-Bewertung verrechnet werden. Grundlage dafür bildet die Faktorisierung von $P(w)$ in einzelne bedingte Wahrscheinlichkeiten $P(z|y)$ zur Vorhersage eines Wortes z im Kontext y (vgl. Abschnitte 6.1 und 6.3).

Trotz der großen Bedeutung entsprechender Lösungsansätze für komplexere Anwendungen von Markov-Modellen wird deren Darstellung in der Literatur häufig vernachlässigt. Für aktuelle Gesamtsysteme zur Spracherkennung ist aus der Literatur oft nur schwer zu entnehmen, welche algorithmischen Lösungen der Kombinationsproblematik getroffen wurden. Ein Hauptgrund hierfür ist wohl, dass Beschreibungen meist über viele sehr knappe Tagungsbeiträge verstreut sind und in diesen der Fokus eher auf Lösungsdetails als auf integrierten Verfahren liegt. Leider findet man auch in Monographien zum Thema selten eine befriedigende Behandlung dieses Themas[4].

Im folgenden wollen wir daher die wichtigsten Methoden zur Integration von HMMs und n-Gramm-Modellen vorstellen. Am Anfang steht das wohl älteste und auch einfachste Verfahren, bei dem auf der Basis von Teilmodellen ein Modellnetzwerk erzeugt wird, in dem die n-Gramm-Bewertungen als Übergangswahrscheinlichkeiten fungieren. Zur Reduktion des Gesamtaufwands werden weitreichende n-Gramm-Restriktionen bei der Mehrphasensuche erst in einem zweiten Suchprozess eingebracht. In Kombination mit der effizienten Repräsentation des Erkennungslexikons als Modellbaum ist es notwendig, Kopien des entstehenden Suchraums anzulegen, um die n-Gramm-Bewertung direkt in die Suche integrieren zu können. Die konkreten Methoden unterscheiden sich je nachdem,

---

[1]Dies ist hauptsächlich darauf zurückzuführen, dass für die Berechnung von $P(w)$ bzw. $P(\boldsymbol{X}|w)$ Wahrscheinlichkeitsanteile auf stark differierenden Zeitskalen eingehen. Zur Bestimmung der HMM-Bewertung fallen Zustandsübergangs- und Emissionswahrscheinlichkeiten pro Frame an, d.h. im "Zeittakt" des Signals. Dagegen entsteht die Bewertung der Wortfolge nur aus der Multiplikation je einer bedingten Wahrscheinlichkeit pro Teilwort und umfasst daher ein bis zwei Größenordnungen weniger Einzelanteile.

[2]Häufig wird als Grund für die Notwendigkeit einer gewichteten Verrechnung von n-Gramm- und HMM-Bewertung angegeben, dass die Modelle auf unterschiedlichen Daten erstellt und damit nicht vollständig kompatibel zueinander seien. Dies ist jedoch höchstens von marginaler Bedeutung, wie z.B. Experimente im Rahmen des Verbmobil-Projekts deutlich zeigen. Für die umfangreiche Evaluierung 1996 waren die Trainingsdaten für HMMs und Sprachmodell identisch. Eine Gewichtung der Bewertungen musste allerdings trotzdem erfolgen.

[3]Für die Kombination von n-Gramm-Modellen mit semi-kontinuierlichen HMMs in verschiedenen eigenentwickelten Sprach- und Handschrifterkennungssystemen lieferten Werte von $4 \leq \rho \leq 7$ gute Resultate.

[4]Eine Ausnahme hiervon bildet lediglich das neue Werk von Huang und Kollegen, in dem ein guter Überblick über mögliche Verfahren gegeben wird [Hua 01, Kapitel 13, S. 645ff].

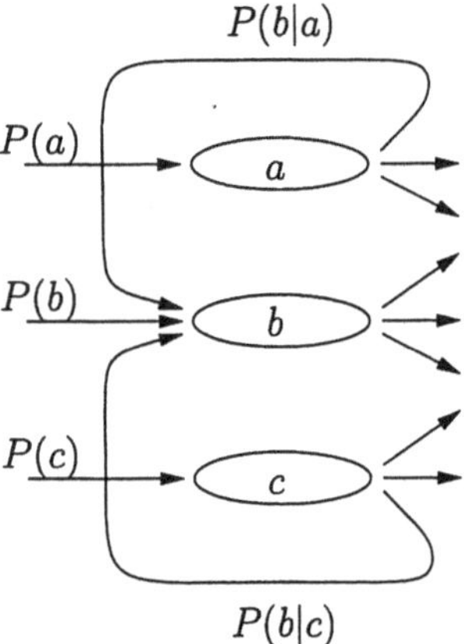

Abb. 12.2
HMM-Netzwerk bei trivialem Lexikon $\{a, b, c\}$ und Verwendung eines
Bi-Gramm-Sprachmodells. Aus Gründen der Übersichtlichkeit sind nur
zwei der Rückkopplungskanten explizit gezeigt.

ob die replizierten Suchbäume in Abhängigkeit von der n-Gramm-Geschichte oder vom jeweiligen
Anfangszeitpunkt im Signal identifiziert werden. Den Abschluss des Kapitels bildet die Darstellung
eines flexiblen Verfahrens zur integrierten zeitsynchronen Suche in kombinierten HMM/n-Gramm-
Modellen, das in der Lage ist, auch weitreichende Kontextrestriktionen effizient zu behandeln.

12.1   HMM-Netzwerke

Die technisch einfachste Möglichkeit zur Kombination von n-Gramm-Modellen mit HMMs bieten
die sogenannten *HMM-Netzwerke*, die wegen ihrer Herkunft aus dem Bereich der Spracherkennung
auch als *Wortnetzwerke* bezeichnet werden (vgl. [Jel 97, S. 81f], [Rab 93, S. 453f]).

Erstmals eingesetzt wurde ein vergleichbares Verfahren noch ohne integriertes n-Gramm-Modell
im Rahmen des HARPY-Systems [Low 76]. Es wurden alle vom System akzeptierten Äußerungen
als Folgen der entsprechenden Wort-HMMs in einem Modellgraphen kodiert.

Soll ein n-Gramm-Modell in eine solche Struktur einbezogen werden, so kann dies prinzipiell an
den Kanten zwischen aufeinanderfolgenden Wortmodellen in Form von Übergangswahrscheinlichkeiten erfolgen. Bei Verwendung eines Bi-Gramm-Modells reicht hierzu ein einfaches "rückgekop-
peltes" Lexikonmodell aus. Ein Beispiel für ein solches HMM-Netzwerk zeigt Abbildung 12.2. An
den Kanten zwischen den Teilmodellen a und b kann die jeweilige Bi-Gramm-Bewertung $P(b|a)$
mit der Pfadbewertung des zugrundeliegenden HMMs verrechnet werden. Da zu Beginn des Suchprozesses noch keine Wortvorgänger vorliegen können, werden die Uni-Gramm-Bewertungen des
Sprachmodells als Startwahrscheinlichkeiten des Modells verwendet.

Sollen jedoch n-Gramm-Restriktionen mit größeren Kontextlängen, wie z.B. Tri-Gramm-Modelle,
zum Einsatz kommen, so ist das im Rahmen dieser Modellstruktur nicht möglich. Aufgrund seiner
prinzipiellen Beschränkungen ist ein HMM nämlich nur in der Lage, genau *einen* Kontext während
der Suche in Form des aktuellen Vorgängerzustands zu berücksichtigen. Bei der Modellstruktur aus
Abbildung 12.2 kodiert dieser nur das aktuelle Vorgängerwort.

Um eine längere Sequenz von Kontextwörtern eindeutig repräsentieren zu können, müssen da-

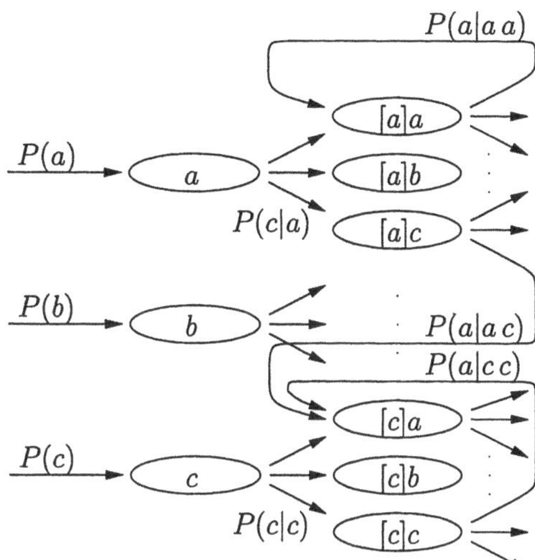

Abb. 12.3
HMM-Netzwerk bei trivialem Lexikon $\{a, b, c\}$ und Verwendung eines Tri-Gramm-Sprachmodells. Pro Wortmodell y existieren Kopien $[x]y$ zur Kodierung der notwendigen Kontextrestriktionen.

her entsprechende Kopien der Teilmodelle angelegt werden, die auf bestimmte weiterreichende Kontexteinschränkungen spezialisiert sind. Abbildung 12.3 zeigt schematisch ein einfaches Beispiel eines HMM-Netzwerks, das die Einbeziehung eines Tri-Gramm-Modells erlaubt. Für jedes Wortmodell existiert darin eine Kopie pro mögliches Vorgängerwort. Die Suche startet – wie im Falle des Bi-Gramm-Modells – mit der Uni-Gramm-Bewertung. Nach Durchlaufen eines Wortmodells können dann Bi-Gramm-Bewertungen einbezogen werden, bevor die entsprechenden kontextabhängigen Kopien der Teilmodelle erreicht werden.

Der Vergleich mit dem einfacheren HMM-Netzwerk aus Abbildung 12.2, das für die integrierte Anwendung eines Bi-Gramm-Modells ausreichte, zeigt, dass ein deutlich höherer Aufwand erforderlich ist. Im allgemeinen steigt die Zahl der erforderlichen Kopien der beteiligten Wortmodelle exponentiell mit der Länge des n-Gramm-Kontexts an. Daher kommen HMM-Netzwerke in der Praxis fast ausschließlich in Kombination mit Bi-Gramm-Modellen zum Einsatz.

12.2 Mehrphasensuche

Um den exponentiell ansteigenden Aufwand von HMM-Netzwerken für n-Gramm-Modelle höherer Ordnung zu vermeiden, deren Restriktionen aber trotzdem ausnützen zu können, setzen Verfahren zur *Mehrphasensuche* auf eine mehrstufige Anwendung der Modellierungsanteile mit wachsender Komplexität. Man geht dabei davon aus, dass die zusätzlichen Restriktionen eines $n + k$-Gramms gegenüber denen eines ebenfalls verfügbaren n-Gramms hauptsächlich zu einer anderen Sortierung der gefundenen Lösungen führen, aber nicht zu komplett neuen. Sofern dies zutrifft, kann die integrierte Suche ein Sprachmodell niedrigerer Ordnung – üblicherweise ein Bi-Gramm – zur Generierung einiger Lösungsalternativen verwenden, die anschließend mit einem aufwendigeren Modell neu bewertet werden (vgl. z.B. [Gau 94, Bil 97, IIai 99]). Der mit einem n-Gramm-Modell höherer

Ordnung verbundene Dekodierungsaufwand wird so auf "relevante" Suchbereiche eingeschränkt, die jedoch bereits in der ersten Dekodierungsphase hypothetisiert werden müssen.

Der Hauptnachteil einer solchen Mehrphasenstrategie liegt darin, dass die zu segmentierenden Daten komplett vorliegen müssen, bevor ein wesentlicher Teil der Berechnungen – nämlich der Neubewertungsschritt – durchgeführt werden kann. Für Stapelverarbeitungsaufgaben, wie z.B. die Suche interessanter Bereiche in großen Protein- oder Gendatenbanken, kann diese Einschränkung vernachlässigt werden. Anders ist dies bei interaktiven Anwendungen, wie z.B. in der multi-modalen Mensch-Maschine-Kommunikation. Mit einem mehrstufigen Analyseverfahren kann z.B. im Bereich der Spracherkennung erst *nach* dem Ende einer gesprochenen Äußerung mit den aufwendigen Berechnungen gestartet werden. Eine schnelle Reaktion auf die Eingaben des Benutzers ist mit einem solchen Verfahren daher kaum möglich.

12.3   Suchraumkopien

Wie in Abschnitt 10.4.1 bereits herausgestellt, kann eine erhebliche Effizienzsteigerung bei der HMM-Suche in großen Lexika durch deren baumförmige Repräsentation erreicht werden. Die damit erzielte erhebliche Kompression des HMM-Zustandsraums führt aber auch dazu, dass beim Erreichen eines Blattknotens, der ein Wortende kodiert, die Identität des Nachfolgerworts noch nicht bekannt ist. Daher kann in einem integrierten Modell die n-Gramm-Bewertung nicht einfach als Übergangswahrscheinlichkeit mit der HMM-Bewertung verrechnet werden. Vielmehr muss die Information über den Wortkontext bis nach dem Durchlaufen des Präfixbaums und bis zum erneuten Erreichen eines Blattknotens gesichert werden.

12.3.1   Kontextbasierte Suchraumkopien

Um die korrekte Kombination eines n-Gramm-Sprachmodells mit einer als Präfixbaum organisierten HMM-Modellierung zu erreichen, wurde ein Verfahren vorgeschlagen, bei dem dynamisch Kopien des Suchraums in Abhängigkeit vom jeweils zu kodierenden Kontext angelegt werden [Ney 92]. Der ursprünglich nur für Bi-Gramm-Modelle entwickelte Algorithmus wurde später auf die Behandlung von Tri-Gramm-Sprachmodellen erweitert [Ort 96b].

Im Wesentlichen entspricht dieses Verfahren der Verwendung eines komprimierten Wortknotennetzwerks. Der entstehende Modellgraph wird dabei dynamisch nach Bedarf erzeugt, was jedoch prinzipiell auch für HMM-Netzwerke möglich ist. Abbildung 12.4 zeigt beispielhaft den entstehenden Gesamtsuchraum bei der Verwendung eines Tri-Gramm-Modells mit trivialem Lexikon. Der Vergleich mit Abbildung 12.3 macht deutlich, dass die Sprachmodellbewertung in prinzipiell ähnlicher Weise wie in einem HMM-Netzwerk integriert wird. Sie kann jedoch immer erst am Ende des jeweils vorhergesagten Modells ausgewertet werden und wird daher mit Verzögerung von einem Wort in der Suche berücksichtigt.

Das entstehende Suchverfahren lässt sich ebenso wie die Methode der HMM-Netzwerke als direkte Erweiterung des *beam search* realisieren. Es kann damit im Gegensatz zu mehrphasigen Suchstrategien streng zeitsynchron angewendet werden.

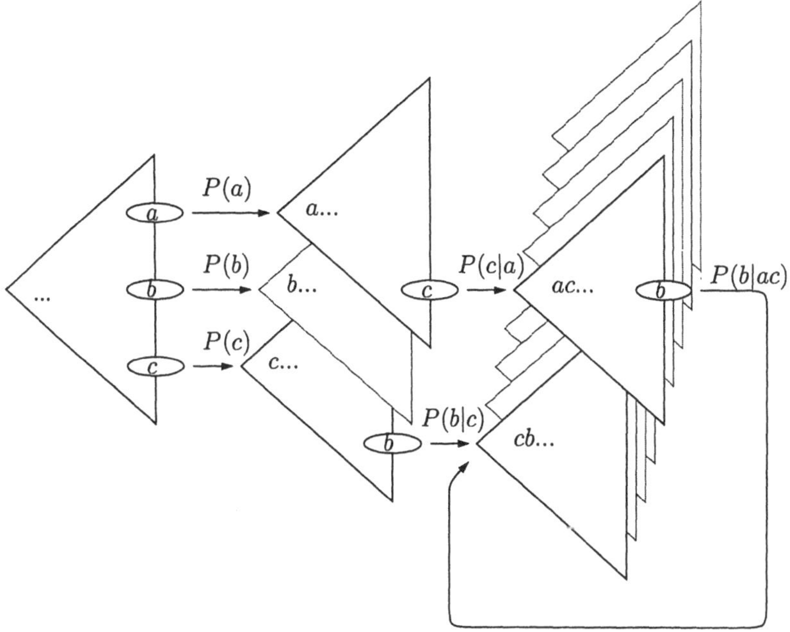

Abb. 12.4 Beispielhafte Darstellung des Gesamtsuchraums bei Verwendung von Baumkopien und einem Tri-Gramm-Modell mit fiktivem Lexikon $L = \{a, b, c\}$.

Allerdings wird auch die Verwendung von Suchbaumkopien mit n-Gramm-Modellen höherer Ordnung extrem aufwendig. Das exponentielle Wachstum des Suchraums lässt sich auch durch die baumförmige Modellorganisation oder mit Beschneidungsstrategien nicht beliebig kompensieren. Dies kann auch an der Tatsache abgelesen werden, dass in der Literatur der Einsatz solcher Verfahren nur bis zur Komplexität von Tri-Grammen belegt ist (vgl. z.B. [Aub 94, Ort 96b, Ney 99]). Zur kombinierten Dekodierung von HMMs und Bi-Gramm-Modellen stellt dieses Verfahren jedoch die wahrscheinlich effizienteste Methode dar.

12.3.2   Zeitbasierte Suchbaumkopien

Eine Variante des im vorangegangenen Abschnitt vorgestellten Verfahrens wurde in [Ort 96b] und unabhängig davon auch in [Fin 98] vorgeschlagen. Die Suchbaumkopien werden dabei nicht in Abhängigkeit vom Sprachmodellkontext, sondern vom Anfangszeitpunkt der jeweiligen Hypothese erzeugt.

Abbildung 12.5 zeigt beispielhaft einen Ausschnitt aus der resultierenden Suchraumorganisation. Im Unterschied zur kontextbasierten Erzeugung von Baumkopien werden bei diesem Verfahren von Hypothesen desselben Modells aus, die zu verschiedenen Zeitpunkten enden, unterschiedliche Teilsuchbäume erreicht. Andererseits werden aber auch *alle* Hypothesen mit demselben Endzeitpunkt t in nur *einem* Teilsuchbaum mit Startzeitpunkt $t + 1$ fortgeführt, auch wenn sie in unterschiedlichen

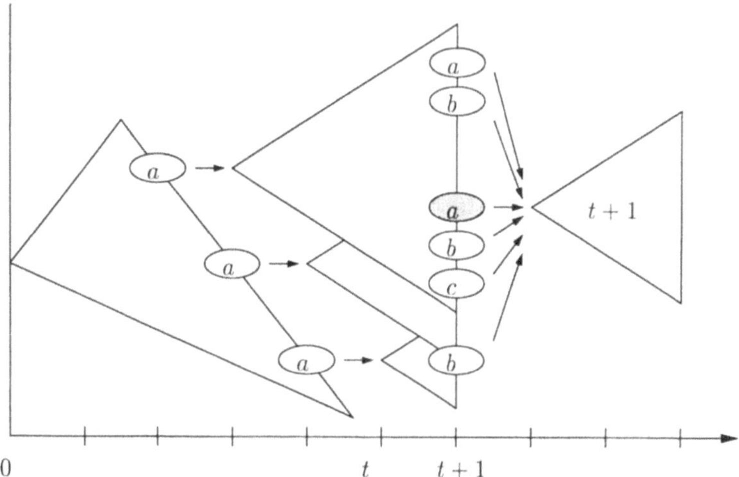

Abb. 12.5 Beispielhafte Darstellung des Gesamtsuchraums bei Verwendung von zeitbasierten Baumkopien und einem Bi-Gramm-Modell mit fiktivem Lexikon $L = \{a, b, c\}$.

Teilsuchbäumen erreicht werden. Dabei wird nur die Bewertung δ_t^* der optimalen Hypothese mit Endzeitpunkt t berücksichtigt. Sie dient dann als Startbewertung des neu erzeugten Suchbaums.

Um trotzdem n-Gramm-Modelle korrekt in die Suche integrieren zu können, müssen allerdings bei der Auswertung der Sprachmodellbewertung für einen Wortendeknoten alle möglichen Endehypothesen aus dem Vorgängersuchbaum betrachtet werden. Da für den Teilpfad der aktuellen Lösung bis Zeitpunkt t die hierfür optimale Bewertung δ_t^* verwendet wurde, muss diese für die Berechnung der optimalen kombinierten Bewertung durch die Pfadbewertung $\delta_t(\ldots z)$ des jeweiligen Vorgängerknotens ersetzt werden.

In der oben geschilderten Form lassen sich mit diesem Verfahren Bi-Gramm-Modelle in die Suche integrieren. Bereits für Tri-Gramm-Sprachmodelle ist allerdings die Berücksichtigung eines weiteren Modellkontexts erforderlich, was die formale Darstellung der Methode beträchtlich kompliziert [Ort 00b].

12.3.3 Language-Model Look-Ahead

Die Hauptaufgabe eines statistischen Sprachmodells in einem integrierten Suchprozess besteht darin, eine möglichst starke Einschränkung der Suche auf relevante Bereiche zu ermöglichen. Es ist daher von Nachteil, dass n-Gramm-Bewertungen immer nur in relativ großem zeitlichem Abstand an den Übergängen zwischen Teilmodellen bzw. Wörtern ausgewertet werden können.

Ziel des sogenannten *language-model look-ahead* ist es daher, Sprachmodellrestriktionen bereits innerhalb eines als Präfixbaum organisierten Teilsuchraums einbringen zu können [Ste 94, Fed 95]. Da die Identität des jeweiligen Nachfolgermodells aber erst bei Erreichen eines Blattknotens bekannt wird, kann dies nur näherungsweise geschehen (vgl. auch [Ort 96a, Ort 97a, Ort 00a]).

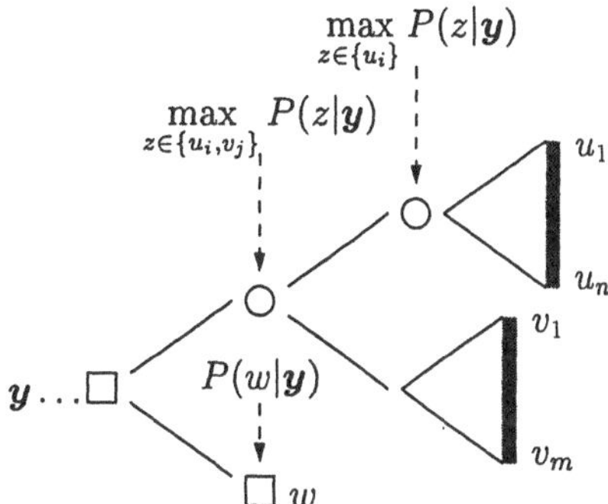

Abb. 12.6
Schematische Darstellung der Berechnung des *language-model look-ahead* in einem hypothetischen Modellbaum.

Man bestimmt dazu für jeden Modellzustand im Präfixbaum alle von dort aus erreichbaren Blattknoten. Zur Erzeugung einer Hypothese ist es nötig, einen davon zu erreichen und dann die entsprechende Sprachmodellbewertung zu berücksichtigen. Die aktuelle Pfadbewertung wird daher mindestens noch um die jeweils optimale dieser n-Gramm-Bewertungen ergänzt werden. In jedem Modellzustand kann daher die über alle erreichbaren Wortenden maximale n-Gramm-Bewertung zur Pfadbewertung hinzugenommen werden.

Abbildung 12.6 zeigt schematisch einen HMM-Präfixbaum, der in Teilbäume aufgespalten wurde. Zur Vereinfachung der Betrachtungen nehmen wir dabei an, dass Suchraumkopien in Abhängigkeit vom Sprachmodellkontext angelegt werden. Im betrachteten Beispiel sei dieser gegeben durch y.

Beim *language-model look-ahead* wird für jeden Modellzustand in Abhängigkeit vom aktuellen n-Gramm-Kontext die optimale zu erreichende n-Gramm-Bewertung bestimmt. Sofern von einem Zustand aus nur genau ein Blattknoten w erreicht werden kann, ist dies genau $P(w|y)$. Existieren dagegen Pfadverbindungen zu einer Menge von Blattknoten $v_1, v_2 \ldots v_n$, so ergibt sich die optimale zu erwartende Sprachmodellbewertung gemäß:

$$\max_{z\in\{v_1,v_2\ldots v_n\}} P(z|y)$$

Die so definierte vorläufige n-Gramm-Bewertung kann daher mit der HMM-Bewertung bereits *vor* Erreichen eines Blattknotens verrechnet werden, wodurch sich eine Fokussierung der Suche erzielen lässt. Da sich die Menge der erreichbaren Wortendeknoten im allgemeinen mit jedem Zustandsübergang verringert, muss die im jeweiligen Vorgängerzustand berechnete vorläufige Sprachmodellbewertung nach dem Zustandsübergang durch ihren aktualisierten Wert ersetzt werden.

12.4 Zeitsynchrone parallele Modelldekodierung

Bei allen integrierten Suchverfahren auf der Basis von Baumkopien sind wir bisher davon ausgegangen, dass die Bewertungsanteile der HMMs bzw. des n-Gramm-Modells gemäß Gleichung (12.2) kombiniert werden, und dass alle Entscheidungen des Suchverfahrens allein aufgrund dieser kombinierten Bewertung getroffen werden. Allerdings ist es in der Praxis oft wünschenswert, bewertungsbasierte Suchraumeinschränkungen nach dem Prinzip des *beam search* für HMM-Zustände bzw. Folgen von Segmenthypothesen getrennt parametrisieren zu können. Außerdem bedingt die Verwendung der kombinierten Bewertung in allen Bereichen der Suche, dass die Ordnung des verwendeten n-Gramm-Modells auch die Komplexität der Suche auf HMM-Zustandsebene beeinflusst.

Daher wurde in [Fin 00] ein integriertes Suchverfahren entwickelt, das eine Trennung des zustandsbasierten Suchprozesses von der Suche auf Hypothesenebene erlaubt. Es entstand als Weiterentwicklung der in Abschnitt 12.3.2 vorgestellten Methode, die auf der Grundlage zeitbasierter Suchraumkopien arbeitet. Der wesentliche Unterschied zu dieser besteht darin, dass partielle Pfadbewertungen innerhalb aller Kopien des HMM-Suchraums *ohne* Einfluss des Sprachmodells bewertet werden. Die kombinierte Bewertung wird nur bei der Suche im Raum der Segmentierungshypothesen ausgewertet. Dabei können prinzipiell n-Gramm-Modelle beliebiger Ordnung berücksichtigt werden. Die Komplexität des jeweiligen Sprachmodells beeinflusst die HMM-Suche nicht, die als auf die Behandlung zeitbasierter Baumkopien erweiterter *beam search* realisiert ist.

Man erhält so ein zeitsynchrones Suchverfahren, das aus zwei parallel ablaufenden, gekoppelten Suchprozessen besteht. Im ersten werden mit Hilfe von HMMs Segmentierungshypothesen erzeugt, die im Zeittakt an die sprachmodellbasierte Suche weitergeleitet werden. Im zweiten Suchprozess werden diese zu Hypothesenfolgen kombiniert und unter Einbeziehung des n-Gramm-Modells bewertet.

12.4.1   Generierung von Segmenthypothesen

Ziel der Hypothesengenerierung ist die Erzeugung eines dichten Gitters von Segmentierungshypothesen *ohne* Sprachmodellkontext. Beginnend mit Zeitpunkten $t_a = 1 \ldots T$ werden alle aussichtsreichen Segmenthypothesen $\hat{w}_i(t_a, t_e)$ berechnet. Hierzu muss prinzipiell von jedem in Betracht kommenden Anfangszeitpunkt t_a aus eine Suche mit allen HMMs des Erkennungslexikons durchgeführt werden. Es entsteht also für jedes t_a eine Kopie des HMM-Suchraums. Die Suche in diesen geschieht jedoch nicht isoliert, sondern streng zeitsynchron für alle aktiven Suchraumkopien parallel. Die Ergebnisse der Hypothesenerzeugung können so für jeden Endzeitpunkt t_e gesammelt an die integrierte Sprachmodellsuche übergeben werden, wie in Abbildung 12.7 exemplarisch veranschaulicht.

Zur Eliminierung wenig aussichtsreicher Suchpfade werden die Pfadhypothesen in allen Suchraumkopien einem gemeinsamen *beam pruning* unterworfen (siehe Abschnitt 10.2 Seite 165). Zur Effizienzsteigerung werden die Modelle des Erkennungslexikons als Präfixbaum organisiert (siehe Abschnitt 10.4.1 Seite 171). Für das vorgeschlagene Suchverfahren bedeutet dies keine Einschränkung, da die Sprachmodellbewertungen vollständig getrennt von der HMM-basierten Suche behandelt werden, und es daher völlig ausreichend ist, die Identitäten von Hypothesen beim Erreichen eines Blattknotens des Präfixbaums zu ermitteln. Die initiale Bewertung zum Start eines neuen Teilsuchraums ab Zeitpunkt t_a ergibt sich dabei als HMM-basierte Pfadbewertung der gemäß der integrierten Suche optimalen Hypothesenfolge mit Endzeitpunkt t_a-1. So ist sichergestellt, dass die Bewertungen aller in unterschiedlichen Suchbaumkopien verfolgten Pfade immer vergleichbar bleiben und zur gegenseitigen Einschränkung der Suche herangezogen werden können.

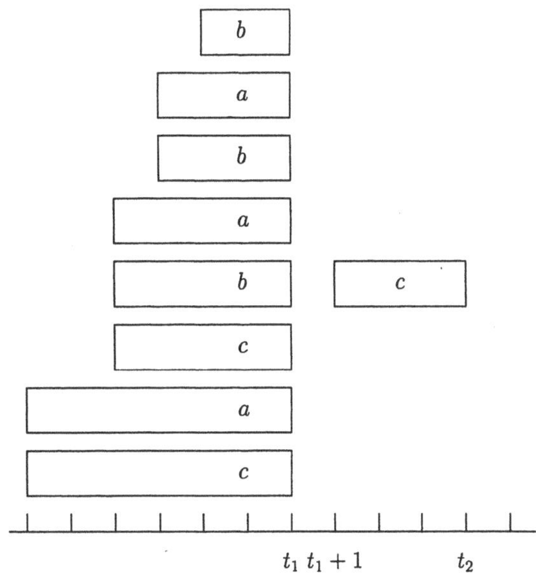

Abb. 12.7 Beispielhafte Darstellung der von der HMM-basierten Suche mit einem fiktiven Erkennungslexikon $L = \{a, b, c\}$ zu einem gegebenen Endzeitpunkt t_1 erzeugten Hypothesen. Die ebenfalls gezeigte Hypothese $c(t_1 + 1, t_2)$ steht repräsentativ für eine später in den Suchraum einzugliedernde Lösung.

12.4.2 Sprachmodellbasierte Suche

Grundlage der Sprachmodellsuche ist die Erzeugung eines Suchgraphen auf Hypothesenebene aus den von der HMM-basierten Suche im Zeittakt generierten Einzelhypothesen. Pro betrachteten Hypothesenendzeitpunkt t_e werden für alle $\hat{w}_i(t_a, t_e)$ alle möglichen Verkettungen mit bereits im Suchraum vorhandenen Vorgängerhypothesen $\hat{w}_j(\ldots, t_a-1)$ erzeugt.

Ziel des Verfahrens ist es, innerhalb dieses riesigen Suchraums den gemäß der integrierten HMM- und n-Gramm-Bewertung optimalen Pfad zu ermitteln. Zu diesem Zweck werden alle auf der Basis der $\hat{w}_i(t_a, t_e)$ neu erzeugten Pfadhypothesen bewertet. Dabei ist die Auswertung einer Sprachmodellbewertung bis zu beliebiger Tiefe leicht möglich, da der komplette Kontext der vorangehenden Hypothesenfolge jeweils bekannt ist.

Um eine Explosion des Suchraums wirksam zu verhindern, ist eine Beschneidungsstrategie notwendig, die streng zeitsynchron angewandt werden kann. Daher werden alle sprachmodellbewerteten Suchpfade, die bis zum aktuellen Endzeitpunkt t_e mit neuen Hypothesen $\hat{w}_i(\ldots, t_e)$ verlängert wurden, einem *beam pruning* unterworfen. In Abhängigkeit von der unter diesen Hypothesen besten Pfadbewertung werden nur Pfade innerhalb eines konstanten Bewertungsfensters von der weiteren Suche betrachtet und alle übrigen aus dem Suchraum entfernt.

Damit alle relevanten n-Gramm-Kontexte auch für weitere Pfadexpansionen zur Verfügung stehen, reicht es aus, von den "überlebenden" Pfadhypothesen nur diejenigen zu speichern, die sich in den jeweils $n-1$ letzten Hypothesen unterscheiden. Abbildung 12.8 zeigt dies exemplarisch an der aus Abbildung 12.7 bekannten Konfiguration von Segmentierungshypothesen.

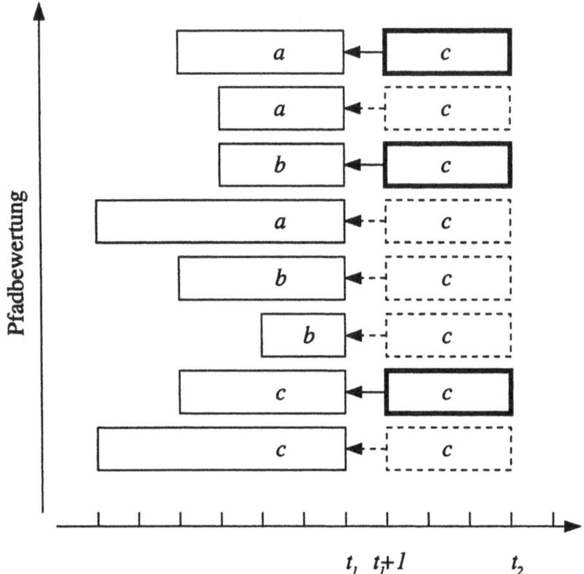

Abb. 12.8 Darstellung der aus Abbildung 12.7 bekannten Konfiguration nach Eingliederung der Hypothese $c(t_1 + 1, t_2)$ in den Suchraum. Die entstehenden Suchpfade mit Endhypothese c sind von oben nach unten gemäß einer fiktiven Bewertung sortiert angeordnet. In durchbrochenen Linien sind diejenigen Pfaderweiterungen dargestellt, die einen für die weitere Suche redundanten Sprachmodellkontext kodieren.

Im Falle eines Bi-Gramm-Modells wird daher pro Zeitpunkt t_e nur jeweils ein Pfad mit Endhypothese $\hat{w}_i(\ldots, t_e)$ für die i-te Einheit des Erkennungslexikons generiert. Für n-Gramme höherer Ordnung müssen jedoch Pfadhypothesen aufgrund längerer Suffixe unterschieden werden. Um dies effizient und ohne aufwendige Vergleiche der jeweiligen Pfadrückverzeigerungen bewerkstelligen zu können, wird für die $n-2$ Vorgängerknoten eines Pfadendes ein Hash-Schlüssel berechnet, der zusammen mit der Identität der letzten Hypothese die n-Gramm-Geschichte kompakt kodiert. Da diese Kodierung notwendigerweise nicht eindeutig ist, können nicht alle verschiedenen n-Gramm-Kontexte unterschieden werden. Informelle Experimente zeigten jedoch, dass diese entscheidende Vereinfachung nicht zu messbaren Qualitätsverlusten führt.

Der wesentliche Vorteil dieses integrierten zeitsynchronen Suchverfahrens gegenüber vergleichbaren Ansätzen besteht darin, dass die Speicherung des Sprachmodellkontexts *nicht* in die HMM-basierte Suche verlagert wird wie z.B. bei [Ney 99]. Die Komplexität des verwendeten n-Gramm-Modells belastet den häufig schon sehr beträchtlichen Suchaufwand innerhalb des HMM-Zustandsraums daher nicht zusätzlich.

Die strikte Trennung von HMM-basierter und sprachmodellbasierter Suche führt neben einer guten organisatorischen Trennbarkeit der internen Abläufe auch zu einer besseren Lokalisierbarkeit von effizienzsteigernden Maßnahmen. So ist z.B. die für die Suche im HMM-Zustandsraum verwendete Beambreite völlig unabhängig von der relativen Gewichtung der beiden Bewertungsanteile gegeneinander sowie von der auf Hypothesenebene verwendeten Methode zur Suchraumeinschränkung.

Teil III

Systeme

Vorbemerkungen

In den vorangegangenen Kapiteln wurden sowohl die theoretischen Grundlagen der Markov-Modell-Technologie dargestellt als auch die wichtigsten Verfahren erläutert, die ihren erfolgreichen Einsatz in praktischen Anwendungen ermöglichen. Allerdings enthalten alle diese Methoden Konfigurationsparameter, die nur in einem konkreten Anwendungsszenario optimiert werden können. Auch führt nicht jede Kombination individueller Techniken automatisch zu einer Verbesserung der Leistungsfähigkeit des Gesamtsystems.

Daher wollen wir in den folgenden Kapiteln erfolgreiche Systeme zur Sprach- und Schrifterkennung sowie zur Analyse von biologischen Sequenzen vorstellen. An ihrem Beispiel soll jeweils gezeigt werden, welche Methoden aus dem umfangreichen Verfahrensschatz Verwendung finden, wie sie in der jeweiligen Anwendung parametrisiert werden und wie ihre Kombination zu einem leistungsfähigen Gesamtsystem erfolgt. Da für eine konkrete Anwendung immer neben Markov-Modell-basierten Techniken auch anwendungsspezifische Methoden von großer Bedeutung sind, führen diese Systemvorstellungen teilweise über das Thema dieses Buchs hinaus. Allerdings beschränken wir uns bei anwendungsspezifischen Verfahren auf die Erläuterung der prinzipiellen Vorgehensweise und verweisen den interessierten Leser jeweils auf die entsprechende Fachliteratur. Die eingesetzten Markov-Modell-Techniken wurden dagegen überwiegend im Rahmen des Theorie- und Praxisteils dieses Buchs vorgestellt. Daher werden wir für sie immer auf die entsprechenden Abschnitte verweisen, in denen sie ausführlich beschrieben sind. Außerdem werden die jeweils verwendeten Konfigurationsparameter angegeben und ihre Kombination mit anderen Methoden erläutert.

Die Leistungsfähigkeit bestimmter Musteranalysesysteme wird in der Fachliteratur durch die Angabe von Evaluierungsergebnissen belegt. Dieses Vorgehen hat speziell im Bereich der Spracherkennung eine lange Tradition (vgl. [Gai 98, You 98]), wo etliche standardisierte Testszenarien definiert wurden. Trotzdem ist es auch in diesem Gebiet nur schwer möglich, verschiedene Systeme anhand der dokumentierten Ergebnisse zu vergleichen. Häufig werden keine identischen Evaluierungskonfigurationen betrachtet, und die Resultate sind meist für den mit der entsprechenden Anwendung weniger Vertrauten schwer interpretierbar. Außerdem sind einmal publizierte Leistungsdaten schnell überholt. Daher wollen wir im folgenden nicht den Versuch machen, die vorgestellten Systeme anhand von Evaluierungsergebnissen zu vergleichen. Der interessierte Leser findet diese Daten leicht in der angegebenen Literatur.

Die folgenden Kapitel 13 bis 15 widmen sich Gesamtsystemen für jeweils eines der drei Hauptanwendungsfelder von Markov-Modellen: Spracherkennung, Schrifterkennung und der Analyse von biologischen Sequenzen. Da die Erfahrung des Autors im Umgang mit Markov-Modellen auf umfangreichen eigenen Arbeiten beruht, werden – mit Ausnahme der Sequenzanalyse – dabei auch Systeme vorgestellt werden, die auf ESMERALDA basieren [Fin 99]. Dabei handelt es sich um ein an der Universität Bielefeld entwickeltes Softwarewerkzeug zur Erstellung von Musteranalysesystemen auf der Basis von Markov-Modellen. Es erlaubt die flexible Konfiguration der Modelle und stellt für die meisten der im zweiten Teil dieses Buchs vorgestellten praxisorientierten Verfahren konkrete Implementierungen bereit.

13 Spracherkennung

Obwohl schon eine Reihe kommerzieller Spracherkennungssysteme auf dem Markt verfügbar sind, sollte das Problem der automatischen Erkennung gesprochener Sprache noch keineswegs als gelöst angesehen werden, auch wenn die Medien und selbst einzelne Forscher gelegentlich diesen Eindruck erwecken. Da inzwischen eine Vielzahl von Techniken erforderlich sind, um ein konkurrenzfähiges Spracherkennungssystem zu erstellen, gibt es nur ganz wenige Systeme, die sich an der Spitze der internationalen Forschung behaupten können.

Die wahrscheinlich bestdokumentierten Forschungssysteme stellen dabei die von Hermann Ney und Kollegen bei Philips im Forschungslaboratorium Aachen und später an der Rheinisch-Westfälischen Technischen Hochschule Aachen entwickelten Spracherkennungssysteme dar. Bei der folgenden Darstellung wollen wir dabei den Schwerpunkt auf die neueren Arbeiten an der RWTH Aachen legen. Allerdings stimmen viele Aspekte der Systeme im Rahmen der Forschungstradition mit denen von Philips überein. Im Anschluss wollen wir den Spracherkenner von BBN vorstellen, der im Gegensatz zu den meisten von Firmen entwickelten Systemen im Rahmen etlicher wissenschaftlicher Veröffentlichungen dokumentiert ist. Den Abschluss des Kapitels bildet dann die Beschreibung eines eigenentwickelten Spracherkennungssystems auf der Basis des ESMERALDA-Toolkits.

13.1 Erkennungssystem der RWTH Aachen

Bei dem Erkennungssystem der RWTH Aachen, das wir im folgenden kurz als *Aachener Erkenner* bezeichnen wollen, handelt es sich um ein Spracherkennungssystem für große Wortschätze, das als eines der wenigen Systeme dieser Art zeitsynchron arbeitet. Die verwendeten Modelle und Algorithmen werden also nicht in mehreren aufeinanderfolgenden Verarbeitungsphasen auf das gesamte Sprachsignal angewandt, sondern fortschreitend in nur einem Durchlauf auf der jeweils zu analysierenden Äußerung ausgewertet. Die im folgenden vorgestellten Systemmerkmale sind in [Kan 00, Six 00] sowie [Bey 99b] beschrieben.

Merkmale

Wie praktisch alle modernen Spracherkennungssysteme verwendet der Aachener Erkenner mel-skalierte Cepstralkoeffizienten (engl. *mel-frequency cepstral coefficients* (MFCC)) als Merkmale. Während der Frequenzanalyse kurzer Signalabschnitte (sogenannter Frames), die alle 10 ms mit einer Länge von 25 ms aus dem Sprachsignal extrahiert werden, wird die Frequenzachse in Anlehnung an die Verarbeitung des menschlichen Gehörs gemäß der Melody-Skala (vgl. [Zwi 99, S. 111ff] bzw. [ST 95, S. 42], [Hua 01, S. 34]) näherungsweise logarithmisch verzerrt. Anschließend wird mit Hilfe einer Cosinustransformation des Leistungsdichtespektrums dessen Grobstruktur parametrisch repräsentiert (vgl. z.B. [ST 95, S. 58ff], [Hua 01, S. 306ff]).

Das System verwendet 15 Cepstralkoeffizienten sowie deren zeitliche Ableitungen, die mit Hilfe einer Regressionsanalyse über wenige benachbarte Frames berechnet werden (vgl. z.B. [ST 95, S. 71]). Zusätzlich werden die Signalenergie sowie deren erste und zweite zeitliche Ableitung als Merkmale verwendet.

Um die Trennbarkeit der Musterklassen zu optimieren, wird die initiale Merkmalsrepräsentation mit Hilfe der linearen Diskriminanzanalyse optimiert (siehe Abschnitt 9.1.2 Seite 147). Dazu werden zuerst jeweils drei aufeinanderfolgende Merkmalsvektoren zu einem insgesamt 99-dimensionalen Vektor zusammengefasst und anschließend in einen 35-dimensionalen Unterraum transformiert. Die verwendeten Musterklassen werden dabei durch die Zuordnung der Merkmalsvektoren zu den Modellzuständen der HMMs definiert.

Als zusätzliche Verbesserung der Merkmalsrepräsentation verwendet der Aachener Erkenner auch eine sogenannte Vokaltraktlängennormierung (VTLN, engl. *vocal tract length normalization*). Dabei handelt es sich um eine Skalierung der Frequenzachse mit dem Ziel, spektrale Effekte auszugleichen, die auf die unterschiedliche Länge der Vokaltrakte – d.h. des Mund-, Nasen- und Rachenraums – unterschiedlicher Personen zurückgehen (vgl. [Wel 99]).

Akustische Modellierung

Die Modellierung akustischer Ereignisse im Aachener Erkenner erfolgt auf der Basis kontinuierlicher HMMs (siehe Abschnitt 5.2 Seite 69). Als Wortuntereinheiten werden Triphone verwendet. Jedes der Modelle wird dabei als Bakis-Modell mit drei Zuständen realisiert (siehe Abschnitt 8.1 Seite 127). Um die Trainierbarkeit der Modellparameter sicherzustellen, werden die Modellzustände mit Hilfe von Entscheidungsbäumen automatisch zu Zustandsclustern zusammengefasst, für die dann ausreichend viele Trainingsbeispiele zur Verfügung stehen (siehe Abschnitt 9.2.2 Seite 155). Außerdem wird in allen zur Emissionsmodellierung verwendeten Mischverteilungen für die zugrundeliegenden Normalverteilungsdichten nur eine gemeinsame diagonale Kovarianzmatrix geschätzt (siehe Seite 161).

Das Erkennungslexikon wird kompakt als phonetischer Präfixbaum repräsentiert, um auch große Wortschätze von bis zu 65 000 Wörtern effizient verarbeiten zu können (siehe Abschnitt 10.4 Seite 171). Dabei sind ein Modell für Sprachpausen sowie verschiedene Modelle für sprachliche und nichtsprachliche Geräusche Teil des Lexikons.

Sprachmodellierung

Wesentlich zum Erfolg des Aachener Erkenners trägt sicher bei, dass sehr ausgefeilte Techniken zur Sprachmodellierung und zu deren Integration bei der Suche eingesetzt werden. In der Regel werden Tri-Gramm-Modelle mit sogenannter nichtlinearer Interpolation verwendet. Dies entspricht in der Terminologie dieses Buchs der Anwendung von *linear discounting* zur Gewinnung von Wahrscheinlichkeitsmasse und der anschließenden Interpolation des Modells mit der jeweils allgemeineren Verteilung (siehe Seiten 105ff sowie Abschnitt 6.5.2 Seite 108).

Suche

Um ein n-Gramm-Sprachmodell korrekt mit einem Baumlexikon kombinieren zu können, verwendet der Aachener Erkenner eine Erweiterung des zeitsynchronen *beam search*, bei der in Abhängigkeit vom jeweiligen Wortkontext Kopien des Lexikonbaums erzeugt werden (siehe Abschnitt 12.3 Seite 190). Für Tri-Gramm-Modelle müssen daher Modellzustände bezüglich zweier Vorgängerwörter unterschieden werden. Erst beim Erreichen eines Wortendeknotens kann dann die jeweilige n-Gramm-Bewertung bestimmt und in der Suche berücksichtigt werden. Zur Verbesserung dieser Kombination von HMMs und n-Gramm-Modellen wird im Aachener Erkenner zusätzlich ein sogenannter *language-model look-ahead* verwendet. Bei diesem Verfahren werden bereits innerhalb des akustischen Modellbaums die jeweils maximalen zu erwartenden n-Gramm-Bewertungen mit der Pfadbewertung verrechnet, um so eine frühzeitigere Einbindung der Sprachmodellrestriktion zu ermöglichen und dadurch die Effizienz des Suchverfahrens zu verbessern (siehe Abschnitt 12.3.3 Seite 192).

13.2   BBN-Spracherkennungssystem BYBLOS

Im Gegensatz zum Aachener Erkenner verwendet das von BBN entwickelte System BYBLOS eine mehrphasige Suchstrategie. Dabei werden die verwendeten Modellierungsanteile in etlichen aufeinanderfolgenden Verarbeitungsschritten ausgewertet, die immer exaktere und aufwendigere Modelle verwenden und dadurch die letztendliche Lösung immer weiter einschränken. Die im folgenden vorgestellten Systemdetails sind [Bil 99] und [Ngu 00] entnommen.

Merkmale

Die Merkmalsextraktion von BYBLOS berechnet ähnlich wie auch im Aachener Erkenner im 10 ms Takt 14 Mel-Cepstrum-Koeffizienten für Sprachframes einer Länge von 25 ms. Zusammen mit einem Energiemerkmal sowie den ersten und zweiten zeitlichen Ableitungen dieser Parameter ergibt sich ein 45-dimensionaler Merkmalsvektor. Die Modellierungsqualität wird durch Anwendung einer geschlechtsspezifischen Vokaltraktlängennormierung verbessert. Außerdem werden pro Äußerung die Cepstralkoeffizienten mittelwertfrei gemacht[1] und auf Einheitsvarianz gebracht. Das Energiemerkmal wird dagegen auf das jeweilige Energiemaximum normiert.

Akustische Modellierung

BYBLOS verwendet HMMs verschiedener Komplexität für die aufeinanderfolgenden Dekodierungsphasen. Die Basis bildet ein sogenanntes *phonetically-tied mixture HMM*, bei dem alle Triphonmodelle mit demselben Zentrallaut ein gemeinsames Codebuch von 512 Verteilungen verwenden (siehe Abschnitt 9.2.3 Seite 159). Außerdem werden Quinphonmodelle geschätzt für Laute im Kontext von jeweils *zwei* linken und rechten Nachbarn. Um die Trainierbarkeit dieser sehr speziellen Modelle sicherzustellen, werden automatisch Zustandscluster gebildet, deren Emissionsdichten

---

[1]Dies entspricht einer sehr einfachen Variante der cepstralen Mittelwertbereinigung, wie sie auch im ESMERALDA-System zur Anwendung kommt. Nähere Erläuterungen finden sich daher in Abschnitt 13.3 auf Seite 203.

durch 80 Normalverteilungen beschrieben werden. Die erforderlichen Tri- und Quinphone werden durch Bakis-Modelle mit fünf Zuständen beschrieben. Eine weitere Spezialisierung der Modellierung erreicht BBN durch die Verwendung geschlechtsspezifischer HMMs. Dies bedeutet, dass sowohl für die Triphone als auch die deutlich aufwendigeren Quinphonmodelle jeweils zwei komplette Inventare für Sprecher bzw. Sprecherinnen geschätzt werden.

Sprachmodellierung

Wie die meisten Spracherkennungssysteme verwendet auch BYBLOS ein Tri-Gramm-Modell zur Einschränkung des Suchraums auf Wortebene. Die Robustheit des Modells wird dadurch verbessert, dass ein geeignetes Kategoriesystem definiert wird, um auf unterschiedlichen Domänen geschätzte Modelle gewinnbringend kombinieren zu können.

Suche

Um eine effiziente Auswertung der komplexen HMMs und n-Gramm-Modelle zu ermöglichen, verwendet BYBLOS mehrere aufeinanderfolgende Dekodierungsphasen. Zuerst wird mit dem Triphonmodellen und dem sogenannten *fastmatch*-Verfahren [Ngu 98], das nur ein Bi-Gramm-Modell und einen komprimierten phonetischen Präfixbaum verwendet, eine erste Einschränkung des Suchraums ermittelt[2]. Anschließend werden die Quinphonmodelle mit MLLR auf der Basis der aktuellen Lösung adaptiert (siehe Abschnitt 11.2 Seite 180). Mit Hilfe der adaptierten Modelle wird eine Verfeinerung des Lösungsraums berechnet und anschließend ein weiterer Adaptionsschritt durchgeführt, der auch wortgrenzenübergreifende Wortuntereinheiten berücksichtigt. Das bereits zweimal angepaßte akustische Modell wird zusammen mit einem Tri-Gramm-Sprachmodell nun verwendet, um ein erstes Zwischenergebnis zu erzeugen. Dieses dient als Basis eines weiteren kompletten Durchlaufs der eben skizzierten Dekodierungsphasen.

13.3   ESMERALDA

ESMERALDA[3] ist eine integrierte Entwicklungsumgebung für Markov-Modell-basierte Erkennungssysteme, die für die meisten der in diesem Buch vorgestellten Verfahren zur Schätzung und Anwendung von HMMs und n-Gramm-Sprachmodellen Werkzeuge bereitstellt [Fin 99]. Im Zentrum der Architektur von ESMERALDA, die in Abbildung 13.1 gezeigt ist, steht ein inkrementelles Erkennungssystem. In konkreten Parametrisierungen wurde dieses in einer Reihe von Szenarien als Spracherkennungssystem eingesetzt [Kir 02, Plö 02, Wen 02, Bau 01, Wen 01, Wre 01, Fin 00, Kir 00, Kum 00, Sch 00a, Wac 00, Wre 00, BP 99, Fin 98, Wac 98], zur Analyse prosodischer Strukturen verwendet [Bri 99, Bri 98] und auch auf die Erkennung von Handschriftdaten angewandt [Wie 03, Wie 02, Wie 01, Fin 01] (siehe auch Abschnitt 14.3).

Im folgenden wollen wir die wesentlichen Eigenschaften der auf ESMERALDA-Basis entwickelten Spracherkennungssysteme vorstellen. Dabei werden wir jedoch der Einfachheit halber immer von

---

[2]Das entsprechende effiziente Dekodierungsverfahren wurde von BBN patentiert (vgl. [Ngu 98]).
[3]Environment for Statistical Model Estimation and Recognition on Arbitrary Linear Data Arrays

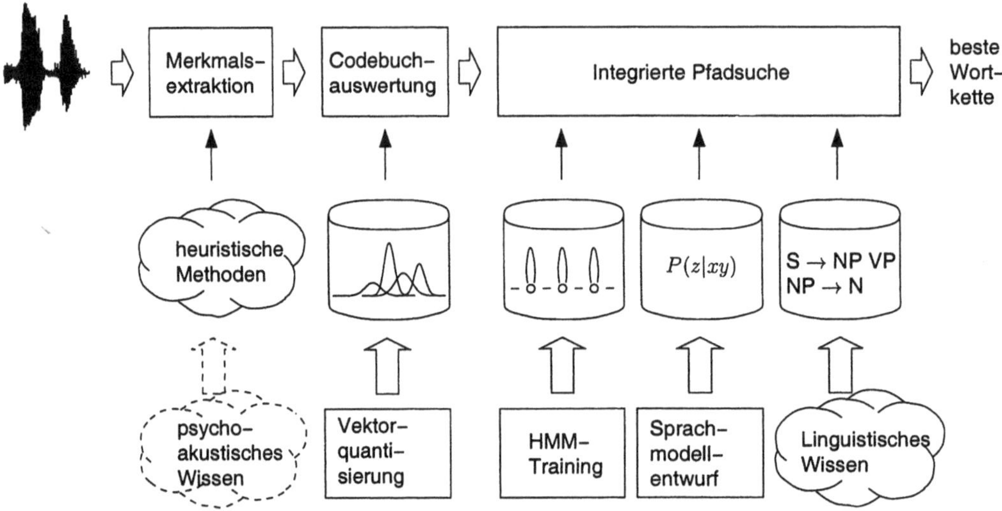

Abb. 13.1 Architektur des ESMERALDA-Systems: es sind die Komponenten des inkrementellen Erkennungs-
systems gezeigt (Merkmalsextraktion, Codebuchauswertung, Pfadsuche) sowie die verwendeten
Wissensquellen (HMMs, n-Gramm-Modell, Grammatik) und die bereitgestellten Methoden zum
Design der erforderlichen Modelle.

dem ESMERALDA-Erkenner sprechen, auch wenn es sich um verschiedene Systemkonfigurationen
handelt, und auch andere Anwendungen der eingesetzten Techniken existieren.

Der ESMERALDA-Erkenner arbeitet ähnlich wie der Aachener Erkenner strikt zeitsynchron und
wurde in seiner Entstehung auch konzeptionell von den Forschungsarbeiten bei Philips beeinflusst.
Als wesentliche Unterschiede zu anderen Systemen bietet er die Möglichkeit zum Einsatz rein de-
klarativer Grammatiken als Sprachmodell und zur inkrementellen Erzeugung von Erkennungshypothesen noch während der Verarbeitung einer nicht vollständig vorliegenden sprachlichen Äußerung. Die im folgenden zusammengestellten Systemmerkmale sind in [Fin 00, Fin 99, Fin 98] und
[Wac 98] dokumentiert.

Merkmale

Im Zeittakt von 10 ms berechnet der ESMERALDA-Erkenner auf Frames einer Länge von 16 ms
Mel-Cepstrum-Koeffizienten ähnlich wie die beiden in den vorangegangenen Abschnitten vorgestellten Systeme. Um störende Einflüsse zu eliminieren, die durch Veränderungen der Signalaufnah-
mebedingungen entstehen können, z.B. durch die Verwendung eines anderen Mikrophons, wird eine dynamische Mittelwertbereinigung der Cepstralkoeffizienten vorgenommen (engl. *cepstral mean
subtraction* oder *normalization*, vgl. z.B. [Ros 94, Wes 97b] oder [Hua 01, S. 522ff]). Dazu wird ein
auf energiereichen Äußerungsanteilen berechneter gleitender Mittelwert vom aktuellen Cepstrum
subtrahiert. Damit lassen sich veränderte Eigenschaften des Aufnahmekanals gut kompensieren sowie sehr begrenzt auch eine gewisse Form der Sprecheradaption erreichen. Zusätzlich zum Cepstrum wird ein Energiemerkmal berechnet. Durch Schätzung eines Histogramms der Signalenergie

in einem begrenzten zeitlichen Kontext ist es möglich, die Energiekoeffizienten, bezogen auf das jeweilige lokale Maximum bzw. Minimum, auf den Wertebereich zwischen 0.0 und 1.0 abzubilden. Ebenso wie die cepstrale Mittelwertbereinigung kann diese Normierungsoperation ohne Kenntnis "zukünftiger" Signalabschnitte erfolgen.

Der 39-dimensionale Gesamtmerkmalsvektor wird aus 12 Cepstralkoeffizienten, der normierten Signalenergie sowie den ersten und zweiten zeitlichen Ableitungen dieser Parameter gebildet. Die geglätteten Ableitungsparameter werden mit Hilfe von Regressionspolynomen (vgl. z.B. [ST 95, S. 71]) auf einem Fenster von fünf benachbarten Frames berechnet.

Akustische Modellierung

Die akustische Modellierung im ESMERALDA-Erkenner erfolgt über semi-kontinuierliche HMMs (siehe Abschnitt 5.2 Seite 69) mit Codebuchgrößen von einigen hundert bis wenigen tausend Dichten mit vollbesetzten Kovarianzmatrizen. Für laufzeiteffiziente Anwendungen werden allerdings nur diagonale Kovarianzen verwendet.

Als Wortuntereinheiten kommen durchweg Triphone mit linearer Modelltopologie und variierender Zustandsanzahl zum Einsatz, die sich aus der kleinsten Segmentlänge der entsprechenden Einheit in der Stichprobe ergibt. Um die Trainierbarkeit der Triphonmodelle sicherzustellen, werden automatisch Zustandscluster gebildet, die durch mindestens 75 Trainingsbeispiele repräsentiert sind. Dabei werden nur solche Zustände zusammengefasst, die in Triphonen zum gleichen Basislaut an derselben Position vorkommen. Als Abstandsmaß für Zustandscluster wird die Entropiezunahme verwendet, die sich durch Zusammenfassung der Emissionsverteilungen ergibt (siehe Abschnitt 9.2.2 Seite 155).

Das Erkennungslexikon ist als phonetischer Präfixbaum organisiert. Es enthält neben dem obligatorischen Pausenmodell auch Modelle für sprachliche und nichtsprachliche Geräusche sowie für Häsitationen, wie z.B. das "Pausenfüllwort" *ähm*.

Statistische und deklarative Sprachmodellierung

Der ESMERALDA-Erkenner verwendet während der Suche standardmäßig statistische Bi-Gramm-Sprachmodelle. Es ist aber auch die zeitsynchrone Anwendung von n-Gramm-Modellen höherer Ordnung möglich. Da die deutlichste Perplexitätsreduktion für wortbasierte Sprachmodelle in der Regel beim Übergang von Bi- zu Tri-Grammen erreicht wird, ist der drastisch erhöhte Rechenaufwand für noch komplexere Modelle jedoch kaum zu rechtfertigen[4]. Auch wenn ESMERALDA alle in Kapitel 6 vorgestellten Techniken zur robusten Schätzung wortbasierter n-Gramm-Modelle bereitstellt, wird für konkrete Erkennungssysteme normalerweise *absolute discounting* in Kombination mit *backing-off* verwendet (siehe Seiten 105ff und 110ff).

Als wesentliche Erweiterung gegenüber anderen Systemen bietet der ESMERALDA-Erkenner die Möglichkeit, eine deklarative Grammatik ähnlich wie ein statistisches Sprachmodell in den Erkennungsprozess einzubeziehen. Auf diese Weise kann Expertenwissen über die Äußerungen einer bestimmten Domäne ausgenützt werden, ohne dass umfangreiches Textmaterial zum Training eines

---

[4]Bei Erkennungsexperimenten ohne Lexikonrestriktion allein auf der Basis von Lautfolgen lassen sich dagegen mit n-Gramm-Modellen höherer Ordnung noch wesentliche Qualitätsverbesserungen erzielen [Fin 00].

n-Gramm-Modells vorliegen muss. Ein mit dem HMM-Dekodierungsprozess gekoppelter LR(1)-Parser (vgl. z.B. [Aho 86, S. 215ff]) leitet dann aus den durch die Grammatik definierten Regelanwendungen Pseudobewertungen für Wortfolgen ab. Dadurch werden die Restriktionen der Grammatik nicht erzwungen, so dass auch ungrammatikalische Äußerungen erkannt werden können und ein Einsatz einer Grammatik auch dann in Frage kommt, wenn sie die betrachtete Domäne nicht vollständig abdecken kann. Die Anwendung einer Grammatik kann auch immer mit einem zusätzlich verfügbaren statistischen Sprachmodell kombiniert werden.

In integrierten Systemen zum automatischen Sprachverstehen besteht außerdem die Möglichkeit, die während der Erkennung ermittelten grammatikalischen Strukturen direkt als strukturierte Erkennungsergebnisse auszugeben. Damit wird die Schnittstelle zwischen Spracherkennung und Sprachverstehen von der einfachen Worthypothesenebene auf die Ebene domänenspezifischer Konstituenten angehoben [BP 99].

Inkrementelle Suche

Der ESMERALDA-Erkenner verwendet das streng zeitsynchrone Verfahren zur Suche in kombinierten HMM und n-Gramm-Modellen, das in Abschnitt 12.4 Seite 193 ausführlich beschrieben wurde. Suchraumkopien des akustischen Modellbaums werden dabei in Abhängigkeit vom jeweiligen Anfangszeitpunkt erzeugt. Die Suche auf Worthypothesenebene ist davon strikt getrennt, was die Berücksichtigung beliebig langer n-Gramm-Kontexte prinzipiell möglich macht.

Um in interaktiven Anwendungen Ergebnisse bereits erzeugen zu können, während die aktuelle Äußerung noch bearbeitet wird, verwendet der ESMERALDA-Erkenner ein Verfahren zur inkrementellen Generierung von Erkennungshypothesen. Dieses geht davon aus, dass Hypothesen für einen bestimmten Signalabschnitt immer stabiler werden, je weiter die zeitsynchrone Dekodierung von diesem aus fortgeschritten ist. Daher wird im Zeittakt von 50 ms der aktuell optimale Lösungspfad ein gewisses Zeitintervall in die "Vergangenheit" zurückverfolgt und das *davor* liegende Präfix der Hypothesenfolge als Erkennungsergebnis ausgegeben. Da die tatsächlich optimale Lösung erst bei Erreichen des Äußerungsendes bekannt sein kann, ist ein solches Verfahren notwendigerweise suboptimal. Bei einer zeitlichen Verzögerung von zwei Sekunden erreicht die inkrementelle Generierung Ergebnisse, die mit denen des vollständig optimierenden Verfahrens praktisch identisch sind. Mit 750 ms Verzögerung ergibt sich eine akzeptable Reaktionszeit auf sprachliche Eingaben und nur eine vergleichsweise geringe relative Zunahme der Fehlerrate um ca. 5%.

14 Schrifterkennung

Im Gegensatz zur automatischen Spracherkennung, wo Markov-Modell-basierte Verfahren derzeit den Stand der Technik repräsentieren, stellen HMMs und n-Gramm-Modelle im Bereich der Schrifterkennung noch einen relativ neuen Ansatz dar. Dies mag in der Tatsache begründet liegen, dass sich Schriftdaten in der Regel einfacher in handhabbare Abschnitte wie z.B. einzelne Wörter segmentieren lassen. Daher existieren speziell in der OCR, aber auch zur Verarbeitung von Formularen oder zum Lesen von Adressfeldern eine Reihe etablierter Methoden, die auf die klassische Trennung von Segmentierung und Klassifikation setzen. Segmentierungsfreie Verfahren auf der Basis von Markov-Modellen werden dagegen hauptsächlich von Forschern angewandt, die mit dieser Technologie im Bereich der Spracherkennung bereits Erfahrungen gesammelt haben.

Zu Beginn der folgenden Darstellungen steht das OCR-System der Firma BBN, das explizit das ursprünglich zu Spracherkennungszwecken entwickelte System BYBLOS verwendet. Es zeigt das prinzipielle Vorgehen bei der off-line Verarbeitung, auch wenn die Erkennung gedruckter Zeichen natürlich einfacher ist als die von Handschrift. Im Anschluss wollen wir das on-line Handschrifterkennungssystem der Universität Duisburg vorstellen, das eine Reihe bekannter Markov-Modell-basierter Techniken einsetzt. Den Abschluss des Kapitels bildet die Darstellung eines eigenentwickelten Systems zur off-line Handschrifterkennung, das ebenso wie die in Abschnitt 13.3 vorgestellten Spracherkennungssysteme mit Hilfe der Entwicklungsumgebung ESMERALDA erstellt wurde.

14.1 OCR-System von BBN

Bei dem OCR-System der Firma BBN handelt es sich um ein Markov-Modell-basiertes Erkennungssystem für gedruckte Schrift, das in der Lage ist, mit sehr großen Wortschätzen oder auch "unbegrenztem" Vokabular zu arbeiten. Wie schon eingangs erwähnt, basiert es auf dem Spracherkennungssystem BYBLOS, das in Abschnitt 13.2 Seite 202 vorgestellt wurde. Um dieses auf Schrifterkennungsprobleme anwenden zu können, sind einige Modifikationen erforderlich, die in [Baz 99] dokumentiert sind und die wir im folgenden kurz vorstellen wollen.

Merkmale

Grundlage der Zeichenerkennung bildet die optische Erfassung einer gesamten Dokumentseite mit einer Auflösung von 300 bis 600 dpi[1]. Um ein solches Seitenabbild in ein zeitlich fortschreitendes

---

[1] *dots per inch* (dt. *Punkte pro Zoll*)

Signal zu verwandeln, werden zunächst die einzelnen Textzeilen segmentiert. Nach einem Rotationsausgleich des Seitenbildes ist sichergestellt, dass die Zeilen horizontal verlaufen. Sie können dann einfach durch die Suche nach Minima im horizontalen Projektionshistogramm des Grauwertbildes identifiziert werden. Jede Textzeile wird in eine Folge schmaler vertikaler Streifen unterteilt, die sich gegenseitig zu zwei Dritteln überlappen. Die Breite der Streifen beträgt 1/15 der zum Ausgleich verschiedener Schriftgrößen normierten Zeilenhöhe.

Die einzelnen Textstreifen werden wiederum in 20 überlappende Zellen unterteilt, die jeweils kleinen rechteckigen Bildregionen entsprechen. Auf der Basis dieser Zellen werden nun Merkmalsvektoren erzeugt. Pro Zelle werden zunächst die mittlere Intensität sowie deren horizontale und vertikale Ableitung berechnet. In einem quadratischen Fenster von vier Zellen wird außerdem die lokale Ableitung sowie die lokale Korrelation der Grauwerte bestimmt. Man erhält dadurch für jede Textzeile eine Folge von 80-dimensionalen Merkmalsvektoren, die für jeweils einen Textstreifen entlang der Textrichtung berechnet werden.

Schriftmodellierung

Die statistische Modellierung der Schrift erfolgt auf der Basis kontextunabhängiger Buchstabenmodelle. Inklusive den Modellen für Interpunktionssymbole und Wortzwischenräume verwendet BBN für englische Texte 90 und für arabische Schrift 89 unterschiedliche Elementarmodelle. Für jedes davon werden jeweils 14 Zustände definiert, die gemäß der Bakis-Topologie verbunden sind. Daher ist sowohl das lineare Durchlaufen der Zustandsfolge als auch das Überspringen einzelner Zustände möglich (siehe Abschnitt 8.1 Seite 127)

Die Emissionsdichten der einzelnen Modellzustände werden ähnlich wie in semi-kontinuierlichen HMMs auf der Basis gemeinsam verwendeter Komponentendichten definiert (siehe Abschnitt 5.2 Seite 69). Allerdings erfolgt dies separat für jeweils 10 Merkmale des insgesamt 80-dimensionalen Merkmalsvektors. Alle Teilemissionsdichten verwenden ein Inventar von 64 Gauß-Verteilungen. Den Gesamtdichtewert für einen Merkmalsvektor erhält man durch Multiplikation der acht Teildichtewerte.

Das Training der Modelle erfolgt mit Hilfe des Baum-Welch-Algorithmus (siehe Seite 85ff), wobei, wie im Bereich der Spracherkennung auch, lediglich die Orthographie jeder Textzeile – d.h. die tatsächliche Buchstabenfolge – vorgegeben wird. Zu Beginn des Trainings werden alle HMM-Parameter uniform initialisiert. Welche Startwerte für die acht Mischverteilungscodebücher verwendet werden, ist aus der Literatur dagegen nicht zu entnehmen. Man kann jedoch davon ausgehen, dass mit Hilfe eines Vektorquantisierungsverfahrens (siehe Abschnitt 4.3 Seite 57) unüberwacht initiale Codebücher erzeugt werden.

Sprachmodellierung und Suche

Genau wie bei der Spracherkennung lässt sich auch für die Schrifterkennung ein bestimmtes Lexikon vorgeben. Die Einschränkung möglicher Wortfolgen kann dann mit einem wortbasierten n-Gramm-Modell in gewohnter Weise erreicht werden. BBN erzielt mit dieser Methode und einem Lexikon von 30 000 Wörtern eine Fehlerrate auf Buchstabenebene von weniger als 1% für englische Texte und von etwas mehr als 2% für arabische Schrift.

Möchte man dagegen keine explizite Beschränkung der erwarteten Wörter vornehmen, muss die Erkennung allein auf der Basis von Buchstaben erfolgen. Man spricht dann von der Verwendung eines "unbeschränkten Lexikons". Durch die Verwendung eines n-Gramm-Modells auf Buchstabenebene lassen sich die fehlenden Restriktionen eines fest vorgegebenen Erkennungslexikons teilweise kompensieren. Die erzielbaren Fehlerraten steigen jedoch um einen Faktor 2 bis 3 an, wenn lediglich ein Buchstaben-Tri-Gramm zum Einsatz kommt.

Die Kombination von HMMs für einzelne Buchstaben und einem n-Gramm-Modell zur Einschränkung des Suchraums erfolgt wie bei BYBLOS im Rahmen einer mehrphasigen Suchstrategie (siehe Seite 203).

14.2 On-line Handschrifterkennungssystem der Universität Duisburg

Bei dem on-line Handschrifterkennungssystem, das an der Universität Duisburg in der Arbeitsgruppe von Gerhard Rigoll entwickelt wurde, handelt es sich um ein schreiber*abhängiges* System zur Erkennung isoliert geschriebener Wörter, wobei der Schreibstil nicht eingeschränkt ist. Als eines der wenigen Systeme im Bereich der Schriftverarbeitung verwendet es kontextabhängige Wortuntereinheiten, um eine möglichst präzise Modellierung auch für große Wortschätze zu erreichen. Die im folgenden zusammengestellten Systemdetails sind [Rig 98, Kos 97] sowie [Kos 98] entnommen.

Merkmale

Die Stifttrajektorien werden im Duisburger System mit einem Graphiktablett der Firma WACOM erfasst. Solche Geräte liefern typischerweise Messwerte mit einer Abtastrate von ca. 200 Hz. Die Daten umfassen neben der Stiftposition, die mit einer Genauigkeit von 2540 lpi[2] bis zu einer Stifthöhe von 5 mm über dem Tablett bestimmt werden, auch den in 256 Stufen diskretisierten Anpressdruck. Zum Ausgleich von Variationen in der Schreibgeschwindigkeit, die stark personenabhängig sind, werden die Rohdaten zuerst einer Neuabtastung (engl. *resampling*) unterzogen. Üblicherweise werden dabei die Punkte entlang der Stifttrajektorie äquidistant neu festgelegt. Im Duisburger System wird der Punktabstand jedoch in Abhängigkeit von den lokalen Trajektorienparametern so optimiert, dass auch bei schnellen Änderungen der Schreibrichtung eine hinreichend gute Auflösung gewährleistet bleibt.

Auf den vorverarbeiteten Trajektoriendaten werden dann vier Typen von Merkmalen berechnet: der Winkel des Verbindungsvektors zweier aufeinanderfolgender Stiftpositionen α repräsentiert als $\sin \alpha$ und $\cos \alpha$, die Differenz aufeinanderfolgender Winkel $\sin \Delta\alpha$ und $\cos \Delta\alpha$, der Anpressdruck des Stiftes sowie eine lokale bildhafte Repräsentation der aktuellen Umgebung der Schreibposition. Für dieses sogenannte *bitmap*-Merkmal wird die Stifttrajektorie zunächst lokal als 30×30 Binärbild repräsentiert und dann in einem Raster von 3×3 Bildpunkten unterabgetastet. Als Merkmale werden die so definierten neun Grauwerte verwendet.

---

[2]*lines per inch* (dt. *Linien pro Zoll*)

Schriftmodellierung

Basis der statistischen Schriftmodellierung bilden beim Duisburger On-line-Erkenner genau wie beim System von BBN kontextunabhängige Modelle von Zeichen. Für das Deutsche werden 80 Elementarmodelle verwendet, die als lineare HMMs mit 12 Zuständen für Buchstaben und 4 für Interpunktionssymbole definiert werden.

Zur Verbesserung der Repräsentationsgenauigkeit werden zusätzlich sogenannte *Trigraph*-Modelle verwendet, die die buchstabenbasierte Entsprechung zu Triphonen sind, d.h. Zeichenmodellen im Kontext des jeweils rechten und linken Nachbarsymbols. Da mit einem potentiellen Inventar von 80^3 Trigraphen diese Modelle nicht robust trainierbar sind, werden zum einen nur diejenigen Trigraphen repräsentiert, die ausreichend häufig im Trainingsmaterial vorkommen. Zum anderen werden durch die automatische Bildung von Zustandsclustern mit Hilfe von Entscheidungsbäumen robuste Generalisierungen der nicht beobachteten Zustandsparameter erzeugt (siehe Abschnitt 9.2.2 Seite 155).

Als Emissionsmodellierung werden diskrete und kontinuierliche HMMs sowie ein hybrides Verfahren unter Einbeziehung von Neuronalen Netzwerken untersucht. Die besten Ergebnisse für ein Erkennungslexikon mit 200 000 Wörtern liefert ein hybrides System, das HMMs mit diskreter Emissionsmodellierung mit einer Vektorquantisierungstufe auf der Basis Neuronaler Netzwerke kombiniert. Die Parameter beider Modellierungsanteile können dabei gemeinsam mit einem diskriminativen Trainingsverfahren optimiert werden.

Suche

Da das Duisburger on-line Erkennungssystem nicht zur Verarbeitung von Wortfolgen verwendet wird[3], kommt während der Dekodierung kein n-Gramm-Sprachmodell zum Einsatz. Um die Suche in den extrem großen Erkennungslexika von bis zu 200 000 Einträgen möglichst effizient zu gestalten, werden die erforderlichen Wortuntereinheiten als Präfixbaum repräsentiert (siehe Abschnitt 10.4.1 Seite 171). Dadurch ist es möglich, das System auch auf handelsüblichen Personalcomputern der mittleren Leistungsklasse im interaktiven Betrieb zu benutzen.

14.3   ESMERALDA off-line Erkennungssystem

Im Gegensatz zu den meisten Verfahren zur off-line Handschrifterkennung, die einzelne Phrasen z.B. in Postanschriften oder nur isolierte Wörter in Formularfeldern betrachten, ist es Ziel des im folgenden beschriebenen Systems, schreiberunabhängig komplette handschriftliche Texte zu erkennen. Das prinzipielle Vorgehen ist dabei mit dem des OCR-Systems von BBN vergleichbar. Eine ausführliche Beschreibung der verwendeten Methoden findet sich in [Wie 02].

---

[3]Wie die Segmentierung der Eingabedaten in Wörter erfolgt, ist leider der Literatur nicht zu entnehmen. Es lässt sich jedoch implizit aus den Darstellungen schließen, dass lediglich bereits isolierte Wörter zum Testen des Systems verwendet werden.

Vorverarbeitung

Im Unterschied zur Verarbeitung maschinell gedruckter Texte ist die geeignete Vorverarbeitung optisch erfasster Handschriftdaten von großer Bedeutung. Ähnlich wie beim System von BBN erfolgt zunächst eine Segmentierung der einzelnen Textzeilen nach einer Lagenormierung der Dokumentseite durch Auswertung des horizontalen Projektionshistogramms. Allerdings verläuft bei handschriftlich erzeugten Textzeilen die Schriftbasislinie (engl. *baseline*) in der Regel nicht streng waagerecht – man spricht vom *skew* (dt. etwa *Schräglage*) der Zeile bzw. vom sogenannten *baseline drift* –, und einzelne Zeichen oder Wörter werden mit möglicherweise variierenden Neigungswinkeln (engl. *slant*) geschrieben. Daher wird versucht, diese Variabilitäten vor der eigentlichen Merkmalsberechnung durch Normierungsverfahren zu kompensieren. Nach einer globalen Korrektur der Zeilenausrichtung wird diese zusammen mit dem Schriftneigungswinkel lokal korrigiert, so dass auch Variationen innerhalb einer Zeile näherungsweise erfasst werden können. Anschließend wird das Zeilenabbild auf eine vorgegebene Größe gebracht und die Grauwertverteilung auf den Wertebereich von 0 bis 255 normiert.

Merkmale

Wie beim OCR-System von BBN werden die vorsegmentierten Textzeilenbilder in schmale vertikale Streifen einer Breite von drei Bildpunkten unterteilt, die sich zu zwei Dritteln gegenseitig überlappen. Allerdings konnten die rein grauwertbasierten Merkmale des BBN-Systems nicht erfolgreich auf Handschriftdaten übertragen werden[4]. Pro Spalte eines Textstreifens werden daher die folgenden fünf eher geometrisch motivierten Merkmale berechnet: die Anzahl der Übergänge zwischen Text- und Hintergrundbildpunkten nach einer lokalen Binarisierung des Zeilenausschnitts, die Position des obersten und untersten Textbildpunkts in der betreffenden Spalte, die mittlere Intensität zwischen diesen beiden Punkten sowie die mittlere Intensität der gesamten Spalte. Außerdem wird pro Mermalskomponente die geglättete zeitliche Ableitung des Werteverlaufs bestimmt, so dass man für jeden Textstreifen einen 30-dimensionalen Merkmalsvektor erhält.

Zur Optimierung dieser Merkmalsrepräsentation wird zusätzlich eine lineare Diskriminanzanalyse durchgeführt (siehe Abschnitt 9.1.2 Seite 147). Dabei werden die Musterklassen durch die Zuordnung von Merkmalsvektoren zu HMM-Zuständen definiert.

Schriftmodellierung

Die statistische Schriftmodellierung erfolge auf der Grundlage von semi-kontinuierliche HMMs (siehe Abschnitt 5.2 Seite 69) mit einem gemeinsamen Codebuch von 512 Normalverteilungsdichten mit diagonalen Kovarianzmatrizen. Als Wortuntereinheiten werden Modelle für 52 Buchstaben, 10 Ziffern, 12 Interpunktions- und Spezialsymbole sowie den Wortzwischenraum verwendet. Die Anzahl der Modellzustände wird automatisch in Abhängigkeit von der Länge der jeweiligen Einheiten im Trainingsmaterial bestimmt. Durch Verwendung von Bakis-Modellen ergibt sich eine deutliche Verbesserung der Systemleistung gegenüber der ursprünglich eingesetzten linearen Modelltopologie (siehe Abschnitt 8.1 Seite 127).

---

[4]In einem informellen Experiment zur OCR konnte mit diesen Merkmalen dagegen unmittelbar eine überzeugende Systemleistung erreicht werden.

Sprachmodellierung und Suche

Um eine "lexikonunabhängige" Handschrifterkennung allein auf der Basis von Buchstabenmodellen
zu ermöglichen, werden Abfolgerestriktionen zwischen den HMMs für einzelne Zeichen mit Hilfe
eines Bi-Gramm-Sprachmodells repräsentiert. Dieses lässt sich sehr einfach und effizient während
der Dekodierung mit der HMM-basierten Suche kombinieren. Die Anwendung eines buchstaben-
basierten Tri-Gramm-Modells lässt auf den betrachteten Handschriftdaten nur geringfügige Verbesserungen der Systemleistung gegenüber der Bi-Gramm-Restriktion erwarten. Allerdings erfordert
es bereits einen deutlich erhöhten Dekodierungsaufwand. Daher wurde bisher auf die Verwendung
von n-Gramm-Modellen höherer Ordnung im Erkennungsprozess verzichtet.

15 Analyse biologischer Sequenzen

Bei HMM-Anwendungen in der Bioinformatik gewinnt man den Eindruck, dass dort noch das Bestreben besteht, möglichst viele Details der Modelle durch Expertenwissen zu beeinflussen, d.h. von Hand heuristisch festzulegen. Dies mag für die trotz der nahezu abgeschlossenen Sequenzierung des menschlichen Genoms immer noch an chronischem Datenmangel leidende Disziplin auch die aktuell einzige aussichtsreiche Methode darstellen.

Es lassen sich hier Parallelen zu den Anfängen der statistischen Spracherkennung ziehen. Auch dort wurde früher größerer Einfluss auf die Modellstruktur genommen. Mit der Verfügbarkeit immer größerer annotierter oder halbautomatisch annotierbarer Stichproben wurden solche Techniken jedoch immer weniger angewendet oder durch Methoden ersetzt, deren Konfiguration sich anhand von Beispieldaten automatisch bestimmen lassen. In der Regel wichen auch die vormals aufwendigen, von Hand zu optimierenden Modelle drastisch vereinfachten Strukturen, die zum Ausgleich auf statistischen Modellen mit deutlich erhöhten Freiheitsgraden aufsetzen.

Auch scheint für die Anwendung statistischer Methoden auf der Basis von Markov-Modellen im Bereich der Sequenzanalyse immer noch ein gewisser Rechtfertigungsbedarf zu bestehen. In etlichen Veröffentlichungen zu diesem Thema, wie z.B. in [Edd 98], finden sich Abschnitte, in denen explizit herausgestellt wird, dass HMMs prinzipiell dasselbe leisten, wie ältere Methoden zum bewertungsbasierten Sequenzvergleich. Als Hauptvorteil wird in der Regel nur die ihnen zugrundeliegende mathematische Theorie angeführt und seltener die automatische Trainierbarkeit der erforderlichen Modellparameter.

Im folgenden wollen wir die beiden wichtigsten Softwarewerkzeuge kurz vorstellen, die entwickelt wurden für die Analyse biologischer Sequenzen mit Hilfe von Hidden-Markov-Modellen. Markov-Ketten-Modelle spielen in beiden Systemen ebensowenig eine Rolle, wie die Detektion von Genen innerhalb eines Genoms.

15.1 HMMER

Das System *HMMER* (sprich *hammer* bzw. /hEm6/) wurde von Eddy und Kollegen an der Washington University in Saint Luis entwickelt [Edd]. Die zugrundeliegenden Verfahren sind ausführlich in der Monographie [Dur 00] beschrieben.

Modellstruktur

HMMER verwendet als Modellstruktur ausschließlich Profile-HMMs (siehe Abschnitt 8.4 Seite 133). In der aktuellen Version 2.2 wurde deren Struktur so erweitert, dass neben der Detektion ähnlicher Sequenzen auch das Auffinden ähnlicher Teilsequenzen möglich ist, die in längere Folgen von Aminosäuren eingebettet sind. Die als "Plan 7" bezeichnete Modellstruktur ergibt sich aus der in Abbildung 8.6 auf Seite 135 gezeigten dadurch, dass die möglichen Zustandsübergänge innerhalb einer Gruppe von *match*-, *insert* und *delete*-Zuständen von 9 auf 7 reduziert wurden[1]. Es sind dann keine Übergänge von *delete* zu *insert*-Zuständen und umgekehrt möglich.

Parameterschätzung

Die Schätzung der Modellparameter erfolgt in HMMER ausschließlich ausgehend von bereits vorliegenden, von Experten erstellten multiplen Alignments. Da hierbei die Zuordnung von Spalten des Aligmnents zu Modellzuständen fest vorgegeben ist und nicht verändert wird, können die empirischen Verteilungen der Aminosäuren direkt angegeben werden. Um die Robustheit der Schätzung zu verbessern, werden a-priori Wahrscheinlichkeiten für die Parameterwerte nach dem MAP-Prinzip einbezogen (siehe Abschnitt 3.6.2 Seite 51). Als statistische Modelle werden für die erforderlichen Dichten Mischungen von Dirichlet-Verteilungen verwendet (vgl. [Dur 00, S. 116f]). Eine iterative Optimierung des so erstellen Modells mit Hilfe des Baum-Welch-Algorithmus oder eines vergleichbaren Verfahrens erfolgt allerdings nicht.

Bei der Suche nach Sequenzen wird die Entscheidung über deren Ähnlichkeit zu der betrachteten Familie allein auf der Basis der Bewertung des Modells getroffen (siehe Abschnitt 7.4 Seite 124). Daher bietet HMMER die Möglichkeit, die erforderlichen Parameter der Hintergrundverteilung und notwendige Schwellwerte in einem Kalibrierungsschritt automatisch bestimmen zu lassen.

Interoperabilität

Einen wesentlichen Schwerpunkt bei HMMER bildet die Interoperabilität mit anderen Systemen. So können fertig erstellte Profile-HMMs, die in einem bestimmten Datenformat wie z.B. dem der PFAM-Datenbank [Bat 00] vorliegen, von den Softwarewerkzeugen direkt zur Sequenzanalyse verwendet werden. Außerdem ist HMMER in der Lage, die bereitgestellten Suchalgorithmen für beliebige Modelle auf den verschiedenen im Internet verfügbaren Sequenzdatenbanken anzuwenden, wie z.B. der Proteindatenbank SWISS-PROT [Bai 00]

15.2   SAM

Das *Sequence Alignment and Modeling System* (SAM) entstand aus den Arbeiten von Krogh und Kollegen an der University of California in Santa Cruz [Hug]. Es ist von den prinzipiellen algorithmischen Möglichkeiten sehr ähnlich zu HMMER. Als Modellstruktur kommen Profile-HMMs

---

[1]Die Namensgebung "Plan 7" für die gegenüber der älteren "Plan 9" Architektur verbesserten Modelle ist eine Anspielung auf den Titel eines Science-Fiction-Films. In der HMMER-Dokumentation finden sich häufig solche und ähnliche humoristische Querbezüge.

zum Einsatz, allerdings ohne die Modifikationen der "Plan 7" Modellarchitektur. Die Parameterschätzung erfolgt standardmäßig auf vorliegenden multiplen Alignments. Um rein bewertungsbasierte Entscheidungen über die Ähnlichkeit von Sequenzen zu ermöglichen ist auch eine Kalibrierung von Modellen vorgesehen. Wie HMMER bietet auch SAM die Möglichkeit zum Import fertig erstellter Modelle aus anderen Datenformaten sowie die wichtige Möglichkeit zur direkten Suche in Sequenzdatenbanken.

Der wesentliche Unterschied zwischen HMMER und SAM ist, dass letzteres System verschiedene iterativ optimierende Trainingsverfahren für Profile-HMMs anbietet. Standardmäßig wird dabei der Baum-Welch-Algorithmus verwendet (siehe Seite 85ff), der in der SAM-Dokumentation allerdings als EM-Algorithmus bezeichnet wird. Um die Konvergenzeigenschaften zu verändern und das Finden lediglich lokaler Maxima im Rahmen des Optimierungsverfahrens zu vermeiden, kann die Parameterschätzung nach dem Prinzip des *simulated annealing* mit einem Rauschprozess überlagert werden. Dabei werden die Parameterschätzwerte gemäß eines statistischen Modells zufällig verändert, wobei der Grad der Veränderung im Laufe der Trainingsiterationen abnimmt. Für ein deutlich beschleunigtes aber auch qualitativ weniger befriedigendes Parametertraining bietet SAM die Anwendung des Viterbi-Trainings an (siehe Seite 91). Außerdem existieren in SAM verschiedene Methoden, um während des Trainigsprozesses die Struktur des zu schätzenden Modells in Abhängigkeit von den derzeitigen Modellparametern zu optimieren.

Im Gegensatz zu HMMER bietet SAM darüberhinaus auch die Möglichkeit, aus initial nicht "alignten" Sequenzen rein datengetrieben ein multiples Alignment zu erstellen. Bei HMMER müssen diese vorgegeben werden und können lediglich um neue Mitglieder der Sequenzfamilie erweitert werden, die während der Ähnlichkeitssuche in bestimmten Datenbeständen gefunden wurden.

Trotz dieser Unterscheidungsmerkmale kann man sagen, dass beide Systeme alle wesentlichen Aspekte des Forschungsstands zum Thema Profile-HMMs implementieren. Anders als die meisten Forschungssysteme im Bereich der Sprach- und Schrifterkennung sind sowohl HMMER als auch SAM als Softwarewerkzeuge mit ausführlicher Dokumentation für verschiedene Systemarchitekturen im Internet verfügbar.

Literaturverzeichnis

[AD 01]   Adda-Decker, M.: Towards Multilingual Interoperability in Automatic Speech Recognition. Speech Communication **35** (2001)(1–2) 5–20

[Add 97]   Adda, G./ Adda-Decker, M./ Gauvain, J.-L./ Lamel, L.: Text Normalization and Speech Recognition in French. In: Proc. European Conf. on Speech Communication and Technology, Bd. 5, S. 2711–2714 1997

[Aho 86]   Aho, A. V./ Sethi, R./ Ullman, J. D.: Compilers: Principles, Techniques, and Tools. Reading, Massachusetts: Addison-Wesley 1986

[Asa 90]   Asadi, A./ Schwartz, R./ Makhoul, J.: Automatic Detection of New Words in a Large Vocabulary Continuous Speech Recognition System. In: Proc. Int. Conf. on Acoustics, Speech, and Signal Processing, S. 125–128. Albuquerque 1990

[Aub 93]   Aubert, X./ Haeb-Umbach, R./ Ney, H.: Continuous Mixture Densities and Linear Discriminant Analysis for Improved Context-Dependent Acoustic Models. In: Proc. Int. Conf. on Acoustics, Speech, and Signal Processing, Bd. II, S. 648–651. Minneapolis 1993

[Aub 94]   Aubert, X./ Dugast, C./ Ney, H./ Steinbiss, V.: Large Vocabulary Continuous Speech Recognition of Wall Street Journal Data. In: Proc. Int. Conf. on Acoustics, Speech, and Signal Processing, Bd. II, S. 129–132. Adelaide 1994

[Bah 93]   Bahl, L. R./ Brown, P. F./ de Souza, P. V./ Mercer, R. L.: Estimating Hidden Markov Model Parameters so as to Maximize Speech Recognition Accuracy. IEEE Trans. on Speech and Audio Processing **1** (1993)(1) 77–83

[Bai 00]   Bairoch, A./ Apweiler, R.: The SWISS-PROT Protein Sequence Database and its Supplement TrEMBL in 2000. Nucleic Acids Research **28** (2000)(1) 45–48

[Bat 00]   Bateman, A./ Birney, E./ Durbin, R./ Eddy, S. R./ Howe, K. L./ Sonnhammer, E. L. L.: The Pfam Protein Families Database. Nucleic Acids Research **28** (2000)(1) 263–266

[Bau 70]   Baum, L. E./ Petrie, T./ Soules, G./ Weiss, N.: A Maximization Technique Occurring in the Statistical Analysis of Probabilistic Functions of Markov Chains. The Annals of Mathematical Statistics (1970) 164–171

[Bau 01]   Bauckhage, C./ Fink, G. A./ Fritsch, J./ Kummert, F./ Lömker, F./ Sagerer, G./ Wachsmuth, S.: An Integrated System for Cooperative Man-Machine Interaction. In: IEEE International Symposium on Computational Intelligence in Robotics and Automation, S. 328–333. Banff, Canada 2001

[Baz 99]   Bazzi, I./ Schwartz, R./ Makhoul, J.: An Omnifont Open-Vocabulary OCR System for English and Arabic. IEEE Trans. on Pattern Analysis and Machine Intelligence **21** (1999)(6) 495–504

[Bel 90]   Bell, T. C./ Cleary, J. G./ Witten, I. H. W.: Text Compression. Englewood Cliffs, NJ: Prentice Hall 1990

[Bey 99a]   Beyer, O./ Hackel, H./ Pieper, V./ Tiedge, J.: Wahrscheinlichkeitsrechnung und mathematische Statistik. Mathematik für Ingenieure und Naturwissenschaftler, 8. Aufl. Stuttgart - Leipzig: Teubner 1999

[Bey 99b] Beyerlein, P./ Aubert, X. L./ Haeb-Umbach, R./ Harris, M./ Klakow, D./ Wendemuth, A./ Molau, S./ Pitz, M./ Sixtus, A.: The Philips/RWTH System for Transcription of Broadcast News. In: Proc. European Conf. on Speech Communication and Technology, Bd. 2, S. 647–650. Budapest 1999

[Big 97] Bigi, B./ De Mori, R./ El-Béze, M./ Spriet, T.: Combined models for topic spotting and topic-dependent language modeling. In: S. Furui/ B. H. Huang/ W. Chu (Hrsg.), Proc. Workshop on Automatic Speech Recognition and Understanding, S. 535–542. IEEE Signal Processing Society 1997

[Bil 97] Billa, J./ Ma, K./ McDonough, J. W./ Zavaliagkos, G./ Miller, D. R./ Ross, K. N./ El-Jaroudi, A.: Multilingual Speech Recognition: The 1996 Byblos Callhome System. In: Proc. European Conf. on Speech Communication and Technology, Bd. 1, S. 363–366. Rhodes, Greece Sept. 1997

[Bil 99] Billa, J./ Colhurst, T./ El-Jaroudi, A./ Iyer, R./ Ma, K./ Matsoukas, S./ Quillen, C./ Richardson, F./ Siu, M./ Zvaliagkos, G./ Gish, H.: Recent Experiments in Large Vocabulary Conversational Speech Recognition. In: Proc. Int. Conf. on Acoustics, Speech, and Signal Processing. Phoenix, Arizona 1999

[Boc 93] Bocchieri, E.: Vector Quantization for Efficient Computation of Continuous Density Likelihoods. In: Proc. Int. Conf. on Acoustics, Speech, and Signal Processing, Bd. 2, S. 692–695. Minneapolis 1993

[Bog 63] Bogert, B. P./ Healy, M. J. R./ Tukey, J. W.: The Quefrency Alanysis of Time Series for Echoes: Cepstrum, Pseudo-Autocovariance, Cross-Cepstrum and Saphe Cracking. In: M. Rosenblatt (Hrsg.), Proceedings of the Symposium on Time Series Analysis (1962, Providence, Rhode Island), S. 209–243. New York: Wiley 1963

[Bou 00] Boulis, C./ Digalakis, V. V.: Fast Speaker Adaptation of Large Vocabulary Continuous Density HMM Speech Recognizer Using a Basis Transform Approach. In: Proc. Int. Conf. on Acoustics, Speech, and Signal Processing, S. 3630–3633. Istanbul 2000

[Bou 01] Boulis, C./ Diakoloukas, V. D./ Digalakis, V. V.: Maximum Likelihood Stochastic Transformation Adaptation for Medium and Small Data Sets. Computer Speech & Language **15** (2001) 257–285

[BP 99] Brandt-Pook, H./ Fink, G. A./ Wachsmuth, S./ Sagerer, G.: Integrated Recognition and Interpretation of Speech for a Construction Task Domain. In: H.-J. Bullinger/ J. Ziegler (Hrsg.), Proceedings 8th International Conference on Human-Computer Interaction, Bd. 1, S. 550–554. München 1999

[Bra 97] Brand, M./ Oliver, N./ Pentland, A.: Coupled Hidden Markov Models for Complex Action Recognition. In: Proc. Int. Conf. on Computer Vision and Pattern Recognition, S. 994–999. San Juan, Puerto Rico 1997

[Bre 84] Breiman, L./ Friedman, J. H./ Olshen, R. A./ Stone, C. J.: Classification and Regression Trees. The Wadsworth Statistics/Probability Series. Belmont, California: Wadsworth Publishing Company 1984

[Bre 97] Bregler, C.: Learning and Recognizing Human Dynamics in Video Sequences. In: Proc. Int. Conf. on Computer Vision and Pattern Recognition, S. 568–57. San Juan, Puerto Rico 1997

[Bri 98] Brindöpke, C./ Fink, G. A./ Kummert, F./ Sagerer, G.: An HMM-Based Recognition System for Perceptive Relevant Pitch Movements of Spontaneous German Speech. In: International Conference on Spoken Language Processing, Bd. 7, S. 2895–2898. Sydney 1998

[Bri 99]   Brindöpke, C./ Fink, G. A./ Kummert, F.: A Comparative Study of HMM-based Approaches for the Automatic Recognition of Perceptively Relevant Aspects of Spontaneous German Speech Melody. In: Proc. European Conf. on Speech Communication and Technology, Bd. 2, S. 699–702. Budapest 1999

[Bro 92]   Brown, P. F./ Pietra, V. J. D./ deSouza, P. V./ Lai, J. C./ Mercer, R. L.: Class-Based n-gram Models of Natural Language. Computational Linguistics **18** (1992)(4) 467–479

[Bro 99]   Bronstein, I. N./ Semendjajew, K. A./ Musiol, G./ Mühlig, H.: Taschenbuch der Mathematik. 4. Aufl. Frankfurt: Verlag Harri Deutsch 1999

[Bun 97]   Bunke, H./ Wang, P. S. P. (Hrsg.): Handbook of Character Recognition and Document Image Analysis. Singapore: World Scientific Publishing Company 1997

[Bur 96]   Burshtein, D.: Robust Parametric Modelling of Durations in Hidden Markov Models. IEEE Trans. on Acoustics, Speech, and Signal Processing **3** (1996)(4) 240–242

[Çar 00]   Çarkı, K./ Geutner, P./ Schultz, T.: Turkish LVCSR: Towards Better Speech Recognition for Agglutinative Languages. In: Proc. Int. Conf. on Acoustics, Speech, and Signal Processing. Istanbul 2000

[Che 98]   Chen, S. F./ Goodman, J.: An Empirical Study of Smoothing Techniques for Language Modeling. Techn. Ber. TR-10-98, Center for Research in Computing Technology, Harvard University, Cambridge, MA 1998

[Che 99]   Chen, S. F./ Goodman, J.: An Empirical Study of Smoothing Techniques for Language Modeling. Computer Speech & Language **13** (1999) 359–394

[Cho 90]   Chow, Y.-L.: Maximum Mutual Information Estimation of HMM Parameters for Continuous Speech Recognition Using the N-best Algorithm. In: Proc. Int. Conf. on Acoustics, Speech, and Signal Processing, S. 701–704 1990

[Cla 97]   Clarkson, P. R./ Robinson, A. J.: Language Model Adaptation Using Mixtures and an Exponentially Decaying Cache. In: Proc. Int. Conf. on Acoustics, Speech, and Signal Processing, Bd. 2, S. 799–802. München 1997

[D'A 00]   D'Amato, D. P./ Kuebert, E. J./ Lawson, A.: Results from a Performance Evaluation of Handwritten Address Recognition Systems for the United States Postal Service. In: Proc. 7th Int. Workshop on Frontiers in Handwriting Recognition, S. 249–260. Amsterdam September 2000

[Dav 99]   Davenport, J./ Nguyen, L./ Matsoukas, S./ Schwartz, R./ Makhoul, J.: The 1998 BBN BYBLOS 10x Real Time System. In: Proc. DARPA Broadcast News Workshop. Herndon, Virginia 1999

[Dea 95]   Dean, T./ Lin, S.-H.: Decomposition Techniques for Planning in Stochastic Domains. In: Proceedings of the 1995 International Joint Conference on Artificial Intelligence 1995

[Dem 77]   Dempster, A. P./ Laird, N. M./ Rubin, D. B.: Maximum Likelihood from Incomplete Data via the EM Algorithm. Journal of the Royal Statistical Society, Series B **39** (1977)(1) 1–22

[Den 91]   Deng, L.: The Semi-Relaxed Algorithm for Estimating Parameters of Hidden Markov Models. Computer Speech & Language **5** (1991)(3) 231–236

[Den 97]   Dengel, A./ Hoch, R./ Hönes, F./ Jäger, T./ Malburg, M./ Weigel, A.: Techniques for Improving OCR Results. In: H. Bunke/ P. S. P. Wang (Hrsg.), Handbook of Character

Recognition and Document Image Analysis, S. 227–258. Singapore: World Scientific Publishing Company 1997

[Dev 82] Devijver, P. A./ Kittler, J.: Pattern Recognition. A Statistical Approach. London: Prentice Hall 1982

[Dia 97] Diakoloukas, V. D./ Digalakis, V. V.: Adaptation of Hidden Markov Models Using Multiple Stochastic Transformations. In: Proc. European Conf. on Speech Communication and Technology, S. 2063–2066 1997

[Dia 99] Diakoloukas, V. D./ Digalakis, V. V.: Maximum-Likelihood Stochastic-Transformation Adaptation of Hidden Markov-Models. IEEE Trans. on Speech and Audio Processing **7** (1999)(2) 177–187

[Dig 99] Digalakis, V. V.: Online Adaptation of Hidden Markov Models Using Incremental Estimation Algorithms. IEEE Trans. on Speech and Audio Processing **7** (1999)(3) 253–261

[Dud 73] Duda, R. O./ Hart, P. E.: Pattern Classification and Scene Analysis. New York: Wiley 1973

[Dug 95] Dugast, C./ Beyerlein, P./ Haeb-Umbach, R.: Application of Clustering Techniques to Mixture Density Modelling for Continuous-Speech Recognition. In: Proc. Int. Conf. on Acoustics, Speech, and Signal Processing, Bd. 1, S. 524–527. Detroit, MI 1995

[Dur 00] Durbin, R./ Eddy, S. R./ Krogh, A./ Mitchison, G.: Biological Sequence Analysis: Probabilistic Models of Proteins and Nucleic Acids. Cambridge University Press 2000

[Eck 96] Eckert, W./ Gallwitz, F./ Niemann, H.: Combining Stochastic and Linguistic Language Models for Recognition of Spontaneous Speech. In: Proc. Int. Conf. on Acoustics, Speech, and Signal Processing, Bd. 1, S. 423–426. Atlanta 1996

[Edd]   Eddy, S. R.: HMMER: Profile Hidden Markov Models for Biological Sequence Analysis. WWW-Dokument. Verfügbar unter: http://hmmer.wustl.edu/

[Edd 95] Eddy, S. R.: Multiple Alignment Using Hidden Markov Models. In: Proc. Int. Conf. on Intelligent Systems for Molecular Biology, S. 114–120 1995

[Edd 98] Eddy, S. R.: Profile Hidden Markov Models. Bioinformatics **14** (1998)(9) 755–763

[Efr 83] Efron, B./ Gong, G.: A Leisury Look at the Bootstrap, the Jackknife, and Cross-Validation. The American Statistician **37** (1983)(1) 36–48

[Eic 98] Eickeler, S./ Kosmala, A./ Rigoll, G.: Hidden Markov Model Based Continuous Online Gesture Recognition. In: Proc. Int. Conf. on Pattern Recognition, Bd. 2, S. 1206–1208 1998

[Eic 99] Eickeler, S./ Müller, S./ Rigoll, G.: High Performance Face Recognition Using Pseudo 2D-Hidden Markov Models. In: Proc. European Control Conference. Karlsruhe 1999

[Elm 98] Elms, A. J./ Procter, S./ Illingworth, J.: The Advantage of Using an HMM-based Approach for Faxed Word Recognition. Int. Journal on Document Analysis and Recognition **1** (1998)(1) 18–36

[Ewe 01] Ewens, W. J./ Grant, G. R.: Statistical Methods in Bioinformatics: An Introduction. Statistics for Biology and Health, 2. Aufl. Berlin: Springer 2001

[Fed 95] Federico, M./ Cettelo, M./ Brugnara, F./ Antoniol, G.: Language Modelling for Efficient Beam-Search. Computer Speech & Language **9** (1995) 353–379

[Fin 98] Fink, G. A./ Schillo, C./ Kummert, F./ Sagerer, G.: Incremental Speech Recognition for Multimodal Interfaces. In: Proc. Annual Conference of the IEEE Industrial Electronics Society, Bd. 4, S. 2012–2017. Aachen 1998

[Fin 99] Fink, G. A.: Developing HMM-based Recognizers with ESMERALDA. In: V. Matoušek/

P. Mautner/ J. Ocelíková/ P. Sojka (Hrsg.), Text, Speech and Dialogue, Bd. 1692 von *Lecture Notes in Artificial Intelligence*, S. 229–234. Berlin Heidelberg: Springer 1999

[Fin 00]	Fink, G. A./ Sagerer, G.: Zeitsynchrone Suche mit n-Gramm-Modellen höherer Ordnung. In: Konvens 2000 / Sprachkommunikation, ITG-Fachbericht 161, S. 145–150. Berlin: VDE Verlag 2000

[Fin 01]	Fink, G. A./ Wienecke, M./ Sagerer, G.: Video-Based On-line Handwriting Recognition. In: Proc. Int. Conf. on Document Analysis and Recognition, S. 226–230 2001

[Fis 99]	Fischer, A./ Stahl, V.: Database and Online Adaptation for Improved Speech Recognition in Car Environments. In: Proc. Int. Conf. on Acoustics, Speech, and Signal Processing. Phoenix, Arizona 1999

[Fla 00]	Flach, G./ Hoffmann, R./ Rudolpy, T.: Eine aktuelle Evaluation kommerzieller Diktiersysteme. In: Konvens 2000 / Sprachkommunikation, ITG-Fachbericht 161, S. 51–55. Berlin: VDE Verlag 2000

[For 73]	Forney, G. D.: The Viterbi Algorithm. Proceedings of the IEEE **61** (1973)(3) 268–278

[Fri 96]	Fritsch, J./ Rogina, I.: The Bucket Box Intersection (BBI) Algorithm for Fast Approximative Evaluation of Diagonal Mixture Gaussians. In: Proc. Int. Conf. on Acoustics, Speech, and Signal Processing, Bd. 1, S. 837–840. Atlanta 1996

[Fri 97]	Fritsch, J./ Finke, M./ Waibel, A.: Context-Dependent Hybrid HME/HMM Speech Recognition Using Polyphone Clustering Decision Trees. In: Proc. Int. Conf. on Acoustics, Speech, and Signal Processing, Bd. 3, S. 1759–1762. München 1997

[Fuk 72]	Fukunaga, K.: Introduction to Statistical Pattern Recognition. New York: Academic Press 1972

[Fur 00]	Furui, S.: Digital Speech Processing, Synthesis, and Recognition. Signal Processing and Communications Series. New York, Basel: Marcel Dekker 2000

[Gai 98]	Gaizauskas, R.: Evaluation in Language and Speech Technology. Computer Speech & Language **12** (1998) 249–262

[Gal 96]	Gales, M. J. F./ Woodland, P. C.: Variance Compensation within the MLLR Framework. Techn. Ber., Cambridge University Engineering Department 1996

[Gau 94]	Gauvain, J./ Lamel, L./ Adda, G./ Adda-Decker, M.: The LIMSI Continuous Speech Dictation System: Evaluation on the ARPA Wall Street Journal Task. In: Proc. Int. Conf. on Acoustics, Speech, and Signal Processing, Bd. I, S. 557–560. Adelaide 1994

[Ger 92]	Gersho, A./ Gray, R. M.: Vector Quantization and Signal Compression. Communications and Information Theory. Boston: Kluwer Academic Publishers 1992

[Geu 95]	Geutner, P.: Using Morphology Towards Better Large-Vocabulary Speech Recognition Systems. In: Proc. Int. Conf. on Acoustics, Speech, and Signal Processing, Bd. 1, S. 445–448. Detroit 1995

[Haa 91]	Haarmann, H.: Universalgeschichte der Schrift. 2. Aufl. Frankfurt/New York: Campus 1991

[Hae 99]	Haeb-Umbach, R.: Investigations on Inter-Speaker Variability in the Feature Space. In: Proc. Int. Conf. on Acoustics, Speech, and Signal Processing. Phoenix, Arizona 1999

[Hai 99]	Hain, T./ Woodland, P. C./ Niesler, T. R./ Whittaker, E. W. D.: The 1998 HTK System for Transcription of Conversational Telephone Speech. In: Proc. Int. Conf. on Acoustics, Speech, and Signal Processing. Phoenix, Arizona 1999

[Hau 96]	Haussler, D./ Kulp, D./ Reese, M. G./ Eckmann, F. H.: A Generalized Hidden Markov Model for the Recognition of Human Genes in DNA. In: Proc. Int. Conf. on Intelligent

Systems for Molecular Biology, S. 134–142. St. Louis 1996

[Hay 93]   Hayamizu, S./ Itou, K./ Takaka, K.: Detection of Unknown Words in Large Vocabulary Speech Recognition. In: Proc. European Conf. on Speech Communication and Technology, S. 2113–2116. Berlin 1993

[Hoe 00]   Hoey, J./ Little, J. J.: Representation and Recognition of Complex Human Motion. In: Proc. Int. Conf. on Computer Vision and Pattern Recognition, S. 752–759 2000

[Hov 96]   Hovland, G. E./ Sikka, P./ McCarragher, B. J.: Skill Acquisition from Human Demonstration Using a Hidden Markov Model. In: Proc. IEEE Int. Conf. on Robotics and Automation, S. 2706–2711. Minneapolis 1996

[HU 92]   Haeb-Umbach, R./ Ney, H.: Linear Discriminant Analysis for Improved Large Vocabulary Continuous Speech Recognition. In: Proc. Int. Conf. on Acoustics, Speech, and Signal Processing, Bd. 1, S. 13–16. San Francisco 1992

[Hua 89]   Huang, X./ Jack, M.: Semi-Continuous Hidden Markov Models for Speech Signals. Computer Speech & Language **3** (1989)(3) 239–251

[Hua 90]   Huang, X./ Ariki, Y./ Jack, M.: Hidden Markov Models for Speech Recognition. Nr. 7 in Information Technology Series. Edinburgh: Edinburgh University Press 1990

[Hua 93]   Huang, X./ Alleva, F./ Hon, H.-W./ Hwang, M. Y./ Lee, K.-F./ Rosenfeld, R.: The SPHINX-II Speech Recognition System: An Overview. Computer Speech & Language **2** (1993) 127–148

[Hua 01]   Huang, X./ Acero, A./ Hon, H.-W.: Spoken Language Processing: A Guide to Theory, Algorithm, and System Development. Englewood Cliffs, New Jersey: Prentice Hall 2001

[Hug]   Hughey, R./ Karplus, K./ Krogh, A.: SAM: Sequence Alignment and Modeling System. WWW-Dokument. Verfügbar unter: http://www.cse.ucsc.edu/research/compbio/sam.html

[IEE 87]   IEEE Computer Society. Technical Committee on Microprocessors and Microcomputers/ IEEE Standards Board: IEEE Standard for Radix-Independent Floating-Point Arithmetic. ANSI/IEEE Std 854-1987. 1109 Spring Street, Suite 300, Silver Spring, MD 20910, USA: IEEE Computer Society Press 1987

[IHG 01]   Initial Sequencing and Analysis of the Human Genome. In: Nature, S. 860–921. International Human Genome Sequencing Corporation 2001

[Iye 99]   Iyer, R. M./ Ostendorf, M.: Modeling Long Distance Dependence in Language: Topic Mixtures Versus Dynamic Cache Models. IEEE Trans. on Speech and Audio Processing **7** (1999)(1) 30–39

[Jel 75]   Jelinek, F./ Bahl, L. R./ Mercer, R. L.: Design of a Linguistic Statistical Decoder for the Recognition of Continuous Speech. IEEE Trans. on Information Theory **21** (1975)(3) 250–256

[Jel 80]   Jelinek, F./ Mercer, R. L.: Interpolated Estimation of Markov Source Parameters from Sparse Data. Pattern Recognition in Practice (1980) 381–397

[Jel 82]   Jelinek, F./ Mercer, R. L./ Bahl, L. R.: Continuous Speech Recognition. In: P. R. Krishnaiah/ L. N. Kanal (Hrsg.), Handbook of Statistics, Bd. 2, S. 549–573. North-Holland 1982

[Jel 90]   Jelinek, F.: Self-Organized Language Modeling for Speech Recognition. In: A. Waibel/ K. F. Lee (Hrsg.), Readings in Speech Recognition, S. 450–506. San Mateo, CA: Morgan Kaufmann 1990

[Jel 97]   Jelinek, F.: Statistical Methods for Speech Recognition. Cambridge, MA: MIT Press

1997

[Jen 92] Jennings, A./ McKeown, J. J.: Matrix Computation. 2. Aufl. New York: Wiley 1992

[Jua 90] Juang, B.-H./ Rabiner, L. R.: The Segmental K-Means Algorithm for Estimating Parameters of Hidden Markov Models. IEEE Trans. on Acoustics, Speech, and Signal Processing **38** (1990)(9) 1639–1641

[Jus 94] Jusek, A./ Rautenstrauch, H./ Fink, G. A./ Kummert, F./ Sagerer, G./ Carson-Berndsen, J./ Gibbon, D.: Detektion unbekannter Wörter mit Hilfe phonotaktischer Modelle. In: W. Kropatsch/ H. Bischof (Hrsg.), Mustererkennung 94, 16. DAGM-Symposium und 18. Workshop der ÖAGM Wien, S. 238–245 1994

[Jus 96] Jusek, A./ Fink, G. A./ Kummert, F./ Sagerer, G.: Automatically Generated Models for Unknown Words. In: Proc. Australian International Conference on Speech Science and Technology, S. 301–306. Adelaide 1996

[Kan 94] Kannan, A./ Ostendorf, M./ Rohlicek, J. R.: Maximum Likelihood Clustering of Gaussians for Speech Recognition. IEEE Trans. on Speech and Audio Processing **2** (1994)(3) 453–455

[Kan 00] Kanthak, S./ Molau, S./ Sixtus, A./ Schlüter, R./ Ney, H.: The RWTH Large Vocabulary Speech Recognition System for Spontaneous Speech. In: Konvens 2000 / Sprachkommunikation, ITG-Fachbericht 161, S. 249–256. Berlin: VDE Verlag 2000

[Kat 87] Katz, S. M.: Estimation of Probabilities from Sparse Data for the Language Model Component of a Speech Recognizer. IEEE Trans. on Acoustics, Speech, and Signal Processing **35** (1987)(3) 400–401

[Kin 71] Kingsbury, N. G./ Rayner, P. J. W.: Digital Filtering Using Logarithmic Arithmetic. Electronics Letters **7** (1971)(2) 56–58

[Kir 00] Kirchhoff, K./ Fink, G. A./ Sagerer, G.: Conversational Speech Recognition Using Acoustic and Articulatory Input. In: IEEE International Conference on Acoustics, Speech and Signal Processing. Istanbul 2000

[Kir 02] Kirchhoff, K./ Fink, G. A./ Sagerer, G.: Combining Acoustic and Articulatory Information for Robust Speech Recognition. Speech Communication **37** (2002)(3-4) 303–319

[Kne 95] Kneser, R./ Ney, H.: Improved Backing-Off for M-Gram Language Modeling. In: Proc. Int. Conf. on Acoustics, Speech, and Signal Processing, Bd. 1, S. 181–184. Adelaide 1995

[Kne 97] Kneser, R./ Peters, J.: Semantic Clustering for Adaptive Language Modeling. In: Proc. Int. Conf. on Acoustics, Speech, and Signal Processing, Bd. 2, S. 779–782. München 1997

[Kni 96] Knill, K. M./ Gales, M. J./ Young, S. J.: Use of Gaussian Selection in Large Vocabulary Continuous Speech Recognition Using HMMs. In: International Conference on Spoken Language Processing, Bd. 1, S. 470–473. Philadelphia, PA oct 1996

[Koh 95] Kohler, K. J.: Einführung in die Phonetik des Deutschen, Bd. 20 von *Grundlagen der Germanistik*. 2. Aufl. Berlin: Schmidt 1995

[Kos 97] Kosmala, A./ Rottland, J./ Rigoll, G.: Large Vocabulary On-Line Handwriting Recognition with Context Dependent Hidden Markov Models. In: Mustererkennung 97, 19. DAGM-Symposium Braunschweig, Informatik aktuell, S. 254–261. Berlin: Springer 1997

[Kos 98] Kosmala, A./ Rigoll, G.: Tree-Based State Clustering Using Self-Organizing Principles for Large Vocabulary On-Line Handwriting Recognition. In: Proc. Int. Conf. on Pattern

Recognition, Bd. 3I, S. 1313–1316. Brisbane 1998

[Kro 94a] Krogh, A.: Hidden Markov Models for Labeled Sequences. In: Proc. Int. Conf. on Pattern Recognition, Bd. 2, S. 140–144. Jerusalem 1994

[Kro 94b] Krogh, A./ Brown, M./ Mian, I. S./ Sjölander, K./ Haussler, D.: Hidden Markov Models in Computational Biology: Applications to Protein Modeling. Journal of Molecular Biology **235** (1994) 1501–1531

[Kro 98] Krogh, A.: An Introduction to Hidden Markov Models for Biological Sequences. In: S. L. Salzberg/ D. B. Searls/ S. Kasif (Hrsg.), Computational Methods in Molecular Biology, S. 45–63. New York: Elsevier 1998

[Kuh 90] Kuhn, R./ De Mori, R.: A Cache-Based Natural Language Model for Speech Recognition. IEEE Trans. on Pattern Analysis and Machine Intelligence **12** (1990)(6) 570–583

[Kuh 94] Kuhn, R./ Lazarides, A./ Normandin, Y./ Brousseau, J./ Nöth, E.: Applications of Decision Tree Methodology in Speech Recognition and Understanding. In: H. Niemann/ R. de Mori/ G. Harnrieder (Hrsg.), Proceedings in Artificial Intelligence, Bd. 1, S. 220–232. Sankt Augustin: infix 1994

[Kuh 95] Kuhn, T.: Die Erkennungsphase in einem Dialogsystem, Bd. 80 von *Dissertationen zur Künstlichen Intelligenz*. Sankt Augustin: infix 1995

[Kum 98] Kummert, F.: Interpretation von Bild- und Sprachsignalen — Ein hybrider Ansatz. Aachen: Shaker Verlag 1998

[Kum 00] Kummert, F./ Fink, G. A./ Sagerer, G.: A Hybrid Speech Recognizer Combining HMMs and Polynomial Classification. In: Proc. Int. Conf. on Spoken Language Processing, Bd. 3, S. 814–817. Beijing, China 2000

[Lam 95] Lam, L./ Suen, C. Y./ Guillevic, D./ Strathy, N. W./ Cheriet, M./ Liu, K./ Said, J. N.: Automatic Processing of Information on Cheques. In: Proc. Int. Conf. on Systems, Man & Cybernetics, Bd. 3, S. 2353–2358. Vancouver 1995

[Lar 01] Larsen, R. J./ Marx, M. L.: An Introduction to Mathematical Statistics and its Applications. 3. Aufl. Upper Saddle River, NJ: Prentice-Hall 2001

[Lee 89] Lee, K.-F.: Automatic Speech Recognition: The Development of the SPHINX System. Boston: Kluwer Academic Publishers 1989

[Lee 90] Lee, C. H./ Rabiner, L. R./ Pieraccini, R./ Wilpon, J. G.: Acoustic Modeling for Large Vocabulary Speech Recognition. Computer Speech & Language **4** (1990) 127–165

[Leg 95a] Leggetter, C. J./ Woodland, P. C.: Flexible Speaker Adaptation Using Maximum Likelihood Linear Regression. In: Workshop on Spoken Language Systems Technology, S. 110–115. ARPA 1995

[Leg 95b] Leggetter, C. J./ Woodland, P. C.: Maximum Likelihood Linear Regression for Speaker Adaptation of Continuous Density Hidden Markov Models. Computer Speech & Language **9** (1995) 171–185

[Leh 00] Lehn, J./ Wegmann, H.: Einführung in die Statistik. Teubner-Studienbücher: Mathematik, 3. Aufl. Stuttgart - Leipzig: Teubner 2000

[Lev 86] Levinson, S. E.: Continuously Variable Duration Hidden Markov Models for Automatic Speech Recognition. Computer Speech & Language **1** (1986)(1) 29–45

[Li 00] Li, J./ Najmi, A./ Gray, R. M.: Image Classification by a Two-dimensional Hidden Markov Model. IEEE Transactions on Signal Processing **48** (2000)(2) 517–533

[Lie 97] Lien, J. J./ Kanade, T./ Zlochower, A. J./ Cohn, J. F./ Li, C.-C.: Automatically Recognizing Facial Expressions in the Spatio-Temporal Domain. In: Proc. Workshop on Perceptual User Interfaces, S. 94–97. Banff, Alberta, Canada 1997

[Lin 80]   Linde, Y./ Buzo, A./ Gray, R. M.: An Algorithm for Vector Quantizer Design. IEEE
           Trans. on Communications **28** (1980)(1) 84–95

[Lom 11]   Lombard, E.: Le signe de l'élévation de la voix. Annales des maladies de l'oreilles, du
           larynx, du nez et du pharynx **37** (1911) 101–119

[Low 76]   Lowerre, B. T.: The HARPY Speech Recognition System. Dissertation, Carnegie-Mellon
           University, Department of Computer Science, Pittsburg 1976

[Low 80]   Lowerre, B./ Reddy, R.: The Harpy Speech Understanding System. In: W. A. Lea (Hrsg.),
           Trends in Speech Recognition, S. 340–360. Englewood Cliffs, New Jersey: Prentice-Hall
           1980

[Mac 67]   MacQueen, J.: Some Methods for Classification and Analysis of Multivariate Observati-
           ons. In: L. M. L. Cam/ J. Neyman (Hrsg.), Proc. Fifth Berkeley Symposium on Mathe-
           matical Statistics and Probability, Bd. 1, S. 281–296 1967

[Mah 99]   Mahajan, M./ Beeferman, D./ Huang, X. D.: Improved Topic-Dependent Language Mo-
           deling Using Information Retrieval Techniques. In: Proc. Int. Conf. on Acoustics, Speech,
           and Signal Processing, Bd. 1, S. 15–19. Phoenix, Arizona 1999

[Mak 94]   Makhoul, J./ Starner, T./ Schwartz, R./ Chou, G.: On-Line Cursive Handwriting Reco-
           gnition Using Hidden Markov Models and Statistical Grammars. In: Human Language
           Technology, S. 432–436. Morgan Kaufmann 1994

[Mar 13]   Markov, A. A.: Примѣръ статистическаго изслѣдованія надъ текстомъ
           „Евгенія Онѣгина" иллюстрирующій связь испытаній въ цѣпь (dt.: Bei-
           spiel statistischer Untersuchungen des Texts von „Eugen Onegin", das den Zusammen-
           hang von Ereignissen in einer Kette veranschaulicht). In: Извѣстія Императорской
           Академій Наукъ (Bulletin de l'Académie Impériale des Sciences de St.-Pétersbourg),
           S. 153–162. Sankt-Petersburg 1913. In russischer Sprache

[Mar 98]   Martínez, F./ Tapias, D./ Álvarez, J.: Towards Speech Rate Independence in Large Voca-
           bulary Continuous Speech Recognition. In: Proc. Int. Conf. on Acoustics, Speech, and
           Signal Processing, S. 725–728 1998

[Mar 99a] Marti, U.-V./ Bunke, H.: A Full English Sentence Database for Off-line Handwriting
           Recognition. In: Proc. Int. Conf. on Document Analysis and Recognition 1999

[Mar 99b] Martin, S./ Hamacher, C./ Liermann, J./ Wessel, F./ Ney, H.: Assessment of Smoothing
           Methods and Complex Stochastic Language Modeling. In: Proc. European Conf. on
           Speech Communication and Technology, S. 1939–1942. Budapest 1999

[May 99]   Mayer, J. (Hrsg.): Dichterhandschriften, von Martin Luther bis Sarah Kirsch. Stuttgart:
           Phillip Reclam jun. 1999

[Mer 88]   Mercer, R.: Language Modeling. In: IEEE Workshop on Speech Recognition. Arden
           House, Harriman, NY 1988

[Mer 91]   Merhav, N./ Ephraim, Y.: Hidden Markov Modeling Using a Dominant State Sequence
           with Application to Speech Recognition. Computer Speech & Language **5** (1991)(4)
           327–339

[Mer 93]   Merhav, N./ Lee, C.-H.: On the Asymptotic Statistical Behavior of Empirical Cepstral
           Coefficients. IEEE Trans. on Signal Processing **41** (1993)(5) 1990–1993

[Mor 95]   Morgan, N./ Bourlard, H.: Continuous Speech Recognition. IEEE Signal Processing
           Magazine **12** (1995)(3) 24–42

[Mor 98]   Mori, S./ Nishida, H.: Optical Character Recognition. New York: John Wiley 1998

[Mun 96] Munich, M. E./ Perona, P.: Visual Input for Pen-Based Computers. In: Proc. Int. Conf. on Pattern Recognition, Bd. 3, S. 33–37. Vienna, Austria 1996

[Nam 97] Nam, Y./ Wohn, K.: Recognition of Hand Gestures with 3D, Nonlinear Arm Movement. Pattern Recognition Letters **18** (1997)(1) 105–113

[Ney 92] Ney, H./ Haeb-Umbach, R./ Tran, B./ Oerder, M.: Improvements in Beam Search for 10000-Word Continuous Speech Recognition. In: Proc. Int. Conf. on Acoustics, Speech, and Signal Processing, Bd. 1, S. 9–12. San Francisco 1992

[Ney 94] Ney, H./ Essen, U./ Kneser, R.: On Structuring Probabilistic Dependencies in Stochastic Language Modelling. Computer Speech & Language **8** (1994) 1–38

[Ney 95] Ney, H./ Essen, U./ Kneser, R.: On the Estimation of 'Small' Probabilities by Leaving-One-Out. IEEE Trans. on Pattern Analysis and Machine Intelligence **17** (1995)(12) 1202–1212

[Ney 98] Ney, H./ Welling, L./ Beulen, K./ Wessel, F.: The RWTH Speech Recognition System and Spoken Document Retrieval. In: Proc. Annual Conference of the IEEE Industrial Electronics Society, Bd. 4, S. 2022–2027. Aachen 1998

[Ney 99] Ney, H./ Ortmanns, S.: Dynamic Programming Search for Continuous Speech Recognition. IEEE Signal Processing Magazine **16** (1999)(5) 64–83

[Ngu 98] Nguyen, L./ Schwartz, R.: The BBN Single-Phonetic-Tree Fast-Match Algorithm. In: Proc. Int. Conf. on Spoken Language Processing. Sydney 1998

[Ngu 00] Nguyen, L./ Matsoukas, S./ Billa, J./ Schwartz, R./ Makhoul, J.: The 1999 BBN BYBLOS 10xRT Broadcast News Transcription System. In: 2000 Speech Transcription Workshop. Maryland 2000

[Nie 83] Niemann, H.: Klassifikation von Mustern. Berlin: Springer 1983

[Nie 90] Niemann, H.: Pattern Analysis and Understanding, Bd. 4 von *Series in Information Sciences*. 2. Aufl. Berlin Heidelberg: Springer 1990

[Nie 96] Niesler, T. R./ Woodland, P. C.: Combination of Word-based and Category-based Language Models. In: Proc. Int. Conf. on Spoken Language Processing, Bd. 1, S. 220–223. Philadelphia 1996

[Nie 98] Niesler, T. R./ Whittaker, E. W. D./ Woodland, P. C.: Comparison of Part-of-Speech and Automatically Derived Category-Based Language Models for Speech Recognition. In: Proc. Int. Conf. on Acoustics, Speech, and Signal Processing, Bd. 1, S. 177–180. Seattle 1998

[Noc 97] Nock, H. J./ Gales, M. J. F./ Young, S. J.: A Comparative Study of Methods for Phonetic Decision-Tree State Clustering. In: Proc. European Conf. on Speech Communication and Technology 1997

[Ohl 99] Ohler, U./ Harbeck, S./ Niemann, H./ Nöth, E./ Reese, M. G.: Interpolated Markov Chains for Eukaryotic Promoter Recognition. Bioinformatics **15** (1999)(5) 362–369

[Ort 96a] Ortmanns, S./ Ney, H./ Eiden, A.: Language-Model Look-Ahead for Large Vocabulary Speech Recognition. In: Proc. Int. Conf. on Spoken Language Processing, S. 2095–2098. Philadelphia 1996

[Ort 96b] Ortmanns, S./ Ney, H./ Seide, F./ Lindam, I.: A Comparison of Time Conditioned and Word Conditioned Search Techniques for Large Vocabulary Speech Recognition. In: Proc. Int. Conf. on Spoken Language Processing, S. 2091–2094. Philadelphia 1996

[Ort 97a] Ortmanns, S./ Eiden, A./ Ney, H./ Coenen, N.: Look-Ahead Techniques for Fast Beam Search. In: Proc. Int. Conf. on Acoustics, Speech, and Signal Processing, Bd. 3, S. 1783–

1786. München 1997

[Ort 97b] Ortmanns, S./ Firzlaff, T./ Ney, H.: Fast Likelihood Computation Methods for Continuous Mixture Densities in Large Vocabulary Speech Recognition. In: Proc. European Conf. on Speech Communication and Technology, Bd. 1, S. 139–142. Rhodes 1997

[Ort 00a] Ortmanns, S./ Ney, H.: Look-Ahead Techniques for Fast Beam Search. Computer Speech & Language **14** (2000) 15–32

[Ort 00b] Ortmanns, S./ Ney, H.: The Time-Conditioned Approach in Dynamic Programming Search for LVCSR. IEEE Trans. on Speech and Audio Processing **8** (2000)(6) 676–687

[O'S 00] O'Shaughnessy, D.: Speech Communications: Human and Machine. 2. Aufl. Reading, Massachusetts: Addison-Wesley 2000

[Pau 97] Paul, D.: An Investigation Of Gaussian Shortlists. In: S. Furui/ B. H. Huang/ W. Chu (Hrsg.), Proc. Workshop on Automatic Speech Recognition and Understanding. IEEE Signal Processing Society 1997

[Plö 02] Plötz, T./ Fink, G. A.: Robust Time-Synchronous Environmental Adaptation For Continuous Speech Recognition Systems. In: International Conference on Spoken Language Processing, Bd. 2, S. 1409–1412. Denver 2002

[Pon 98] Ponte, J. M./ Croft, W. B.: A Language Modeling Approach to Information Retrieval. In: Research and Development in Information Retrieval, S. 275–281 1998

[Pop 97] Popovici, C./ Baggia, P.: Specialized Language Models Using Dialogue Predictions. In: Proc. Int. Conf. on Acoustics, Speech, and Signal Processing, Bd. 2, S. 779–782. München 1997

[Pre 88] Press, W. H./ Flannery, B. P./ Teukolsky, S. A./ Vetterling, W. T.: Numerical Recipies in C: The Art of Scientific Computing. Cambridge: Cambridge University Press 1988

[Rab 89] Rabiner, L. R.: A Tutorial on Hidden Markov Models and Selected Applications in Speech Recognition. Proceedings of the IEEE **77** (1989)(2) 257–286

[Rab 93] Rabiner, L. R./ Juang, B.-H.: Fundamentals of Speech Recognition. Englewood Cliffs, New Jersey: Prentice-Hall 1993

[Rig 94] Rigoll, G.: Maximum Mutual Information Neural Networks for Hybrid Connectionist-HMM Speech Recognition Systems. IEEE Trans. on Speech and Audio Processing **2** (1994)(1) 175–184

[Rig 98] Rigoll, G./ Kosmala, A./ Willett, D.: An Investigation of Context-Dependent and Hybrid Modeling Techniques for Very Large Vocabulary On-Line Cursive Handwriting Recognition. In: Proc. 6th Int. Workshop on Frontiers in Handwriting Recognition. Taejon, Korea Aug. 1998

[Ros 94] Rosenberg, A. E./ Lee, C.-H./ Soong, F. K.: Cepstral Channel Normalization Techniques for HMM-Based Speaker Verification. In: Proc. Int. Conf. on Spoken Language Processing, Bd. 4, S. 1835–1838. Yokohama, Japan 1994

[Ros 00] Rosenfeld, R.: Two Decades of Statistical Language Modeling: Where Do We Go from Here? Proceedings of the IEEE **88** (2000)(8) 1270–1278

[Rot 00] Rottland, J./ Rigoll, G.: Tied Posteriors: An Approach for Effective Introduction of Context Dependency in Hybrid NN/HMM LVCSR. In: Proc. Int. Conf. on Acoustics, Speech, and Signal Processing. Istanbul 2000

[Sal 98] Salzberg, S. L./ Delcher, A. L./ Kasif, S./ White, O.: Microbial Gene Identification Using Interpolated Markov Models. Nucleic Acids Research **26** (1998)(2) 544–548

[Sam 94] Samaria, F./ Young, S.: HMM-Based Architecture for Face Identification. Image and

Vision Computing **12** (1994) 537–543

[Sam 99] Samuelsson, C./ Reichl, W.: A Class-Based Language Model for Large-Vocabulary Speech Recognition Extracted from Part-of-Speech Statistics. In: Proc. Int. Conf. on Acoustics, Speech, and Signal Processing. Phoenix, Arizona 1999

[Sch 77] Schürmann, J.: Polynomklassifikation für die Zeichenerkennung. München/Wien: Oldenbourg 1977

[Sch 93] Schmid, G./ Schukat-Talamazzini, E. G./ Niemann, H.: Analyse mehrkanaliger Meßreihen im Fahrzeugbau mit Hidden Markovmodellen. In: S. Pöppl (Hrsg.), Mustererkennung 1993, 15. DAGM Symposium, Informatik aktuell, S. 391–398. Springer 1993

[Sch 95] Schultz, T./ Rogina, I.: Acoustic and Language Modeling of Human and Nonhuman Noises for Human-to-Human Spontaneous Speech Recognition. In: Proc. Int. Conf. on Acoustics, Speech, and Signal Processing. Detroit 1995

[Sch 00a] Schillo, C./ Fink, G. A./ Kummert, F.: Grapheme Based Speech Recognition for Large Vocabularies. In: Proc. Int. Conf. on Spoken Language Processing, Bd. 4, S. 584–587. Beijing, China 2000

[Sch 00b] Schlittgen, R.: Einführung in die Statistik. Lehr- und Handbücher der Statistik, 9. Aufl. München: Oldenbourg 2000

[Sie 95] Siegler, M. A./ Stern, R. M.: On the Effects of Speech Rate in Large Vocabulary Speech Recognition Systems. In: Proc. Int. Conf. on Acoustics, Speech, and Signal Processing, Bd. 1, S. 612–615. Detroit 1995

[Sii 01] Siivola, V./ Kurimo, M./ Lagus, K.: Large Vocabulary Statistical Language Modeling for Continuous Speech Recognition in Finnish. In: Proc. European Conf. on Speech Communication and Technology. Aalborg 2001

[Six 00] Sixtus, A./ Molau, S./ Kanthak, S./ Schlüter, R./ Ney, H.: Recent Improvements of the RWTH Large Vocabulary Speech Recognition System on Spontaneous Speech. In: Proc. Int. Conf. on Acoustics, Speech, and Signal Processing, S. 1671–1674. Istanbul 2000

[Spä 94] Späth, H.: Numerik: Eine Einführung für Mathematiker und Informatiker. Braunschweig: Vieweg 1994

[ST 93a] Schukat-Talamazzini, E. G./ Bielecki, M./ Niemann, H./ Kuhn, T./ Rieck, S.: A Non-Metrical Space Search Algorithm for Fast Gaussian Vector Quantization. In: Proc. Int. Conf. on Acoustics, Speech, and Signal Processing, S. 688–691. Minneapolis 1993

[ST 93b] Schukat-Talamazzini, E. G./ Kuhn, T./ Niemann, H.: Das POLYPHON — eine neue Wortuntereinheit zur automatischen Spracherkennung. In: Fortschritte der Akustik, S. 948–951. Frankfurt 1993

[ST 93c] Schukat-Talamazzini, E. G./ Niemann, H./ Eckert, W./ Kuhn, T./ Rieck, S.: Automatic Speech Recognition without Phonemes. In: Proc. European Conf. on Speech Communication and Technology, S. 129–132. Berlin 1993

[ST 95] Schukat-Talamazzini, E. G.: Automatische Spracherkennung. Wiesbaden: Vieweg 1995

[Sta 95] Starner, T./ Pentland, A.: Visual Recognition of American Sign Language Using Hidden Markov Models. In: International Workshop on Automatic Face and Gesture Recognition, S. 189–194. Zürich 1995

[Ste 94] Steinbiss, V./ Tran, B.-H./ Ney, H.: Improvements in Beam Search. In: Proc. Int. Conf. on Spoken Language Processing, Bd. 4, S. 2143–2146. Yokohama, Japan 1994

[Ste 96] Steinbiss, V./ Ney, H./ Aubert, X./ Besling, S./ Dugast, C./ Essen, U./ Haeb-Umbach, R./ Kneser, R./ Meier, H.-G./ Oerder, M./ Tran, B.-H.: The Philips Research System for

Continuous-Speech Recognition. Philips Journal of Research **49** (1996)(4) 317–352

[Vit 67]   Viterbi, A. J.: Error Bounds for Convolutional Codes and an Asymptotically Optimum Decoding Algorithm. IEEE Trans. on Information Theory **13** (1967)(2) 260–269

[Wac 98]   Wachsmuth, S./ Fink, G. A./ Sagerer, G.: Integration of Parsing and Incremental Speech Recognition. In: Proceedings of the European Signal Processing Conference, Bd. 1, S. 371–375. Rhodes Sep. 1998

[Wac 00]   Wachsmuth, S./ Fink, G. A./ Kummert, F./ Sagerer, G.: Using Speech in Visual Object Recognition. In: G. Sommer/ N. Krüger/ C. Perwass (Hrsg.), Mustererkennung 2000, 22. DAGM-Symposium Kiel, Informatik Aktuell, S. 428–435. Springer 2000

[Wai 00]   Waibel, A./ Geutner, P./ Tomokiyo, L. M./ Schultz, T./ Woszczyna, M.: Multilinguality in Speech and Spoken Language Systems. Proceedings of the IEEE **88** (2000)(8) 1297–1313

[Wei 00]   Weitzenberg, J./ Posch, S./ Rost, M.: Diskrete Hidden Markov Modelle zur Analyse von Meßkurven amperometrischer Biosensoren. In: G. Sommer/ N. Krüger/ C. Perwass (Hrsg.), Mustererkennug 2000. Proceedings 22. DAGM-Symposium, Informatik Aktuell, S. 317–324. Springer 2000

[Wel]   Wells, J.: SAMPA – Computer Readable Phonetic Alphabet.   WWW-Dokument. Verfügbar unter: http://www.phon.ucl.ac.uk/home/sampa/home.htm

[Wel 92]   Wellekens, C. J.: Mixture Density Estimators in Viterbi Training. In: Proc. Int. Conf. on Acoustics, Speech, and Signal Processing, Bd. 1, S. 361–364 1992

[Wel 99]   Welling, L./ Kanthak, S./ Ney, H.: Improved Methods for Vocal Tract Normalisation. In: Proc. Int. Conf. on Acoustics, Speech, and Signal Processing, S. 761–764. Phoenix, Arizona 1999

[Wen 01]   Wendt, S./ Fink, G. A./ Kummert, F.: Forward Masking for Increased Robustness in Automatic Speech Recognition. In: Proc. European Conf. on Speech Communication and Technology, Bd. 1, S. 615–618. Aalborg, Dänemark 2001

[Wen 02]   Wendt, S./ Fink, G. A./ Kummert, F.: Dynamic Search-Space Pruning for Time-Constrained Speech Recognition. In: International Conference on Spoken Language Processing, Bd. 1, S. 377–380. Denver 2002

[Wes 97a]   Wessel, F./ Ortmanns, S./ Ney, H.: Implementation of Word Based Statistical Language Models. In: Proc. SQEL Workshop on Multi-Lingual Information Retrieval Dialogs, S. 55–59. Plzen 1997

[Wes 97b]   Westphal, M.: The Use of Cepstral Means in Conversational Speech Recognition. In: Proc. European Conf. on Speech Communication and Technology, Bd. 3, S. 1143–1146. Rhodes, Greece 1997

[Wes 99a]   Wessel, F./ Baader, A.: Robust Dialogue-State Dependent Language Modeling Using Leaving-One-Out. In: Proc. Int. Conf. on Acoustics, Speech, and Signal Processing. Phoenix, Arizona 1999

[Wes 99b]   Wessel, F./ Baader, A./ Ney, H.: A Comparison of Dialogue-State Dependent Language Models. In: Proc. ECSA Workshop on Interactive Dialogue in Multi-Modal Systems, S. 93–96. Irsee, Germany 1999

[Whi 98]   Whittaker, E. W. D./ Woodland, P. C.: Comparison of Language Modelling Techniques for Russian and English. In: Proc. Int. Conf. on Spoken Language Processing. Sydney 1998

[Whi 00]   Whittaker, E. W. D./ Woodland, P. C.: Particle-Based Language Modelling. In: Proc. Int.

Conf. on Spoken Language Processing. Beijing 2000

[Wie 01] Wienecke, M./ Fink, G. A./ Sagerer, G.: A Handwriting Recognition System Based on Visual Input. In: B. Schiele/ G. Sagerer (Hrsg.), Computer Vision Systems, Lecture Notes in Computer Science. Berlin Heidelberg: Springer 2001. 63–72

[Wie 02] Wienecke, M./ Fink, G. A./ Sagerer, G.: Experiments in Unconstrained Offline Handwritten Text Recognition. In: Proc. 8th Int. Workshop on Frontiers in Handwriting Recognition. Niagara on the Lake, Canada August 2002

[Wie 03] Wienecke, M./ Fink, G. A./ Sagerer, G.: Towards Automatic Video-based Whiteboard Reading. In: Proc. Int. Conf. on Document Analysis and Recognition. Edinburgh 2003

[Wil 95] Wilson, A. W./ Bobick, A. F.: Learning Visual Behavior For Gesture Analysis. In: Proc. IEEE Symposium on Computer Vision. Coral Gables, Florida 1995

[Win 83] Winograd, T.: Language as a Cognitive Process, Bd. 1: Syntax. Reading, MA: Addison-Wesley 1983

[Wit 91] Witten, I. H./ Bell, T. C.: The Zero-Frequency Problem: Estimating the Probabilities of Novel Events in Adaptive Text Compression. IEEE Trans. on Information Theory **37** (1991)(4) 1085–1094

[Wre 00] Wrede, B./ Fink, G. A./ Sagerer, G.: Influence of Duration on Static and Dynamic Properties of German Vowels in Spontaneous Speech. In: Proc. Int. Conf. on Spoken Language Processing, Bd. 1, S. 82–85. Beijing, China 2000

[Wre 01] Wrede, B./ Fink, G. A./ Sagerer, G.: An Investigation of Modelling Aspects for Rate-dependent Speech Recognition. In: Proc. European Conf. on Speech Communication and Technology, Bd. 4, S. 2527–2530. Aalborg 2001

[Yak 70] Yakowitz, S.: Unsupervised Learning and the Identification of Finite Mixtures. IEEE Trans. on Information Theory **16** (1970) 330–338

[Yam 92] Yamamoto, J./ Ohya, J./ Ishii, K.: Recognizing Human Action in Time-Sequential Images Using Hidden Markov Models. In: Proc. Int. Conf. on Computer Vision and Pattern Recognition, S. 379–387 1992

[You 94a] Young, S. J./ Woodland, P. C.: State Clustering in Hidden Markov Model-based Continuous Speech Recognition. Computer Speech & Language **8** (1994) 369–383

[You 94b] Young, S. R.: Detection of Misrecognitions and Out-Of-Vocabulary Words in Spontaneous Speech. In: P. McKevitt (Hrsg.), AAAI-94 Workshop Program: Integration of Natural Language and Speech Processing, S. 31–36. Seattle, Washington 1994

[You 98] Young, S. J./ Chase, L. L.: Speech Recognition Evaluation: a Review of the U.S. CSR and LVCSR Programmes. Computer Speech & Language **12** (1998) 263–279

[Zwi 99] Zwicker, E./ Fastl, H.: Psychoacoustics: Facts and Models, Bd. 22 von *Springer Series in Information Sciences*. 2. Aufl. Berlin, Heidelberg, New York: Springer 1999

Sachverzeichnis

Hauptvorkommen von Stichwörtern sind fett markiert. Auf inhaltlich äquivalente Begriffe — insbesondere deutsche Bezeichnungen englischsprachiger Termini — wird mit einem Pfeil verwiesen. Mit kursiven Seitenangaben sind solche Stichwörter markiert, die nur innerhalb von Bezügen zu wichtigen verwandten Themenstellungen erwähnt, aber im Rahmen dieses Buchs nicht näher erläutert werden.

absolute discounting → *discounting, absolute*
Adaption **177ff.**
    Prinzipien 177f.
    von *n*-Gramm-Modellen 182ff.
    von Hidden-Markov-Modellen 178ff.
adding one 105, 116

backing-off 110ff., 116, 173f., 205
Backward-Algorithmus *siehe*
    Forward-Backward-Algorithmus
Bakis-Modell *siehe*
    Hidden-Markov-Modell,
    Topologie
Baum-Welch-Algorithmus **85ff.**, 95, 98,
    168, 178, 181, 208, 215
    segmentweiser **169f.**
Bayes-Regel 42, 65, 79, 99, 123, 186
beam search **165ff.**, 168, 187, 190, 193f.,
    202
BYBLOS **202**, 207

Cepstrum *22, 147, 200, 202, 204*
classification and regression trees →
    Entscheidungsbäume
Clusteranalyse *siehe* Vektorquantisierung
Codebuch 54, *siehe* Vektorquantisierung
curse of dimensionality 138

decision trees → Entscheidungsbäume
Dichte → Wahrscheinlichkeitsdichte

Dirichlet-Verteilung *214*
discounting **105ff.**
    absolute **107**, 111, 116, 173, 205
    linear **106f.**, 109, 116, 201
Divergenz 158
dynamic time warping → Dynamische
    Zeitverzerrung
Dynamische Zeitverzerrung *80*
    siehe auch Viterbi-Algorithmus

Eigenvektormatrix 144
Eigenwertmatrix 144
EM-Algorithmus *63, 66, 86, 98, 184*
    für Mischverteilungen **63ff.**
    siehe auch Baum-Welch-Algorithmus
Entscheidungsbäume **154**, 156
Ereignis
    bei der Sprachmodellierung 100
    zufälliges 41
Erwartungswert 45
ESMERALDA **203**, 210
event → Ereignis bei der
    Sprachmodellierung

flooring **122**
Forward-Algorithmus **74ff.**, 114
    siehe auch
Forward-Backward-Algorithmus **83f.**, 230
    siehe auch Forward-Algorithmus
Frames 22, 32, 200, 202, 204

garbage model *siehe log-odds* Bewertung
Gauß-Verteilung → Normalverteilung
Gaussian selection 164
Gaussian short-lists → *Gaussian selection*
Geschichte
    eines n-Gramms 100
    siehe auch n-Gramm-Modell
Gesetz der großen Zahlen **42**, 137
Grammatik
    stochastische *99, 116*

Häufigkeit
    absolute 101
    relative 41, 101
Hauptachsentransformation **141ff.**, 149
Hauptkomponentenanalyse →
    Hauptachsentransformation
Hidden-Markov-Modell **67ff.**, 186
    Bewertung 73ff.
    Dauermodellierung *97*
    Definition 67ff.
    Dekodierung 79ff.
    diskretes 68
    Emissionsmodellierung 69f., 135f.
    ergodisches 127
    hybrides *97*
    Konfiguration 127ff.
    kontinuierliches 69
    lineares 205, 210f.
    Modularisierung 128ff.
    Notation 72f.
    Parameterschätzung 81ff.
    Produktionswahrscheinlichkeit 73ff.
    Repräsentation, baumförmige **171f.**
    semi-kontinuierliches 70, 89, 123,
        158f., 171, 205, 211
    Topologie 127f.
        Bakis-Modell 127, 201, 203, 208,
            211
        lineare 127, 156
        Links-Rechts-Modell 127
    Verbundmodelle 131ff.
    Verwendung 70ff.
history → Geschichte, eines n-Gramms
HMM → Hidden-Markov-Modell

HMM-Netzwerke **188f.**
HMMER 135, 213f.

Interpolation 173
    nichtlineare **110**, 112, **116**, 201
    von n-Gramm-Modellen 108ff., 116,
        201

Jacobi-Rotation *144*

k-*means*-Algorithmus **61f.**, 66, 93
    siehe auch segmental k-*means*
Kanalmodell 185
Karhunen-Loève-Transformation →
    Hauptachsentransformation
Kategorie *siehe* n-Gramm-Modell,
    kategoriebasiert
Kategoriemodell ⟩ n-Gramm-Modell,
    kategoriebasiert
Kingsbury-Rayner-Formel 121
Korrelationsmatrix *142*
Kovarianzmatrix **46**, 141

language model → Sprachmodell
language-model look-ahead **192f.**, *202*
Laplace-Dichte 161
LBG-Algorithmus **59f.**, 66
LDA → lineare Diskriminanzanalyse
leaving one out 112
Likelihood-Funktion **49**, 64
linear discounting → *discounting, linear*
lineare Diskriminanzanalyse **147ff.**, 161,
    201, 211
linguistic matching factor 187
Lloyd-Algorithmus **58f.**, 60, 66
log-odds Bewertung 124
logarithmische
    "Addition" →
        Kingsbury-Rayner-Formel
    Wahrscheinlichkeitsrepräsentation
    119ff.

Mahalanobis-Abstand 63
MAP → Maximum-a-posteriori
Markov-Eigenschaft **48**, 74, 80
Markov-Kette **48**, 99, 186
    siehe auch stochastischer Prozeß

Markov-Ketten-Modell →
        n-Gramm-Modell
maximum mutual information *siehe*
        Training, diskriminatives
Maximum-a-posteriori-Schätzung 51, 179,
        214
Maximum-Likelihood Linear-Regression
        180ff.
        siehe auch Adaption, von
                Hidden-Markov-Modellen
Maximum-Likelihood-Kriterium 93
Maximum-Likelihood-Schätzung **49**, 86,
        179
Mehrphasensuche **189f.**
Mischverteilung **47**, 53, 69
        Parameterschätzung 63ff.
mixture density → Mischverteilung
mixtures siehe Mischverteilung
ML → Maximum-Likelihood
MLLR → Maximum-Likelihood
        Linear-Regression, 203
Monophon 130, 154
multiples Alignment 35, 133, 214f.

n-Gramm-Modell **99ff.**, 133, 186
        Bewertung 102ff.
        Cache 183
        siehe auch Adaption, von
                n-Gramm-Modellen
        Definition 99f.
        kategoriebasiert 113ff.
        Notation 101f.
        Parameterschätzung 104ff.
        Repräsentation, baumförmige **172ff.**
        Verwendung 100f.
neuronale Netzwerke *siehe*
        Hidden-Markov-Modell, hybrides
Normalverteilung **46**, 53, 69, 140
        n-dimensionale 46
Nullwahrscheinlichkeit *siehe discounting*

Observation → Element einer
        Observationsfolge
Observationsfolge 68
        siehe auch Hidden-Markov-Modell

Parameterschätzung 49ff.
        für *n*-Gramm-Modelle 104ff.
        für Hidden-Markov-Modelle 81ff.
        für Mischverteilungen 63ff.
        siehe auch
                Maximum-Likelihood-Schätzung,
                Maximum-a-posteriori-Schätzung
PCA → *principal component analysis*
Perplexität **102ff.**
        siehe auch n-Gramm-Modell,
                Bewertung
perplexity → Perplexität
Phon 21
Phonem 21
phonetically-tied mixture HMM 160, 202
Polyphon 130, 154
Potenzmethode → von-Mises-Iteration
Präfixbaum 172, 174
principal component analysis →
                Hauptkomponentenanalyse
Produktionswahrscheinlichkeit *siehe*
                Hidden-Markov-Modell
Profile-HMM 131, **133ff.**
pruning 163
        siehe auch beam search
Pseudo-Zustand 131, 134

Quantisierungsfehler *siehe*
                Vektorquantisierung
Quinphon 130, 202

Randverteilung 44
Regressionsklasse *siehe*
                Maximum-Likelihood
                Linear-Regression
Rückwärtsvariable 83, 86, 168f.
        siehe auch
                Forward-Backward-Algorithmus

SAM 214f.
scatter matrix → Streuungsmatrix
segmental-k-means 162
segmental k-means **93ff.**, 98, 181
semi-continuous HMM →
                Hidden-Markov-Modell,
                semi-kontinuierliches

simulated annealing *215*
singleton 102
sparse data problem 137
Sprachmodell 116
    dialogschrittabhängiges 183
       siehe auch Adaption, von
         n-Gramm-Modellen
    statistisches *siehe* n-Gramm-Modell
    topic-basiertes 184
       siehe auch Adaption, von
         n-Gramm-Modellen
statistische Unabhängigkeit →
       Unabhängigkeit, statistische
stochastischer Prozeß **47f.**, 67
Streuungsmatrix 141, 148
sub-word units → Wortuntereinheiten
Suchraumbeschneidung → *pruning*

tied-mixture HMM →
       Hidden-Markov-Modell,
       semi-kontinuierliches
topic mixture *siehe* Sprachmodell,
       topic-basiertes
Training 81
    diskriminatives *96*, *210*
    korrektives *96*
    siehe auch Hidden-Markov-Modell,
       Parameterschätzung
Transformation
    orthonormale 141
Trigraph 210, *siehe* Triphon
Triphon **130**, 153, 170, 201f., 205
    generalisiertes 131, 155
tying 70, **151ff.**, 171

Unabhängigkeit
    statistische 42
Uni-Gramm-Modell 104, 174

Varianz 45
Vektorquantisierung **53ff.**, 93, 95, 164
Verteilung
    empirische 91
Verteilungsfunktion 43
Viterbi-Algorithmus 77, **80f.**, 91, 94, 96, 98,
       165, 170, 187
Viterbi-Training **91ff.**, 98, 181, 215
Vokaltraktlängennormierung *201f.*
von-Mises-Iteration *144*
Vorwärtsvariable 75, 80, 86, 168f.
    siehe auch Forward-Algorithmus

Wahrscheinlichkeit 42
    a-posteriori 42
    a-priori 42
    bedingte 42
Wahrscheinlichkeitsdichte 44
whitening **145f.**, 149
Wortnetzwerke → HMM-Netzwerke
Wortuntereinheiten 129, **152**
    kontextabhängige 130, 153
    kontextunabhängige 129
    siehe auch Hidden-Markov-Modell,
       Modularisierung

Zentroid 56
Zero-Gramm-Modell 104, 174
Zufallsexperiment 41
Zufallsvariable **43f.**
    diskrete 43
    kontinuierliche 43
    stetige → kontinuierliche
Zufallsvektor 44
    siehe auch Zufallsvariable
Zustandswahrscheinlichkeit 82f., 85f., 95,
       169, 171